调整直方图　　调整偏亮图像

颜色校正1

调整灰度

颜色校正2

颜色校正3

颜色校正4

调整图像曲线

调整曲线

使用色阶命令

为照片镶框

设计梦幻照片效果

修复曝光不足的照片

添加艺术情调1

添加艺术情调2

像素化编辑

校正人物偏色

丰富层次和饱和度

移步换景

设计花絮透视效果

补曝人物曝光不均

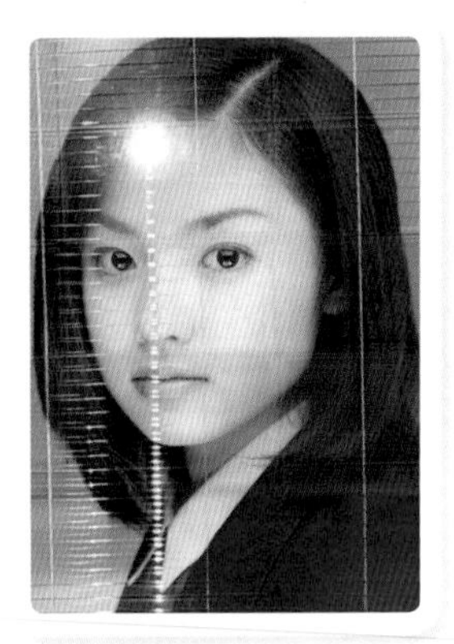

增加高光

使用通道与图层蒙版

让照片更富艺术性

锐化照片

使用通道1

使用通道2

选择暗调

快速给黑白照片上色

使用减去混合模式

颜色通道妙用

风景照1

清纯照片

风景照2

风景照3

照片大换季

设计樱桃俏唇

修复照片偏色

制作虚光照片

提高照片亮度

设计素描效果

制作清晰、柔和的照片

制作怀旧照片

优化照片人物皮肤颜色

设计网点印刷照片

优化照片清晰度

让人物表情更自然

设计立体阴影

利用图层混合模式抠头发丝

清楚人物红眼

清除人物眼袋

添加睫毛

使秀发更亮丽

修眉形

使用边缘蒙版锐化照片

为人物设计脸型

给人物上唇彩

粉饰面容

使用锐化技术调整照片

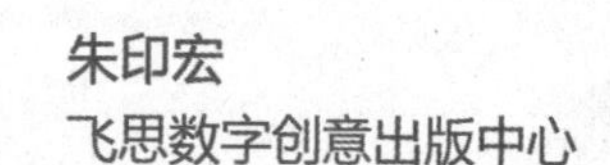
朱印宏 编著
飞思数字创意出版中心 监制

# 人人都能看得懂的 Photoshop——数码照片人物处理精修



電子工業出版社
PUBLISHING HOUSE OF ELECTRONICS INDUSTRY
http://www.phei.com.cn

Photoshop作为功能强大的图像处理软件，一直以来得到设计师及业余爱好者的青睐，大家都希望能够真正学会这个软件，正所谓条条大路通罗马，一个特效可能有多种方法可以实现，本书教您通过快速且有效的方式真正学会Photoshop的照片处理技术。

本书共分7章，分别从Photoshop调色、选区、通道、图层、滤镜、路径、修饰等几个最核心的数码照片处理技术切入，深入剖析这些核心技术在数码照片后期处理中的作用和应用。本书通过一百多个精彩案例的讲解向读者展示了Photoshop在数码照片处理工作中的强大功能。案例针对性和实用性较强，全书结构清晰、内容丰富、语言简洁、步骤详细、易学易懂，是您完全自学的好帮手。

随书附赠的光盘中包含本书案例的素材和源文件，以及大量Photoshop工具和操作素材，以方便读者在实践中应用。

本书适合数码照片的后期制作人员、平面设计人员、广告设计人员，以及图像处理的爱好者阅读，也可以作为大、中专院校相关专业和培训机构的教材。



**图书在版编目（CIP）数据**

人人都能看得懂的Photoshop：数码照片人物处理精修 / 朱印宏编著.
-- 北京：电子工业出版社，2010.9
ISBN 978-7-121-10972-0

Ⅰ.①人… Ⅱ.①朱… Ⅲ.①图形软件，Photoshop Ⅳ.①TP391.41

中国版本图书馆CIP数据核字(2010)第096653号

责任编辑：何郑燕　赵树刚
印　　刷：中国电影出版社印刷厂
装　　订：三河市皇庄路通装订厂
出版发行：电子工业出版社
北京市海淀区万寿路173信箱　邮编：100036
开　　本：787×1092　1/16　印张：20.75　字数：576千字　彩插：4
印　　次：2010年9月第1次印刷
印　　数：4 000册　定价：75.00元（含光盘 1 张）

凡所购买电子工业出版社图书有缺损问题，请向购买书店调换。若书店售缺，请与本社发行部联系，联系及邮购电话：（010）88254888。

质量投诉请发邮件至zlts@phei.com.cn。盗版侵权举报请发邮件至dbqq@phei.com.cn。

服务热线：（010）88258888。

# 前言

随着数码相机的普及，拍摄的数码照片也会越来越多。对于刚刚拥有数码相机的读者来说，也许最为苦恼的就是拍摄技术不能达到完美的境界，照片总有缺憾。幸运的是，数码照片可以直接在电脑中进行后期处理。

比较常用的数码照片处理软件包括Photoshop、Fireworks、PhotoImpact、我形我速等，其他数码照片处理软件还有ACDSee、Cool 360、PhotoFamily、CamediaMaster等 。其实，这些软件对数码照片的处理功能都很强大，都能对照片进行切割、旋转、打印等处理。不过最专业、最权威的当属Photoshop了。Photoshop能够对数码照片进行深度处理，当然要处理出个人比较满意的作品，读者还应该掌握Photoshop深度技术，而不仅仅满足于图像的简单操作和处理。

本书内容丰富，知识涵盖面广，深刻而全面地展示了Photoshop数码照片处理的理论和技巧。作者通过长期的实践总结，选择了具有很强的针对性和实用性的案例，对读者学习数码后期处理将有很大的帮助。全书从Photoshop调色、选区、通道、图层、滤镜、路径、修饰等几个最核心的数码照片处理技术切入，深入剖析这些核心技术在数码照片后期处理中的功力。具体介绍如下：

**※　第1章  色无戒，调有情——做优秀的数码调色师**

调色是数码照片最本源的技术，也是最难掌握的技术，很多调色操作总是通过用户直观的感觉进行处理，但是在质量要求很高的照片处理中，这种做法很容易损害像质。因此，读者要精通Photoshop调色的本质，必须从灰平衡、直方图、色阶、黑场、白场和灰场等基本概念入手，认识图像色彩原理，并能够轻松驾驭曲线、色阶工具，才能够对数码照片中的色偏、曝光、明暗等问题进行准确校正。本章精选了14个经典案例，把色彩基本概念、调色工具操作与案例紧密结合在一起，帮助读者快速掌握数码照片调色技术。

**※　第2章  选区恢恢、疏而不漏——精准选择的艺术**

选区是Photoshop操作的基础，毫不夸张地说，选区精确与否决定了数码照片后期处理的成败。选取的本质不是选取工具的问题，而是像素问题，精确的选区应该精确到像素级，而不是大致范围，同时像素的色彩、明暗、透明度都决定了选区不是一个简单的概念，而是一系列复杂的操作。本章通过18个案例，分别演示了如何使用选取工具、选取命令、通道、路径、蒙版等方法制作选区。同时还介绍了如何选择高光、中间色调、暗调、常用色等高难度的技术操作。

**※　第3章  黑白有道通天下——探视神秘的通道**

通道是色彩合成的最基本单元，因此要分析数码照片的色彩，必须从通道的层面进行科学分析，才能够准确找到照片处理的症结所在，也只有这样才能够准确处理好数码照片的各种色彩问题。另外，通道也是选区的存储器，如何可视化编辑选区，就必须先掌握通道的编辑和处理方法。本章通过15个案例，分别解析了通道的本质，以及颜色通道、Alpha 通道在数码照片后期处理中的应用。同时还介绍了如何使用矢量蒙版、剪贴蒙版、通道混合器、计算命令和应用图像命令。帮助读者轻松驾驭复杂通道的计算方法。

**※　第4章  用数学思维把握图像合成——探析图层混合与图层遮盖**

图层是Photoshop中另一个核心技术，也是图像合成的基础。图像合成的难点和重点就是混合模式，把握图像合成的混合模式，可以设计出很多惊艳的照片效果，在处理数码照片各种瑕疵方面也是必不可少的工具。本章通过27个经典案例，分别剖析了不同类型图层混合模式的原理、方法和应用技巧。最后，还介绍了如何使用图层的混合颜色带，图层混合颜色带是一种比较奇特的选取应用技术，在图像合成中具有特殊的作用。

※ 第5章 数码后期处理的三重门——透过滤镜用滤镜

滤镜是Photoshop的一大亮点，很多用户专注于如何使用滤镜设计各种特效，实际上Photoshop最初设计滤镜的意图就是方便用户快速处理数码照片中的突出像质问题，如模糊、锐化和杂色等问题。本章通过10个经典案例向读者展示了如何使用模糊滤镜、杂色滤镜和锐化滤镜来处理数码照片的三大难题：模糊、锐化和杂色。

※ 第6章 选取的柔韧与自在之美——巧用钢笔和路径

路径不是Photoshop的强项，但是它提供的路径工具基本能够满足图像处理中的各种应用需要。特别是如何使用路径制作选区，这在特定条件下显得非常重要，因为很多图形选区、圆滑选区、柔韧性很强的选区轮廓，必须借助路径才能够实现。本章通过4个案例帮助读者快速掌握钢笔工具的应用，以及如何快速把路径与选区进行配合使用，以方便处理数码照片。

※ 第7章 暗房设计师的mini工具箱——用好修饰工具

Photoshop提供了大量的修饰工具，这些工具包括修复工具、调和工具、擦拭工具、涂抹工具等，灵活使用这些工具，在数码照片局部细节处理方面显得尤为关键。本章通过12个案例演示了如何熟练使用这些工具。

为了帮助读者了解和掌握数码照片的处理技巧，本书按照Photoshop对数码照片后期处理由易到难的程度依次介绍了各种问题的处理技巧。在处理过程中，每个问题均有相应的操作方法与解释性文字，以帮助读者在最短的时间内掌握数码照片的处理技巧。

参与本书编写的人员有：朱印宏、马涛、常才英、袁祚寿、袁衍明、张敏、袁江、田明学、唐荣华、毛荣辉、卢敬孝、刘玉凤、李伟、旷晓军、陈万林等，在此对他们付出的辛勤劳动表示衷心的感谢。

我们真诚希望读者在阅读本书之后，不仅可以开拓视野，而且可以增长实际操作技能，并从中学习和总结操作的经验和规律，达到灵活运用的水平，如果您在使用本书时遇到问题，可以发邮件至css148@163.com与我们交流和沟通。鉴于编著者水平有限，书中疏漏和错误之处在所难免，热忱欢迎读者批评指正，以便我们日后能为您编写更好的图书。

编 著 者

联系方式

咨询电话：（010）88254160 88254161-67

服务网址：http://www.fecit.com.cn http://www.fecit.net

技术答疑邮箱：support@fecit.com.cn

售后服务QQ号：support@fecit.com.cn

人人看得懂的photoshop

# 目 录

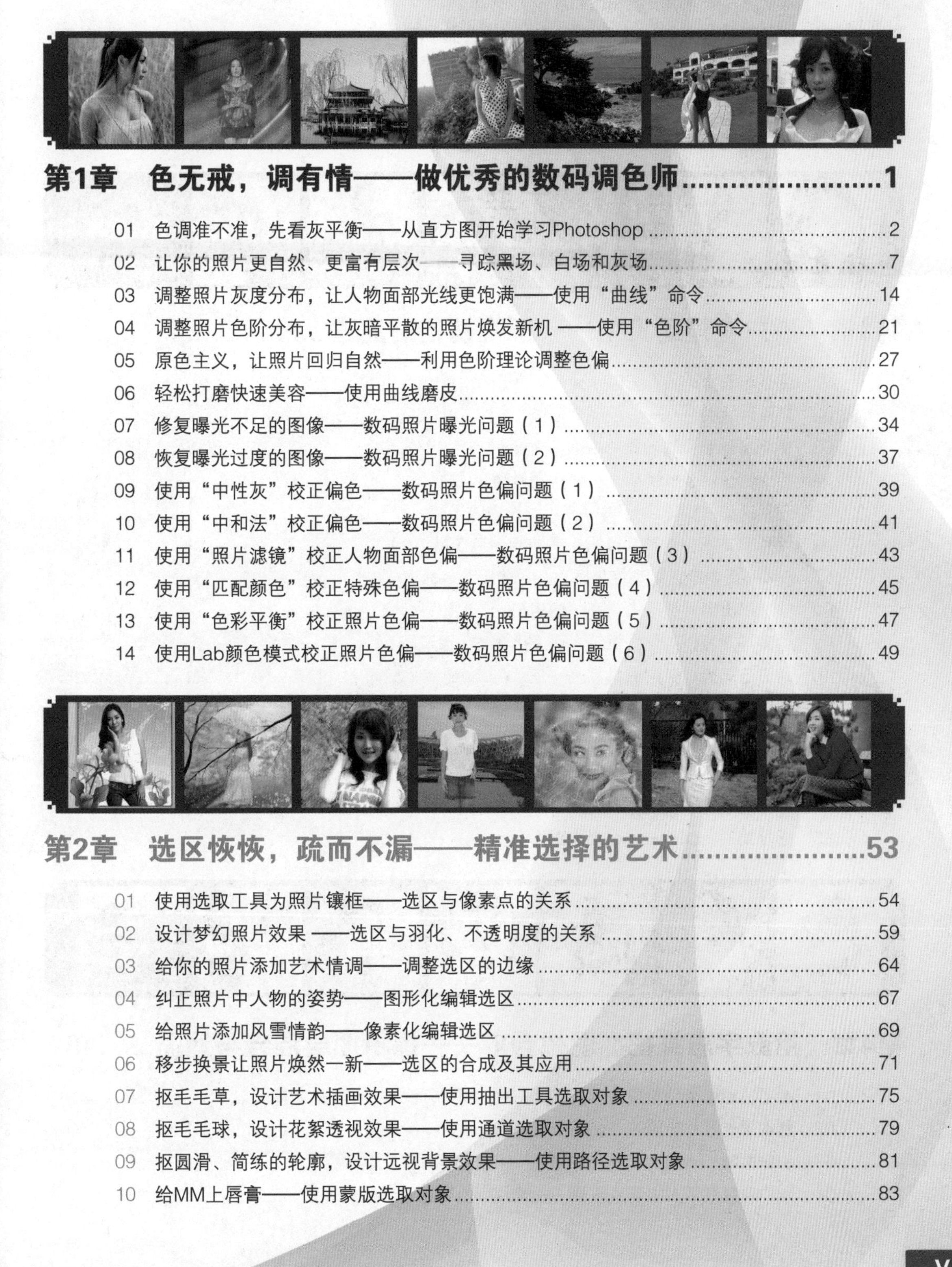

## 第1章 色无戒，调有情——做优秀的数码调色师......1



## 第2章 选区恢恢，疏而不漏——精准选择的艺术......53

霓虹世界

## 第3章　黑白有道通天下——探视神秘的通道 109



## 第4章　用数字思维把握图像合成——探析图层混合与遮盖 161

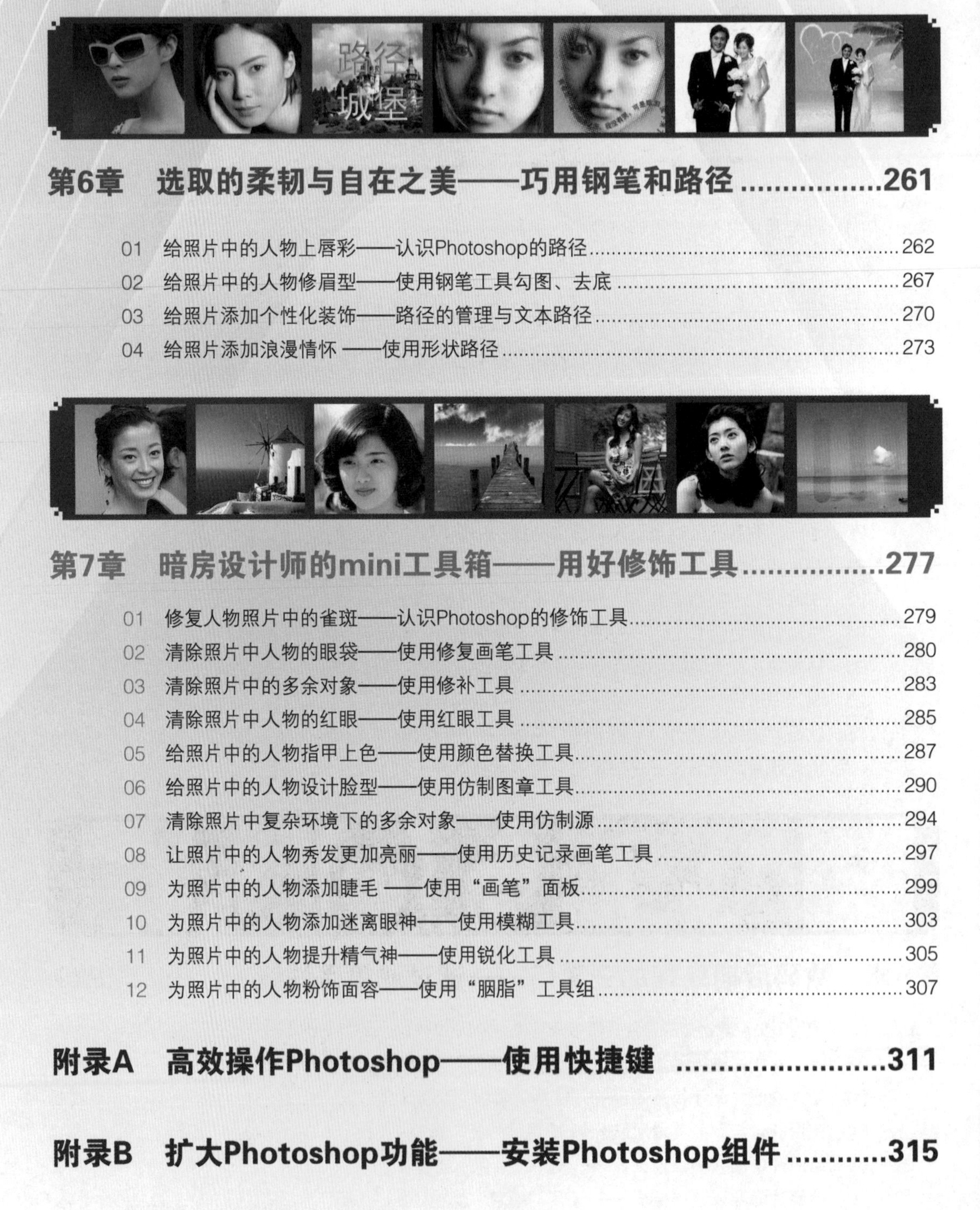
路径
城堡

# 第1章

## 色无戒，调有情——做优秀的数码调色师

Chapter

调色 01

# 色调准不准，先看灰平衡——从直方图开始学习Photoshop

印前技术追求颜色还原、阶调还原、质感还原、清晰度还原，数码后期处理也要求真实、自然。大家都知道，颜色包含色相、饱和度和明度三要素，所谓阶调（即色调）就是颜色按明度进行的分类。中性灰不包含色相和饱和度要素，但包含明度信息。色光三原色R、G和B向白场过渡，而色料三原色Y、M、C是向黑场过渡，所以说数码处理与印前技术还是存在很大的技术差异。

当我们拿到一幅数码照片后，首先应学会看它的中间灰，看中间灰是否平衡（即灰平衡），所谓灰平衡就是R、G、B三原色的值相等或相近，进而把握照片是否存在色偏问题。分析和校正色偏不能够依赖直觉，必须借助一套工具进行严谨、科学地处理。如果不进行对比，你很难辨析出下图在处理前存在色偏问题，只有在与校正处理后的效果图进行对比后，才吃惊地发现原来眼睛真的不可靠，可靠的是Photoshop。

Photoshop是图像处理的权威专家，它提供了丰富的工具，这些工具以不同方式和形式提供给用户，所以要真正学习和驾驭Photoshop，你也应该从这里起航。本节从直方图开始，帮助你一步步精通Photoshop的核心技术。

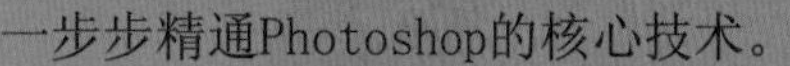

处理后

**STEP 01** 启动Photoshop，打开数码照片。
（殊途同归，相同的实现可能操作方法众多）

在Photoshop主界面中，有一个很神奇的百宝箱，它就是图像调色工具箱。选择“图像|调整”命令就可以看到它们（如左图所示）。

在“调整”子菜单中，Photoshop特意使用横线分隔了5个功能组。为了更好理解地它们，我们不妨这样进行分解：①调整色调命令、②调整色彩命令、③调整颜色命令、④调整亮度命令、⑤特殊调整命令。当然，这种分解很勉强，因为很多命令是相通的。

阴影/高光(W)...
变化(N)...
④

亮度/对比度(C)...
色阶(L)... Ctrl+L
曲线(U)... Ctrl+M
曝光度(E)...
①

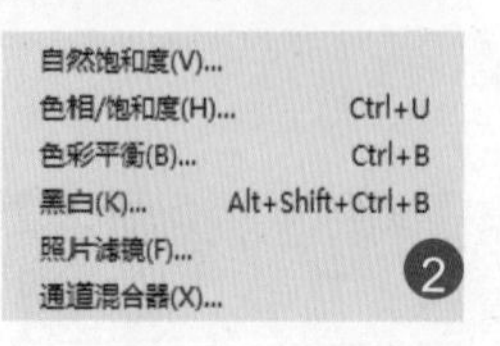


反相(I) Ctrl+I
色调分离(P)...
阈值(T)...
渐变映射(G)...
可选颜色(S)...
③

去色(D) Shift+Ctrl+U
匹配颜色(M)...
替换颜色(R)...
色调均化(Q)
⑤

## 在色彩校正中，眼睛是最靠不住的！
（不要相信眼睛，暗房中PS是最信赖的伙计）

70%的数码照片都会存在色偏问题。这话好像有点危言耸听，但事实确实如此，色偏是一个很普遍的照片色彩问题，除了受环境光线和背景色影响外，硬件设备也会直接或间接影响数码照片的色调。

人的眼睛在色彩面前，往往变得很偏见，这与人的生活环境有很大的关系。经常看红色的人，会适应红光，对于偏暖色的照片会感觉很自然；而经常看蓝色的人，会适应蓝光，对于偏冷色的照片会感觉很正常。

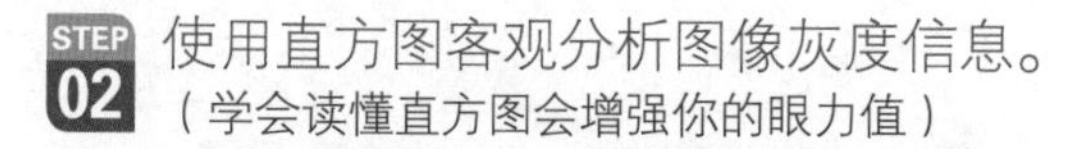

## STEP 02 使用直方图客观分析图像灰度信息。
（学会读懂直方图会增强你的眼力值）

选择“窗口|直方图”命令，打开“直方图”面板。第一眼，你可能不敢相信所谓的“直方图是图像色彩灰度的完整方阵”，在这个简单的二维图形示意表中却包含了图像灰度值的所有信息。

在“直方图”面板右上角，单击菜单按钮，在弹出的菜单中选择“全部通道视图”命令，则可以展开图像所有通道的灰度分布信息。当然在面板中“通道”下拉列表框中可以选择查看更多分类信息。

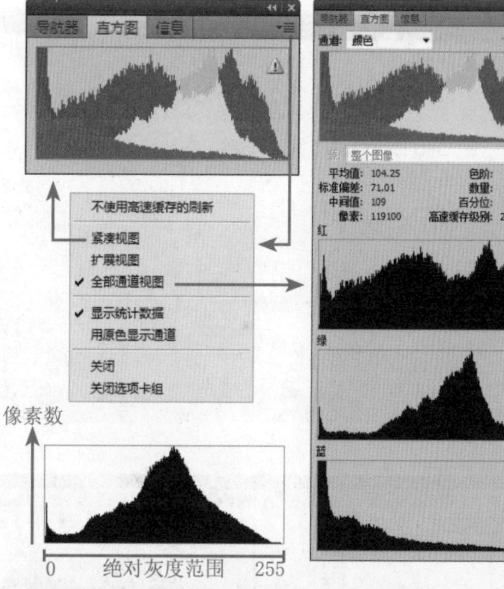


专业解释，直方图就是使用图形化方式直观呈现图像色彩曝光度的手段，它描述的是图像选取范围内影像的色彩灰度分布曲线。使用直方图可以帮助分析图像曝光水平等颜色信息。

直方图的X轴代表灰度，最左侧表示灰度为0，最右侧表示灰度为255，所有的灰度都分布在这条线上，也称为绝对灰度范围。具体地说，左侧区域显示图像的阴影信息，中间区域显示图像的中间色调信息，右侧区域显示图像的高亮信息。

直方图的Y轴代表灰度值，它表示在某一点灰度上像素的数量。峰值越高，表示该区域的像素数越多，峰值越低，则表示该区域的灰度值越小。如果左侧峰值越高，则说明色调偏暗，如果右侧峰值越高，则说明色调偏亮，自然主峰位于中间区域的数码照片的光影效果是最理想的。

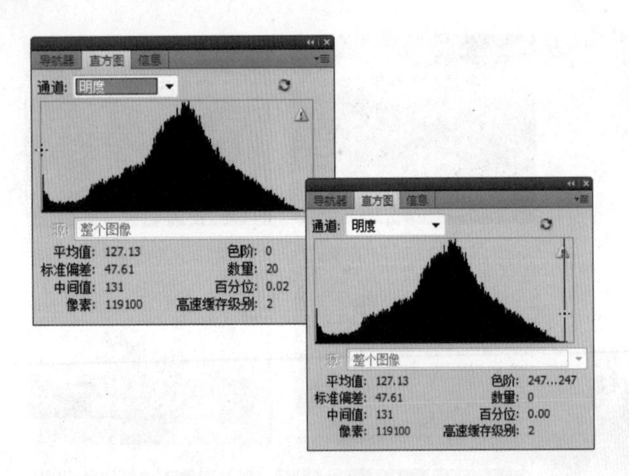


提示：在“通道”下拉列表框中选择“明度”选项，可以查看图像亮度的整体分布情况。

第1，把光标置于最左侧，可以看到“色阶”为0点的像素数量为20，即灰度值为20。

第2，把光标置于最右侧，可以看到“色阶”为255点的像素数量为0。然后向左移动光标，直到246点时，才显示5个像素。这说明图像略显曝光不足。

第3，整体观察图像亮度（即明度）峰形，形状呈现突兀状，说明图像亮度分布不是很柔和。

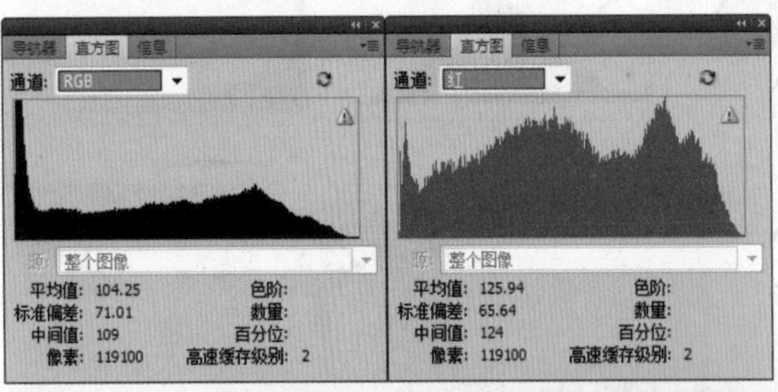


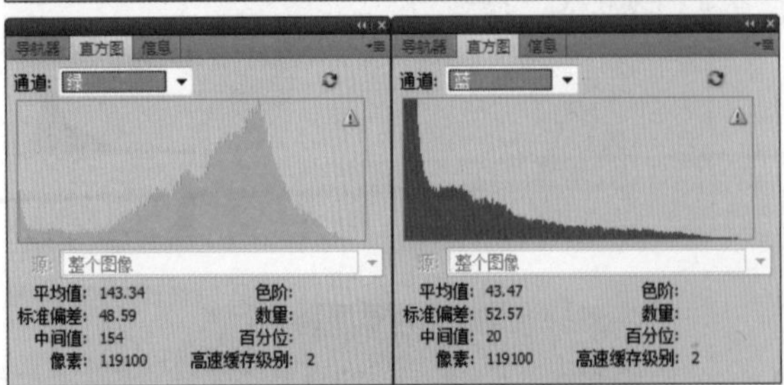


提示：从“平均值”数据比较分析，红色和绿色通道平均值高于平均值，而蓝色通道严重偏低；从“中间值”比较，蓝色偏向左侧，而绿色偏向右侧；从“标准偏差”比较，红色通道变换幅度比较大，而绿色通道最小。

## 分解 ? 直方图的参数信息是什么意义？

（请不要漠视PS为你统计的几个参数信息）

※ 平均值：显示直方图色调的平均值。

※ 标准偏差：显示灰度值的变换幅度，该值越小，所有像素的色调分布越靠近平均值。

※ 中间值：显示灰度值的中间值。

※ 像素：显示像素的总数目。

※ 色阶：显示当前光标处的色调值。

※ 数量：显示当前光标处灰度的像素数目。

※ 百分位：显示低于当前光标或选区色调的像素的累计数目，该值是以在整幅图像的总像素中所占的比例来表示的。

※ 高速缓存级别：显示图像高速缓存的设置，该值与“预置”对话框中的“内存与图像高速缓存”设置有关。

注意，直方图Y轴所代表的像素数量，可能会超出窗口上限，因此不能单凭视觉来判断像素数量，要以统计数据为准。

为了提高执行效率，Photoshop在计算大图像时，直方图右上角可能会出现一个警告按钮⚠，提示当前为粗略计算，单击该按钮可查看精确计算结果。

## STEP 03 使用直方图分析图像是否色偏。

（比较每个通道的直方图是最好的分析方法）

比较分析每个通道的灰度平均值、中间值和标准偏差，并与RGB综合通道进行比较。

上品的数码照片应该是明暗细节都有，在直方图上显示为从左到右都有像素分布，同时直方图的两侧是不会有像素溢出的。

从另一个角度认识，直方图的Y轴就表示相应灰度所占图像的面积，峰值越高说明该明暗值的像素数量越多。

如果直方图主峰偏向左侧，则说明画面没有明亮的部分，整体偏暗，有可能曝光不足。

如果直方图主峰偏向右侧，说明画面缺乏暗部细节，很有可能曝光过度。

如果直方图贯穿X轴，没有峰值，同时明暗两侧又溢出，犹如盆地，则说明图像反差过大，这将给画面明暗两极都产生不可逆转的明暗细节损失。

## STEP 04 使用曲线手动调整色偏。
（鼠标最不可靠，因此拖曳幅度不宜过大）

为了防止色彩调整破坏原图品质，建议复制图层。选择“窗口|图层”命令，打开“图层”面板，拖曳“背景”图层到面板底部的“创建新图层”按钮 上，复制“背景”图层为“背景 副本”图层。

选择“图像|调整|曲线”命令，打开“曲线”对话框（快捷键为【Ctrl+M】），有关曲线的奥秘和应用，会在后面小节中进行详细讲解，本节仅为完成偏色调整任务。

从“直方图”面板中可以看到RGB复合通道的灰度分布偏暗，故在“曲线”对话框顶部的“预设”下拉列表框中选择“较亮”选项，适当调高画面的整体亮度。

在使用曲线等工具调整时，直方图也会同时给出比较效果，原色阶分布以灰色显示，新分布以黑色显示，不过此时“直方图”面板不具备信息调板的数值对比功能。

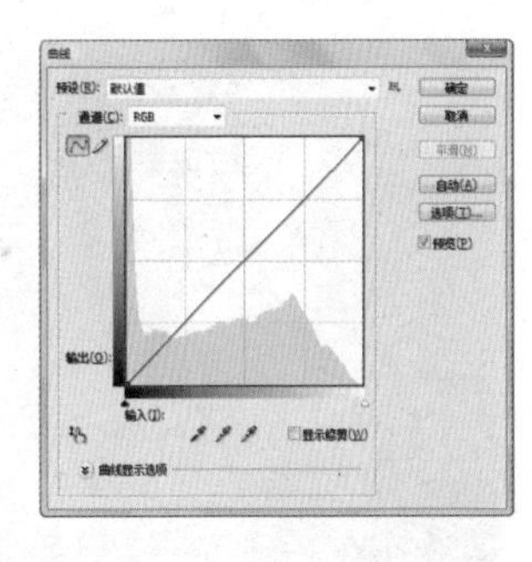

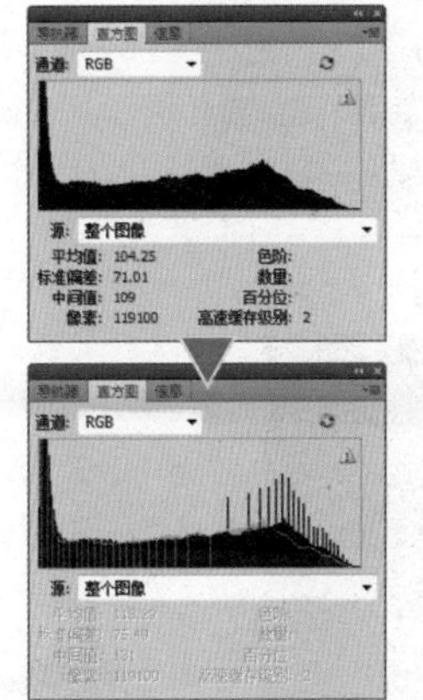

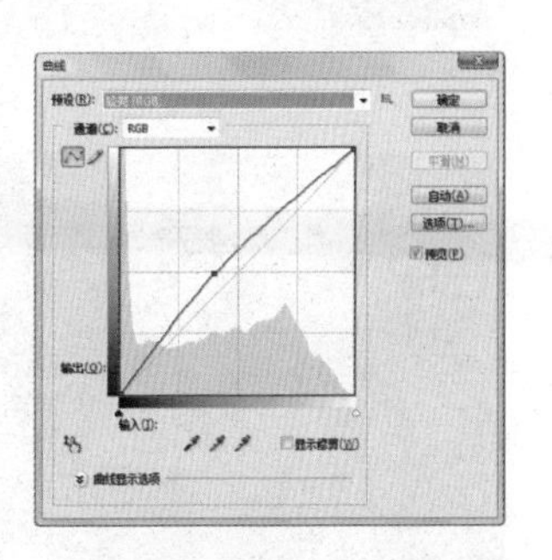

## STEP 05 分别调整各色通道灰度分布。
（此时应结合直方图各通道的灰度信息分析）

在“曲线”对话框的“通道”下拉列表框中选择“红”通道，然后在底部“显示数量”选项组中勾选“颜料/油墨”复选框，使用鼠标向上拖曳直方图中的曲线，如右图所示。该操作的目的是降低红色像素的总量，纠正人物肌肤偏向红色。

在“曲线”对话框的“通道”下拉列表框中选择“蓝”通道，然后在底部“显示数量”选项组中勾选“光”复选框，使用鼠标向上拖曳直方图中的曲线，如右图所示。该操作的目的是提高蓝色过暗的灰度分布。

在“曲线”对话框的“通道”下拉列表框中选择“绿”通道，然后在底部“显示数量”选项组中勾选“光”复选框，使用鼠标向下拖曳直方图中的曲线，如右图所示。该操作的目的是降低绿色过亮的灰度分布。

在整个操作过程中，你可以看到“直方图”面板中各通道直方图的调整过程，通过曲线调整，适度改善图像红、蓝、绿通道的灰度分布。

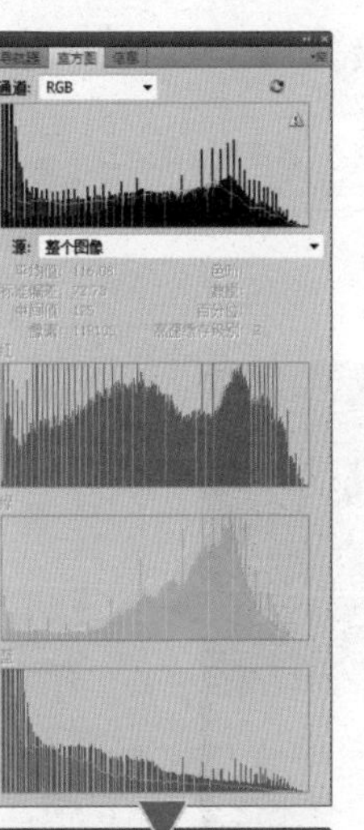

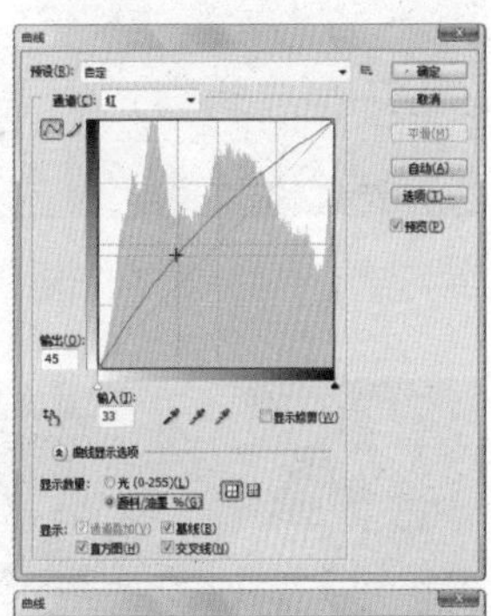

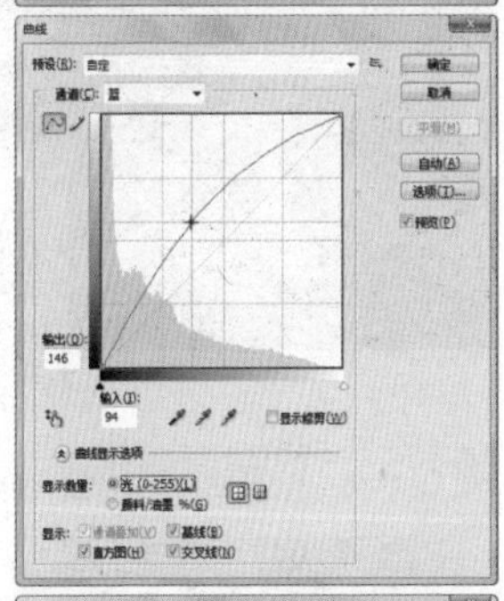

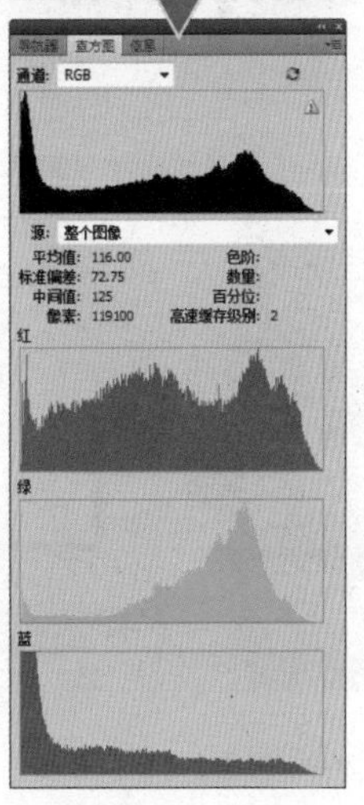

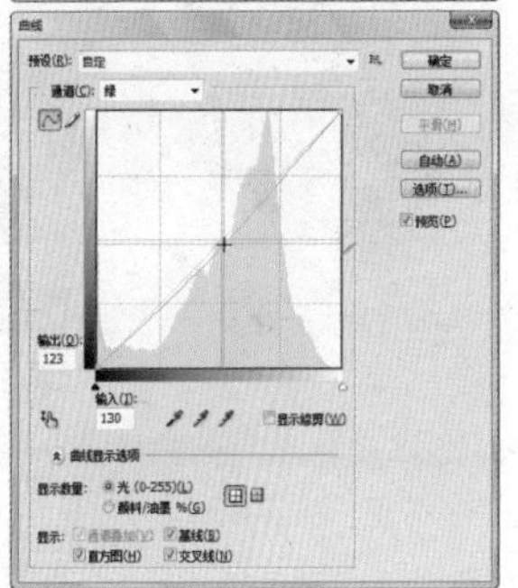

STEP 06 更有趣的直方图用法。
（直方图内涵复杂，完全掌握非一日之功）

通过直方图信息分析，然后借助曲线或色阶工具，你可以初步纠正偏色的数码照片（如左图所示），当然这仅是色彩校正的初步尝试，后面小节还会讲解更加精确的色彩校正方法。如果结合选区，还可以有针对性纠正图像局部区域的色偏。下面几个案例可帮助你进一步理解直方图的应用。

练习一，快速调整偏灰图像

① 选择“图像|调整|色阶”命令。

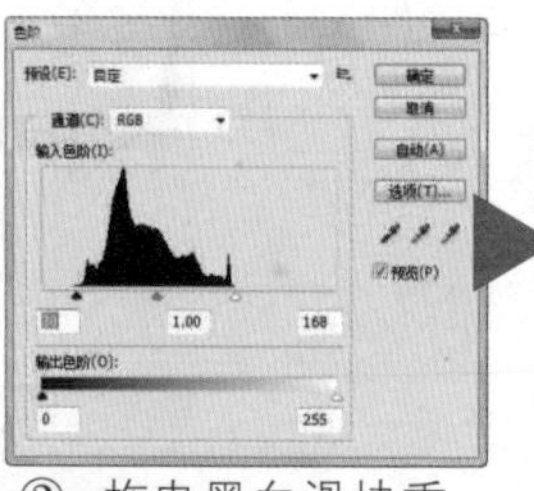

② 拖曳黑白滑块重新调整灰度分布。

练习二，快速调整偏暗图像

① 选择“图像|调整|曲线”命令。

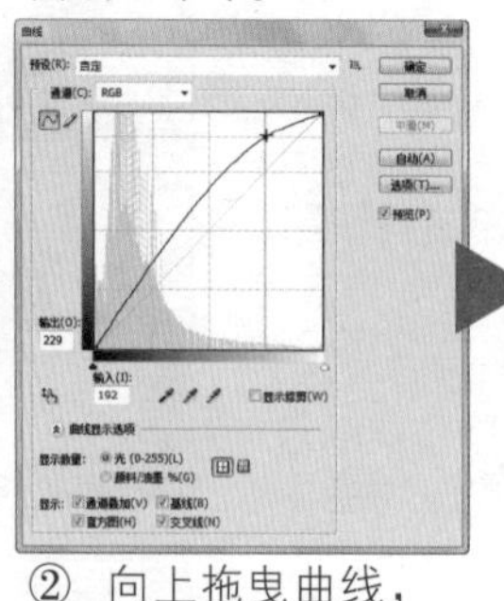

② 向上拖曳曲线，以增加高亮灰度值。

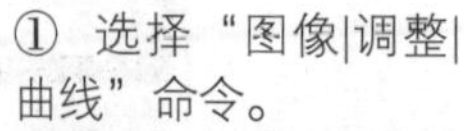

练习三，快速调整偏亮图像

① 选择“图像|调整|曲线”命令。

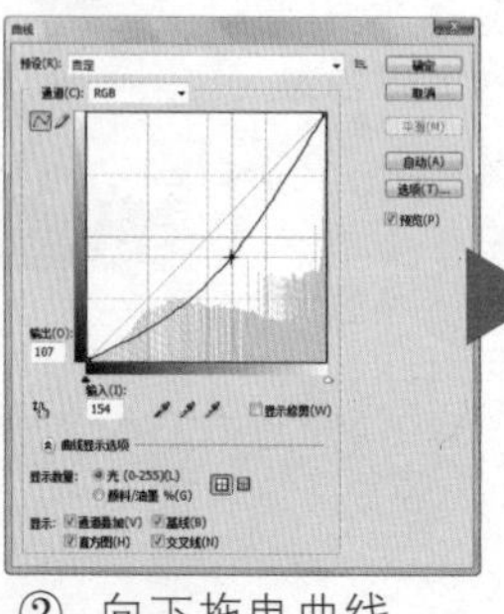

② 向下拖曳曲线，以增加阴影灰度值。

## 调色 02　让你的照片更自然、更富有层次——寻踪黑场、白场和灰场

专业的摄影师在拍照之前，总会在拍照对象的一侧贴一条白纸或白布，这是为什么？去维修损坏的扫描仪时，维修师傅总会嘱咐千万别碰到里面的白色胶条，这又是为什么？

原来自然界所有的东西都是有色的，即使是陈旧的发灰的土坯墙，它也包含了颜色，绝不是无色（纯粹的灰色）。前面说过，大部分数码照片都存在色偏问题，那么如何科学判断照片色偏，以及其强度呢？这里，最有效的方法就是分析照片的黑场、白场和灰场。在下面示例原图中，照片严重偏向蓝色，白色的碗也泛蓝光，如何科学、严谨地分析这幅照片的像质？首先我们必须从黑场、白场和灰场说起、做起。

处理前

处理后

### STEP 01 认识黑场、白场和灰场。
（黑场和白场犹如图像南北极点，不可缺失）

黑场和白场是印刷技术人员处理印刷图像的术语。白场是指图像中最亮的地方，黑场是指图像中最暗的地方。

通过控制白场和黑场，可以控制整个图像的明暗和阶调（即色阶色调），并以此对图像的阶调层次的分布产生影响。

通过控制黑场，使暗调归于正常，避免图像效果肤浅。通过分析右图的色阶分布，可以看到峰值偏右，右侧黑场区域的灰度值严重不足，因此画面就容易给人一种很浮躁的感觉。

通过控制白场，使高调归于正常，避免图像效果沉闷。通过下面这幅照片的色阶分布，可以看到峰值偏左，右侧白场区域的灰度值严重不足，因此画面就容易给人一种很压抑的感觉。

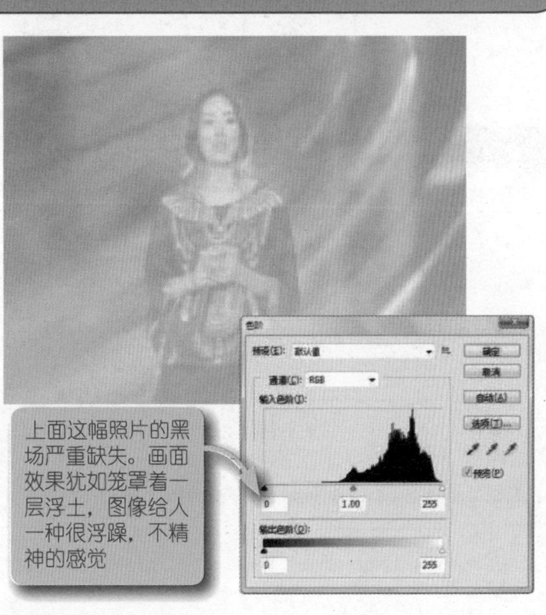

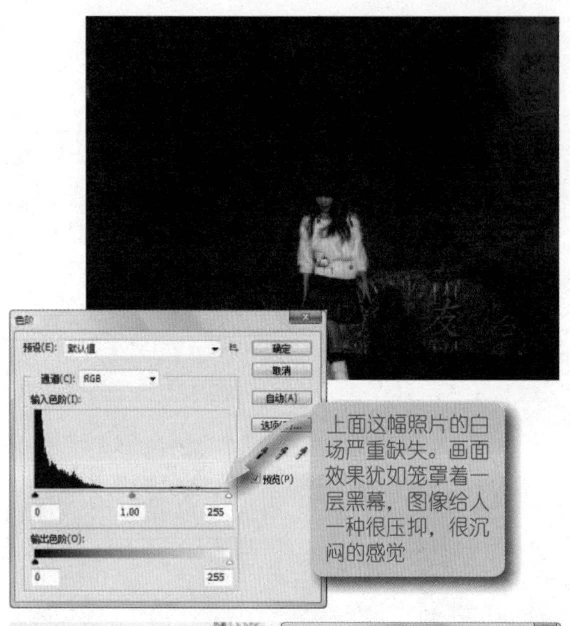


一般白场的K值（相当于颜色灰度）要小于5%，黑场的K 值应大于80%，图像才算正常。摄影师常用“色阶”或“曲线”命令调整白、黑场，让图像的白、黑场值处于正常，并带动图像整体阶调层次产生均化，让图像的阶调分布符合正常图像的要求。

注意，如果照片（特别是艺术照）没有黑、白场，并不一定要去强调它，只要图像层次能够符合要求即可，不要拘泥于非要强调黑、白场不可。在照片后期处理中，如果觉得不好控制图像层次，可以在照片边缘贴一个黑色或白色的纸条，然后进行扫描，以此作为黑场或白场的参照物进行调节。

灰场介于黑场和白场之间的一个技术概念，它表示图像中明暗居中的灰度点，并将该点作为参考点，促使暗的颜色会更暗，亮的颜色会更亮。

在“曲线”对话框中，使用灰场吸管工具，在图像中单击，获取某点为灰场，则Photoshop就根据各色通道，重新计算每个像素的颜色值，以吸管单击点为参考点，同一通道中，比该点暗则更暗，比该点亮则更亮。

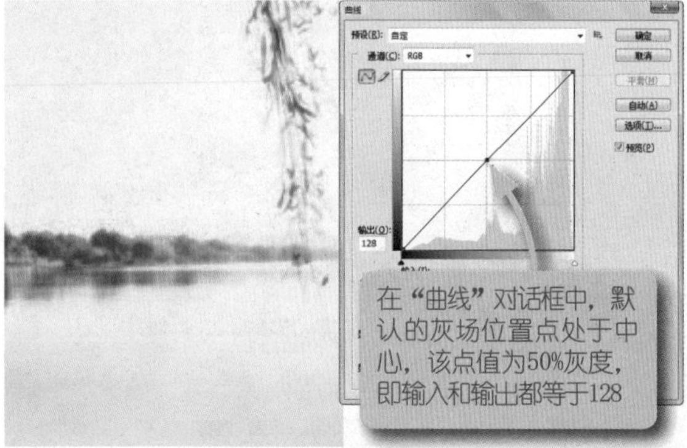

提示：在给数码照片进行色彩校正时，如何准确找到图像中的黑场、白场和灰场是个很关键的步骤。在下面几步中，我们将介绍一种便捷的技巧，只要图像中存在黑场、白场或灰场，都可以利用这种方法快速、准确地找到黑场、白场和灰场。

当然，并不是所有的图像都有黑场、白场或灰场，但是只要它有，利用这种方法就可以快速找到它。

本节案例所提供的照片是一张严重偏色的照片，如果从肉眼观察，是无法确定黑场、白场或灰场的位置的。因此，下面就以它为例，看看如何找出黑场、白场和灰场。

## STEP 02 查找照片中的黑场。
（黑场是无法通过直观能够确定的）

在Photoshop中打开本节案例的人物照片，如右图所示。在“图层”面板底部单击“创建新的填充或调整图层”按钮，从弹出的菜单中选择“阈值”命令，创建“阈值”调整图层。

从弹出的“调整”面板中，拖动滑块到最左侧，此时图像变成一片空白。然后再慢慢地向右拖曳滑块，此时会发现图像中黑色像素不断涌现。

最先出现的黑色像素区域就是图像中最暗的部分，也就是所谓的黑场。如果使用鼠标拖曳不好精确控制，可以在下面的“阈值色阶”文本框中先输入1，然后逐个输入2、3…，来查看第一个出现的黑色像素点。“阈值”命令能够接受1~255之间的整数，如果输入0，或者大于255，或者小数值，则Photoshop会提示错误。

为了方便观察，不妨先输入一个大整数，初步定位较黑的区域。方法是：在工具箱中选择缩放工具，放大图像。选择“窗口|导航”命令，打开“导航器”面板，定位到较黑区域。

然后在“调整”面板中，逐一输入较小的整数，直到输入数字1，如果此时发现存在黑色像素，则可以确定它就是黑场。

在工具箱中选择颜色取样器工具，然后在工具栏中设置取样点为1像素。在图像编辑窗口中单击黑色区域，标记黑场的位置。

切换到“图层”面板，隐藏阈值调整图层，则可以看到图像中黑场的位置，如下图所示。

创建阈值调整图层

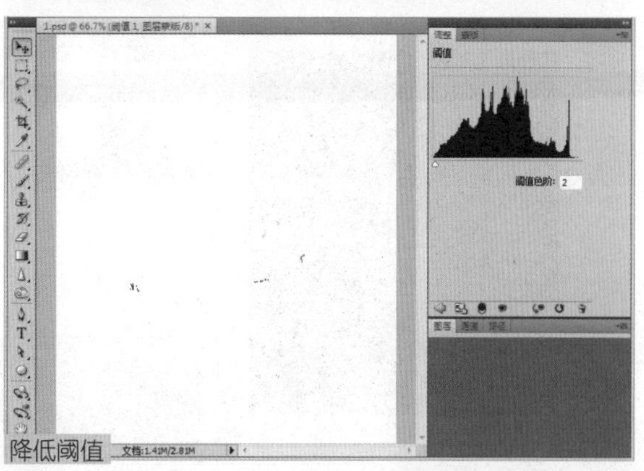

降低阈值

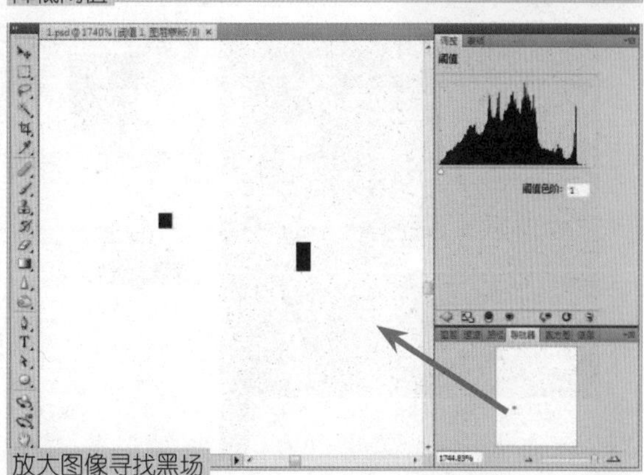

放大图像寻找黑场

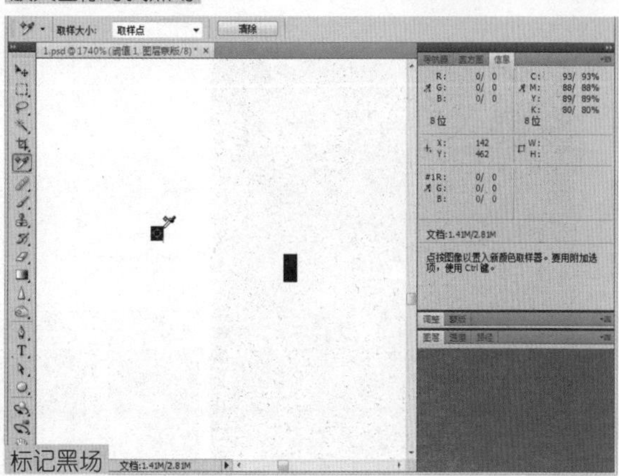

标记黑场

图像中黑场的位置

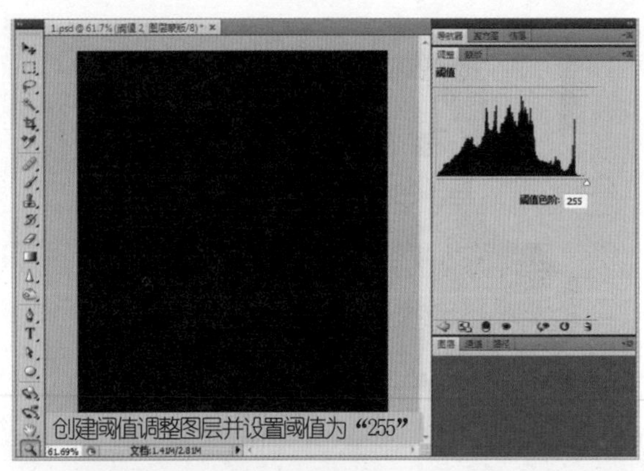
创建阈值调整图层并设置阈值为“255”

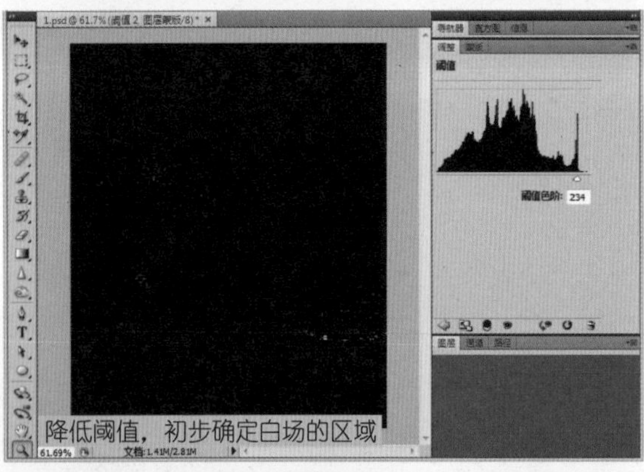
降低阈值，初步确定白场的区域

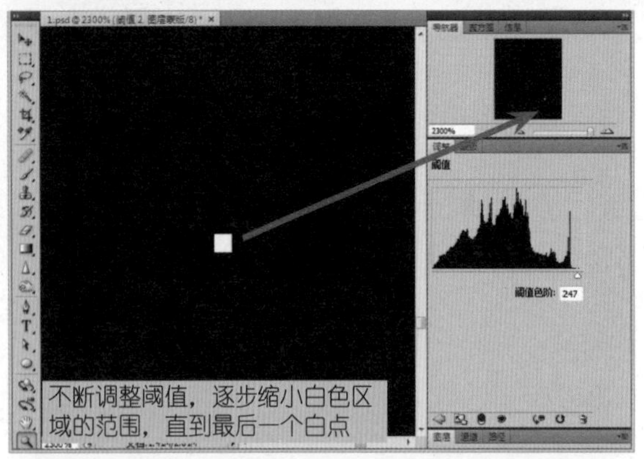
不断调整阈值，逐步缩小白色区域的范围，直到最后一个白点

标记白场

STEP 03 查找照片中的白场。
（白场也是无法通过直观能够确定的）

查找白场的方法与查找黑场的方法相似，不过它们的操作是反向的。在Photoshop中打开本节案例的人物照片，在“图层”面板底部单击“创建新的填充或调整图层”按钮，从弹出的菜单中选择“阈值”命令，创建“阈值”调整图层。

从弹出的“调整”面板中，拖动滑块到最右侧，此时图像变成一片黑色。然后再慢慢地向左拖曳滑块，此时会发现图像中白色像素不断涌现。

最先出现的白色像素区域就是图像中最亮的部分，也就是所谓的白场。如果使用鼠标拖曳不好精确控制，可以在下面的“阈值色阶”文本框中先输入255，然后逐个输入254、253…，来查看第一个出现的白色像素点。

为了方便观察，不妨先输入一个较大的整数，初步定位较白的区域。按【Ctrl++】组合键放大图像，选择“窗口|导航”命令，打开“导航器”面板，定位到较白区域。然后在“调整”面板中，逐一输入较小的整数，直到输入数字255，如果此时发现存在白色像素，则可以确定它就是白场。

在工具箱中选择颜色取样器工具，然后在工具栏中设置取样点为1像素。在图像编辑窗口中单击白色区域，标记白场的位置。

切换到“图层”面板，隐藏阈值调整图层，则可以看到图像中白场的位置，如下图所示，从中可以看到白场位于碗口的内侧。

图像中白场的位置

STEP 04 查找照片中的灰场。
（查找灰场需要借助一个中间图层实现）

在Photoshop中打开本节案例的人物照片，在“图层”面板底部单击“创建新的填充或调整图层”按钮，从弹出的菜单中选择“阈值”选项，创建纯色填充调整图层。

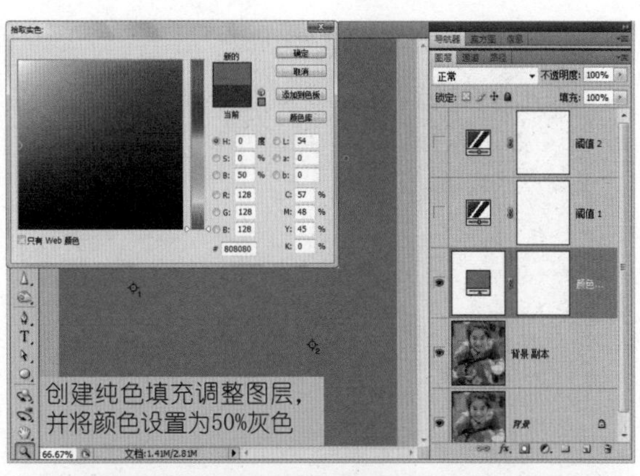
创建纯色填充调整图层，并将颜色设置为50%灰色

从弹出的“拾色器”对话框中，将填充色设置为“#808080”，即50%灰色（或称中性灰色、中间灰色）。并确保纯色填充调整图层位于“背景 副本”图层之上，阈值调整图层之下，如右图所示。

在“图层”面板中，设置纯色填充调整图层的混合模式为“差值”。差值混合模式能够将要混合的上下图层RGB值中每个值分别进行比较，然后使用高值减去低值作为合成后的颜色，因此任何灰度值与50%灰度值相减，结果灰度值总是小于中间灰度值，通过这种方式可以找出图像中的灰场的位置。

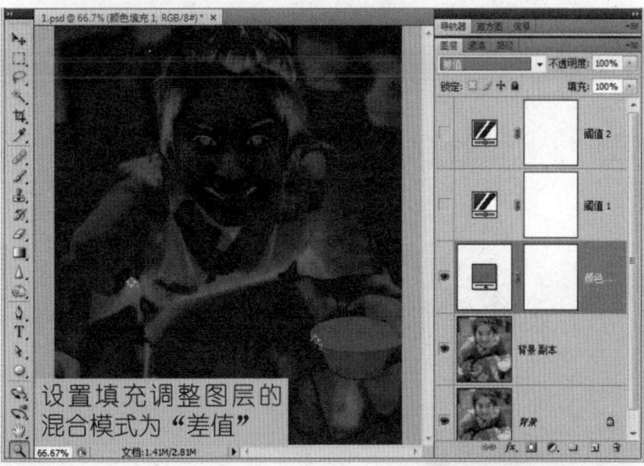
设置填充调整图层的混合模式为“差值”

在“图层”面板底部单击“创建新的填充或调整图层”按钮，从弹出的菜单中选择“阈值”命令，创建“阈值”调整图层。

从弹出的“调整”面板中，拖动滑块到最左侧，此时图像变成一片空白。然后再慢慢地向右拖曳滑块，此时会发现图像中黑色像素不断涌现。

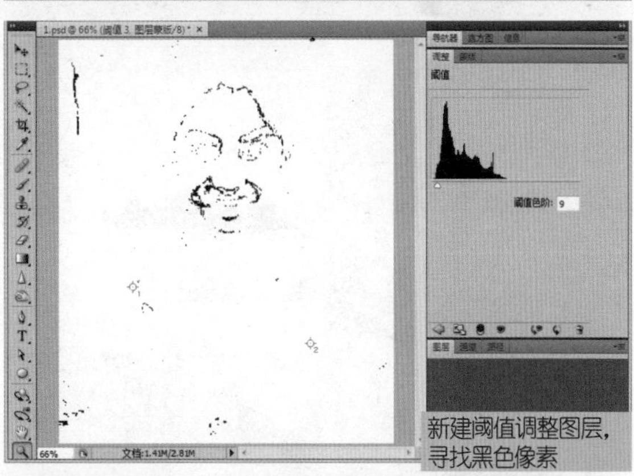
新建阈值调整图层，寻找黑色像素

最先出现的黑色像素区域就是图像中最暗的部分，也就是所谓的灰场。如果使用鼠标拖曳不好精确控制，可以在下面的“阈值色阶”文本框中先输入1，然后逐个输入2、3…，来查看第一个出现的黑色像素点。

为了方便观察，不妨先确定黑色像素出现的区域，然后在工具箱中选择缩放工具，框选对应区域，放大图像，或者选择“窗口|导航”命令，打开“导航器”面板，定位到较黑区域。

然后在“调整”面板中，逐一输入较小的整数，直到输入数字1，如果此时发现存在黑色像素，则可以确定它就是灰场。

在工具箱中选择颜色取样器工具，然后在工具栏中设置取样点为1像素。在图像编辑窗口中单击黑色区域，标记灰场的位置。

切换到“图层”面板，隐藏阈值调整图层和纯色填充图层，则可以看到图像中灰场的位置，如左图所示。

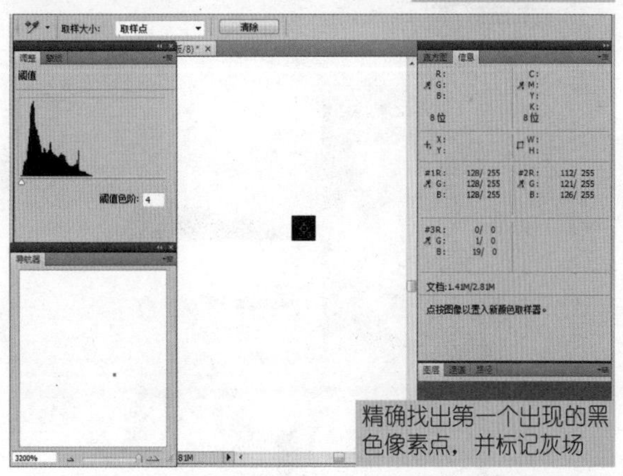
精确找出第一个出现的黑色像素点，并标记灰场

## STEP 05 科学分析照片的阶调分布。

（色调有情，但必须客观分析）

通过前面几步的操作，在本节案例照片中找到了黑场、白场和灰场的精确位置，并对它们进行了颜色取样，各场的RGB值如下。

※ 黑场（取样点#1）：R=0、G=0、B=0。

※ 白场（取样点#2）：R=240、G=249、B=254。

※ 灰场（取样点#3）：R=128、G=129、B=147。

※ 标准黑场、白场和灰场的RGB值如下。

※ 黑场（标准）：R=0、G=0、B=0。

※ 白场（标准）：R=255、G=255、B=255。

※ 灰场（标准）：R=128、G=128、B=128。

通过以上比较，可以看到，这幅照片的黑场比较正常，白场的R值和G值略有偏失，即红色和绿色通道的灰度分布不是很合理。而灰场的B值严重超标，即蓝色通道的灰度值分布过密，从而使图像偏向蓝色。

下面就来进行简单的调整，尝试改善照片的质量，使色彩相对自然和中正。当然无法完全修复照片的色偏问题，关于这个技术话题，后面还会专题讲解。

选择“图像|调整|色阶”命令，或者按【Ctrl+L】组合键，打开“色阶”对话框，在右侧的吸管工具选项区域中选择白场吸管，然后在图像中颜色取样点2（#2）的位置单击，设置该点为白场，则色阶命令就会以此颜色作为分界线，将等于和大于这个颜色的所有颜色全部替换为白色。

在右侧的吸管工具选项区域中选择灰场吸管，然后在图像中颜色取样点3（#3）的位置单击，设置该点为灰场，则色阶命令就会以此颜色作为分界线,将暗的颜色调整得更暗,将亮的颜色调整得更亮。

此时打开“信息”面板，可以看到颜色取样点1、2和3的R、G、B值的变化，可以看到白场恢复到正常状态，而灰场的R、G、B值趋于接近，当然暂时还无法趋同。在后面的专题中讲解如何让灰场的R、G、B值相同的方法。

STEP 06 优化黑场和白场缺失照片。
（完全恢复照片的阶调平衡比较困难）

在本节开始，曾经显示了两幅黑场和白场缺失的照片，下面借助前面讲解的方法，来尝试恢复它们的黑、白场，当然完全改善照片的阶调平衡存在很大的困难。

打开第一幅黑场缺失的照片，首先利用前面介绍的方法使用阈值调整图层，找出该照片的黑场位置，然后使用颜色取样器工具确定黑场的位置。按【Ctrl+L】组合键，打开“色阶”对话框，选择黑场吸管工具在取样颜色位置单击，即可以看到色调平衡后的照片，如右图所示。

再打开第二幅白场缺失的照片，然后利用前面介绍的方法使用阈值调整图层，找出该照片的白场位置，然后使用颜色取样器工具确定白场的位置。按【Ctrl+L】组合键，打开“色阶”对话框，选择白场吸管工具在取样颜色位置单击，即可以看到色调平衡后的照片，如下图所示。

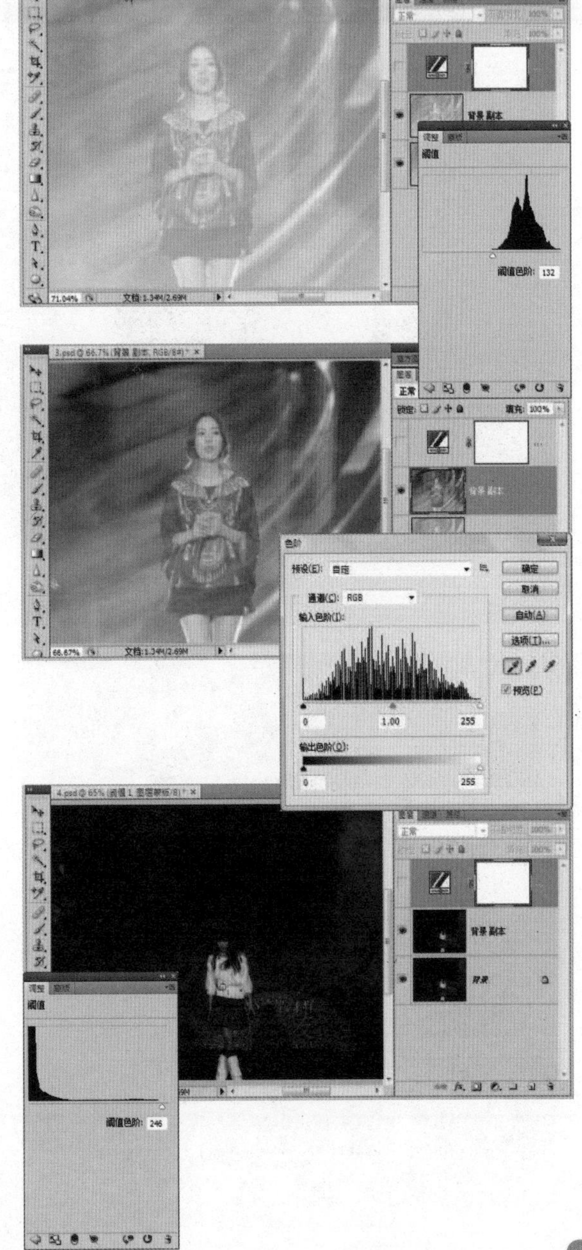

调色 03

# 调整照片灰度分布，让人物面部光线更饱满——使用“曲线”命令

Photoshop提供了众多颜色和色彩调整工具，读者可以在“图像|调整”子菜单中看到它们。看似繁杂的调整命令，但都可以使用“曲线”和“色阶”命令来替代。也就是说，曲线和色阶是Photoshop图像色彩调整的基础和基本工具，其他工具都是由此派生而来的。Photoshop提供如此众多的调色工具，主要是为了简化曲线和色阶的复杂操作。

“曲线”是Photoshop中最常用的调色工具，理解“曲线”命令就能触类旁通，理解其他色彩调整命令。本节将重点讲解“曲线”命令的使用，并尝试使用“曲线”命令调整人物照片的灰度分布，使用人物面部光线看起来更充足和饱满。

处理前

处理后

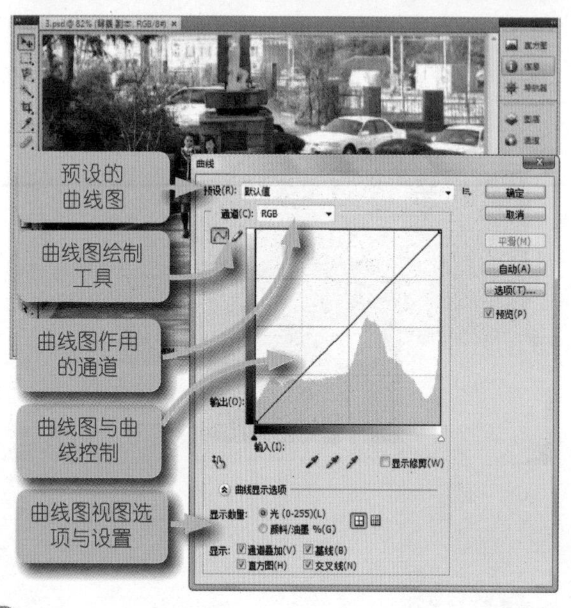


## STEP 01 初识Photoshop的“曲线”命令。

（“曲线”通过曲线形状来实现调色，而不是点）

在Photoshop中打开一幅照片之后，选择“图像|调整|曲线”命令，或者按【Ctrl+M】组合键，即可打开“曲线”对话框，曲线命令的所有选项和设置都在这个对话框中。该对话框包含以下5部分内容：

※ 预设的曲线图。在“预设”下拉列表框中可以选择一种预先定义好的曲线。

※ 曲线图作用的通道。操作之前在“通道”下拉列表框中应设置曲线作用的通道，默认为图像的RGB复合通道。

※ 曲线图绘制工具。可以使用铅笔工具绘制曲线，或者通过控制点编辑曲线。

※ 曲线图与曲线控制，曲线图直观显示当前图像调整前和调整后灰度分布和变化情况。可直接手动编辑曲线的形状，以调整图像色调变化。

※ 曲线图视图选项与设置。在该对话框的底部显示了一些曲线图视图选项，通过设置可以查看图像颜色和色调分布的相关信息。

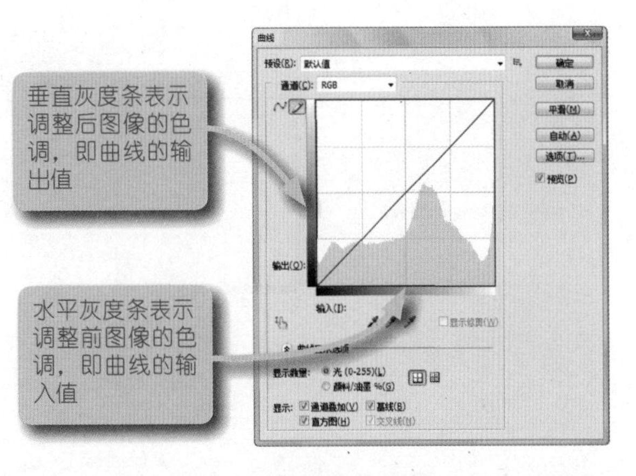


STEP 02 分析曲线图，理解“曲线”命令工作原理。
（曲线反映图像的亮度值变化）

在图像中，每一个像素都有确定的亮度值，通过曲线可以改变它的值，使该像素变亮或变暗。

当图像在未进行任何调整时，输入和输出的色调值是相等的，因此曲线是以45° 的直线显示。当对曲线上任一点做出改动，也改变了图像上相应的同等亮度的像素色调。

在曲线上单击将产生一个调节点，拖曳该调节点可以在网格内随意移动。

※ 当向左或向上移动时，则增强对应点灰度级的亮度。

※ 当向右或向下移动时，则减弱对应点灰度级的亮度。

※ 如果曲线变化明显，则会产生较强的色调变化，图像色调过渡生硬。如果曲线缓慢改变，则会使色调过渡光滑，调整效果逼真。

按住【Shift】键，可选择多个调节点。如要删除某一点，可将该点拖移出曲线坐标区外，或按住【Ctrl】键单击该点即可。

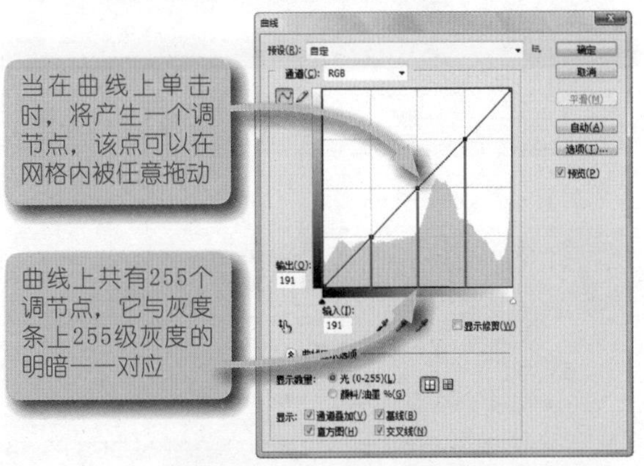


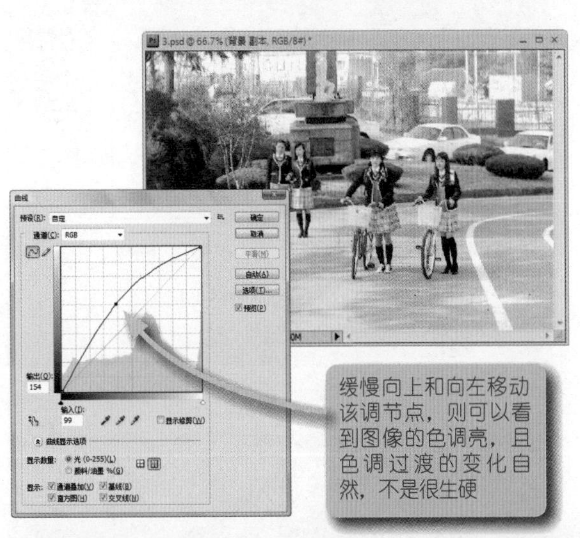


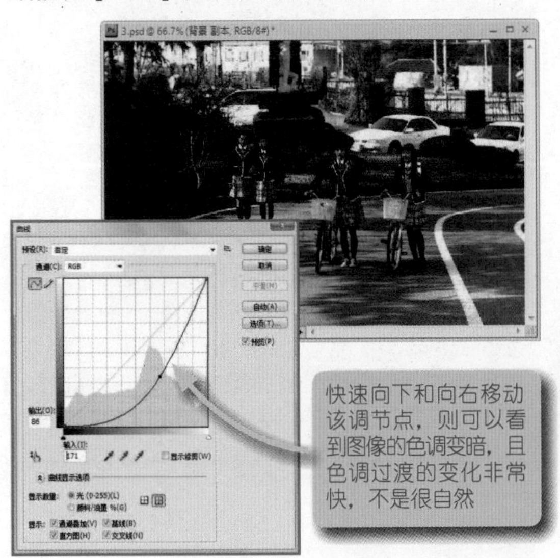


提示：如果向上拖动调节点，则对应点的纵坐标就会大于横坐标，也就是说调整后的亮度值大于调整前的亮度值，即输出值大于输入值，说明图像亮度增加了。

如果向下拖动调节点，则对应点的纵坐标就会小于横坐标，也就是说调整后的亮度值小于调整前的亮度值，即输出值小于输入值，说明图像亮度降低了。

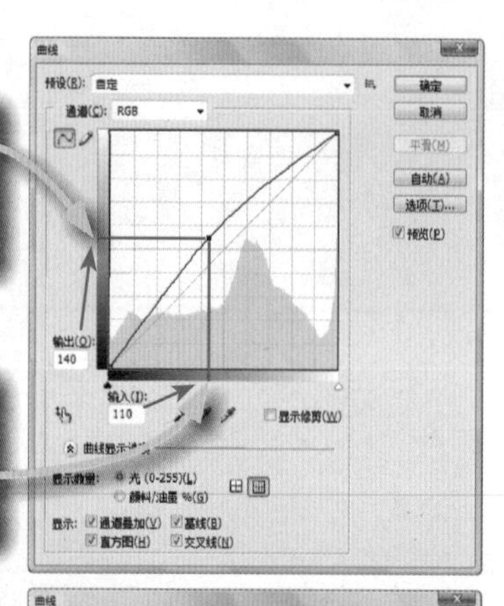

该点表示调节点的Y轴坐标点，即垂直坐标，代表输出值（调整后）

该点表示调节点的X轴坐标点，即水平坐标，代表输入值（调整前）

“输入”和“输出”文本框中的值表示曲线的输入值和输出值，它们对应横坐标和纵坐标的坐标值。例如，在左图中的调节点的输入值为110（横坐标），即调整前的亮度值是110，输出值是140（纵坐标），即调整后的亮度值是140。它表示把图像原来的亮度值为110提高到140。

由于曲线的变化是连续的，不仅这个点升高了，它左边的点（原来亮度为0～110）和右边的点（原来亮度为110～255）也升高了，这就是说整个画面的亮度都提高了。注意，图像的亮度取值范围是0~255。

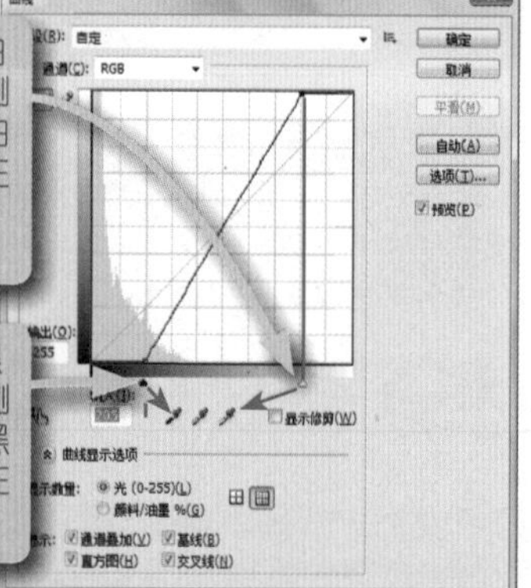

白色滑块能够调整白场，该点位置及其右侧的所有点都被设置为白色，与使用白场吸管在图像中单击功能类似

黑色滑块能够调整黑场，该点位置及其左侧的所有点都被设置为黑色，与使用黑场吸管在图像中单击功能类似

曲线下面有两个滑块，黑色滑块在左边，白色滑块在右边，分别表示左边暗，右边亮。同时它们还分别代表图像中黑场和白场，当拖动滑块时，会控制曲线两端上的调节点水平移动，从而调整图像中的黑场和白场。

这两个滑块与下面的吸管相对应，黑色滑块与黑场吸管功能相一致，白色滑块与白场吸管功能相一致。使用吸管在图像中单击与拖动滑块功能相似，但是结果略有不同，演示如左图所示。

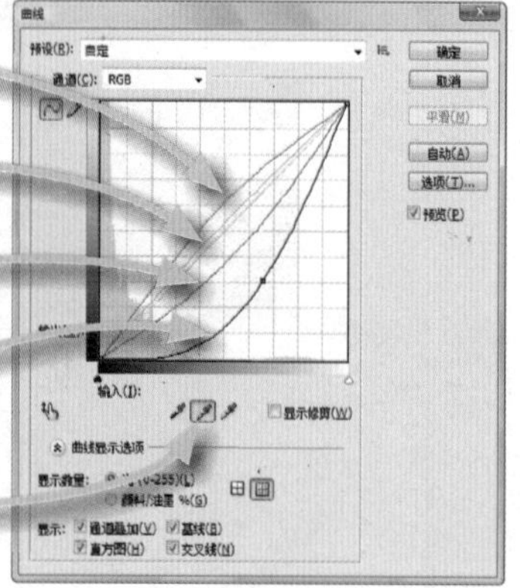

红色通道曲线

绿色通道曲线

蓝色通道曲线

RGB通道曲线

使用灰场吸管在图像中单击

曲线包括4条，即RGB（总亮度）、R（红色）、G（绿色）、B（蓝色）。当调节总亮度不能如愿时，可以分别调节三原色的亮度，方法是在“通道”下拉列表框中选择对应通道，然后针对该通道进行曲线调节。但是改变每种原色的亮度都会对图像总的颜色产生影响。

如果使用灰场吸管在图像中单击时，“曲线”命令会自动调节各通道的曲线形状，并同时显示出来，如左图所示。

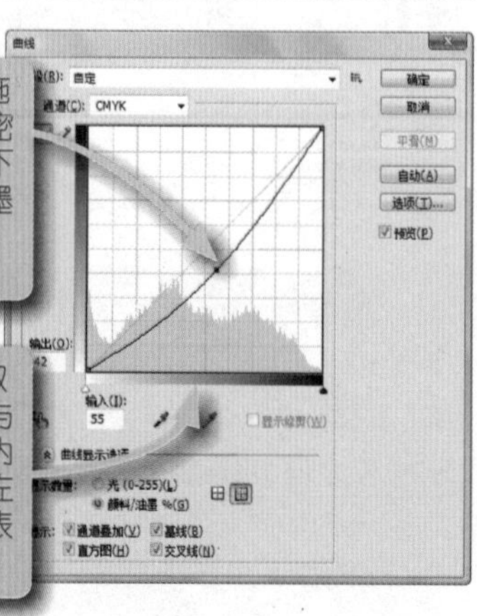

在CMYK模式下，向上拖曳曲线，将增强油墨密度，则图像变暗；向下拖曳曲线，将减弱油墨密度，则图像变亮

灰度条表示油墨级别，取值范围为0~100，它与RGB模式下的灰度条内容和形式都不相同，左侧表示无油墨，右侧表示100%油墨

上面所提及的“曲线”对话框都是针对RGB颜色模式的图像而言的，如果是CMYK颜色模式的图像，则曲线的作用和含义就不同了：RGB曲线可以改变亮度，CMYK曲线可以改变油墨，如左图所示。

在CMYK曲线中，横坐标表示图像的原油墨量，纵坐标表示调整后的油墨量，油墨取值范围是0~100，而不是0~255。由于RGB模式是加色模式，而CMYK是减色模式，所以CMYK曲线的灰度条是反过来的。因此，向上拖曳曲线会变暗图像，反之会增亮图像。

STEP 03 归纳、总结曲线与色调的变化规律。
（掌握曲线经典变化规律可以提高应用技巧）

在“曲线”命令中，无论是单独提高或者降低曲线的亮度都不能较好地解决问题。当在改善图像一部分色调的同时，也会破坏图像的另一部分色调。因为曲线的变化是联动的，彼此相互影响。

不过，在曲线上可以添加多个调节点，这样就可以实现针对不同亮度区域进行单独调节，避免了不同亮度调节的影响。下面来总结一些经典曲线对于图像色调的影响。

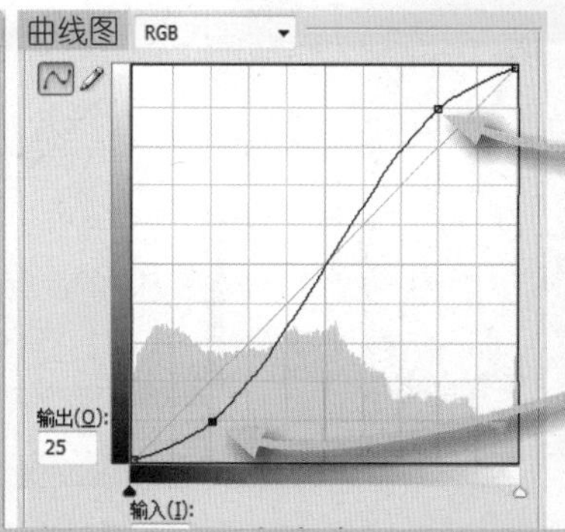


小幅提高亮部区域的亮度值。单击并设置一个调节点，轻微向上拖曳，幅度不宜过大，根据需要酌情调节，以此强化高光区域的色调

小幅降低暗部区域的亮度值。单击并设置一个调节点，轻微向下拖曳，幅度不宜过大，根据需要酌情调节，以此弱化暗部区域的色调

经典大S，适合明暗不明显、泛灰的图像

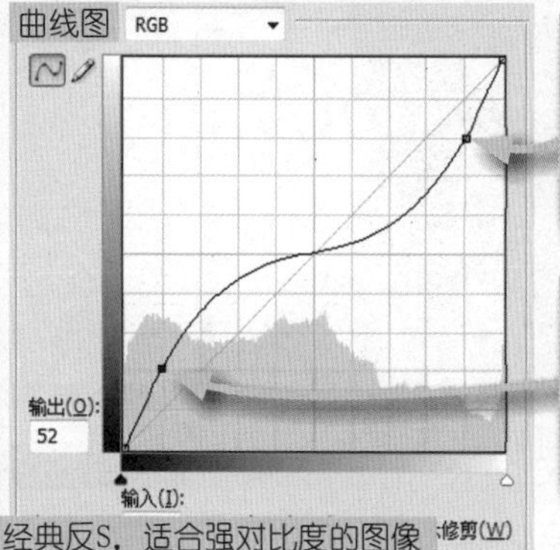


小幅降低亮部区域的亮度值。单击并设置一个调节点，轻微向下拖曳，幅度不宜过大，根据需要酌情调节，以此弱化高光区域的色调

小幅增强暗部区域的亮度值。单击并设置一个调节点，轻微向上拖曳，幅度不宜过大，根据需要酌情调节，以此增强暗部区域的色调

经典反S，适合强对比度的图像

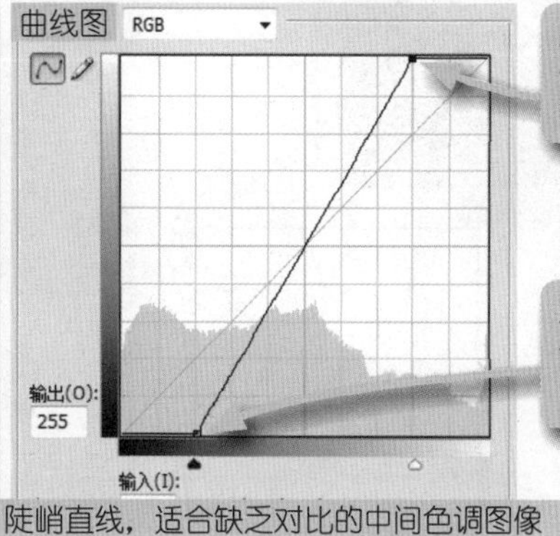


将曲线亮部端点向左移，定位白场，修补亮部缺失的图像，增大中间色调的对比度

将曲线暗部端点向右移，定位黑场，修补暗部缺失的图像，增大中间色调的对比度

陡峭直线，适合缺乏对比的中间色调图像

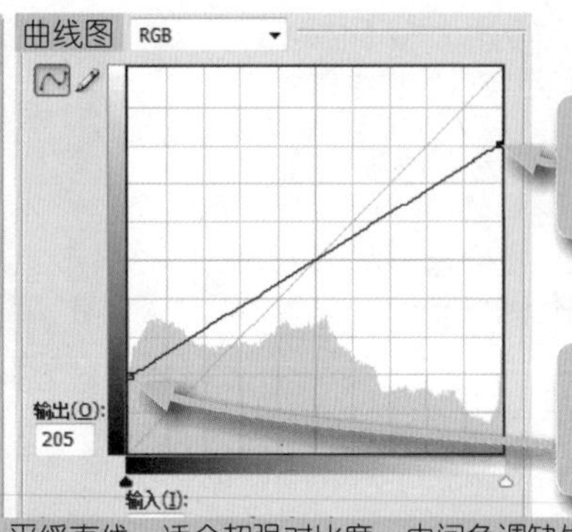


平缓直线，适合超强对比度、中间色调缺失的图像

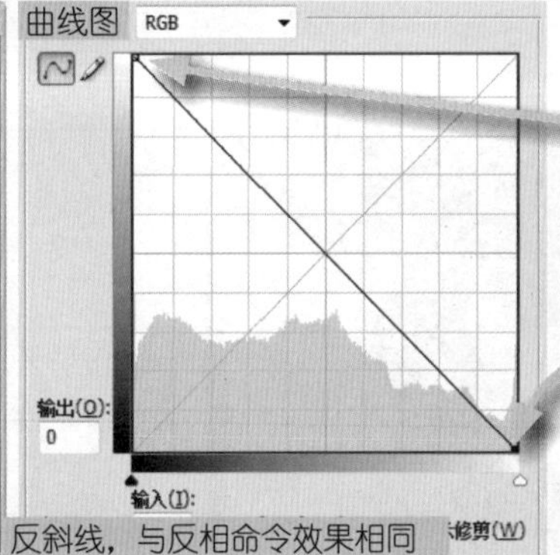


反斜线，与反相命令效果相同

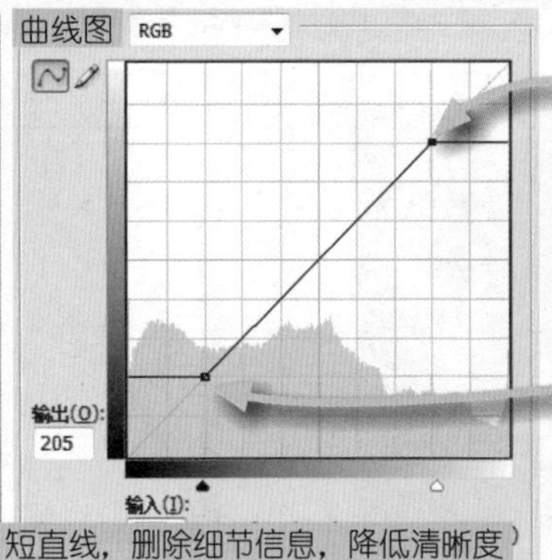


短直线，删除细节信息，降低清晰度

正弦曲线，适合设计一些特殊效果，在图像调色过程不适合使用

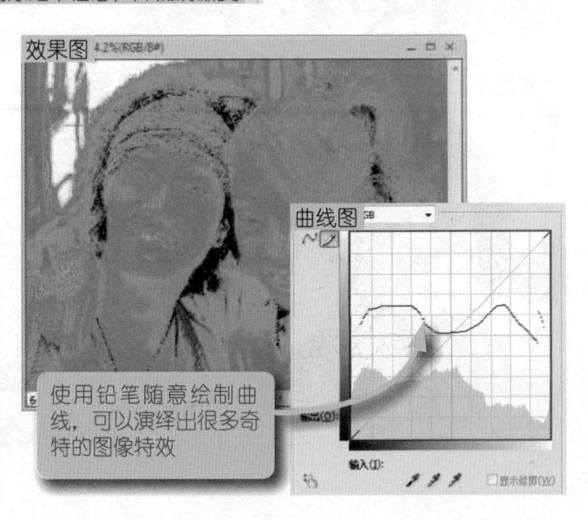


使用铅笔随意绘制曲线，可以演绎出很多奇特的图像特效

## STEP 04 曲线与图像上每个像素的映射关系。
（准确确定某个像素在曲线上的位置）

当使用“曲线”命令调整图像时，如何确定图像上某点的输入和输出值，以便了解特定区域色调变化幅度呢？这个对于精确控制图像时显得很重要，方法如下：

移动鼠标指针到图像编辑窗口，当鼠标指针变成吸管状时，在想要查看的位置单击，此时在曲线的相应位置就会闪现一个点，该点就是当前单击像素的色调。

如果按住鼠标左键拖曳指针，则可以在曲线上看到指针移过的某个像素点的色调变化情况。如果按住【Ctrl】键，然后在图像上单击，则曲线上的那个闪现的点就被固定下来，成为一个调节点，在“输出”文本框中输入数值可以精确调整它的亮度变化。

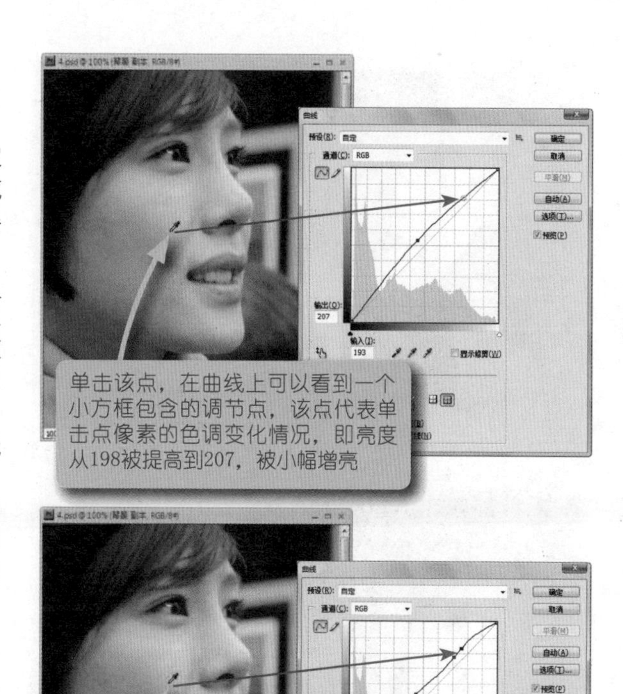


## STEP 05 使用曲线有针对性地调节图像。
（利用曲线可以加强特定区域的对比度）

本步方法是基于上一步方法来的，很多时候在人像处理中，主要是针对特定区域进行调整，如面部、头发、躯体、四肢等。这时就可以按住【Ctrl】键在图像中单击找出调整区域在曲线上的线段，然后就可以有的放矢地进行调整。

例如，按住【Ctrl】键，围绕人物面部反复单击，找到曲线上对应的点。可以取多个点，再按【Ctrl】键单击中间的点进行删除，留下最上面的和最下面的两个点。

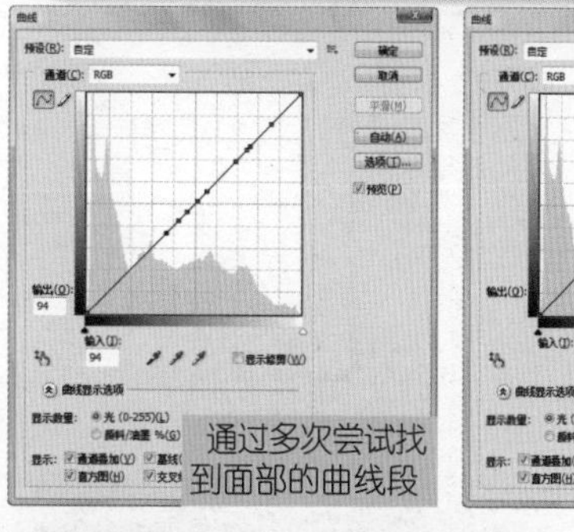


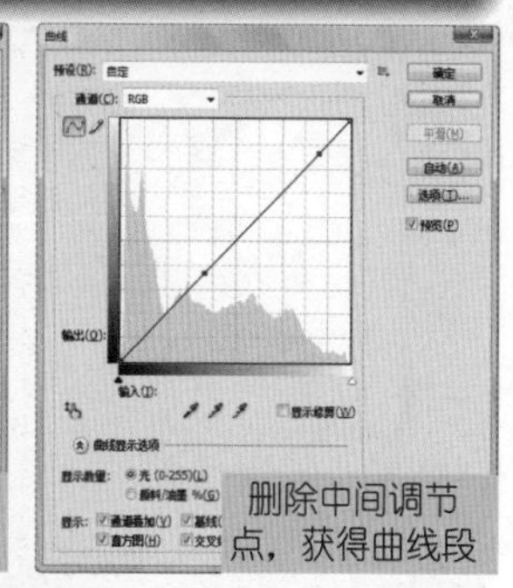


现在已经知道如何调节曲线上对应线段。加大曲线的斜率，会获得更多的细节，当然不要太亮，也不要太暗，可以反复尝试，力求使用画面效果平衡。

在调节曲线之前，应粗略分析各个色调的像素在曲线上的位置，这样哪些该加亮，哪些该变暗，操作起来心里就会有数。Photoshop允许设置多达16个调节点，但一般情况下，设置两个调节点就够了。调节中应该轻微、准确而又干净，这样所做的调节会非常高效。当然，读者应该多多练习才能够把握“曲线”命令的使用技巧。

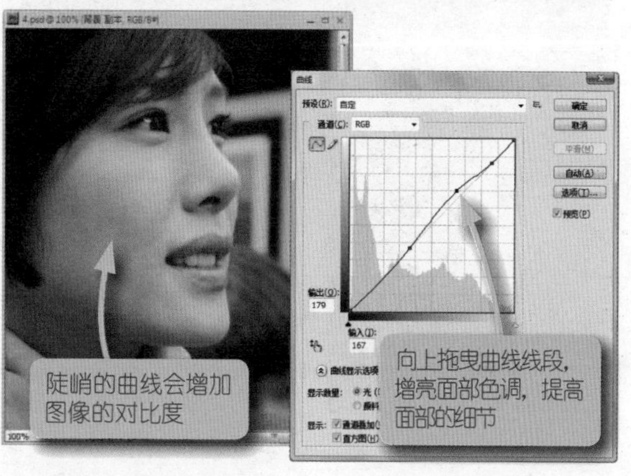

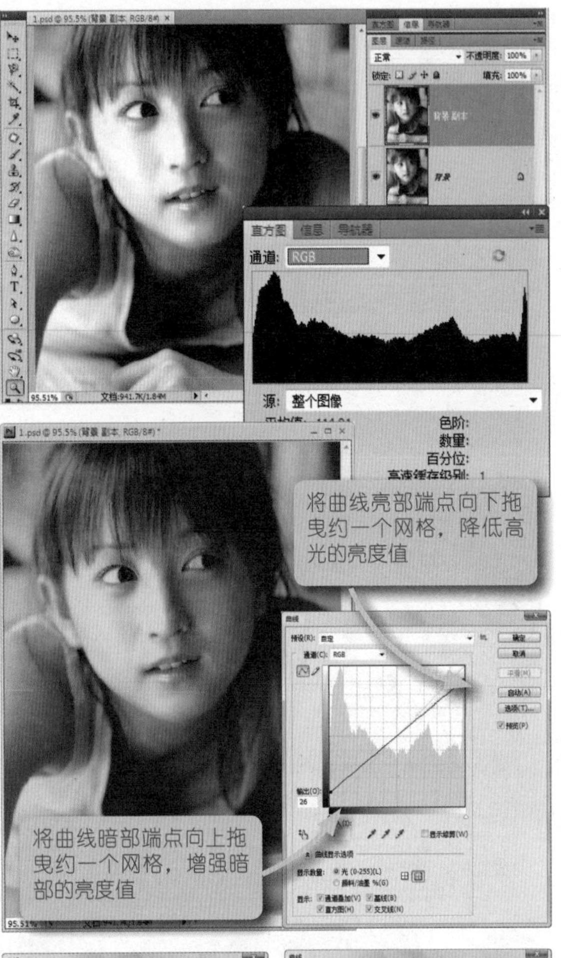


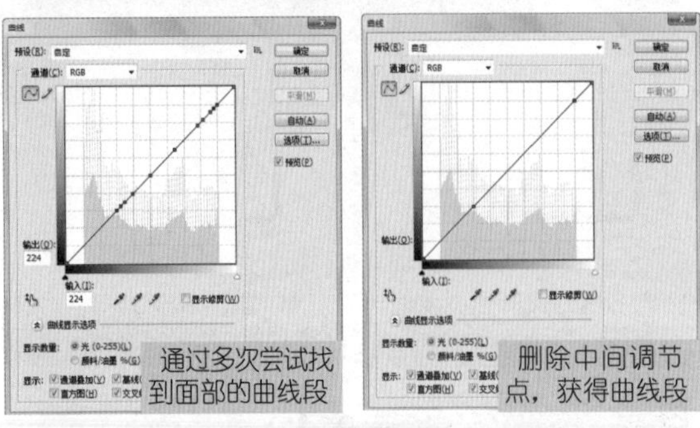


STEP 06 使用“曲线”命令改善人物面部色调。（本步操作需要多练习，曲线没有固定模式）

在Photoshop中打开本节案例人物照片素材，如左图所示。首先，选择“窗口|直方图”命令，打开“直方图”面板，单击右上角的面板菜单按钮，从弹出的菜单中选择“扩展视图”命令，切换到到扩展视图，在“通道”下拉列表框中选择“RGB”通道，这时就可以在直方图中看到当前图像的色阶分布情况。

该图像的直方图呈现弱盆地形状，说明图像的暗部和高光区域过大，而中间色调不足，从而出现了图像的明暗对比强烈，而中间色调缺失，人物看起来细节不明显，饱和度不足。

按【Ctrl+M】组合键，打开“曲线”对话框，使用鼠标拖曳亮部端点向下移动约一个网格距离，这样就可以降低高光的亮度值。

同时使用鼠标拖曳暗部端点向上移动约一个网格距离，这样就可以增强暗部的亮度值。此时，可以看到曲线比调节前变得平缓许多，曲线越平缓，对比度就越弱；反之曲线越陡峭，对比度就越强。通过这种方式，可以适当降低图像的明暗对比度，使图像看起来更柔和。

按住【Ctrl】键，在左右脸上分别单击进行取样，则在曲线上可以看到单击点的色调位置。可以多单击几次，尝试找出面部区域的色调分布区段。

然后在该曲线段上单击定义两个调节点，然后拖曳亮部调节点向下移动，轻微降低亮度的色调，拖曳暗部调节点向上移动，轻微提高暗部的色调。最后使用磁性套索工具勾选人物面部暗部区域，按【Shift+F6】组合键，羽化5个选区，再使用曲线适当提高它的亮度。

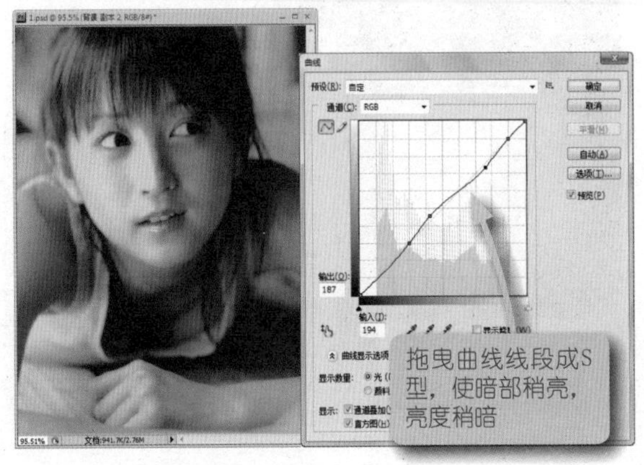


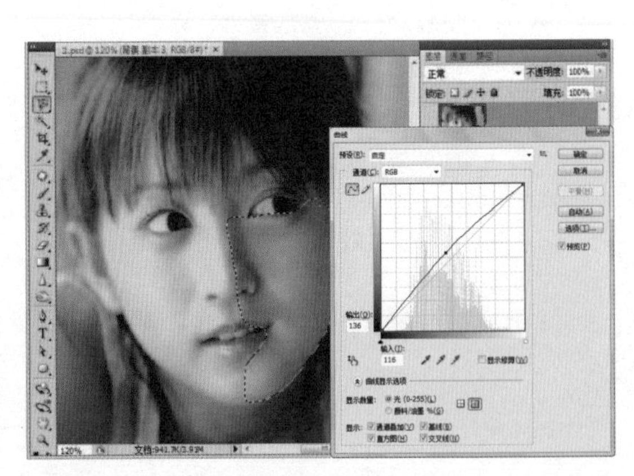

调色 04

# 调整照片色阶分布，让灰暗平散的照片焕发新机——使用“色阶”命令

Photoshop在调整图片色调效果方面，有着很强大的功能，其利器主要包括“曲线”命令和“色阶”命令。“曲线”命令功能强大，但操作复杂，而“色阶”命令功能朴实，却易驾驭。当我们尝试改善图像色阶问题时，最先用到的不是“曲线”命令，而是“色阶”命令。“色阶”对话框直观明了，控制线比较单一，操作简单。原本一幅看似亮度单调的照片，经过色阶调整后，会有很大的改观。

对于摄影师来说，照片发灰、对比度不高、效果不好是很多摄影爱好者时常都会遇到的问题，本节案例将演示如何使用Photoshop的“色阶”命令调整发灰的照片，使照片看起来更精神。同时本节还将详细讲解“色阶”命令的一般用法。

处理前

处理后

## STEP 01 深入理解图像的色阶和色阶图。
（色阶表现图像的明暗程度，与颜色无关）

色相、饱和度和亮度被称为颜色三要素，其中亮度就是图像的明度或色调，而色阶是Photoshop用来直观描述亮度的一种方法，与颜色无关。

色阶表示图像亮度强弱的指数标准，也就是常说的色彩指数，或者说是灰度分辨率（又称为灰度级分辨率或者幅度分辨率）。图像的色彩丰满度和精细度是由色阶决定的。

色阶取值范围为0~255。24位色的RGB图像，可以使用256个阶度表示红、蓝、绿，每种原色的取值范围都是0~255，理论上讲图像的颜色数共有256×256×256种。当然，显示设备不一定能充分表达出所有颜色的区别。最亮的色阶是白色（值等于255），最暗的色阶是黑色（值

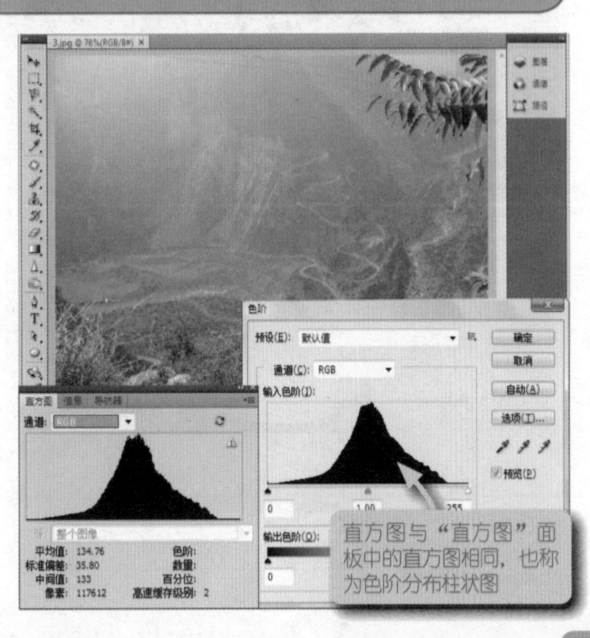

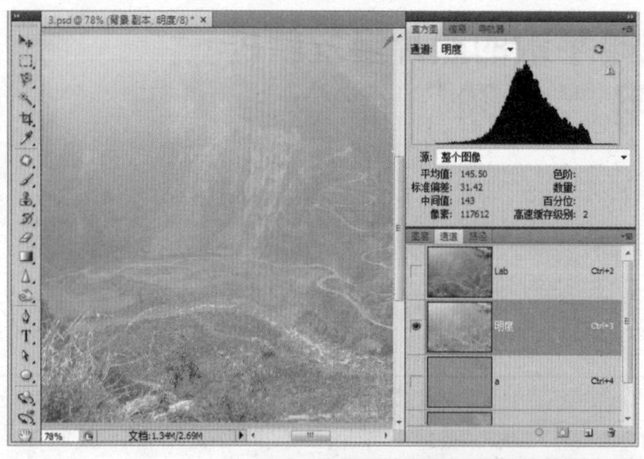

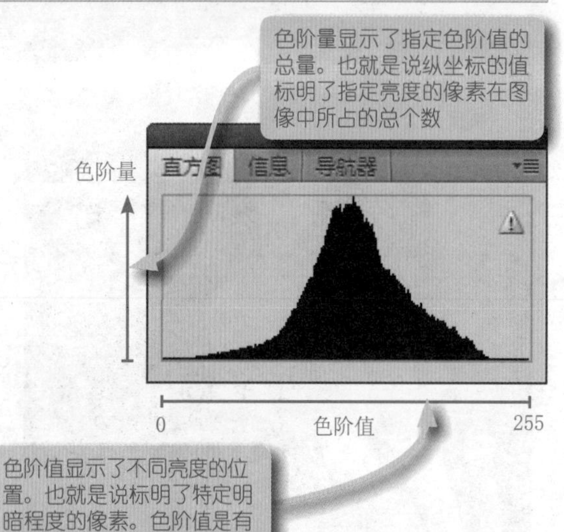


等于0），中间色都是灰色，灰度级不同，亮度就会不同。任何图像如果去色之后会自动变成黑白色，但是色阶不会改变。

例如，针对上图照片，选择“图像|模式|Lab颜色”命令，把图像转换为Lab颜色模式，然后在“通道”中去掉a和b颜色通道，去掉照片中的颜色，则风景依然不变，此时可以看到图像的直方图没有发生任何变化。此时如果我们把它调成绿色、黄色或迷彩色，只要色阶不变，风景依旧。

但是，如果在RGB模式下，直接按【Ctrl+Shift+U】组合键执行去色命令，可能会存在一定的误差，直方图会发生细微的变化。所以，专业去色的方法应该是把图像转换为Lab模式，然后去掉颜色通道，这样可以完整保留色阶信息。

色阶图就是所谓的直方图，通俗描述为色阶分布柱状图，它使用横坐标显示色阶值，纵坐标显示色阶量。色阶图能够直观演示图像的色阶分布密度和形势。

## STEP 02 初识Photoshop的“色阶”命令。

（用“色阶”命令调整图像亮度和对比度最方便）

打开照片文件，选择“图像|调整|色阶”命令，或者按【Ctrl+L】组合键，即可打开“色阶”对话框。

与“曲线”对话框相比，“色阶”对话框要简单很多。同时，在色阶调整过程中，色阶命令只能以两段线性方式改变图像灰度值的变化，而“曲线”命令的调整方式就复杂很多，所以说“色阶”命令是一种简便的图像色调调整工具。

在“预设”下拉列表框中可以选择图像色调调整中常用的预设方案，当然更多的时候是自定义“色阶”命令。

在“通道”下拉列表框中包含了图像的所有颜色通道，如RGB复合颜色通道、红色通道、绿色通道和蓝色通道。可以直接调整图像的综合色阶分布，也可以单独调整原色通道。调整综合通道的色阶分布，可以改变图像的明暗和对比度变化，而调整原色通道的色阶分布，会改变图像的三原色混合比例，从而影响图像的颜色显示。

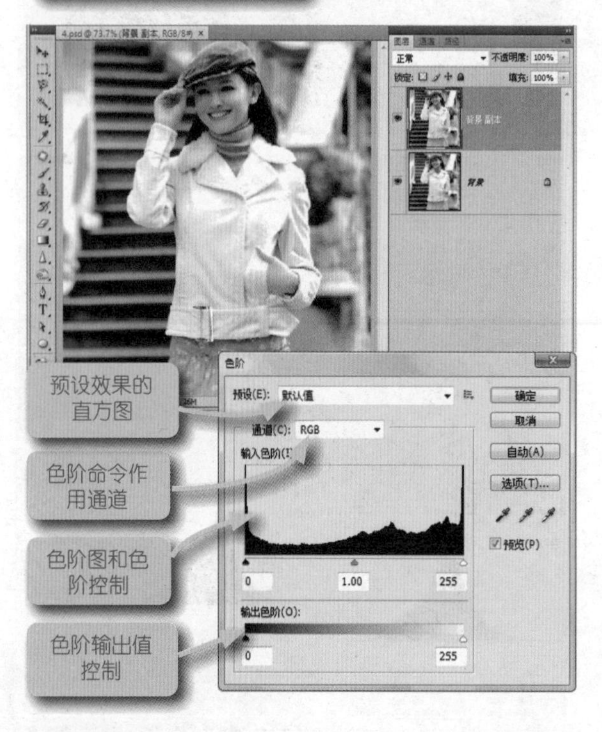

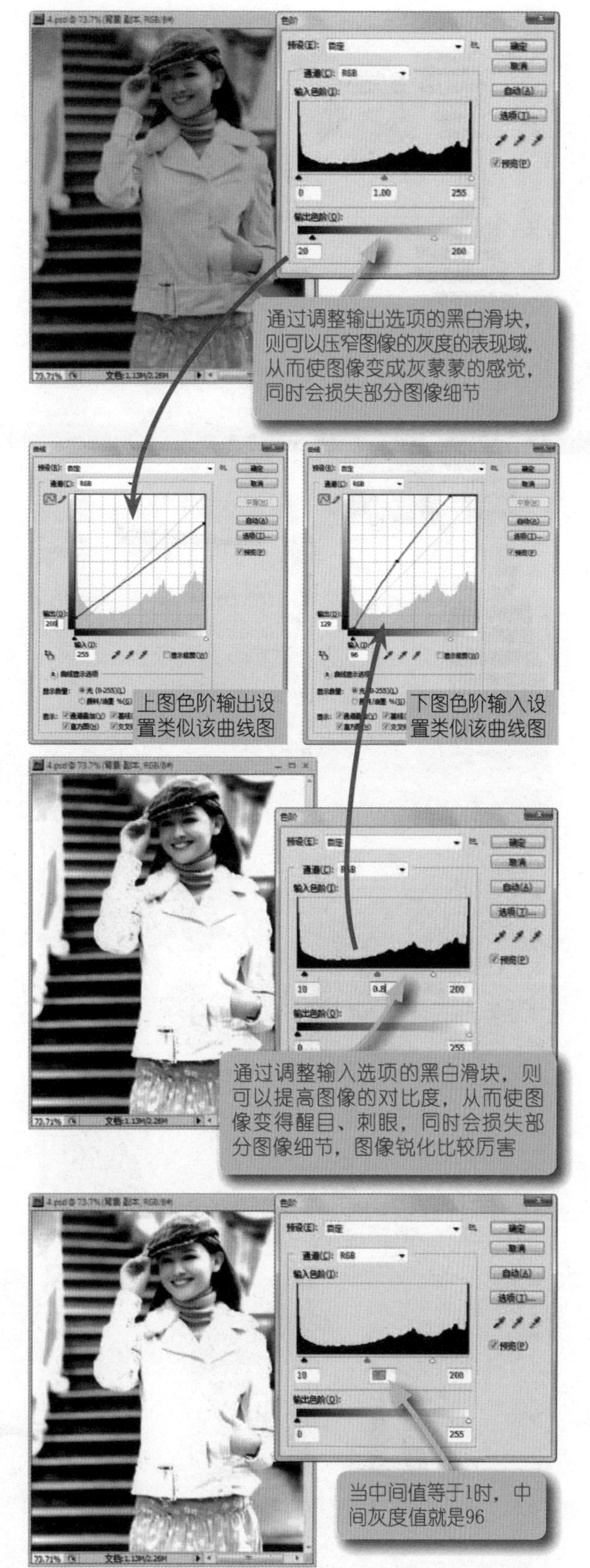


在“色阶”对话框中，包含“输入色阶”和“输出色阶”两部分控制选项，这与“曲线”对话框中的“输入”和“输出”文本框功能类似。

“输入”选项是指原图像中的色阶分布图，最小值是0，最大值是255，中间调是1.0。这里的1.0表示128灰度级所在的位置。

“输出”选项控制的是色阶命令计算之后灰度的最大值和最小值分布区间。默认值是0和255。例如，如果设置输出值分别为20和200，这就意味着输出时的最大灰度值为200，最小灰度值为20。不过在调整图像时，一般很少改变输出值，因为这样会降低图像的色阶表现范围，使图像看起来泛灰。

在“色阶”对话框的“输入色阶”区域，可以看到3个滑块：

※ 黑色滑块（▲）可以设置图像灰度的最小值，即图像最暗的色调值，也就是所谓的黑场。

※ 灰色滑块（▲）可以设置图像灰度的中间值，即图像中间色调值，也就是所谓的灰场。

※ 白色滑块（△）可以设置图像灰度的最大值，即图像最亮的色调值，也就是所谓的白场。

例如，如果设置输出值为0和255，当输入的最小值设置为10，中间值设置为0.8，最大值设置为200时，那么色阶命令就会把原图中所有低于10的灰度值全部重设置为0，而把高于200的值全部设置为255。原本中间值是指128所在的位置，1.0代表处于两者正中间，而中间值的分布范围是2~0。越靠近最大值，其值越小，相反越靠近最小值，其值越大。

当中间值为1.0时，10和200的中间灰度值就是96，也就是说原图中的96会被设为128，从96~200会自动对应到128~255之间的值，从10~95会自动对应到0~127之间的值。

如果把中间值设置为0.8,那么原图中的116就会被设定为128，116和200就会自动对应到128~255之间的数值，而10和115就会自动对应到0~127之间的数值。

在“色阶”对话框中提供了3个吸管，分别是黑场吸管、灰场吸管和白场吸管。利用这3个吸管可以快速设置图像的黑场、灰场和白场。它们与“曲线”对话框中的3个吸管在功能上是相同的。可能是由于算法的差异，用它们的灰场吸管单击相同点所得结果并不相同。例如，使

用颜色取样器工具固定3个点，然后分别使用“色阶”命令和“曲线”命令的3个吸管依次设置取样点#1、#2和#3，通过“信息”面板可以比较“色阶”命令和“曲线”命令在设置灰场时所得结果略有误差，但是白场和黑场是相同的。

**STEP 03** 归纳、总结色阶与色调的变化规律。（掌握色阶图走势规律可以提高应对技巧）

“曲线”命令可以设置各种经典曲线图，以便根据需要调整图像的色调。“色阶”命令也可以通过色阶图走势直观判断图像的灰度分布，并做出正确处理。

下面就来分析常见色阶图及其图像色调可能会存在的问题，以及应对之策。左图是本案例的原图像。

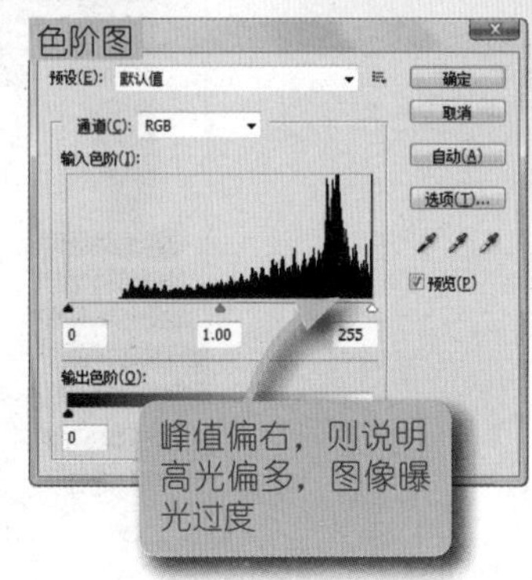


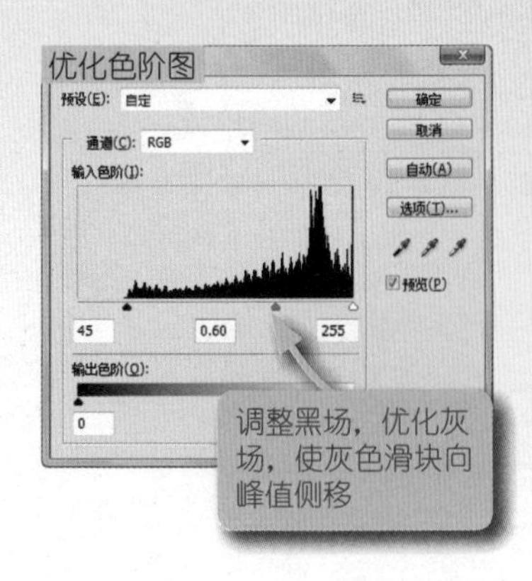

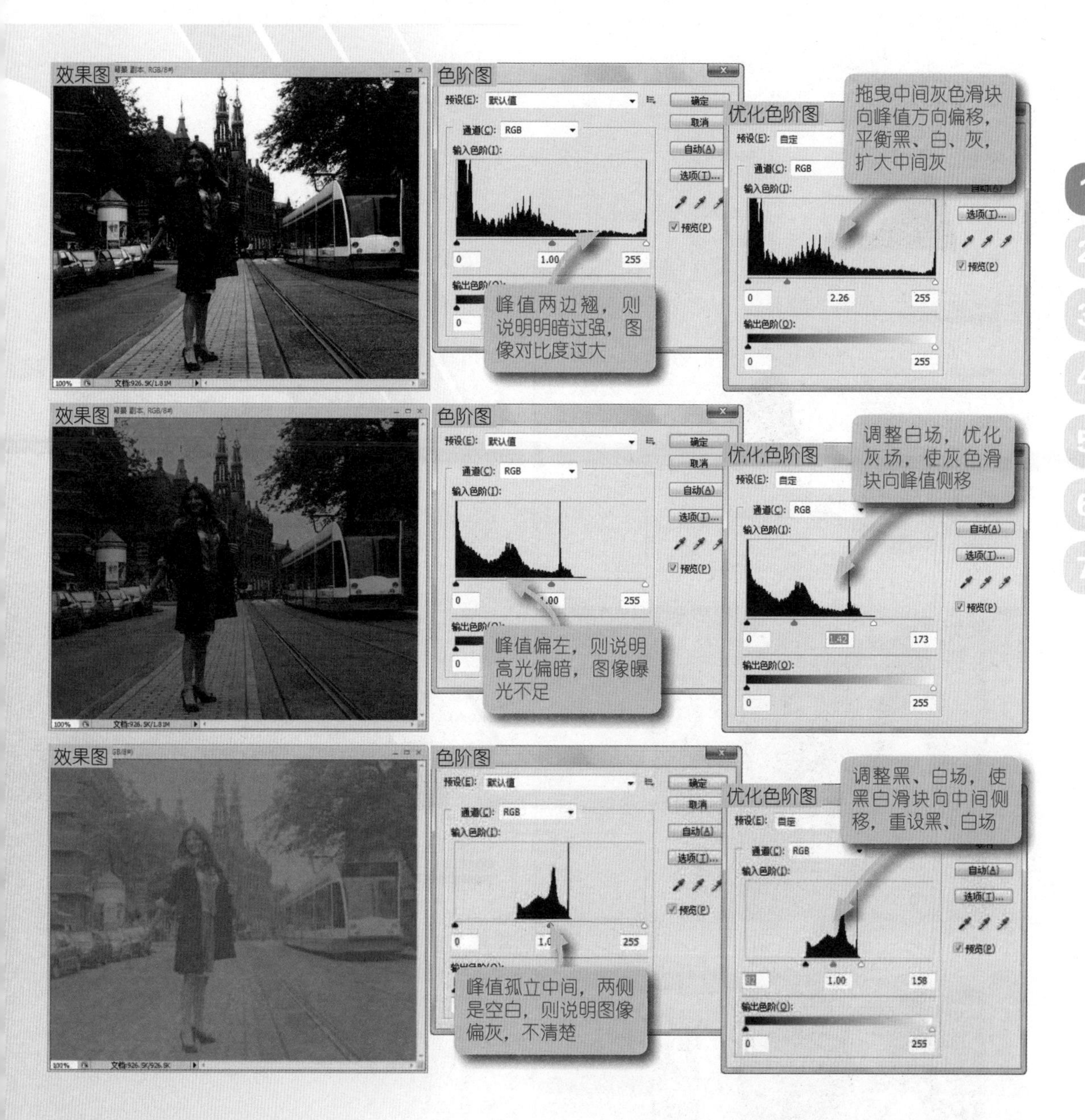


STEP 04 使用“色阶”命令改善灰暗的照片。（“色阶”对话框比“曲线”对话框容易操作）

在Photoshop中打开本节案例人物照片素材，如右图所示。首先，在“图层”面板中拖曳“背景”图层到面板底部的“创建新图层”按钮上，复制“背景”图层为“背景 副本”图层。

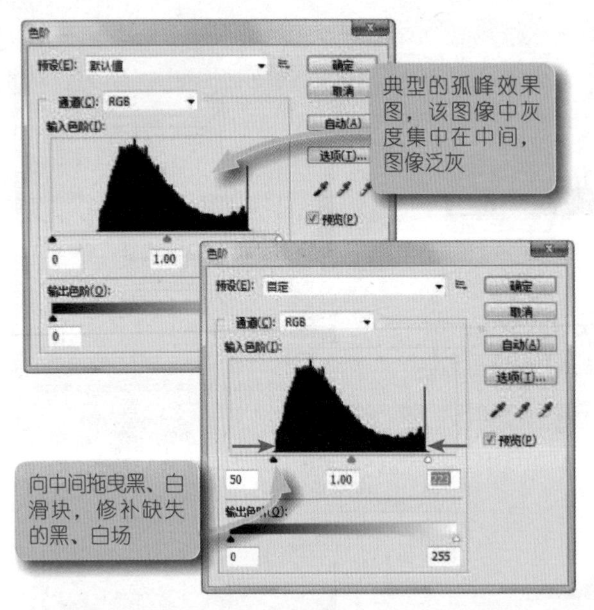


按【Ctrl+L】组合键，打开“色阶”对话框，从对话框中的直方图可以看到，图像的灰度分布严重不均，主要集中在中间灰度区域，暗调和高光区域缺失。

使用鼠标拖曳黑色滑块（▲）到主峰左侧的山脚底部，以提高暗部的亮度，该步操作与使用黑场吸管在图像中单击功能相似。

使用鼠标拖曳白色滑块（△）到次峰右侧的山脚底部，以降低高光的亮度，该步操作与使用白场吸管在图像中单击功能相似。

使用鼠标拖曳灰色滑块（▲）向主峰一侧偏移，偏移的幅度不宜过大，可以根据图像的光线变化情况确定。

最后使用“曲线”命令适度改善一下图像的对比度，如下图所示。

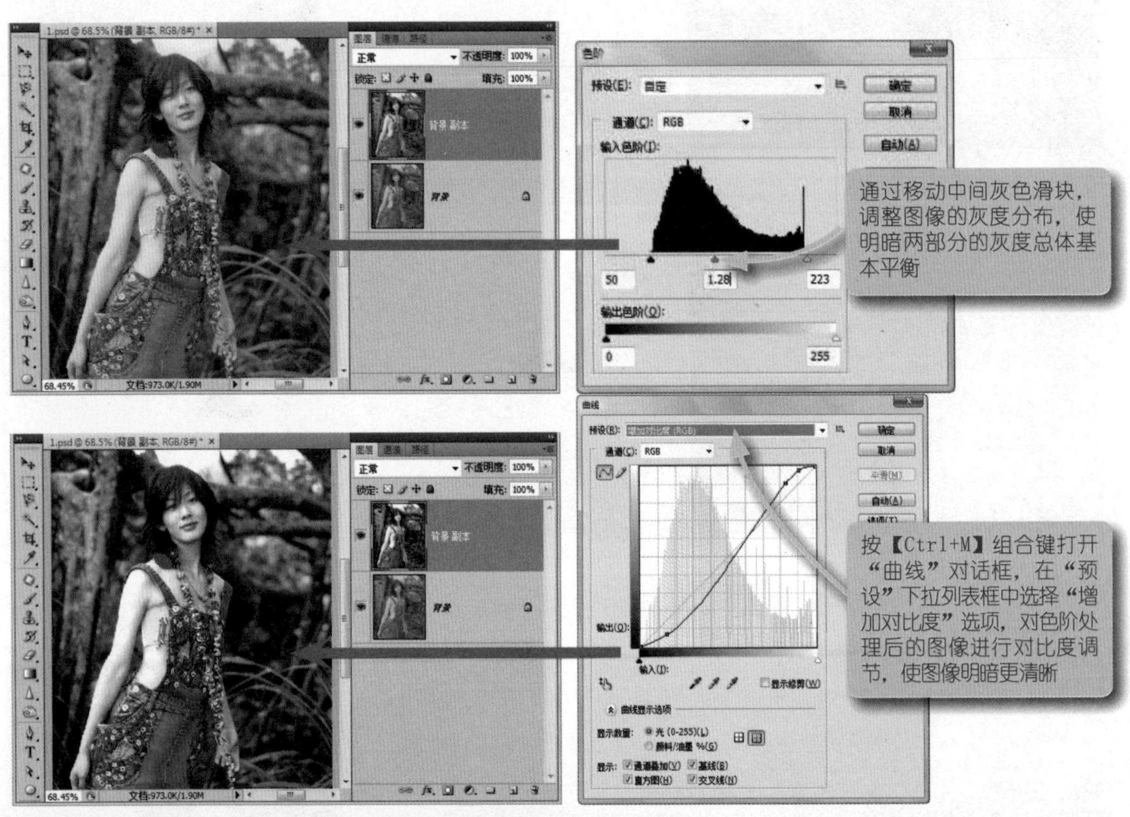


提示：在“色阶”对话框中，当拖曳灰色滑块向左移动后，灰色滑块所在点的像素，从比较暗的亮度被定义为50%灰度，则该点像素亮度被提高，从灰色滑块到白色滑块区域的宽度增大，亮色像素数量增多，图像看起来会很亮。当拖曳灰色滑块向右移动后，灰色滑块所在点的像素，从比较亮的亮度被定义为50%灰度，则该点像素亮度被降低，从灰色滑块到黑色滑块区域的宽度增大，暗色像素数量增多，图像看起来会很暗。因此，准确标定黑、白滑块，可以控制图像的反差和对比度，合理确定灰色滑块，可以调整图像的色调和影调效果。

调色 05

# 原色主义，让照片回归自然——利用色阶理论调整色偏

Photoshop核心功能包括4部分，即图像编辑、图像合成、校色调色和特效制作。而校色调色又是Photoshop最本原的功能，是广大摄影师和平面设计师钟爱Photoshop的根本原因。Photoshop提供了很多调色工具，最基本的工具是“曲线”和“色阶”。

调色分为两种：校色和调色。调色主要是对照片后期的艺术性加工，而校色主要是对照片色彩进行还原恢复，一个片子在经过各种处理后（如转换、加工和传输）和受环境影响，都会存在色彩不准或者偏色问题。本节将以案例的形式讲解如何使用“色阶”命令来校正照片偏色问题，以使照片看起来更加自然、清晰。

STEP 01 使用“色阶”命令拉平峰值。
（峰值平缓与陡峭决定了图像色调自然程度）

再次打开上一节案例的风景图，按【Ctrl+L】组合键，打开“色阶”对话框，在该对话框的直方图中可以看到图像色阶分布规律。

色阶图比曲线图更容易看懂，可以直观地看到图像的暗部、中间色调和高光灰度分布情况，同时色阶更容易操作。当然色阶和曲线工具各有利弊，曲线调整更精确。

通过分析，该幅照片的中间色调灰度密度大，而暗部和高光灰度缺失较重，这也是典型的孤峰现象。通过拖动黑、白滑块，重新定义黑场和白场，能够改善图像的明暗对比度，拉平峰值，让山峰看起来更加平缓。山峰越陡峭，灰度分布就越不平均，图像的细节就容易被忽略。反之，如果山峰平缓，则图像看起来更加自然、清晰。

但是如果此时把输出值也设置为64和224，则图像的色调并没有发生大的变化，相反部分细节会被忽略掉，为什么呢？

这是因为暗部的0～64都被合并到64，而224～255都被合并到224，等于色阶分布没有发生变化，波峰的形状没有发生变化，因此图像的色调也不会发生大的变化。

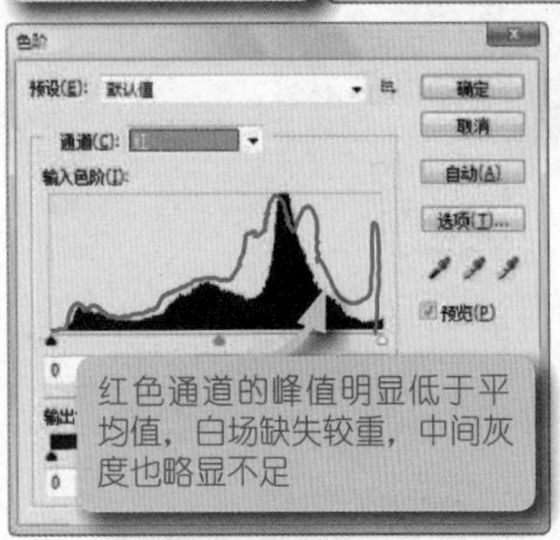


## STEP 02 分析偏色照片的色阶图。

（找出图像各个通道的色阶图存在的问题）

打开本节案例的人物照片，首先复制“背景”图层为“背景 副本”图层。

按【Ctrl+L】组合键，打开“色阶”对话框，通过色阶图可以看到，图像的暗部灰度不足，而峰值偏向右侧，照片看起来偏亮。

在“通道”下拉列表框中分别选择红色、绿色和蓝色通道，然后分析各色通道的色阶分布规律和存在的问题，分析如下图所示。

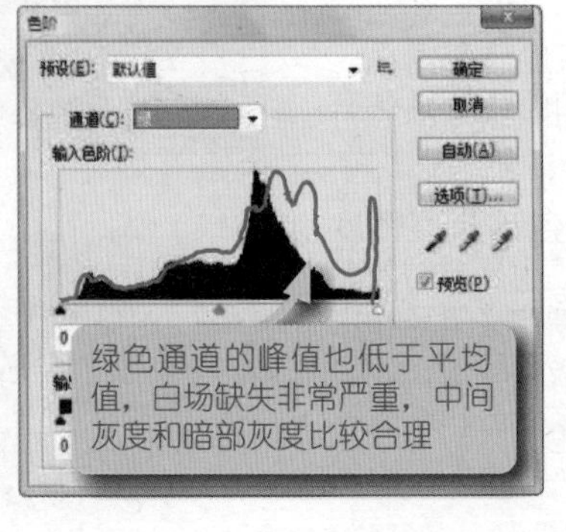


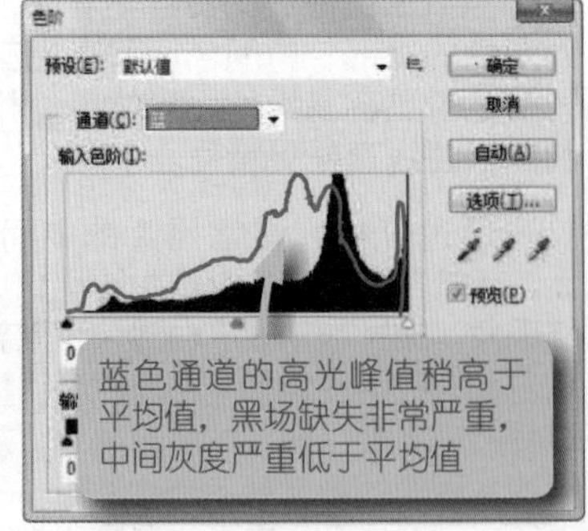

## STEP 03 调整图像各色通道的色阶。

（通过分析通道调整色阶，实现精确调色）

通过上一步的分析，可以看到图像主峰偏向于右侧，图像偏亮，同时红色、绿色通道高光区域的灰度分布不足，而蓝色通道的高光灰度略高，暗部和中间色调严重不足，导致图像偏向蓝紫色。

按【Ctrl+L】组合键，打开“色阶”对话框，单击对话框右侧的“自动”按钮，使用色阶命令自动对图像的色阶进行快速处理，然后拖动灰色滑块向右移动，使其偏向主峰，幅度不宜过大，此时图像对比度被强化了，色调变暗。但是，图像仍然偏向蓝紫色。

再次按【Ctrl+L】组合键，打开“色阶”对话框，在“通道”下拉列表框中选择“蓝”通道，调整蓝色通道的色阶分布。拖动灰色滑块向右移动，使其偏向主峰，在拖动过程中，应即时关注白色浮雕的颜色变化，当偏向蓝紫色的浮雕呈现白色为止，如右图所示。

按【Ctrl+L】组合键，打开“色阶”对话框，在“通道”下拉列表框中选择“红”通道，调整红色通道的色阶分布。拖动灰色滑块向左轻轻移动，其值不宜过大，适当为照片添加一点太阳的金色，如右图所示。

再次打开“色阶”对话框，在“通道”下拉列表框中选择“绿”通道，调整绿色通道的色阶分布。拖动灰色滑块向左轻轻移动，其值不宜过大，适当减淡照片的暖色调，如右下图所示。

最后，在“色阶”对话框中调整RGB复合通道的黑场和中间色调，精细调整如下图所示。

调色 06

# 轻松打磨快速美容——使用曲线磨皮

色彩校正的方法有很多种，究竟是选用曲线、色阶，还是选择中性灰？这里没有定论，读者可以根据实际调整的需要，以及个人对于工具的掌握程度来决定。使用中性灰来校正颜色更加准确，但是如何正确确定中性灰是一个难点。当然利用前面章节中介绍的方法也可以快速而又准确地找到图像的中性灰。曲线是Photoshop中最常用的调色工具，理解“曲线”命令就能触类旁通理解其他色彩调整命令。色阶是曲线工具的简化版，色阶提供了直观而又简便的操作方式，也是摄影师所喜爱的工具。本节将重点讲解“曲线”命令的使用，并尝试使用“曲线”命令打磨人物的皮肤，以使人物面部看起来更亮丽、光滑。

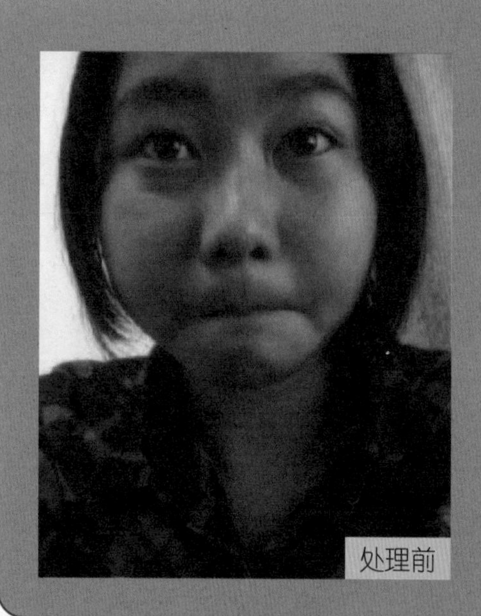

处理前

处理后

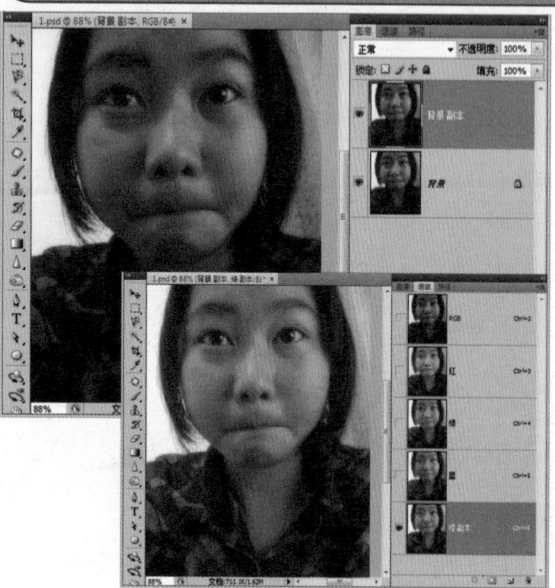

STEP 01 使用Photoshop打开素材照片。（做好具体操作前的准备工作）

在Photoshop中打开本节案例的人物照片原图，如左图所示。在“图层”面板中拖曳“背景”图层到面板底部的“创建新图层”按钮上，复制“背景”图层为“背景 副本”图层。

再切换到“通道”面板，拖曳“绿”通道到面板底部的“创建新图层”按钮上，复制“绿”通道为“绿 副本”通道。

下面利用“绿 副本”通道为原材料，通过滤镜处理和反复计算，获取面部粗糙区域的选区，然后对该选区进行处理。这种方法比利用高斯模糊来打磨皮肤更加精确和快速。

STEP 02 处理“绿 副本”通道，获取特殊选区。
（本步用到“高反差保留”滤镜和“计算”命令）

确保当前通道为“绿 副本”通道，选择“滤镜|其他|高反差保留”命令，打开“高反差保留”对话框，具体设置如右图所示。

高反差保留能够在有强烈颜色转变发生的地方按指定的半径保留边缘细节，并且不显示图像的其余部分。即该滤镜能够删除图像中亮度逐渐变化的部分，而保留色彩变化最大的部分，使图像中的阴影消失而突出亮点。它与高斯模糊滤镜的效果恰好相反。

选择“图层|计算”命令，打开“计算”对话框，设置“源1”选项的文件为当前文件，设置图层为“合并图层”，设置通道为“绿 副本”。设置“源2”选项的文件为当前文件，设置图层为“合并图层”或“背景 副本”，设置通道为“绿 副本”。设置“混合”模式为“高光”，参数和效果如右图所示。通过这种方法，利用高光混合模式重新计算通道中灰度分布，这样可以强化“绿 副本”通道中的高反差效果。

再执行一次“计算”命令，此次设置“源1”和“源2”的通道都为上一次“计算”命令生成的“Alpha 1”，具体参数设置和效果如右下图所示。

经过第二次“计算”命令后，生成“Alpha 2通道，此时可以看到通道的高反差效果更加明显，如右下图所示。

在“通道”面板中，按住【Ctrl】键，单击“Alpha 2”通道，调出该通道的选区。按【Shift+F7】组合键反向选择选区，切换到“图层”面板，选中“背景 副本”图层。

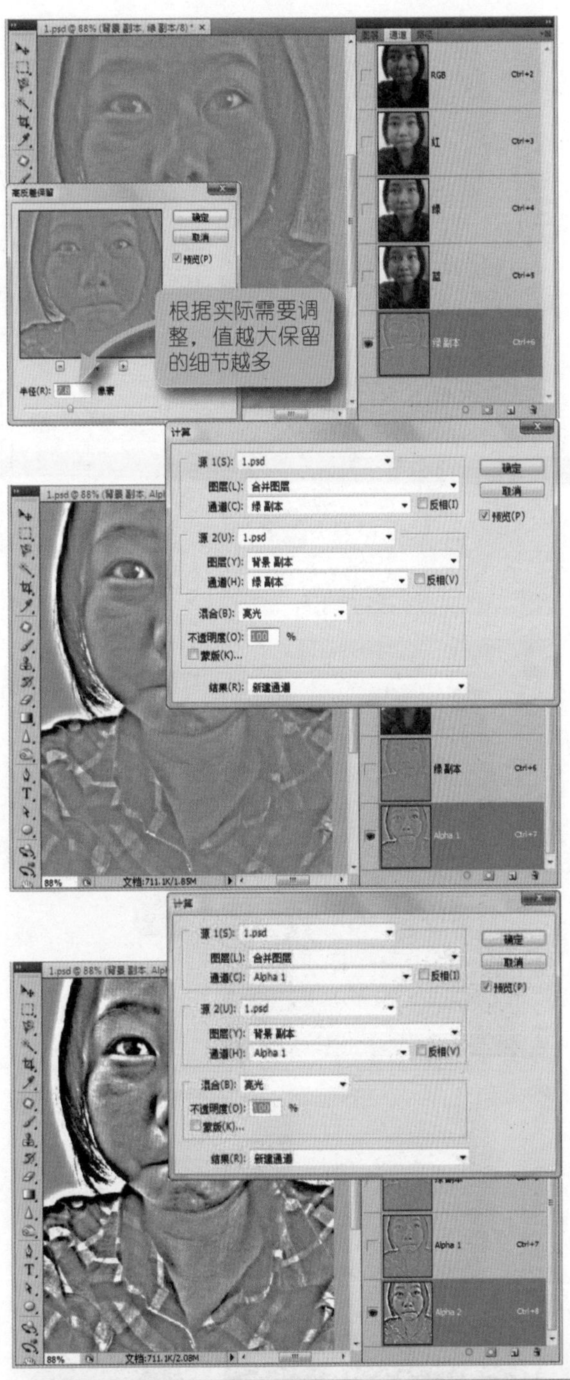


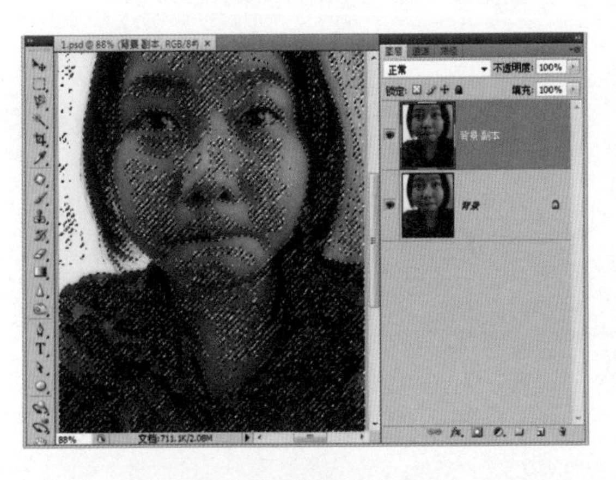

提示：“计算”命令是功能强大的通道混合运算器，它能够以指定的混合模式合成两个通道，把计算的结果存储在生成的新通道中。通过这种方式，可以获取特殊选区，这种特殊的选区是无法通过选取工具制作的。要精通“计算”命令，应该深入理解各种混合模式，以及模式运算的结果，只有这样才能够自由运用“计算”命令，有关“计算”命令的深入讲解请参阅第2、3章内容。

提示：曲线调整图层和“曲线”命令的作用和计算原理都是相同的，但是调整图层显得更加灵活，可以在后期进行编辑和修改，而不破坏原图层。

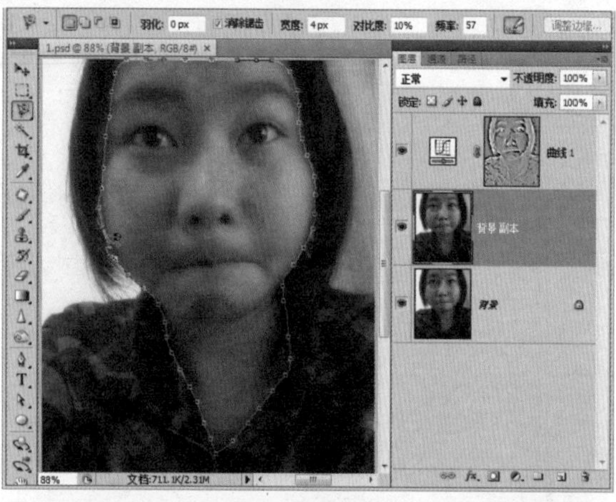


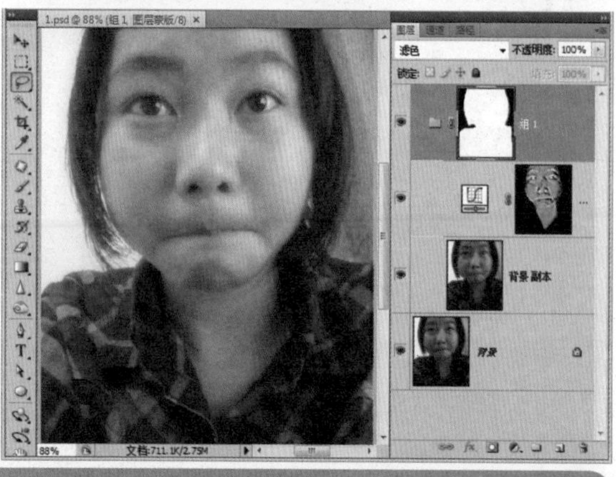


提示：滤色混合模式（旧称为屏幕混合模式），该模式将查看每个通道的颜色信息，并将混合颜色的互补色与底色相乘。使用黑色执行滤色模式时，颜色保持不变，使用白色执行滤色模式时，则生成白色，因此该模式特别适于表现光线强烈时的物体效果。

## STEP 03 使用“曲线”命令调整选区内皮肤亮度。

（为了方便编辑，建议使用“曲线”调整图层）

在“图层”面板底部单击“创建新的填充和调整图层”按钮，从弹出的菜单中选择“曲线”命令，创建“曲线”调整图层。

在“调整”面板中拖曳曲线向上轻轻移动，加亮选区内的图像，曲线形状和调整效果如左图所示。在工具箱中选择磁性套索工具，在工具栏中设置“宽度”为“4px”、“对比度”为“10%”、“频率”为“57”。

在“图层”面板中选中“背景 副本”图层，然后使用磁性套索工具勾选人物皮肤选区，如左下图所示。选择“选择|存储选区”命令，打开“存储选区”对话框，存储选区为“皮肤”。按【Shift+F6】组合键，打开“羽化选区”对话框，羽化选区2个像素。

按【Shift+F7】组合键，反向选择选区。在“图层”面板中单击“曲线1”图层的图层蒙版缩略图，切换到蒙版编辑状态，再按【Shift+F5】组合键，打开“填充”对话框，使用黑色填充非皮肤的蒙版区域，隐藏曲线调整图层对非皮肤区域的影响。

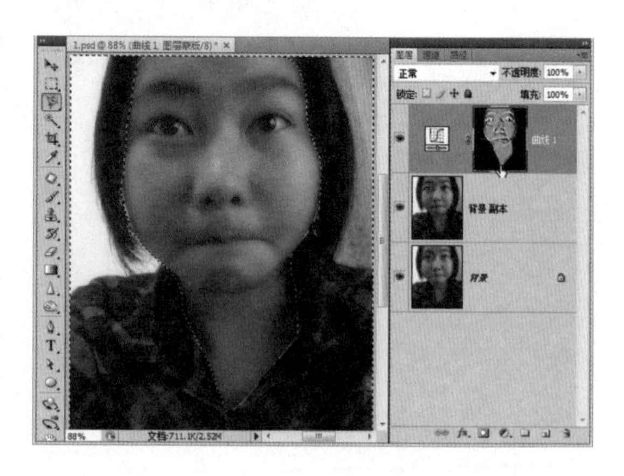


## STEP 04 使用滤色混合模式加亮人物图像。

（滤色混合模式能够加亮图像）

按【Ctr+D】组合键取消选区，然后按住【Ctrl】键，分别单击“背景 副本”和“曲线1”图层，选中这两个图层。使用鼠标拖曳选中图层到面板底部的“创建新组”按钮，把这两个图层放置在一个组内，然后设置该组的混合模式为“滤色”，并为该组添加图层蒙版，再使用黑色画笔工具涂抹背景区域，效果如左图所示。

STEP 05 进一步优化人物皮肤色调。（使人物看起来更自然）

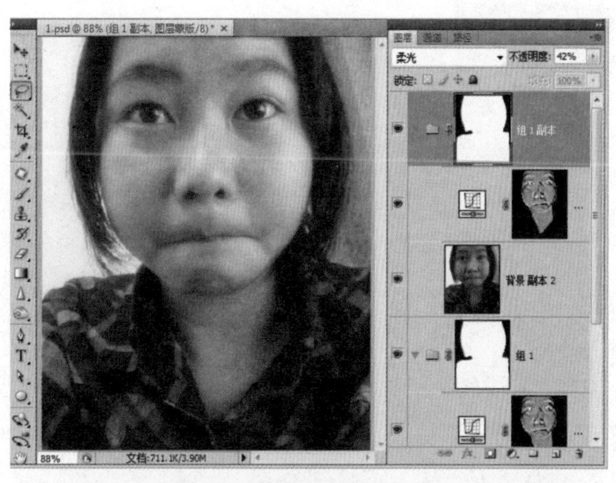

拖曳“组1”图层组到面板底部的“创建新图层”按钮上，复制“组1”为“组1 副本”图层组，如右图所示。

设置该图层组的图层混合模式为“柔光”，“不透明度”为“42%”，适当增强人物面部的对比度，使人物看起来更加自然。

选择“文件|存储为”命令，打开“存储为”对话框，另存文件为“2.psd”。单击“图层”面板右上角的面板菜单按钮，从弹出的菜单中选择“合并可见图层”命令，合并所有图层为“背景”图层。

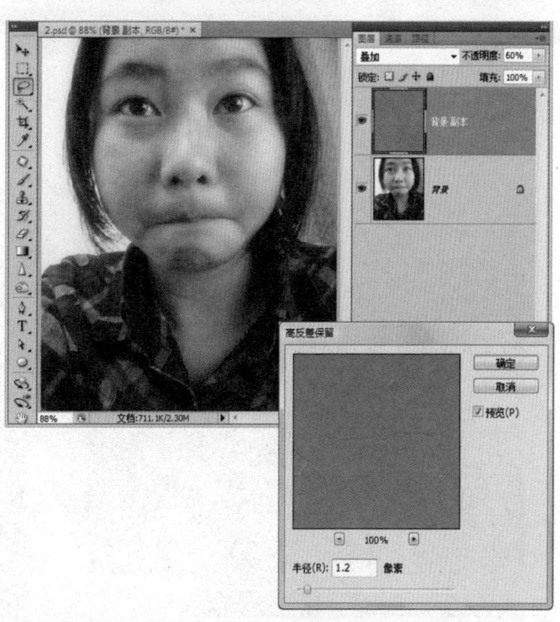

拖曳“背景”图层到面板底部的“创建新图层”按钮上，复制“背景”为“背景 副本”图层。选择“滤镜|其他|高反差保留”命令，打开“高反差保留”对话框，具体设置如右图所示。

在“图层”面板中设置“背景 副本”图层的混合模式为“叠加”，“不透明度”为“60%”，通过该步操作，可以锐化图像的细节，避免图像细节因为高反差处理而丢失。

为了进一步提高面部皮肤的细节信息清晰度，不妨再一次尝试锐化操作。为了方便后期修改，可以首先在“图层”面板中备份各个图层，其次合并工作图层，然后选择“滤镜|锐化|USM锐化”命令，打开“USM锐化”对话框，在该对话框中设置“数量”为“1”，“半径”为“0.2”像素，经过锐化处理后的效果如右图所示。

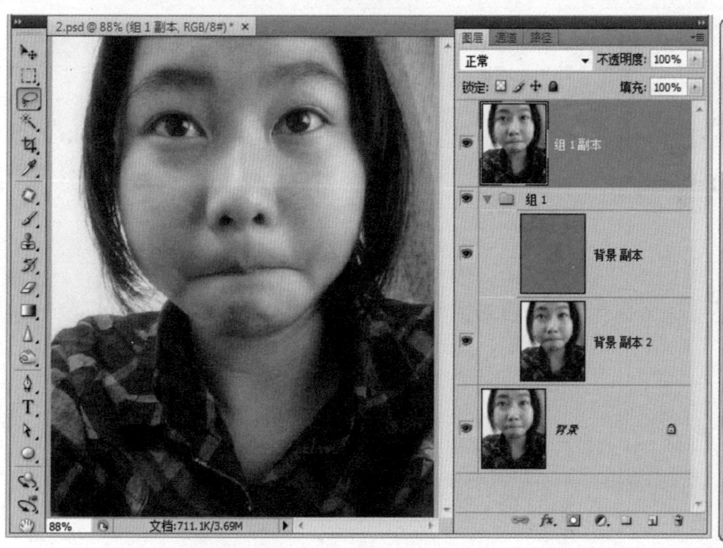

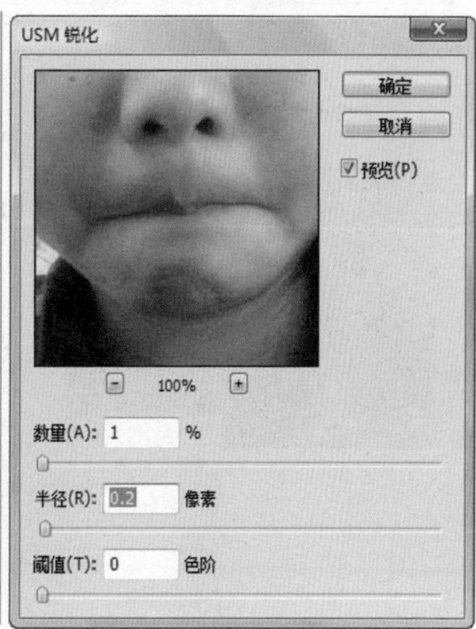

调色 07

# 修复曝光不足的图像——数码照片曝光问题（1）

照片曝光度与图像亮度是两个不同的概念，曝光度与亮度的区别是：亮度表示图像的明暗程度，是针对整个图像而言的，而曝光度则表示图像的高光区域的明暗程度。当要调整图像的亮度时，是针对整幅图像的暗部、中间调和高光来说的，曝光度虽然也是调整图像的明暗程度，但不会影响图像的暗调区域，仅调整高光色区。

本节主要研究照片曝光不足的问题，以及如何修复这类图像。Photoshop提供了很多工具和方法来修复曝光不足的问题，当然这些工具各有千秋，读者可以根据个人使用习惯和爱好进行选择。

## STEP 01 使用“曝光度”命令修复曝光不足。（曝光度模拟曝光的效果比较真实）

“曝光度”命令是在Photoshop CS3版本后新增加的专用工具。该命令的主要作用是对局部过曝或曝光不足的照片进行调节。

在Photoshop中打开本节案例的人物素材。在“图层”面板中复制“背景”图层为“背景副本”图层，然后选择“图像|调整|曝光度”命令，打开“曝光度”对话框，如左图所示。该对话框的设置参数说明如下。

※ 曝光度：调整色调范围的高光区域，对阴影的影响很轻微。

※ 位移：可以使阴影和中间色调变暗，对高光的影响很轻微。

※ 灰度系数校正：使用简单的乘方函数调

整图像灰度系数。负值会被视为相应的正值。也就是说，负值仍然保持为负，但会被调整，调整效果与正值一样。该参数会改变整幅图像的明暗。

在“曝光度”对话框中也包含3个吸管工具，其中黑场吸管工具用于设置“位移”参数，同时将单击点像素的灰度设置为黑色。白场吸管工具，用于设置“曝光度”参数，同时将单击点像素的灰度设置为白色。灰场吸管工具，用于设置“曝光度”参数，同时将单击的值变为中度灰色。

适当增大“曝光度”参数值，照片的整体会变得亮一些，尤其高光部分。调整“曝光度”参数值，应适可而止，不要让照片中被光照的区域过曝。

调整“曝光度”参数是不能改变阴影和高光的对比度，需要进一步调节“灰度系数校正”参数。拖动“灰度系数校正”滑块向左适当移动，可以增亮照片中的阴影区域，此时高光区域会缩小。读者在调整时，应该根据照片的实际情况适当调整“位移”参数值。

**STEP 02** 利用直方图观察曝光度调整情况。
（直方图能够很直观地反映图像曝光是否恰当）

执行“曝光度”命令后，可以通过直方图查看图像灰度分布，并以此判断图像色调分布是否合理，高光区域是否恰当。

右图是图像在调整前后的直方图比较。从中可以看到，峰值由最初的严重偏左，到调整后的峰值均化分布，次峰右移到高光区域，高光区域的空白被次峰填平。中间值从70提升到100，说明中间色调更居于中间，而不是调整前的严重偏向暗调。平均值从85.94提升到109.75，说明高光区域的范围得到了扩大。

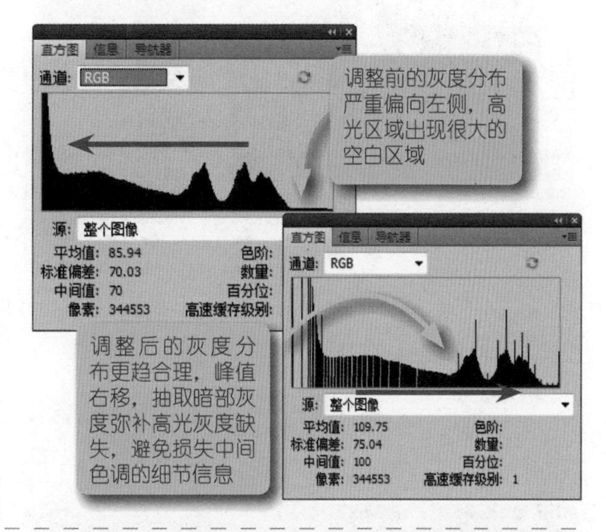


**STEP 03** 使用“曲线”命令调整曝光不足。
（“曲线”命令适合对图像整体偏暗进行处理）

当照片整体偏暗，如出现天气不好、光线较暗时拍摄，类似这种情况，只需要利用“曲线”命令对照片进行整体调亮操作，即可将照片色调调整为理想的状态。

选择“图像|调整|曲线”命令，打开“曲线”对话框，在高光区域单击定义一个调节点，然后使用鼠标向上拖曳，增强高光区域的灰度值。在暗部区域单击定义一个调节点，然后轻轻向下拖曳，降低暗部的亮度。

通过比较“曝光度”命令和“曲线”命令调整的效果，可以看到“曲线”命令虽然能够增强

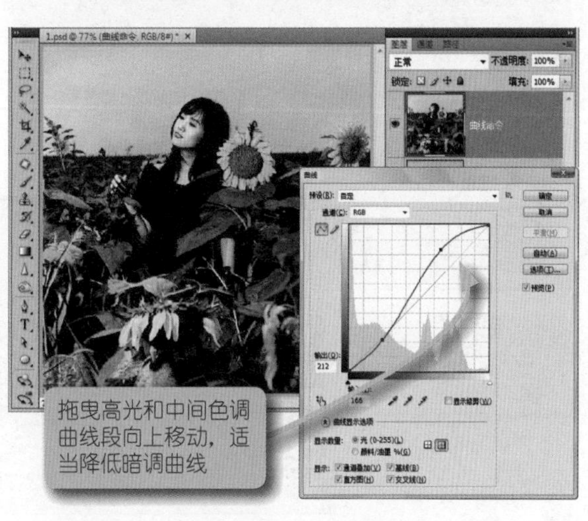

提示：通过直方图可以看出使用“曲线”命令调整曝光不足图像时的特点，以及存在的缺陷。从峰值分析，使用“曲线”命令调整后，峰值分布区域合理，暗、中和高3部分灰度比较平均。但是从中间值来看，中间值较调整前更偏低，说明“曲线”命令没有能够改善中间色调，反而为了提高高光区域亮度，而弱化了中间色调的信息，这正是使用“曲线”命令调整曝光度的致命缺陷。

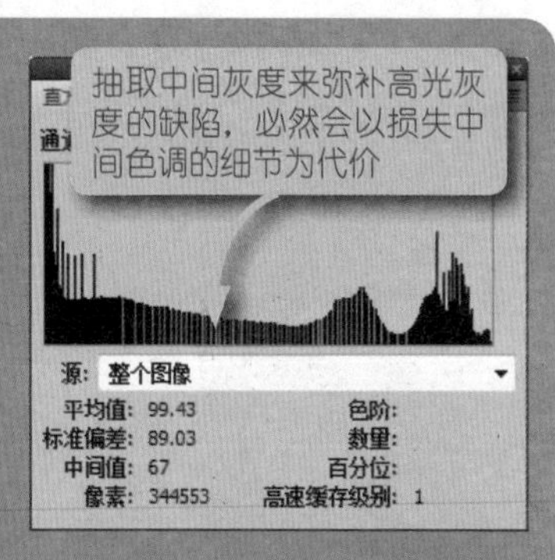


高光区域的亮度，但是图像高光的细节损失比较严重，这种一刀切的调整方式远没有“曝光度”命令有针对性的计算所获取的效果好。

在调整亮度的同时，必须确保以不丢失高光部分的细节为准，否则将产生曝光过度的后果。

使用“曲线”命令的另一个难点就是操作难度大，曲线的弧度和形状不容易掌握，不如“曝光度”命令中几个有针对性的参数更直观、更方便设置。

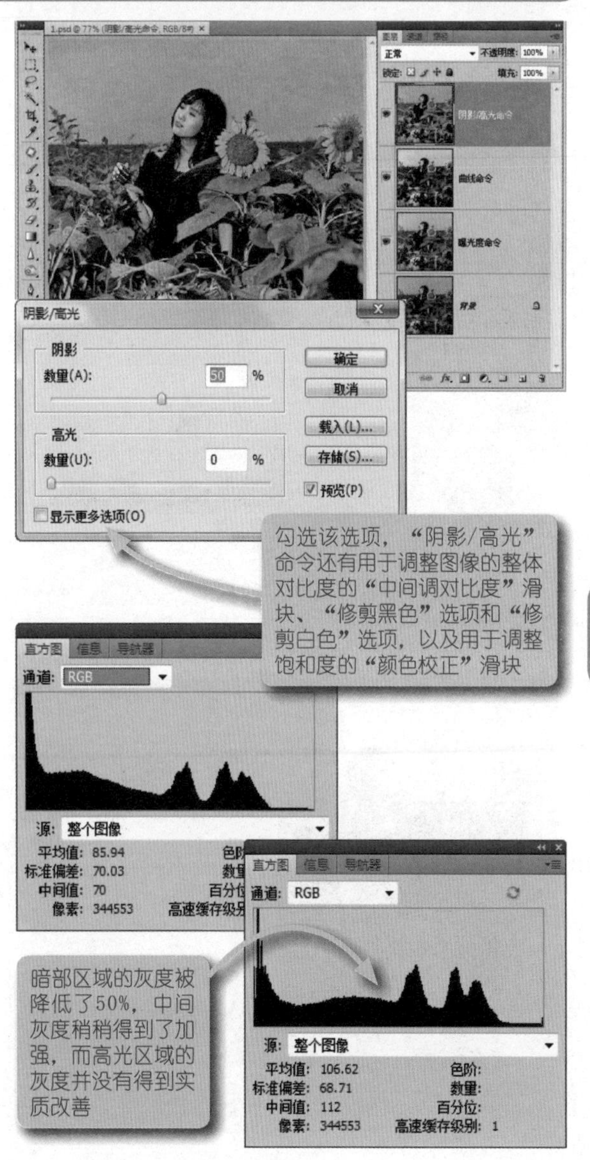


## STEP 04 使用“阴影/高光”命令调整曝光不足。

（“阴影/高光”命令以减法调整阴影和高光）

对于曝光不足的照片来说，修复的最佳工具就是“阴影/高光”命令，下面来尝试使用“阴影/高光”命令进行修复。

“阴影/高光”命令适用于校正由强逆光而形成剪影的照片，或者校正由于太接近相机闪光灯而有些发白的焦点。在使用其他方式采光的图像中，这种调整也可用于使阴影区域变亮。“阴影/高光”命令并不是简单的使图像变亮或变暗，它是基于阴影或高光中的周围像素（局部相邻像素）增亮或变暗。

选择“图像|调整|阴影/高光”命令，打开“阴影/高光”对话框，该对话框的默认值设置为修复具有逆光问题的图像。保持默认设置，单击“确定”按钮关闭该对话框，则图像调整效果如左上图所示。

提示：“阴影/高光”对话框的几个基本选项都是以减色方式进行处理的，拖动滑块可以降低对应阴影和高光的灰度比例。

如果打开“直方图”面板，分析修复前后的直方图变化，可以看到“阴影/高光”命令主要是降低暗部区域的灰度来实现增亮图像的目的的，而高光区域的灰度并没有得到根本改善，所以尽管图像看起来比较亮了，但是高光区域的细节还是很暗。不过由于暗部区域的灰度降低，中间灰度得到加强，则中间值被提升到112，比使用“曝光度”命令提升的中间值还要高。

有关“阴影/高光”命令，还包含很多选项，读者可以尝试拖动看看图像修复效果。

# 调色 08 恢复曝光过度的图像——数码照片曝光问题（2）

拍摄照片经常会出现曝光过度的现象，使用Photoshop提供的各种图像调整命令，可以对曝光过度的照片进行调整。

很多数码照片设计师喜欢使用“曲线”命令进行修复，如果结合图层混合模式，以及加深工具和减淡工具也能够恢复曝光过度的图像问题，但是这些间接操作比较麻烦，多与选区配合使用，才能够发挥它们的作用。当然使用这些间接工具或命令所调整的结果更符合个人要求，所以设计师比较喜欢选用。对于普通的用户来说，使用“曝光度”和“阴影/高光”命令可以节省时间成本，比较实用。

1
2
3
4
5
6
7

## STEP 01 使用“曝光度”命令恢复曝光过度。

（“曝光度”命令在补曝效果方面要好于恢复曝光过度）

在Photoshop中打开本节案例的人物照片素材。在“图层”面板中，拖曳“背景”图层到面板底部的“创建新图层”按钮上，复制“背景”图层为“背景 副本”图层。

选择“窗口|直方图”命令，打开“直方图”面板，在“通道”下拉列表框中选择“RGB”选项，则可以看到当前图像的灰度分布形势。通过直方图可以看到，右侧的高光端灰度分布异常，而暗部灰度欠缺，峰值走势比较平缓，中间色调的灰度不够丰富，这说明图像缺乏细腻，中间灰度细节不清楚。而“中间值”为“141”，“平均值”为“151.15”，则说明图像亮度偏高。

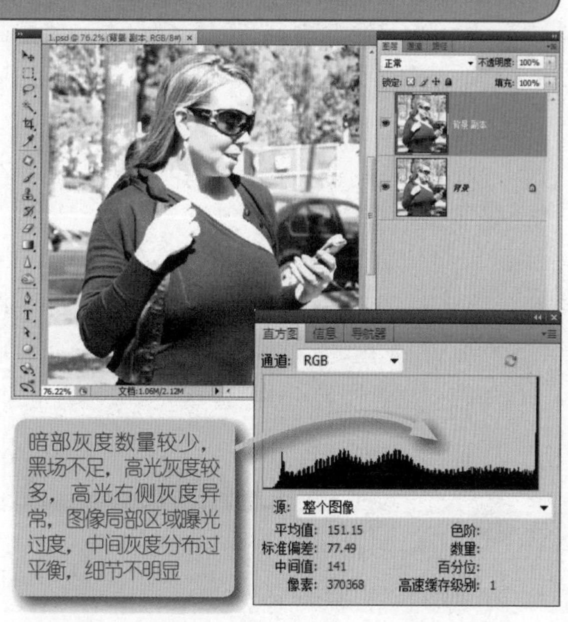

选择“图像|调整|曝光度”命令，打开“曝光度”对话框。在该对话框中，拖动“曝光度”滑块向左移动，降低曝光度为“-0.9”，然后拖动“灰度系数校正”滑块向右移动，设置其值为“0.9”，适当改善图像的中间灰度平衡。

单击“确定”按钮，关闭“曝光度”对话框，图像恢复效果如右图所示。

直观分析，可以看到使用“曝光度”命令恢复图像的曝光过度问题不是最佳方法，图像明暗对比度和细节都不是很满意。

分析修复后的图形直方图可以看到“曝光度”命令直接向左移动高光区域的灰度，使图像高光区域的灰度损失严重，这直接影响到图像的明暗对比度，损失了图像高光区域的细节信息。

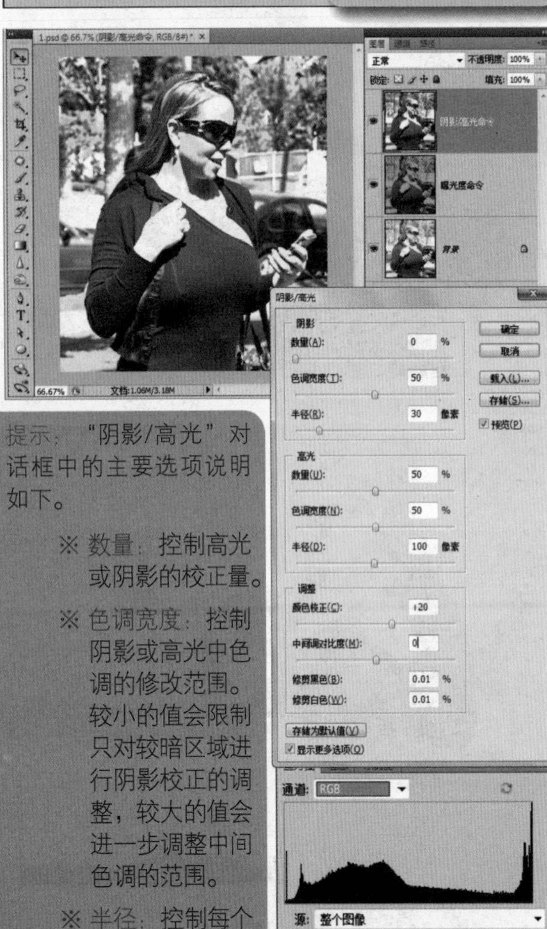


提示：“阴影/高光”对话框中的主要选项说明如下。

※ 数量：控制高光或阴影的校正量。

※ 色调宽度：控制阴影或高光中色调的修改范围。较小的值会限制只对较暗区域进行阴影校正的调整，较大的值会进一步调整中间色调的范围。

※ 半径：控制每个像素周围的局部相邻像素的大小。

## STEP 02 使用“阴影/高光”命令恢复曝光过度。（“阴影/高光”命令优于“曝光度”命令）

在“图层”面板中，拖曳“背景”图层到面板底部的“创建新图层”按钮上，复制“背景”图层为“背景 副本2”图层，双击图层名称，将其更名为“阴影/高光命令”。

选择“图像|调整|阴影/高光”命令，打开“阴影/高光”对话框，勾选该对话框底部的“显示更多选项”复选框，展开其他选项。

在“阴影”选项区域设置“数量”为“0%”，这样“阴影/高光”命令就不会对图像暗部区域产生影响。在“高光”选项区域设置“数量”为“50%”，“色调宽度”为“50%”，“半径”为“100像素”，其他选项保持默认，这样“阴影/高光”命令将会降低高光区域的灰度，从而降低高光曝光过度的现象。

打开“直方图”面板，从中可以看到图像的灰度分布发生了很大变化，高光区域的灰度总量降低了不少，同时暗部区域和中间灰度得到了充实，从而使图像恢复到比较合理的色调范围。“阴影/高光”命令恢复的效果要比“曝光度”命令执行的效果要好，但是整体效果并不让人满意。

# 调色 09 使用“中性灰”校正偏色——数码照片色偏问题（1）

所谓色偏，就是图像整体呈现某种颜色。造成照片偏色现象的原因有多种，如拍摄环境、使用器材、拍摄时的技术参数等，当在扫描照片、照片放大处理等后期操作中，都可能导致照片偏色。如果轻微偏色问题，可以选择“图像|自动颜色”命令进行优化；如果偏色问题严重，就只能通过手动进行校正了。从本节开始，将详细讲解使用Photoshop提供的各种命令或方法来处理数码照片色偏问题。

本节案例将讲解如何使用中性灰来校正色偏照片，效果如下图所示。

处理前

处理后

## STEP 01 关于灰场与色偏问题。
（灰场决定了图像的色偏问题）

在Photoshop的色阶、曲线和曝光度调整命令中，都提供了3个吸管工具，即黑色吸管、白色吸管和灰色吸管。当使用灰色吸管在图像中单击，则该点像素的三原色被调整为相同，即该点变成灰度点，同时也会带动通道中其他像素的色阶发生变化。通过观察直方图，可以很明显地看到这种色阶分布变化。

因此，如果能够准确找到图像中的灰场点，就可以很容易地校正偏色的图像。

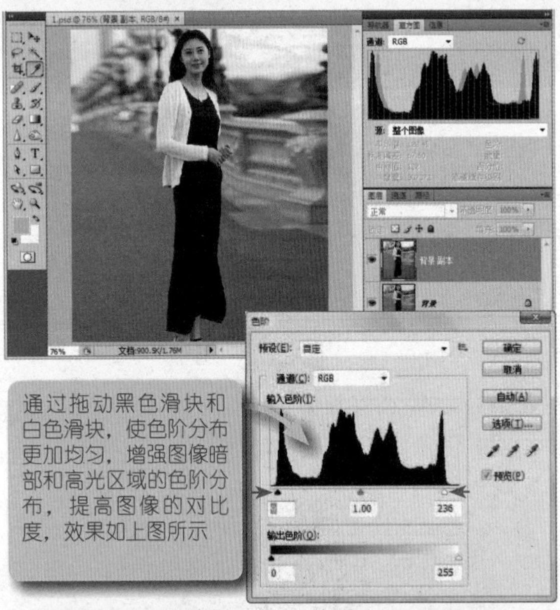

## STEP 02 使用中性灰校正色偏照片。（确定灰场位置很关键）

在拍摄或后期处理中，照片中某些对象在正常情况下是没有颜色的，呈现深浅不一的灰色，这些像素称之为中性灰。但是在偏色照片中，本来应呈现灰色的对象被染上了某种颜色，如果我们能够准确确定这些中性灰的像素点，并借助各种工具或方法把这些点的颜色还原为灰色，则图像中其他区域的颜色也会被校正过来，这就是利用中性灰校正色偏的基本原理。

打开本节案例人物素材，如左图所示。很明显整个照片呈现蓝色调，色偏问题严重。

首先，在"图层"面板中拖曳背景图层到面板底部的"创建新图层"按钮上，复制"背景"图层为"背景 副本"图层。

选择"图像|调整|色阶"命令，打开"色阶"对话框，先调整图像的黑场和白场。在"色阶"对话框中分别拖动黑色滑块和白色滑块到谷峰的底部，提高图像的色彩对比度。

在"色阶"对话框中选择灰色吸管，然后在人物的白色衣袖上单击。根据一般生活常识，白色的披肩应该是纯白色的，不会含有色彩，使用灰色吸管单击这些白色衣袖，就可以把它们设置为高亮的灰色，从而校正了整个照片偏蓝色调，如左图所示。

如果想更精确的定位灰场，建议读者还是采用前面介绍的方法科学寻找灰色像素，然后再使用灰色吸管单击灰场，以便精确校正照片色偏。当然，任何照片都是含有感情色彩的，完全不偏色的照片很少见，所以通过主观判断和确定灰色位置，并进行校正色偏，有时候会收到异想不到的效果。

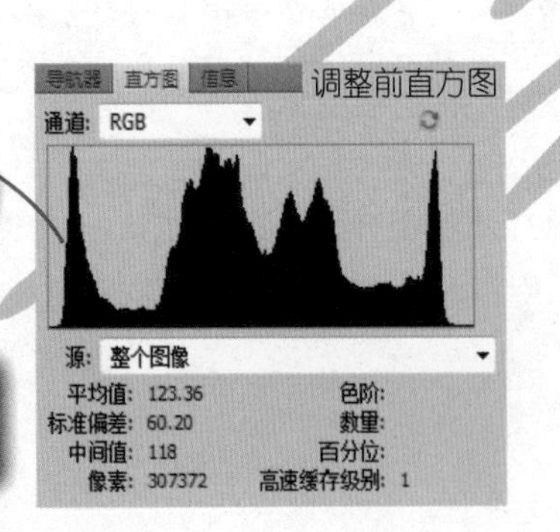

# 调色 10 使用“中和法”校正偏色——数码照片色偏问题（2）

当照片中存在明显的中性灰对象，由于参照物对象明确，无疑使用中性灰校正色偏是一种比较科学的方法，且操作简便。但是很多时候我们是无法精确确定照片中的中性灰的，如果武断地使用眼睛来确定图像中性灰，所校正的色彩往往会让人失望。

不过可以使用颜色中和法来纠正色偏，思路是：找到偏色的相反色，利用相反色来中和色偏图像，就可以很轻松地校正照片。本节案例将讲解如何使用颜色中和法来校正偏色照片，效果如下图所示。

处理前

处理后

## STEP 01 分析照片平均色。
（找出偏色的具体值）

打开本节案例的人物素材，首先在“图层”面板中复制“背景”图层为“背景 副本”图层，然后选择“滤镜|模糊|平均”命令，把“背景 副本”图层变成图像的平均色，如右图所示。

平均滤镜能够把图像或者选区内的颜色平均为一种颜色，然后使用这种颜色填充图像或者选区。当图像偏色后，这种平均值可以呈现偏色的具体值。

对于完美图像来说，在平均滤镜处理之后平均色应该是中性色，所以可以考虑使用偏色的互补色与偏色图像进行中和，以抵消原图像中的偏色问题。

## STEP 02 反相中和原图像。

（设置图层混合模式为"叠加"或"同类型"模式）

以"背景 副本"图层作为当前图层，选择"图像|调整|反相"命令，或者按【Ctrl+I】组合键，反相平均后的颜色，得到一种青灰色。

然后设置"背景 副本"图层的混合模式为"叠加"，也可以选择叠加模式组中其他模式，不过叠加模式更为常用，此时可以看到图像中偏色问题得到了一定程度上的校正，如左图所示。

在"图层"面板底部单击"创建新的填充和调整图层"按钮，从弹出的菜单中选择"亮度/对比度"命令，添加"亮度/对比度"调整图层。

选中"亮度/对比度"调整图层，按【Ctrl+Alt+G】组合键，将该图层转换为剪贴蒙版，即设置该调整图层仅作用于"背景 副本"图层。

然后在"调整"面板中设置"亮度"为"20"，"对比度"为"20"，以调整"背景 副本"图层颜色的亮度和对比度。通过这种方式可以进一步改善照片偏色问题。

## STEP 03 使用"色相/饱和度"命令调整局部色偏。

（利用原色通道找出高亮区域）

按【Ctrl+Alt+Shift+E】组合键，盖印可见图层，得到"图层1"。

在"通道"面板找出高光区域比较明显的通道，这里选择红色通道，按【Ctrl】键单击红色通道，调出该通道选区。

在"图层"面板底部单击"创建新的填充和调整图层"按钮，从弹出的菜单中选择"色相/饱和度"命令，添加"色相/饱和度"调整图层。

设置"饱和度"为"-26"，"明度"为"+24"，以降低皮肤区域的色彩饱和度，并提高亮度。通过这种方式可以使人物皮肤看起来更加自然，如左图所示。

# 调色11 使用“照片滤镜”校正人物面部色偏——数码照片色偏问题（3）

从本质上分析，“照片滤镜”是一种颜色调整命令，常用来调整照片的冷暖色调，或者用来制作某种特殊的效果，当然也可以用来作为颜色校正的根据。“照片滤镜”命令可以根据预设颜色，以便将色相调整应用到图像，也可以应用自定颜色调整。

色彩补偿滤镜虽然调节的范围较小，但常用于精确调节照片中轻微的色彩偏差。本节案例的这张明星写真正是这种情况。原图很亮，色彩太淡，但是面部皮肤偏向暖色调，稍稍降低色温后，人物面部立即恢复自然色彩，配合图层蒙版可以调整出满意的效果，效果如下图所示。

处理前

处理后

## STEP 01 认识“照片滤镜”命令。
（“照片滤镜”实际上就是色温调节器）

“照片滤镜”命令能够模仿：在相机镜头前面增加彩色滤镜，以便调整通过镜头传输的光的色彩平衡和色温，以及使胶片曝光。照片滤镜在图像处理中具有如下作用：

※ 修正由于扫描、胶片冲洗、白平衡设置不正确造成的一些色彩偏差。

※ 还原照片的真实色彩。

※ 调节照片中轻微的色彩偏差。

※ 强调效果，突显主题，渲染气氛。

右图是夕阳日落时的情景，这幅照片最大问题是画面色彩太冷，少了夕阳的气氛。如果使用照片滤镜，并设置“滤镜”为“加温滤镜（85）”，“浓度”为“50%”。调整后，效果立即显现出来。

※ 加温滤镜（85和LBA）及冷却滤镜(80和LBB）用于调整图像中的白平衡的颜色转换滤镜。如果图像是使用色温较低的光（微黄色）拍摄的，则冷却滤镜(80)会使图像的颜色更蓝，以便补偿色温较低的环境光。相反，如果照片是用色温较高的光（微蓝色）拍摄的，则加温滤镜（85）会使图像的颜色更暖，以便补偿色温较高的环境光。

※ 加温滤镜（81）和冷却滤镜（82）使用光平衡滤镜对图像的颜色品质进行细微调整。加温滤镜(81)会使图像变暖（变黄），冷却滤镜（82）会使图像变冷（变蓝)。

## STEP 02 使用“照片滤镜”校正人物面部偏色。

（使用滤镜可以很好地校正局部色偏问题）

打开本节案例的人物素材图像，可以看到图像整体颜色比较合适，但是面部色偏比较重，微微偏向粉红色，如左图所示。

在“图层”面板中复制“背景”图层为“背景 副本”图层。在“图层”面板底部单击“创建新的填充和调整图层”按钮，从弹出的菜单中选择“照片滤镜”命令，添加“照片滤镜”调整图层。

在“调整”面板中选择“颜色”单选按钮，然后设置“浓度”为“100%”。照片滤镜将根据所选颜色预设给图像应用色相调整。所选颜色取决于如何使用照片滤镜进行调整。如果照片有色偏，则可以选取一种补色来中和色偏。还可以针对特殊颜色效果或增强应用颜色。

单击颜色图标，打开“选择滤镜颜色”对话框，先在颜色条上拖动滑块，通过上下移动找到恰当的互补色，然后再按[↑]、[↓]键，以调整颜色的明暗度，来调节滤镜颜色的亮度，找到一个合适的位置，使中和的面部颜色看起来更加自然、真实。

最后在“图层”面板中单击调整图层后面的图层蒙版缩略图，设置前景色为“黑色”，使用大的软笔刷涂抹手臂上出现的浅冷色调，以遮盖掉不需要调整的区域，如右图所示。

# 调色 12 使用“匹配颜色”校正特殊色偏——数码照片色偏问题（4）

当不同图像组合在一起时，由于色彩和色调的差异，图像融合之后整个画面颜色不突兀就是很多设计师所面临的难题。为了解决这个技术难题，Photoshop推出了“匹配颜色”命令，该命令主要解决两个问题：一是匹配不同图像之间的色彩，使它们能够很好地相融合；二是，调整图像的亮度和饱和度，以及校正图像偏色问题。当尝试使不同照片中的颜色保持一致，或者一个图像中的某些颜色（如肤色）必须与另一个图像中的颜色匹配时，“匹配颜色”命令非常有用。

本节案例将讲解如何使用“匹配颜色”命令校正局部背景模糊的偏色照片，通过该命令可以自动校正人物照片偏色问题。

处理前

处理后

STEP 01 认识“匹配颜色”命令。
（“匹配颜色”命令仅适用于 RGB 颜色模式）

“匹配颜色”命令可匹配多个图像之间、多个图层之间或者多个选区之间的颜色。通过更改亮度和色彩范围，以及中和色偏来调整图像中的颜色。

选择“图像|调整|匹配颜色”命令，打开“匹配颜色”对话框。当选择“匹配颜色”命令时，光标指针将变成吸管工具。在调整图像时，使用吸管工具可以在“信息”面板中查看颜色的像素值变化。

“匹配颜色”对话框包括两部分，其中“图像选项”用来调整图像颜色，“图像统计”用来进行颜色匹配。颜色匹配比较简单，只需要在“源”中设置匹配的图像。

使用图像选区进行颜色匹配，这样做就可以有的放矢

如果匹配的目标图像或者源图像中建立了选区，则可以在"匹配颜色"对话框中设置以下选项：

※ 如果要应用整个目标图像，忽略目标图像中的选区，并将调整应用于整个目标图像，则在"目标图像"选项组中勾选"应用调整时忽略选区"复选框。

※ 如果在源图像中建立了选区，并且想要使用选区中的颜色来计算调整，则应该勾选"使用源选区计算颜色"复选框。

※ 如果在目标图像中建立了选区，并且想要使用选区中的颜色来计算调整，则应该勾选"使用目标选区计算调整"复选框。

把选区与"匹配颜色"命令紧密结合在一起，就可以做到有针对性地匹配颜色。

---

## STEP 02 使用"匹配颜色"校正照片偏色。（应该勾选"中和"复选框）

打开本节案例的人物素材图像，可以看到图像整体颜色偏向暗黄色，且背景比较模糊，人物细节不是很清晰，如左图所示。

在"图层"面板中复制"背景"图层为"背景 副本"图层。

选择"图像|调整|匹配颜色"命令，打开"匹配颜色"对话框。设置匹配图像的"源"为"无"，并勾选"中和"复选框，这样"匹配颜色"命令会自动移去目标图层中的色偏。

然后通过拖动"明亮度"滑块，可以增加或减小目标图层的亮度，本例设置为"200"。如果想调整目标图层中的颜色像素值范围，可以拖动"颜色强度"滑块，本例保持默认值。如果要控制应用于图像的调整量，可以拖动"渐隐"滑块。

考虑到"匹配颜色"命令容易校正过头和饱和度不足问题，最后再添加色彩平衡调整图层，调整颜色匹配后的色彩效果，如下图所示。

使用"匹配颜色"命令实现色偏校正的参数设置

添加色彩平衡调整图层，适当平衡"匹配颜色"命令校正的幅度

# 调色 13 使用“色彩平衡”校正照片色偏——数码照片色偏问题（5）

任何工具只要有其利，也必有其弊。色偏作为数码照片中一个常见问题，仅仅依靠一两种方法来进行校正，往往是不完美的。例如，在本节案例照片中，如果使用“中性灰”、“互补色中和”，或者使用“照片滤镜”或“匹配颜色”命令校正，效果都不是很理想，因此本节将介绍如何使用“色彩平衡”命令进行调整，效果如下图所示。色彩平衡的工作原理很简单，通过一组滑块在互补色之间进行调节，或者说通过增加或减少互补色来实现图像色彩平衡的目的。这种方法比较直观，操作方便，但是由于操作的主观性很强，要想利用“色彩平衡”命令调出理想的图像，也非易事，故读者在操作中应根据画面效果进行确定。

## STEP 01 认识“色彩平衡”命令。

（“色彩平衡”命令本质上是色阶平衡工具）

“色彩平衡”命令不是直接调整色相或者饱和度，它通过平衡各色通道的色阶分布达到平衡图像色彩的目的，因此“色彩平衡”命令实际上就是“曲线”或“色阶”命令的一种简化操作版。

选择“图像|调整|色彩平衡”命令，打开“色彩平衡”对话框。该对话框包含两部分：色彩平衡和色调平衡。色彩平衡是指调整图像颜色的变化，而色调平衡是指调整图像明暗的变化。这两部分内容和选项是不同的。当图像中某种颜色过多或者过少时，可以拖动其滑块增加或减少这种颜色，以达到图像色彩平衡，也可以通过增加或者减少互补色，达到图像色彩的平衡。

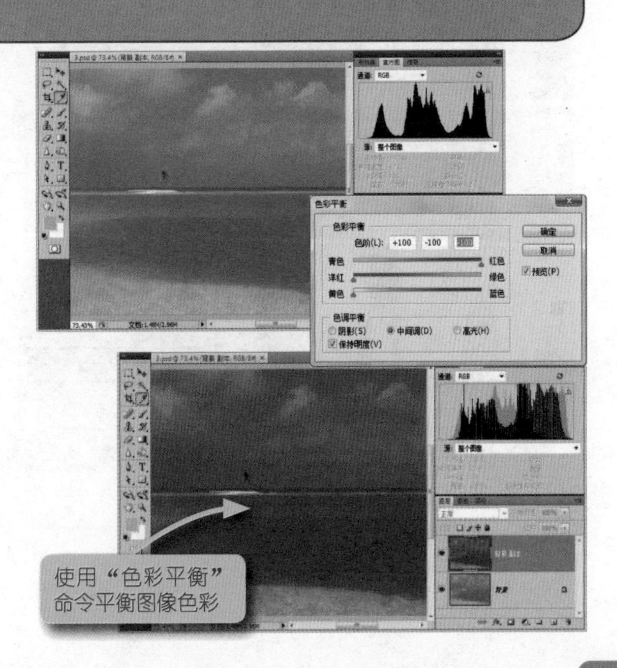

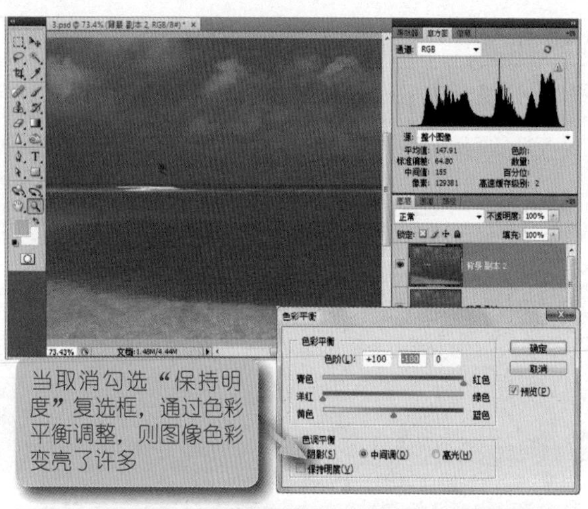


在“色彩平衡”对话框中的“色调平衡”选项区域，通过选择“阴影”、“中间调”或“高光”单选按钮，以选择需要调整的色调范围。如果勾选“ 保持明度”复选框，可以防止图像的亮度值随颜色的调整而改变，也就是说该选项可以保持图像的色调平衡。

在“色彩平衡”选项区域，颜色条上方的值显示红色、绿色和蓝色通道的颜色变化。对于 Lab 颜色模式的图像，这些值代表 a 和 b 通道。将滑块拖向要在图像中增加的颜色，或将滑块拖离要在图像中减少的颜色，即可实现色彩平衡的目的。

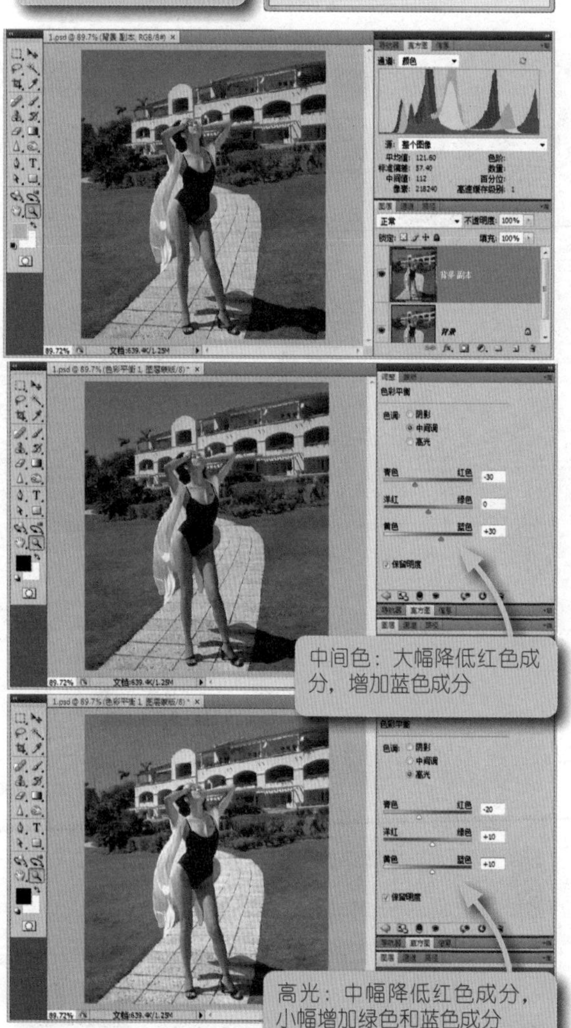


STEP 02 使用“色彩平衡”校正照片偏色。（确保勾选“保持亮度”复选框）

打开本节案例的人物素材图像，可以看到图像整体颜色偏向浅红色，但是蓝色天空并没有发生色偏，如果使用前面几节介绍的方法，校正效果会不是很理想，如左图所示。

在“图层”面板中复制“背景”图层为“背景副本”图层。在面板底部单击“创建新的填充和调整图层”按钮，从弹出的菜单中选择“色彩平衡”命令，添加“色彩平衡”调整图层。

在打开的“调整”面板中，勾选“保留明度”复选框，保持选择“色调”选项组中的“中间调”单选按钮，然后拖动红色和蓝色滑块。由于整个图像偏向红色，故增加红色互补色数量，以中和红色成分，同时增强蓝色的数量。在拖动时应时刻观察图像色彩变化，适可而止。调整效果如左图所示。

在“色调”选项组中选择“高光”单选按钮，然后拖动三色条滑块，中幅降低红色，增加绿色和蓝色，效果如左图所示。

在“色调”选项组中选择“阴影”单选按钮，然后拖动3色条滑块，小幅降低红色，增加绿色，并大幅降低蓝色的数量，以便给草地添加黄色成分，效果如右图所示。

# 调色 14 使用Lab颜色模式校正照片色偏——数码照片色偏问题（6）

由于Lab颜色模式把图像亮度和颜色信息分别存储在不同的通道，这使得Lab颜色模式在图像色彩调整中具有独特的优势，如果调整恰当，使用lab颜色模式校正照片色偏问题也会非常有效。对于简单的色偏照片，也许直接选择“图像|自动颜色”命令就可以进行校正，但是很多照片是无法通过“自动颜色”命令就可以获得满意效果的。

如果画面中没有中性灰色对象，而暗部和高光区域会因为普通色彩校正而出现另一个方向的偏色，或者图像色彩校正了，但是明暗色调又发生了变化，也许这种副作用不是我们需要的，此时如果使用Lab颜色模式校正色偏，会获得很理想的效果。

处理前

处理后

## STEP 01 使用颜色中和法进行校正。（在Lab模式进行色彩校正）

打开本节案例的人物素材图像，可以看到由于白炽灯的作用人物面部偏向红色，而背景区域的色偏问题相对较轻，下面尝试在Lab颜色模式下进行校正操作。

选择“图像|模式|Lab颜色模式”命令，把图像的RGB颜色模式转换为Lab颜色模式，然后在“图层”面板中复制“背景”图层为“背景 副本”图层，如右图所示。

选择“滤镜|模糊|平均”命令，计算“背景副本”图层图像的平均色。按【Ctrl+I】组合键反相“背景 副本”图层图像的平均色。并设置图层混合模式为“柔光”，此时可以看到图像的颜色得以恢复，如右图所示。

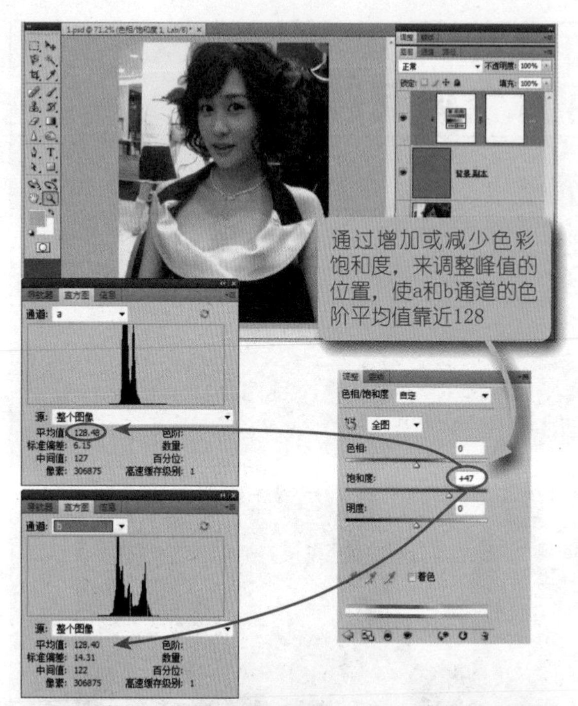


在进行校色时，读者不妨时刻观察“直方图”面板，如果图像偏色，a和b通道的直方图峰值总会偏离中间色阶128的位置。因此尽力缩小这个偏差，就会校正图像色偏问题。

在面板底部单击“创建新的填充和调整图层”按钮，从弹出的菜单中选择“色相/饱和度”命令，添加“色相/饱和度”调整图层。

选中调整图层，按【Ctrl+Alt+G】组合键，把调整图层设置为“背景 副本”图层的剪切图层，这样调整图层与“背景 副本”图层进行绑定，并附属和仅作用该图层。

在“调整”面板中拖动“饱和度”滑块，以增加色彩饱和度，在调整时应观察“直方图”面板中a和b通道的平均值，尽力让平均值靠近128，如左图所示。

此时人物面部色彩得到了校正，但是背景中的白色区域因为校正操作呈现青色，也就是说上面操作使背景发生了色偏。为此可以使用图层蒙版部分遮盖掉校正操作的影响力。

在“背景 副本”图层添加图层蒙版，在工具箱中选择磁性套索工具，勾选背景区域，然后按【Shift+F6】组合键，打开“羽化选区”对话框，羽化选区2个像素。按【Shift+F5】组合键，打开“填充”对话框，使用50%灰色填充蒙版选区，这样就可以部分抵消因为校正操作对背景的影响。

## STEP 02 使用“应用图像”命令校正照片偏色。

（需要制作50%灰度通道）

下面方法继续以上面案例的人物素材进行讲解。打开素材人物照片之后，把图像转换为Lab颜色模式。

在“图层”面板中复制“背景”图层为“背景 副本”图层。切换到“通道”面板，在面板底部单击“创建新通道”按钮，新建Alpha 1通道，按【Shift+F5】组合键，打开“填充”对话框，使用50%灰色填充Alpha 1通道，制作一个中间灰度通道作为备用。

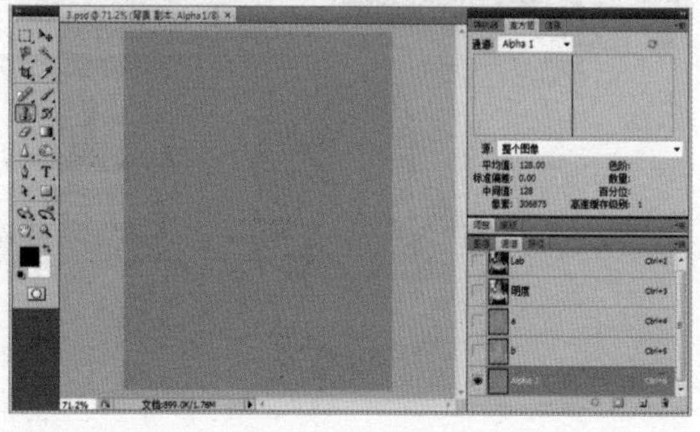

从本质上分析，图像偏色与明度通道是没有关系的，只涉及a和b通道。仔细观察偏色图像的a和b通道，可以发现它们是不正常的，由于图像偏向红色，a和b通道整体呈现偏亮的效果，通过一定的方法降低a和b通道的亮度，就可以实现颜色校正的目的。

这里使用"应用图像"命令，并通过a和b通道与50%灰度的通道相减，然后适当增加补偿值，达到降低a和b通道亮度的目的，从而进行颜色校正。

在"通道"面板中选中b通道，然后选择"图像|应用图像"命令，打开"应用图像"对话框。在"应用图像"对话框的"源"选项组中设置"通道"为"Alpha 1"，即以50%灰色作为中介，设置"混合"模式为"减去"，设置"补偿值"为"114"，如左下图所示。

补偿值的计算方法为：由于a和b通道的平衡点位于直方图的中间位置，相当于128色阶位置。通过上面直方图分析，a通道的色阶平均值高出128约14，因此如果补偿值为114，则校正幅度为128-114=14，这样就整好把偏亮约14的b通道降低约14个色阶亮度，从而恢复到128的色阶中间位置。

在"通道"面板中选中a通道，然后选择"图像|应用图像"命令，打开"应用图像"对话框。在"应用图像"对话框的"源"选项组中设置"通道"为"Alpha 1"，即以50%灰色作为中介，设置"混合"模式为"减去"，设置"补偿值"为"122"，如左图所示。

最后，在"背景 副本"图层添加图层蒙版，在工具箱中选择磁性套索工具，勾选背景区域，然后按【Shift+F6】组合键，打开"羽化选区"对话框，羽化选区2个像素。按【Shift+F5】组合键，打开"填充"对话框，使用50%灰色填充蒙版选区，这样就可以部分抵消因为校正操作对背景的影响。这个问题与上一种方法存在的问题是相同的。

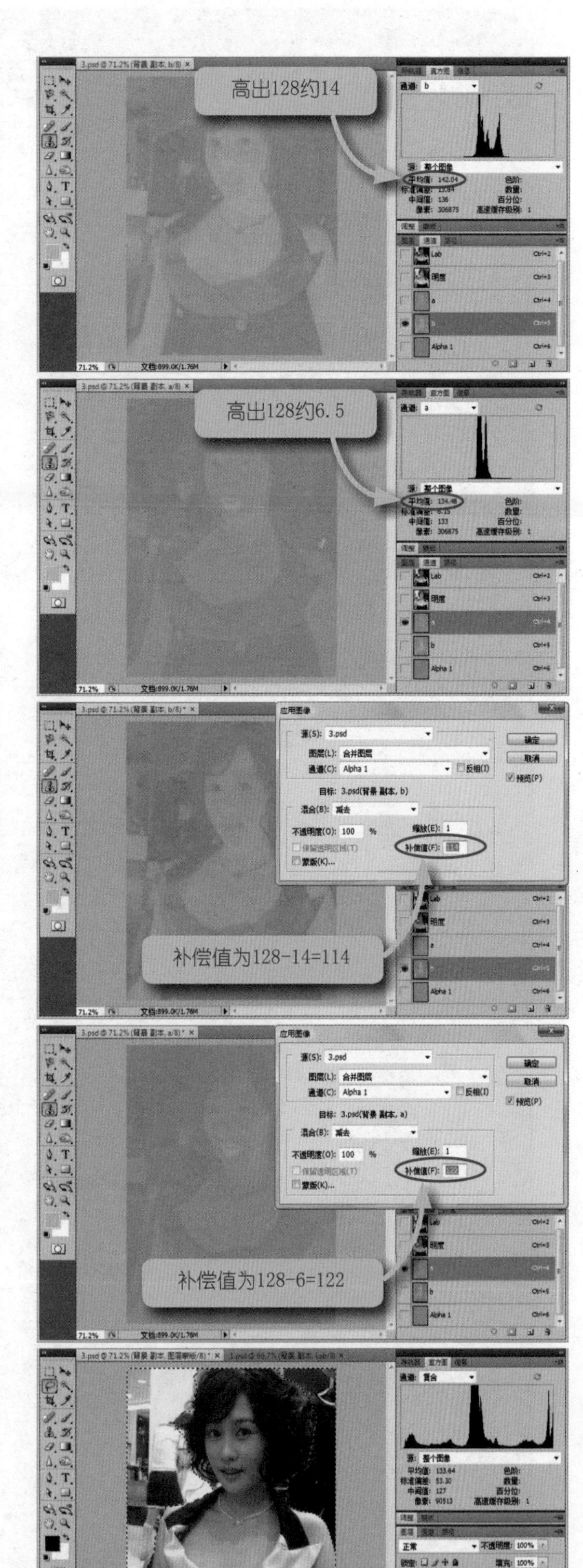

## MEMO

# 第2章

## 选区恢恢，疏而不漏——精准选择的艺术

Chapter

选择 01

# 使用选取工具为照片镶框——选区与像素点的关系

Photoshop工具的核心就是选取操作。选取的精确，决定了图像处理的精细程度。为此，Photoshop提供了众多的选择工具、命令，以及其他辅助工具和命令。同时，Photoshop从像素点的微观层面和精度把选取操作和选区编辑与图层、通道、蒙版、路径和滤镜等核心技术捆绑在一起，从而构造了Photoshop强大而又灵活的选择技术和灵感空间。

本章将从不同侧面，并结合数码照片处理案例挖掘Photoshop在选取方面的操作技巧和艺术。本节案例主要演示工具箱中各种选取工具的使用，并结合如何为照片镶嵌艺术画框的操作进行讲解。

处理前

处理后

矩形选框工具 M
椭圆选框工具 M
单行选框工具
单列选框工具 ①

套索工具 L
多边形套索工具 L
磁性套索工具 ②

快速选择工具 W
魔棒工具 W ③

## STEP 01 认识Photoshop的选取工具。

（简单的工具是制作复杂选区的基础）

默认状态下，在Photoshop主界面最左侧，悬浮着一列按钮，这就是Photoshop的工具箱。工具箱中包含3组选取工具按钮，分别是选框工具、套索工具和智能选取工具。

※ 选框工具：包括矩形选框、椭圆选框和单行、单列选框3类。

※ 套索工具：包括普通套索、多边形套索和磁性套索3类。

※ 智能工具：包括快速选择和魔棒。

选取操作时，首先根据需要在工具箱中选择某种类型的工具按钮，然后在工具栏上设置工具的各种选项，也可以保持默认选项设置，最后在图像编辑窗口中单击或者单击拖曳，从而获取一个选区，选区边缘以动态蚁行线显示。

## 选取的不是区域，而是像素！
（选取实际上就是选取多个像素）

当你初次使用选取工具制作选区时，不要把选区理解为任意范围的区域。不管框选再圆、再平滑的多边形区域，实际上它并不圆滑，如果使用缩放工具放大图像进行显示，则可以看到锯齿状的选区效果，而非完全圆滑的效果。

实际上，Photoshop选取的永远是一个个像素，不管你使用任何选取工具或命令。理解这一点很重要，只有你完全意识到自己正在进行的选取操作仅是与一个个像素打交道，你才能够更加精确选取自己需要的内容。

对于任何像素来说，都只有两种状态，要么被选中，要么未被选中。没有某个像素的一部分被选中，而另一部分未被选中情况。假如，我们把图像放大到足够大，你可以看到选中的永远是像素，而不是半个像素，如右图所示。

明白这一点，你就知道在Photoshop中操作的是像素，而不是任意区域。从像素的层面来看待选区，才能够实现精确选取。

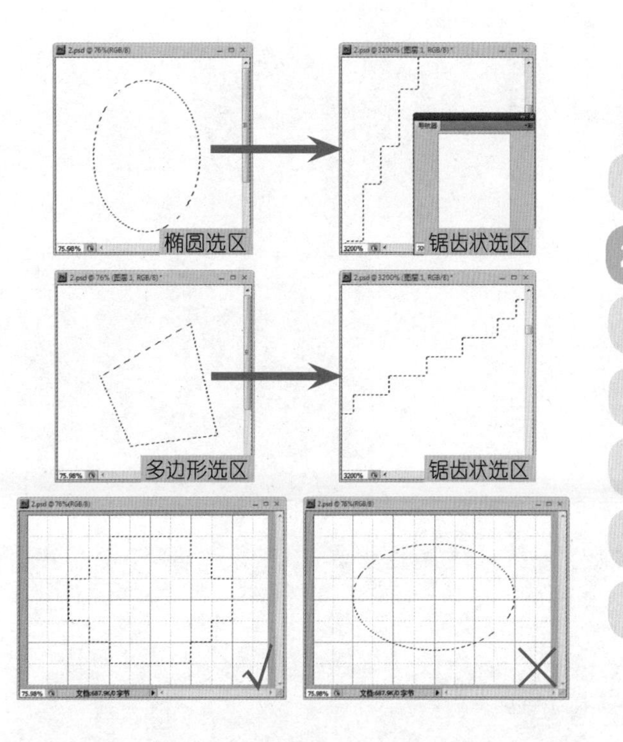


## 使用选取工具。
（任何操作都是熟能生巧）

选框工具使用很简单，只需要简单操作，就可以快速掌握。

对于矩形和椭圆选框工具来说，在工具栏中可以设置选区的样式——正常（默认）、固定比例和固定大小。不过固定比例和固定大小样式不是很常用，而结合快捷键执行选取操作就比较实用：

※ 按住【Shift】键框选，可以获取正方形或圆形选区。

※ 按住【Alt】键框选，可以获取以单击点为中心的矩形或椭圆选区。

※ 按住【Shift+Alt】键框选，可以获取以单击点为中心的正方形或圆形选区。

单行和单列选框工具比较特殊，它选取的不是1行像素或1列像素，实际上它选取的是4行像素或4列像素。如果放大图像，你可以看到这种情况，如右图所示。

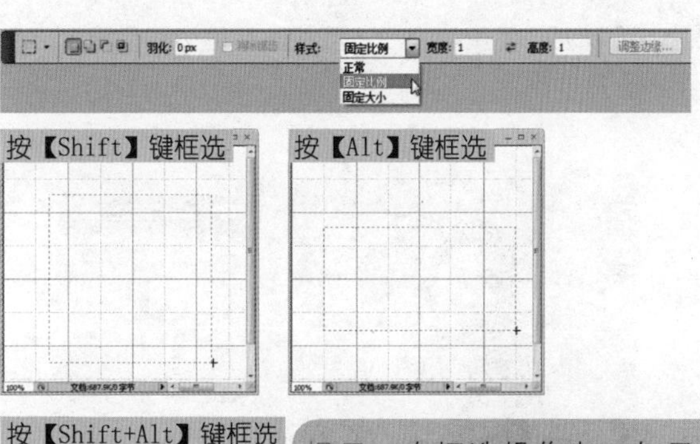


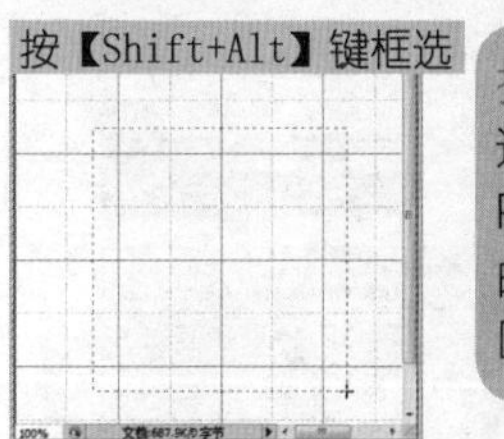


提示：在框选操作中，如果选框边线经过像素中间，则Photoshop会自动靠齐最近像素的边缘，而不会选择半个像素区域。

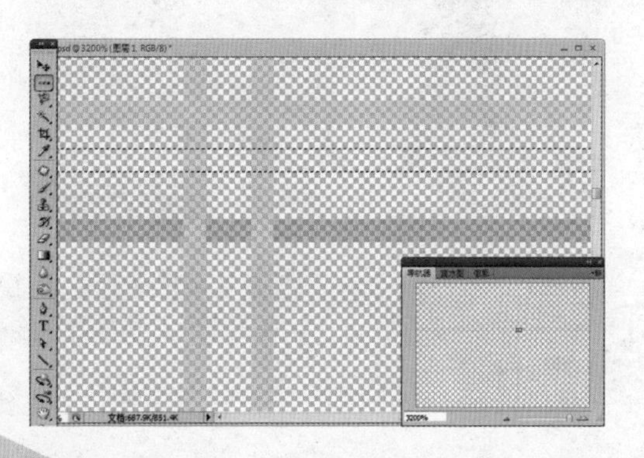

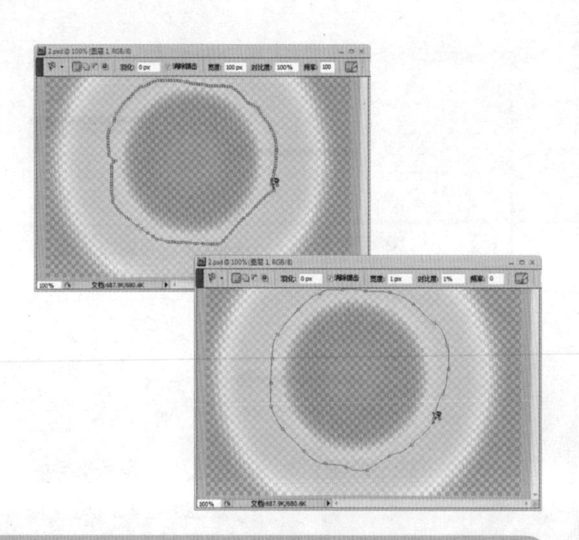

提示：在已选定磁性套索工具但未使用时，如果按【Caps Lock】键，可以更改指针的形状为圆圈，使其指明套索宽度，这样可以直观观察磁性套索影响的范围。

在操作中，按【]】键可将磁性套索边缘宽度增大1像素，按【[】键可将宽度减小1像素。

**注意**，勾选边界明晰的物体时，可以尝试用较大的宽度和更高的边对比度，然后大致地跟踪边缘。勾选边缘柔和的图像时，可以尝试使用较小的宽度和较低的边对比度，然后更精确地跟踪边框。

## 分解? 认识磁性套索工具的磁力性?

（磁性套索工具可以快速吸附选取物体边界）

在套索工具组中，套索工具比较常用，它允许用户以铅笔写画的思维习惯来勾选物体。不过，与磁性套索工具相比，套索工具显得轻便但不精确，勾选物体的速度远不及磁性套索工具。要用好磁性套索工具，应深入理解它的3个核心选项。

※ 宽度：指定检测宽度，磁性套索工具只检测从指针开始到指定宽度以内的边缘，超过这个宽度的边缘将被忽略。

※ 对比度：指定磁性套索工具对图像边缘的灵敏度，取值范围为1%～100%。该选项与边缘对比度有关系，值越大，则只检测与其周边对比鲜明的边缘；值越小，则只检测低对比度边缘。

※ 频率：指定磁性套索工具设置紧固点的频率，取值范围为0～100。值越大，频率越高，就会更快地固定选区边框。

提示：当容差为0时，单击选择的都是零散的像素点，这主要由背景色的区分度来决定；如果容差为255，则单击可以选中整个图像。

## 分解? 认识魔棒工具的魔力?

（魔棒工具可以快速勾选相同或相近的颜色）

魔棒工具是一种快速、简便选择相似色的工具，在勾选背景色时经常使用。要用好魔棒工具，应深入理解它的4个核心选项。

※ 容差：设置魔棒选定像素的相似性，取值范围为0～255 。值越小，则会选择与单击点像素越相似的几种颜色；值越大，则会选择范围更广的相似颜色。

※ 消除锯齿：创建较平滑边缘选区。

※ 连续：如果勾选该复选框，魔棒将只选择使用相同颜色的邻近区域。否则，将会选择整个图像中使用相同颜色的所有像素。

※ 对所有图层取样：如果勾选该复选框，魔棒将计算所有可见图层中颜色信息进行选择。否则，魔棒工具将只从当前图层中选择颜色。

魔棒在勾选色彩平缓的背景区域或者单纯物体时，使用非常高效；但是要勾选人物或者自然物体时，使用磁性套索工具会更好。

## 分解？ 认识快速选择工具的快速？
（快速选择工具能模拟画笔绘制选区）

快速选择工具是Photoshop新开发的一个选取工具。如果你习惯了用套索工具模拟铅笔工具来画选区，那么使用快速选择工具可以模拟画笔工具的使用习惯来描绘选区。要用好快速选择工具，应深入理解它的4个核心选项。

※ 画笔：设置画笔的大小、硬度和形状，与画笔工具的使用相同。

※ 自动增强：如果勾选该复选框，则将减少选区边界的粗糙度和块效应。

※ 加减选区按钮组：通过单击该按钮组中的按钮，可以建立、添加或减少选区。

※ 对所有图层取样：如果勾选该复选框，魔棒将计算所有可见图层中颜色信息进行选择。否则，魔棒工具将只从当前图层中选择颜色。

## STEP 03 使用魔棒工具快速抠出人物。
（魔棒是单一背景下抠图的最有效工具）

打开本案例的人物素材，分析照片背景比较单一，适合使用魔棒工具抠图。

在工具箱中选择魔棒工具，然后在工具栏中设置“容差”为“12像素”，勾选“消除锯齿”复选框。

按住【Shift】键，在背景区域多次单击，选择完整的背景区域。在操作过程中，可以配合套索工具，对部分细节漏选或者多选情况，进行修补。最后，按【Shift+F7】组合键，反向选择选区。

选择“选择|存储选区”命令，在打开的“存储选区”对话框中存储选区为“人物轮廓”。按【Shift+F6】组合键，打开“羽化选区”对话框，羽化选区2个像素。

选中“背景 副本”图层，按【Ctrl+J】组合键，新建通过复制的图层，然后隐藏“背景”和“背景 副本”图层，此时可以看到抠出的人物效果。

可以使用魔棒工具，设置较大的容差值，然后勾选边缘的红色区域，可以多次勾选。可配合套索工具，删除人物身上的选区。

按【Shift+F6】组合键，打开“羽化选区”对话框，羽化选区1个像素，然后按【Del】键删除选区内的内容，则可以获得比较完善的人物抠图，效果如左图所示。

STEP 04 使用磁性套索工具快速抠出花儿。（此步应耐心操作）

打开本案例的相框素材，在“图层”面板中复制“背景”图层为“背景 副本”图层。

按【Ctrl++】组合键放大图像，在工具箱中选择磁性套索工具，然后在工具栏中设置“宽度”为“10像素”，“对比度”为“50%”。

然后勾选左下角的花儿。对于花中间的空白，可以按住【Alt】键，使用磁性套索工具进行减去勾选。

选择“选择|存储选区”命令，在打开的“存储选区”对话框中存储选区为“人花1”。按【Shift+F6】组合键，打开“羽化选区”对话框，羽化选区2个像素。

选中“背景 副本”图层，按【Ctrl+J】组合键，新建通过复制的图层。

返回到人物素材文件，按【Ctrl】键，单击已抠出的人物图层，然后按【Ctrl+C】组合键，复制图层，再切换到相框素材文件，按【Ctrl+V】组合键，粘贴人物图像。

在“图层”面板中拖曳“图层3”到“图层1”和“图层2”的下面，按【Ctrl+T】组合键，适当调整人物的大小。

在工具箱中选择移动工具，然后按键盘上的方向键，移动人物到合适的位置即可。

# 图层 02 设计梦幻照片效果 ——选区与羽化、不透明度的关系

给人的直观印象，选区好像就是被动态蚁行线包围的区域，圈内是预选取操作的对象，而圈外是被遗忘的风景。这种印象很容易迷惑初学者，让他们在操作中迷失方向，不知道与自己真正过招的对手是谁。

当随意选择一种选取工具时，工具栏中总有一个“羽化”选项，羽化与不透明度、容差、锯齿、模糊等概念有什么关系？本案例将结合设计梦幻照片效果来讲解选区与羽化和不透明度的关系。本案例借助选取工具，以及羽化和不透明度的概念设计一种超现实的写意风景。

处理前

处理后

## STEP 01 认识选区与羽化的关系。（羽化本质上就是渐变透明）

在Photoshop所有选取工具中，除了智能选取工具外（魔棒和快速选择工具），其他工具的选项栏中都包含“羽化”选项。

实际上，当制作一个选区后，还可以再进行羽化，方法是：选择“选择|修改|羽化”命令，打开“羽化选区”对话框，然后在该对话框中输入一个数值即可。

选前在选项栏中设置选取工具的羽化参数，与选后通过羽化选区命令执行选区羽化，在本质上没有区别。

而且选区的羽化操作是可以累计叠加的。如果在工具栏中设置羽化参数值，制作选区后，则选区的羽化总值就是前后羽化的总和。

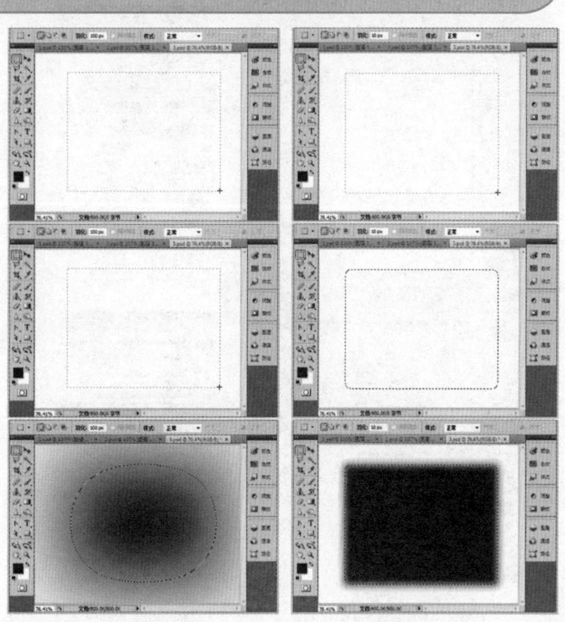

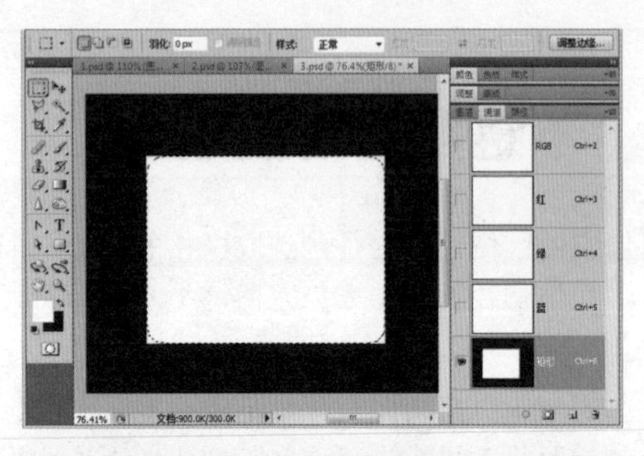

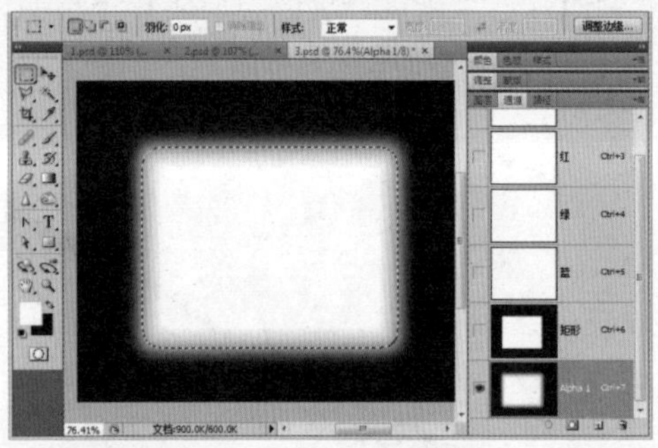

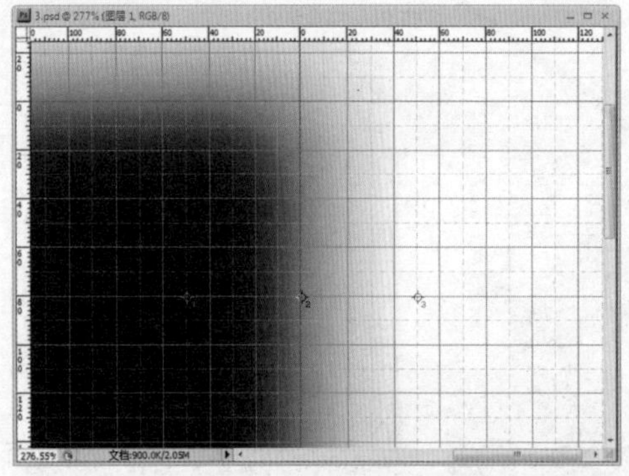

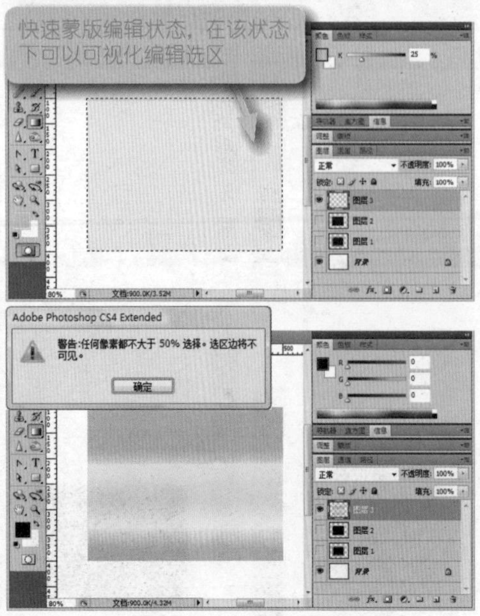


当然，也可以反复执行羽化选区命令，让选区的羽化总值更大。

羽化是选区边缘虚化处理的一种方法，其目的是希望图像之间能够更好地融合。其本质就是选区边缘渐变透明的一种技术处理方式。

例如，使用矩形选框工具在编辑窗口中勾选一个矩形时，当选择“选择|存储选区”命令时，在“通道”面板中可以看到矩形的白色区域，它就是刚刚存储的矩形选区。

选择“选择|修改|羽化”命令，在打开的“羽化选区”对话框中设置羽化选区为20像素。在“通道”面板中新建通道，并按【Shift+F5】组合键，使用白色填充选区时，你可以看到选区羽化的真实面目。

羽化的结果总是：Photoshop以选区边缘为中心线，从内到外由不透明度到完全透明的渐变显示过程。例如，如果选区羽化25像素，则选区范围内25像素为渐变透明状态，同时选区范围外25像素是逐渐透明显示，如左图所示。因此，羽化值越大，选区边缘半透明度区域的宽度就越大，选取图像的边缘就越模糊。一般来说，半透明区域的总宽度是羽化值的5倍左右，并以选区边缘为中心线，由内向外延伸。

## STEP 02 认识选区与不透明度的关系。

（不透明度本质上是显示效果，而不是颜色）

羽化是解决图像合成的一种方法，通过虚化边缘，让多个图像更好地融合，同时也可以制作图像虚边效果。

但是羽化无法解决选区内部的虚化问题，羽化永远与选区边缘相关联。不过，可以通过设置选区的不透明度来实现内部虚化问题。

Photoshop没有直接在选取工具的工具栏中提供选区不透明度设置的选项，也就是说你无法直接对选区的内部进行虚化。因此，要实现这样的虚化效果，就必须通过间接方法来实现。

※ 使用快速蒙版：在工具箱中单击底部的“以快速蒙版模式编辑”按钮，切换到快速蒙版模式编辑状态，然后使用矩形选框工具绘制一个矩形，按【Shift+F5】组合键，使用25%的灰度填充选区，然后按【Q】键，快速返回正常编辑模式。按【Shift+F7】组合键，反向选择选区，

这时Photoshop会提示“任何像素都不大于50%选择。选区边将不可见。”这说明选区的不透明度设置低于50%，所以在编辑窗口中看不到选区，此时如果使用渐变工具来填充选区，则可以看到半透明的填充效果。

※ 使用通道：绘制选区之后，选择“选择|存储选区”命令，打开“存储选区”对话框，存储选区为“半透明的选区”，然后切换到“通道”面板，单击“半透明的选区”通道，切换到通道编辑状态，设置前景色为75%黑色，然后按【Alt+Del】组合键快速填充选区，如右图所示。单击“RGB”通道，切换到图像正常编辑模式，选择“选择|载入选区”命令，载入“半透明的选区”选区，此时Photoshop也会提示看不到选区的信息，此时如果使用渐变工具填充选区，则效果如右图所示。

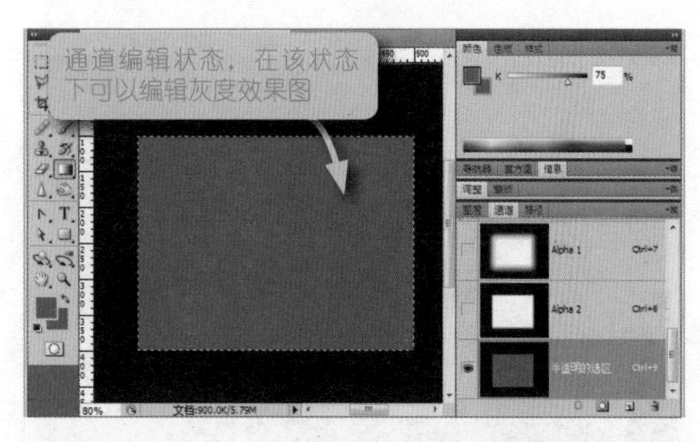


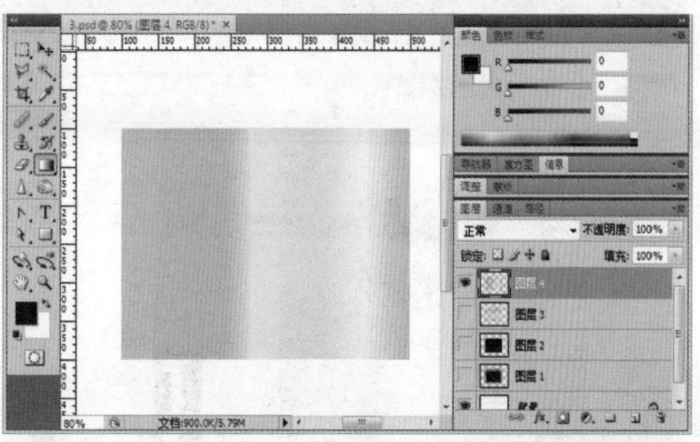

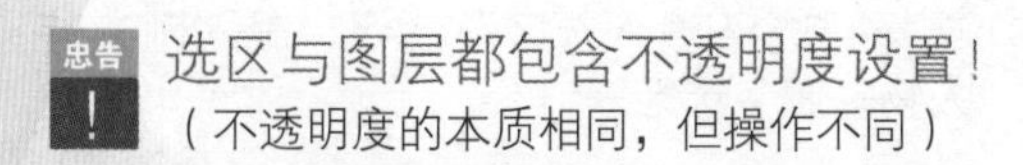

## 忠告 ! 选区与图层都包含不透明度设置!
（不透明度的本质相同，但操作不同）

像素只有两种状态，要么被选中，要么未被选中。当选区被设置了不透明度后，则选取的像素就以半透明状态显示。

实际上，选区的不透明度与图层的不透明度本质上都是相同的。但是图层的不透明度可以在“图层”面板中进行直观设置，而选区的不透明度只能够借助上面两种方法来实现。

另外，图层的不透明度可以进行后期调整，但是半透明度的选区所选取的图像是无法修改的。

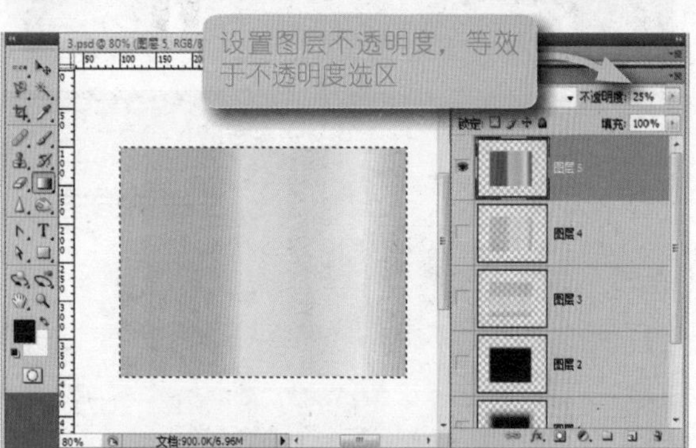


## STEP 03 选区与锯齿的关系。
（锯齿与羽化是两个相对的概念）

在Photoshop提供的选取工具中，除了矩形选框、单行选框和单列选框工具外，其他所有选取工具都提供了“清除锯齿”的设置选项。

锯齿总是与选区边缘相关联的，与羽化是一对相反的操作。如果没有羽化因素，选区的边缘都以锯齿状显示。如果希望弯角或者曲形选区的边缘更加圆滑，则应该在选取工具的工具栏中勾选“清除锯齿”复选框。右图是椭圆选区在不同状态下的效果。在清除锯齿状态下，选区也会存在细微的羽化效果，但不明显。

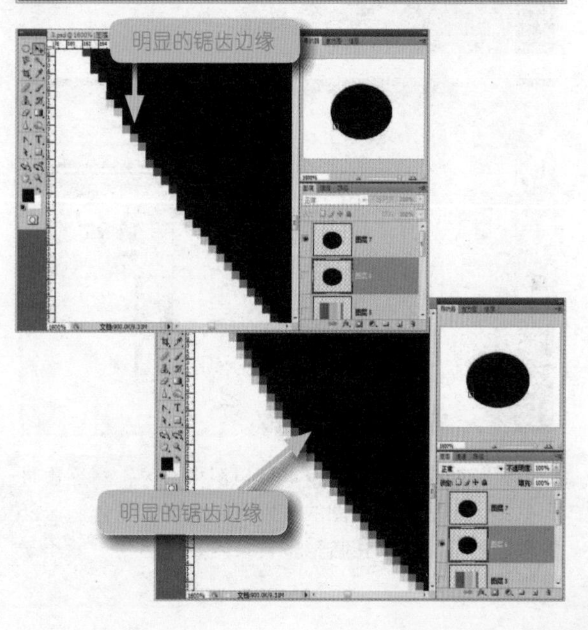

STEP 04 使用磁性套索工具抠出照片中的人物。
（如果熟练钢笔工具的使用，则可以配合路径抠图）

在Photoshop中打开本案例的人物素材，如左图所示。在工具箱中选择磁性套索工具，按【Ctrl++】组合键放大图像，然后勾选人物选区。

如果熟练钢笔工具的使用，首先使用钢笔工具绘制人物的轮廓路径，然后再按【Ctrl+Enter】组合键把路径转换为选区，也可以快速实现相同的目的。

STEP 05 扣取半透明的人物照。
（通过设置选区的不透明度来实现）

选择"选择|存储选区"命令，在打开的"存储选区"对话框中，存储选区为"人物轮廓"。

在工具箱中单击底部的"以快速蒙版模式编辑"按钮，切换到快速蒙版模式编辑状态，再次选择"选择|载入选区"命令，载入刚存储的"人物轮廓"选区。

在"颜色"面板中设置前景色为55%灰度的黑色，然后选择"编辑|填充"命令，打开"填充"对话框，使用前景色填充选区，效果如左图所示。

按【Q】键，切换到正常编辑模式，这时Photoshop会警告"任何像素都不大于50%选择，选区将不可见"，单击"确定"按钮，返回到正常编辑模式。

此时，你将看不到任何选区，其实选区已经存在。在"图层"面板中选中"背景 副本"图层，然后按【Ctrl+J】组合键，新建通过复制的图层，则可以复制半透明的选区图像，如左图所示。

不透明度为45%的选区

提示：可能很多人习惯直接使用羽化选区，然后再进行抠图，但是通过右图的效果可以看到，羽化选区25像素后，抠出的图包含很多背景内容，这个可能不是你想要的内容。

羽化25像素的选区

STEP 06 制作虚幻的照片效果。

（可继续在“图层”面板修改不透明度）

打开本案例的意象画背景素材，然后切换到人物素材文件，在“图层”面板中选中已抠出人物的“图层1”图层。按【Ctrl】键，单击该图层缩略图，此时Photoshop会提示选区不可见。

按【Ctrl+C】组合键复制图层图像，再切换到背景素材文件，按【Ctrl+V】组合键粘贴已抠出的半透明人物。

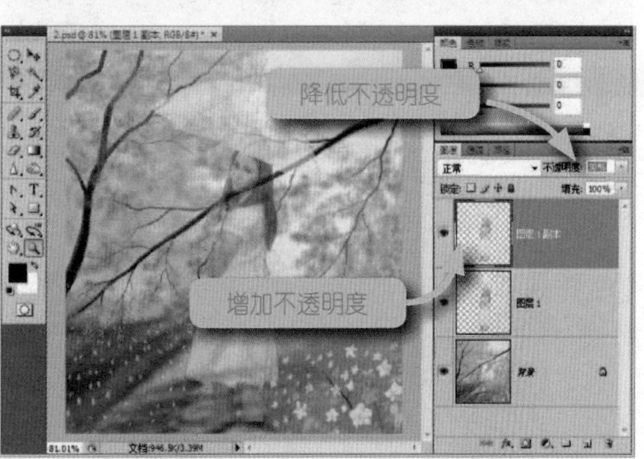


如果粘贴的图像过于虚化，也就是说图像的不透明度太低，则可以选中“图层1”图层，然后按【Ctrl+J】组合键，新建通过复制的图层，通过复制图层可以增强图像的不透明度。

如果粘贴的图像过于写实，也就是说图像的不透明度太高，则可以选中“图层1”图层，然后在“图层”面板中调整图层的不透明度，通过这种方式可以获得较高的透明效果。

STEP 07 设计景深和层次效果。

（抠出树枝并压在人物的上面）

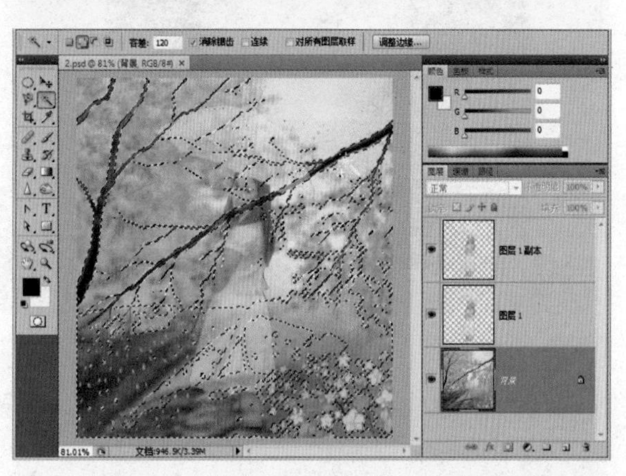

在工具箱中选择魔棒工具，在工具栏中设置“容差”为“120”，勾选“清除锯齿”复选框，取消勾选“连续”复选框。

在“图层”面板中选中“背景”图层，然后使用魔棒工具在树枝上单击，勾选所有的树枝选区，可以配合【Shift】或【Alt】键，多次单击增加或减少选区。

在工具箱中选择套索工具，按住【Alt】键，然后勾选非树枝区域，减去这些选区。

然后按【Ctrl+J】组合键，新建通过复制的图层，并自动命名为“图层2”，拖曳“图层2”到图层的顶部，在“图层”面板顶部设置该图层的混合模式为“柔光”，合成效果和图层操作细节如右图所示。

最后使用套索工具在“背景”图层中勾选人物脚部区域，然后按【Shift+F6】组合键，羽化选区5像素，按【Ctrl+J】组合键，新建通过复制的图层，并自动命名为“图层3”。拖曳“图层3”到图层的顶部，在“图层”面板底部单击“添加图层蒙版”按钮，为该图层添加图层蒙版，然后使用渐变工具渐变隐藏部分区域，产生渐隐效果。

# 图层 03 给你的照片添加艺术情调——调整选区的边缘

前面案例介绍了锯齿和羽化都与选区的边缘相关联，并能够产生相反的选取结果。但是锯齿只能够在选取之前决定，而羽化操作可以在选取前或选取后执行。不过对于复杂的选区来说，仅仅依靠锯齿和羽化两个要素来修饰选区边缘，稍显单调。Photoshop从CS3版本开始新增加了调整边缘工具，利用该工具可以调整各种特殊的选区效果。

本案例将详细讲解调整边缘工具，并利用该工具调整选区的边缘，以便抠出更符合要求的图像，然后把一幅普通的照片进行艺术化合成。

处理前

处理后

提示：调整边缘工具中几个滑块的说明。

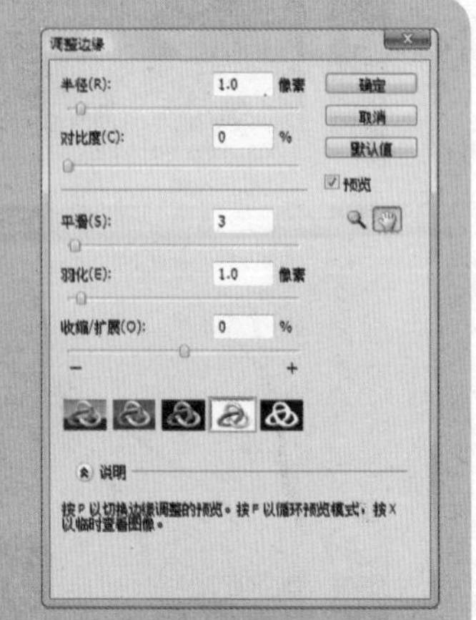


※ 半径：设置选区边界宽度。增加半径可以增加边缘柔化效果或选区细节。

※ 对比度：锐化选区边缘并去除模糊的不自然感。

※ 平滑：创建更加平滑的选区轮廓。

※ 羽化：在选区及其周围像素之间创建柔化边缘过渡。

※ 收缩/扩展：收缩或扩展选区边界。

## STEP 01 认识调整边缘工具。
（最强大的选区边缘调整工具）

当使用任意选取工具制作一个选区后，在工具栏中“调整边缘”按钮就处于被激活状态。单击该按钮，将会打开“调整边缘”对话框，如左图所示。实际上，当制作一个选区后，选择“选择|调整边缘”命令，也会打开“调整边缘”对话框。

调整边缘工具能够修饰当前选区的边缘，主要功能包括平滑、羽化和收缩/扩展。

“调整边缘”对话框分为4个功能区，即左上角的调整滑块区、中间的视图模式区、下部的功能说明区、右上角的按钮和预览区。

在“调整边缘”对话框的中间显示5个图标，这些图标不会影响选区的边缘，它们提供了选区的不同视图，说明如右图所示。

读者可以根据图像的具体内容来决定选择哪种视图。如果选区背景颜色较暗，选用白底衬托视图会更容易观察选区边缘的调整过程，反之使用黑底衬托视图更佳。当然，如果你习惯快速蒙版视图或者图层蒙版视图，都可以选择对应的图标，把图像编辑窗口中的选区转换为相应的视图状态，以便于观察调整的选区效果。

如果选区边缘包含毛发或者模糊等图像内容时，则可以通过增加“半径”选项值，以包含柔化的过渡或者细节的区域，从而创建更加精确的选区边缘。效果对比图如下图所示。

如果半径值过大，容易导致在选区边缘附近产生过多杂色，但是对于那些边界模糊的选区来说，调整选区对比度，可以锐化选区边缘，去除模糊的不自然感。效果对比图如右图所示。

如果选区边缘棱角比较多，且不需要这些棱角时，可以调整“平滑”滑块，消除这些棱角。效果对比图如下图所示。

羽化设置选项与羽化选区命令的功能是相同的，都是创建柔化边缘过渡。羽化的过程会对选区内和外图像产生影响。

收缩/扩展设置选项与收缩和扩展命令功能相同。该选项对于柔化边缘选区进行微调很有用，收缩选区有助于从选区边缘移去不需要的背景色。

※ 如果选取对象的颜色与背景色对比明显，可以尝试增加半径，并应用对比度以锐化边缘，然后调整收缩/扩展滑块选项进行微调。

※ 如果选取对象的颜色与背景色非常类似，或者是灰度图像，可以尝试调整平滑滑块，进行平滑处理，然后使用羽化选项和收缩/扩展选项进行微调。

例如，左图效果是参照上面第一个条件进行调整选区边缘，而抠出的人物图像效果。

STEP 02 扣取照片中的人物。

（实战中调整选区边缘时幅度不要过大）

打开本案例的人物素材照片，在工具栏中选择磁性套索工具，在工具栏中设置“宽度”为“5像素”，“对比度”为“10%”，“频率”为“50”。

按【Ctrl++】组合键，放大图像，然后使用磁性套索工具勾选人物选区，如左图所示。

选择“选择|调整边缘”命令，打开“调整边缘”对话框，然后按左图所示的参数进行设置，在调整中可以随时观察人物选区的效果，满意之后单击“确定”按钮，关闭该对话框。

获得调整后的选区后，在“图层”面板中选中“背景 副本”图层，按【Ctrl+J】组合键，新建通过复制的图层。

打开背景素材图像，使用鼠标将背景图像拖曳到正在处理的人物照片文件中。使用移动工具调整背景的位置，按【Ctrl+T】组合键，调整背景图像的大小。

在工具箱中选择椭圆选框工具，勾选人物头部选区，再选择“选择|变换选区”命令，调整选区大小，使其能够整好包含头部内容，然后旋转选区，与倾斜的头部保持相同的倾角，然后按【Enter】键确定变换选区。

按【Shift+F6】组合键，打开“羽化选区”对话框，羽化选区5像素。

在“图层”面板中选中“图层1”图层，然后在面板底部单击“添加图层蒙版”按钮，为该图层添加图层蒙版，效果如左图所示。

图层 04

## 纠正照片中人物的姿势——图形化编辑选区

选区不仅仅代表一个范围，还可以被用来编辑选区内的图像，或者直接编辑选区的形状，以获取特殊范围的选区。

下面将用两个案例内容从不同角度分解选区变换操作的一般方法，其中，本案例介绍选区的图形化编辑方式。读者都知道，按【Ctrl+T】组合键可以变换图层内图像，同样，如果借助变换选区命令，也可以自由变换选区形状，这样就可以设计艺术化的图像选区范围。本案例将借助选区快速纠正照片中人物的站姿。

处理前

处理后

### STEP 01 修改选区范围。

（修改选区是变换选区常用和特殊应用形式）

当在Photoshop中构建一个选区后，选择"选择|修改"命令时，会打开一个修改子菜单，在该子菜单中提供了5个子命令，即边界、平滑、扩展、收缩、羽化。

其中"平滑"和"羽化"命令与"调整边缘"对话框中的"平滑"和"羽化"选项的功能是相同的。而扩展和收缩与"调整边缘"对话框中的"收缩/扩展"选项的功能是相同的。

不过，"边界"命令比较特殊，它能够将选区的边界转换为选区，即根据指定宽度在现有选区边界的内部和外部建立一个条带状选区。该命令对于选择选区边界非常有用。

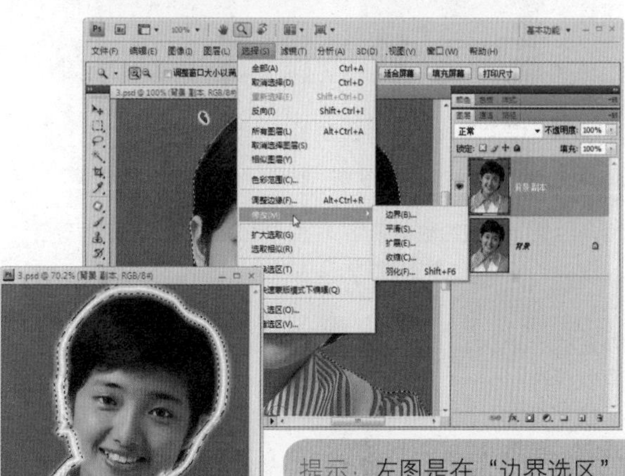

提示：左图是在"边界选区"对话框中设置宽度值为20像素时，所获得的边界选区，然后使用白色填充选区，可见边界选区带有羽化效果。

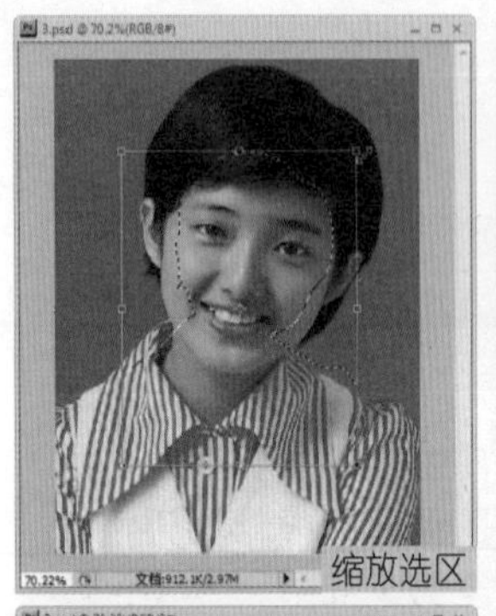

缩放选区

旋转选区

斜切选区

透视选区

## STEP 02 变换选区范围。

（变换选区与变换图层图像操作方法相同）

在Photoshop图像编辑窗口中构建一个选区之后，选择“选择|变换选区”命令，则可以对当前选区范围执行变大、缩小和旋转操作，这与按【Ctrl+T】组合键变换图层图像的操作是相同的。

但是如果直接按【Ctrl+T】组合键，或者选择“编辑|变换”命令，对当前选区执行变换操作，则操作的对象是选区内图像，以及当前选区，而不是仅仅变换当前选区的范围。

当选择“选择|变换选区”命令之后，还可以选择“编辑|变换”命令，从打开的子菜单中选择一种子命令，对选区执行特殊的变换操作，各效果如左图所示。

除了左图所示的4种变换选区操作外，还可以使用扭曲操作。但是Photoshop禁止使用“变形”命令操作选区。

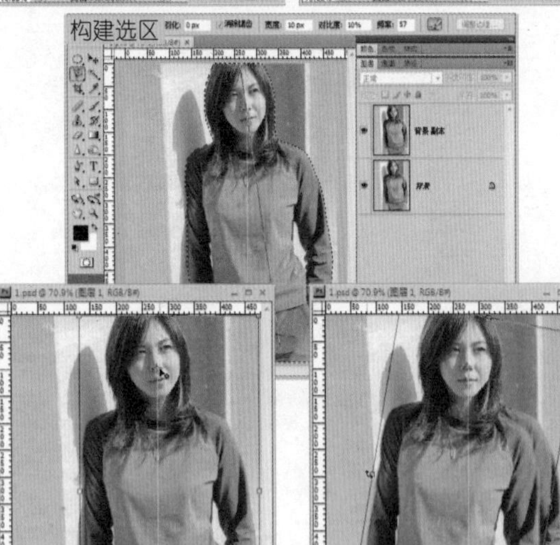

构建选区

设置控制参考点

以参考点为中心进行旋转

## STEP 03 使用图层变换操作纠正人物姿势。

（请区分选区变换操作和图层变换操作）

在Photoshop中打开本案例的人物素材照片，按【Ctrl+R】组合键显示标尺，然后从左侧标尺中拖曳出一条辅助线，对齐到人物的鼻梁中心，可以看到人物的身体是倾斜的，如左图所示。

下面就来纠正人物倾斜的站姿。首先，在工具箱中选择磁性套索工具，根据情况，酌情按【Ctrl++】组合键放大图像，然后勾选人物的轮廓，选择“选择|存储选区”命令，存储选区为“人物轮廓”。

按【Shift+F6】组合键，打开“羽化选区”对话框，羽化选区2 像素，然后在“图层”面板中选中“背景 副本”图层，按【Ctrl+J】组合键，新建通过复制的图层，并自动命名为“图层1”。

按【Ctrl+T】组合键，变换“图层1”图层中的图像，然后拖曳变换控制参考点到人物鼻梁中心点，然后轻微旋转图像，使人物重心线与辅助线相平行。满足之后，按【Enter】键确定变换操作，然后选中“背景 副本”图层，使用修复画笔工具，修复变换后遗留的漏洞，关于修复画笔工具的使用请参阅后面内容。

提示：使用补贴的方法可以快速、无痕地修复漏洞，当然修复的方法有很多种，应灵活选用。

图层 05

# 给照片添加风雪情韵——像素化编辑选区

以像素化方式编辑选区，是一种简单的选区变换操作，要制作复杂的选区范围，就需要利用快速蒙版或者通道来实现，这些操作都是以像素作为基本操作单位的。

在快速蒙版状态下，可以把选区范围看做是灰度位图图像，然后使用各种画笔工具、图像处理命令、特效滤镜来制作特殊形式的选区，并借助这些特殊选区实现各种特定设计要求。除了快速蒙版外，通道也是一种高级选区编辑工具，关于这个问题将在后面内容中专门进行讲解。本案例将介绍如何使用快速蒙版为照片添加风雪效果。

处理前

处理后

## STEP 01 认识像素化编辑选区。
（像素化编辑即以快速蒙版方式编辑选区）

当在Photoshop中构建一个选区后，在工具箱底部单击“以快速蒙版模式编辑”按钮，或者按【Q】键（在英文输入状态下）可以快速切换到快速蒙版编辑模式。

在快速蒙版编辑模式下，“图层”面板处于被锁定状态，所有编辑操作不会影响当前图层的内容，此时可以使用画笔工具在编辑窗口中涂画，或使用其他工具、任何图像编辑命令，甚至应用特效滤镜等，基本上所有在位图模式下的操作此时都被允许。

快速蒙版模式是一种灰度编辑模式，每个像素只能够接受255级灰度值，部分命令会被禁用。

**STEP 02** 利用绘画笔滤镜制作风雪选区。
（滤镜善于制作特殊效果）

在Photoshop图像编辑窗口中打开本案例的人物素材照片。在“图层”面板上拖曳“背景”图层到面板底部的“创建新图层”按钮上，复制“背景”图层为“背景 副本”图层，然后单击“创建新图层”按钮，新建“图层1”。

在工具箱中单击底部的“以快速蒙版模式编辑”按钮，切换到快速蒙版模式编辑状态。按【Shift+F5】组合键，打开“填充”对话框，使用黑色填充快速蒙版区域。

选择“滤镜|素描|绘画笔”命令，打开“绘画笔”对话框，按默认设置对黑色蒙版执行绘画笔处理，获得的效果如左图所示。

通过该处理也可以看到，快速蒙版犹如灰度像素图，可以任意执行各种操作。

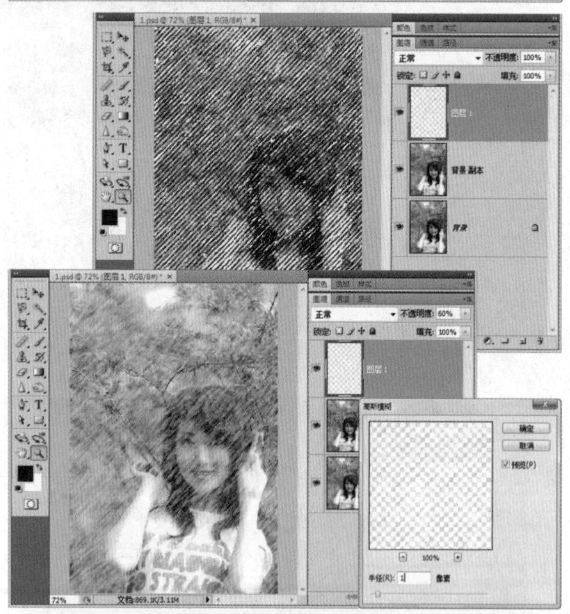

**STEP 03** 利用蒙版选区制作风雪特效。
（快速蒙版的灰度级等于不透明度）

按【Q】键，从快速蒙版编辑模式转换为正常图像编辑模式。此时，Photoshop会根据蒙版中每个像素的灰度级，分别把它们转换为对应的不透明度选区。如果灰度级为255，则不透明度就为100%，即完全不透明；如果灰度级为0，则不透明度为0%，即完全透明；如果灰度级介于0~255之间，则根据相应的等式换算出该像素点的不透明度。按【Shift+F5】组合键，打开“填充”对话框，使用白色填充“图层1”图层选区。

按【Ctrl+D】组合键，取消选区，此时可以看到犹如风雪效果的白色填充效果。在“图层”面板中调整“不透明度”值，以降低风雪的浓度。

选择“滤镜|模糊|高斯模糊”命令，打开“高斯模糊”对话框，按默认值对风雪效果进行模糊化处理，以营造朦胧效果。

在“图层”面板中选中“背景 副本”图层，使用磁性套索工具勾选人物轮廓，羽化选区5像素。然后按【Ctrl+J】组合键复制选区图层，并为该图层添加图层蒙版，在图层蒙版中应用径向渐变填充，让人物面部从风雪中渐显出来，效果如左图所示。

图层 06

# 移步换景让照片焕然一新——选区的合成及其应用

在Photoshop中，选区与蒙版、图层通道、路径等工具是密切关联的，借助这些工具及各种命令，可以合成复杂的选区。所谓合成选区，就是多个各自独立的选区通过一定的操作方式组合在一起，形成一个完整的选区。合成选区的方法有多种，列举如下：

※ 利用选取工具，配合设置工具栏中的操作方式实现。仅能实现当前选区与新建选区的合成。

※ 利用选取工具，配合快捷键快速实现。仅能实现当前选区与新建选区的合成。

※ 利用“存储选区”和“载入选区”命令实现。仅能实现当前选区与已存储选区的合成。

※ 利用快速蒙版合成选区，可以对当前选区、新建选区和存储选区进行合成操作。

※ 利用“通道”面板实现，这与快速蒙版操作和原理相同。

※ 配合快捷键，在通道、图层和路径中综合合成选区。

处理前

处理后

STEP 01 选区合成的方法总结。
（选区合成与图像合成一样灵活而强大）

在每个选取工具的工具栏中，Photoshop都提供了一组操作方式按钮，它们分别对应新建选区、添加到选区、从选区中减去和与选区进行相交。

不过，大部分用户更习惯于配合快捷键来实现各种选区合成的操作：

※ 按住【Shift】键，为原选区添加新的选区。

※ 按住【Alt】键，从原选区中删除部分选区。

※ 按住【Shift+Alt】组合键，获取新选区与原选区的交集。

除了使用工具合成选区外，使用快速蒙版或者通道也可以合成更复杂的选区，这种方法比选取工具的合成操作更灵活、更强大。它可以轻松实现把各种形式的选区，以及已经存在的选区

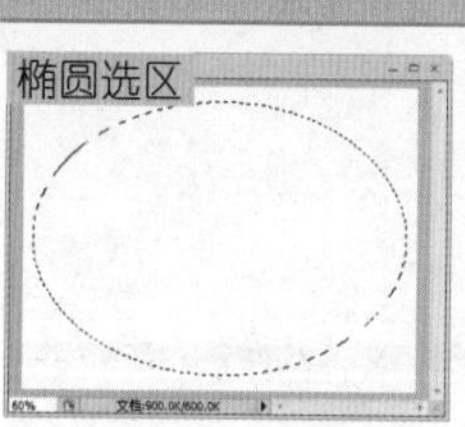


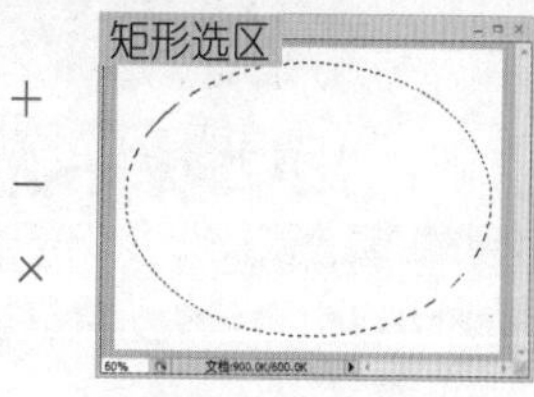


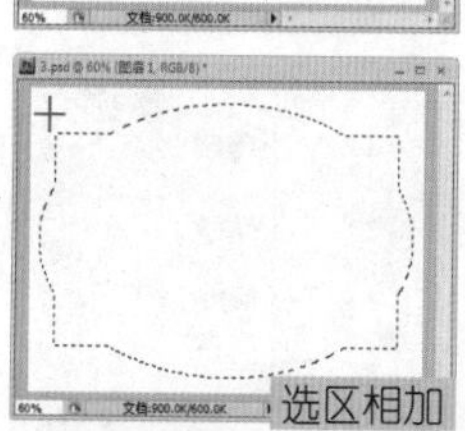

选区相加

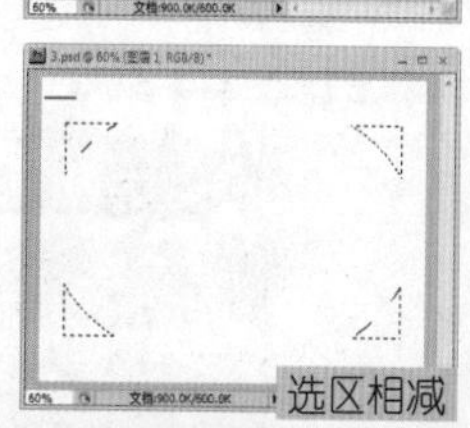

选区相减

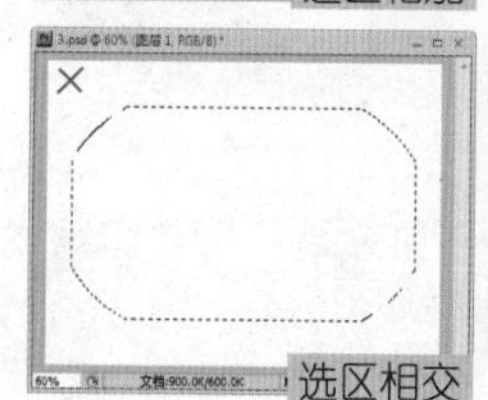

选区相交

提示：使用选取工具直接合成选区是常用合成方法。首先构建一个选区，然后在工具栏中设置操作方式，或借助快捷键继续创建选区即可。

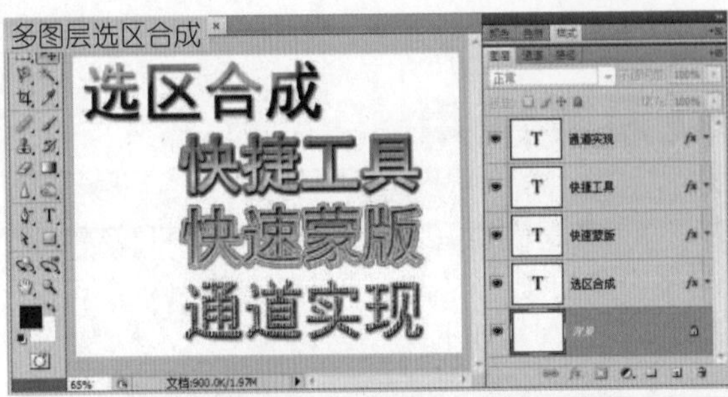


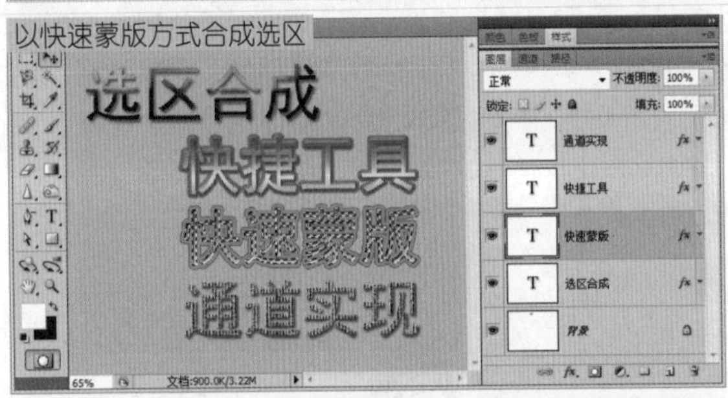


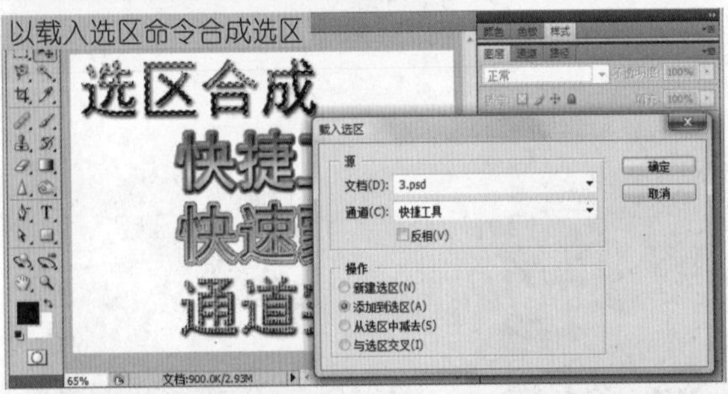


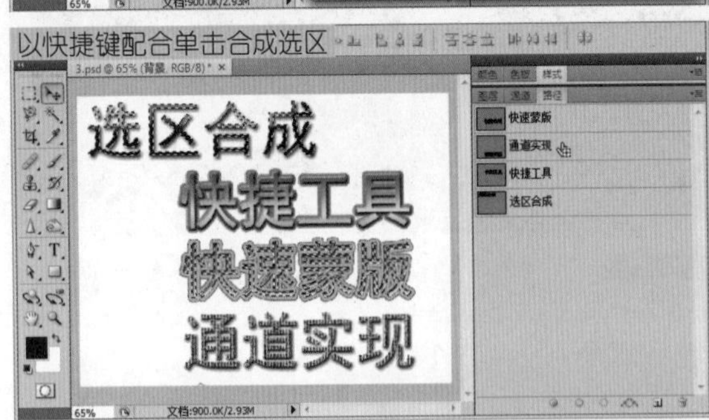


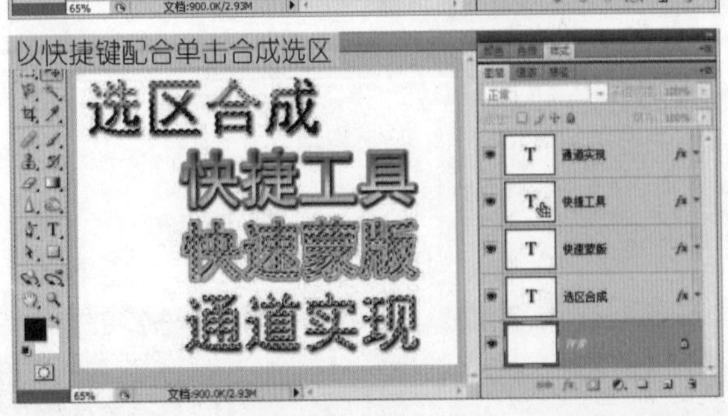


合成在一起。使用快速蒙版合成选区的一般方法是：先构建一个选区，然后切换到快速蒙版编辑模式，再使用选取工具构建新的选区，或者调出其他选区，使用白色填充新选区，最后切换到正常图像编辑模式，即可把两个选区合并在一起。在这个操作过程中，还可以对选区执行任意编辑操作，或者制作半透明选区。

如果继续合并新的选区，则再次切换到快速蒙版编辑模式，然后绘制或者调出新选区，并使用白色填充选区，切换到正常图像编辑模式，即可实现多选区合并的效果。

另外，还可以使用菜单命令实现选区合成操作，具体方法是：首先，使用任意选取工具构建一个选区，选择“选择|存储选区”命令，存储当前选区；然后，继续使用选取工具新建选区，或者调出或转换已经存在的选区；最后，选择“选择|载入选区”命令，打开“载入选区”对话框，在该对话框中选择前面已经存储的选区，并在“操作”选项组中选择一种操作方式（说明可参阅前面介绍），单击“确定”按钮，即可实现选区合成操作。

如果配合快捷键，使用鼠标单击也可以快速合并选区，具体实现方法是：

※ 按住【Ctrl】键，单击任意图层、通道或路径，可以调出该图层、通道或路径的选区。

※ 按住【Ctrl+Alt】组合键，单击任意图层、通道或路径，可以从原选区中删除单击图层、通道或路径包含的选区。

※ 按住【Ctrl+Shift】组合键，单击任意图层、通道或路径，可以从原选区中添加单击图层、通道或路径包含的选区。

※ 按住【Ctrl+Shift+Alt】组合键，单击任意图层、通道或路径，可以获取原选区与单击图层、通道或路径包含选区的交集。

提示：当使用快捷键配合鼠标单击时，鼠标指针会显示当前选区合成操作的方式，其中表示选区相加，表示从原选区中减去，表示与原选区相交。

## STEP 02 选区的快捷操作方法总结。

（熟练掌握快捷操作方法能够提高工作效率）

在Photoshop的“选择”主菜单中提供了各种常用选区操作命令，当完全熟练Photoshop工具时，可以不再烦琐地选择这些命令，而是通过快捷键执行这些命令的功能。因此，建议你熟记并理解以下快捷操作方式：

※ 按【Ctrl+A】组合键，可以选择当前图层的整个窗口编辑区。

※ 按【Ctrl+D】组合键，取消当前的选区。

※ 按【Ctrl+Shift+D】组合键，恢复刚刚被取消的选区。

※ 按【Ctrl+Shift+I】组合键，反向选择当前选区。

注意，在“选择”主菜单中，有3个命令是与选区没有关系的，它们分别是：

※ “所有图层”命令——选择“图层”面板中所有的图层。

※ “取消选择图层”命令——取消选择“图层”面板中图层。

※ “相似图层”命令——选择“图层”面板中类似相似的所有图层，如文本图层、调整图层、普通图层、背景图层等。

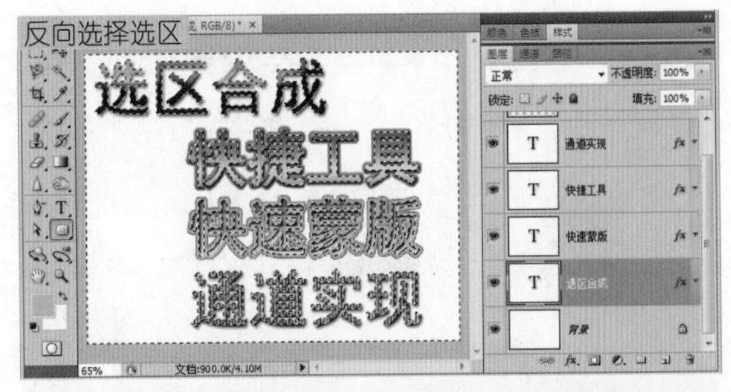


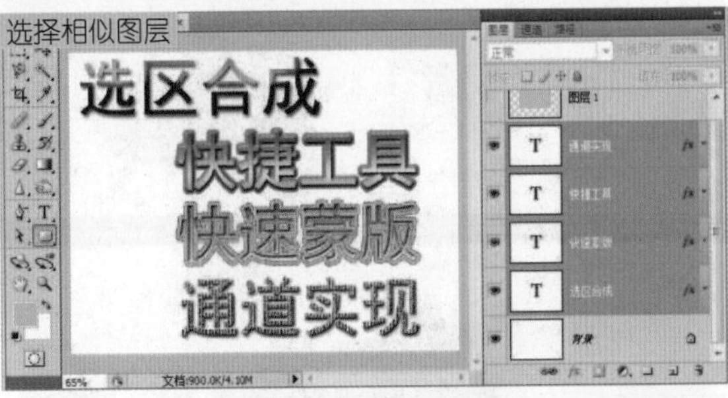


## STEP 03 扩展选区。

（扩大包含具有相似颜色的区域）

在“选择”主菜单中包含两个功能相似的命令，分别是“选取相似”和“扩大选取”命令。使用这两个命令都可以根据颜色的相似性扩大图像中的选区：

※ “扩大选取”命令能够包含指定容差的相邻的像素，它主要根据魔棒工具的工具栏中设置的容差范围，来决定相邻像素的范围。

※ “选取相似”命令能够包含整个图像中位于容差范围内的像素，而不只是相邻的像素。

例如，在右图素材中，如果要选择所有的黄色花朵，是非常麻烦的，一是比较多而且乱，二是很多花朵比较模糊，无法直接勾选。但是，如果直接使用魔棒勾选，也存在一定的误差，使用魔棒工具多次选取，会存在疏漏。为此，使用“扩大选取”或“选取相似”命令会简化操作。

在工具箱中选择魔棒工具，在工具栏中设置“容差”为“32像素”，然后在素材中单击一次，初步勾选花朵，然后再分别执行3次“扩大选取”命令或“选取相似”命令，会发现选取的结果不同，效果比较如上图所示。

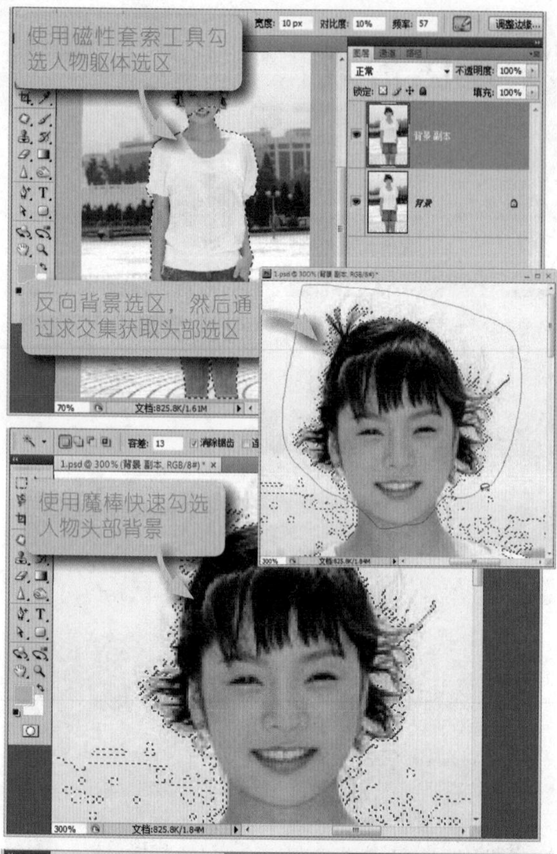

STEP 04 移步换景更换照片背景。

（可分区选用不同的选取工具进行抠图）

在Photoshop中打开本案例人物素材照片，通过简单分析，建议不妨采用分区选用不同工具制作选区，然后合成选区，最后抠出人物图像。

人物躯体和四肢区域与背景区分明显，且轮廓简单，没有复杂的毛边，因此适合使用磁性套索工具快速勾选。在工具箱中选择磁性套索工具，工具栏中的各选项设置如左图所示，然后按【Ctrl++】组合键，勾选人物躯体和四肢选区。选择“选择|存储选区”命令，将当前选区存储为“躯体选区”。

人物头部区域毛发比较松散，但背景比较单一，适合使用魔棒工具反选背景，从而反向选择头部选区。先按【Ctrl+D】组合键，取消当前选区，然后在工具箱中选择魔棒工具，在工具栏中设置“容差”为“13”，然后在背景区域单击，获得头部背景的大部分选区。

在工具箱中选择套索工具，按住【Alt+Shift】组合键，勾选人物头部区域，获得头部选区的交集，即准确获得头部选区，包括细微的散发丝。选择“选择|存储选区”命令，将当前选区存储为“头部选区”。

切换到“通道”面板，按住【Ctrl+Shift】组合键，单击“躯体选区”通道，即可获得人物的完整选区，如左图所示。选择“选择|存储选区”命令，存储合成后的选区为“人物轮廓”。

按【Shift+F6】组合键，打开“羽化选区”对话框，羽化选区1像素，然后切换到“图层”面板，选中“背景 副本”图层，按【Ctrl+J】组合键，新建通过复制的图层，并自动命名为“图层1”。

打开另一幅背景素材照片，把抠出的人物进行复制，将其粘贴到当前文件中，适当调整人物的位置和大小。按住【Ctrl】键，在“图层”面板中单击“图层1”图层缩略图，调出人物选区，按【Shift+F6】组合键，羽化选区1像素，然后在“图层”面板底部单击“添加图层蒙版”按钮，为“图层1”添加图层蒙版，适当隐藏人物周围的硬边，产生融入的感觉。

图层 07

## 抠毛毛草，设计艺术插画效果——使用抽出工具选取对象

“抽出”滤镜具有强大的抠图能力，为清除照片中的图像背景提供了一种高级方法，即使对象的边缘细微、复杂或无法确定，也无须太多的操作，就可以快速将其从背景中抠出来。抽出工具以功能强大、操作简单为众多好手所喜爱。一般常用抽出工具抠取毛发、丝线、绒球等包含毛边的对象。如果背景简单，则建议使用背景橡皮擦工具来抠图。

本案例将讲解抽出工具的使用，并利用该工具从原图中抠出毛毛草。毛毛草是典型的毛边对象，选取工具很难胜任，而使用抽出工具就很简单。

处理前

处理后

STEP 01 手动安装“抽出”滤镜。
（滤镜就是插件，在网上可以获取）

Photoshop CS4 版本默认没有安装“抽出”滤镜，读者可以通过下面网址下载官方提供的滤镜包：http://download.adobe.com/pub/adobe/photoshop/win/cs4/PHSPCS4_Cont_LS3.exe。

下载滤镜包后，解压安装包中的文件，把“简体中文\实用组件\可选增效工具\增效工具（32位）\Filters”目录下的文件复制到Photoshop CS4 的安装目录（如C:\ProgramFiles\Adobe\Adobe Photoshop CS4）中的Plug-ins 文件夹中。

最后，重新启动Photoshop CS4，即可在“滤镜”菜单中找到“抽出”滤镜。

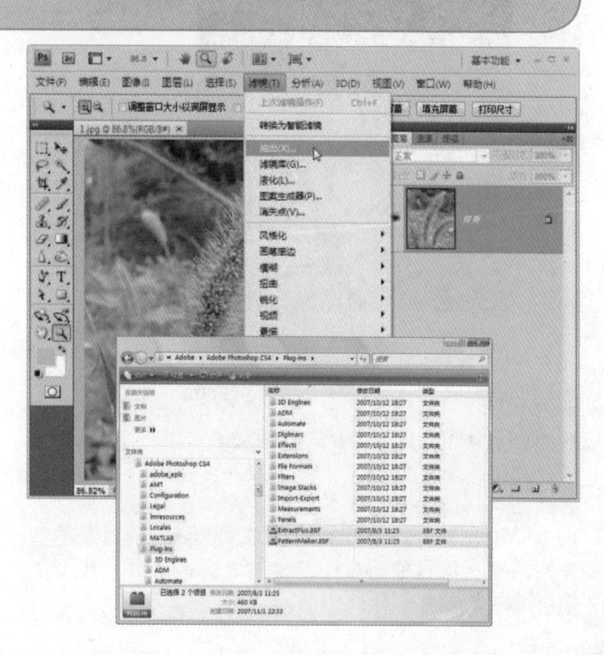

STEP 02 初步认识抽出工具的对话框界面。
（抽出工具是一个独立的对话框）

选择“滤镜|抽出”命令，打开“抽出”对话框，该对话框包含3部分。左侧是工具箱，提供各种操作的工具，从上到下分别是：

※ 边缘高光器——绘制要抽出对象的边缘。

※ 填充——填充要抠出对象的前景色。

※ 橡皮擦——可以用来擦除高光器涂抹的区域，或者清除填充颜色。

※ 吸管——当在右侧选项栏勾选“强制前景”复选框，可以使用该工具选择一种前景色。

※ 清除——清除抽出区域中的背景痕迹。

※ 边缘修饰——编辑抽出对象的边缘，通过锐化边缘，增加边缘的清晰度。

※ 缩放——缩放“抽出”对话框中间的图像视图。

※ 抓手——当中间视图区图像大于当前对话框，则可以使用该工具拖曳图像进行移动导航。

在对话框的中间区域是一个图像视图，可以借助缩放工具或者抓手工具调整视图内图像的大小和位置。

在对话框的右侧是工具选项区域。当在左侧工具箱中选择一个工具时，可以在右侧的选项设置区域设置工具的选项。它主要包含“工具选项”、“抽出”选项和“视图”（即预览）选项三部分。在“工具选项”区域可以设置画笔的大小、画笔色和填充色。“抽出”选项区域主要设置在特殊环境下的抽出操作。

STEP 03 使用抽出工具抠出毛毛草。
（本步骤采用全色抠图法执行抽出操作）

在Photoshop中打开本案例毛毛草特写素材照片。在“图层”面板中拖曳“背景”图层到面板底部的“创建新图层”按钮上，复制“背景”图层为“背景 副本”图层。

选择“滤镜|抽出”命令，打开“抽出”对话框。在对话框左侧工具箱中选择边缘高光器工具，在右侧画笔选项区域设置画笔大小，大小应正好包含毛毛草的小毛毛，沿毛毛草边缘进行涂抹。

然后，在左侧工具箱中选择填充工具，在高光涂抹边缘内部单击进行填充。

提示：根据抠取范围和操作步骤不同，抽出工具可以分为两种抠图方法：单色抠图和全色抠图。单色抠图，即指定抠图的颜色，然后涂抹要抠取对象的全部区域即可，此时则应该勾选“强制前景”复选框，并指定一种前景色。全色抠图，即涂抹要抠取对象的边缘，并根据描边抽出中间包含的内容，上面一步就是采用这种方法来抠图的。

单击该对话框中的“预览”按钮，则可以在中间视图中看到抽出的图像效果。此时，可以使用清除工具清除被包含进来的背景色，也可以使用边缘修饰工具对模糊边缘进行处理。

在抽出操作过程中，应该注意几个问题：

※ 如果图像的前景色或背景包含大量纹理，则应该勾选“带纹理的图像”复选框。

※ 如果要高光显示定义精确的边缘，则应该勾选“智能高光显示”复选框。如果使用智能高光显示标记靠近另一个对象边缘，并且冲突的边缘使高光脱离了对象边缘，则应减小画笔的大小。

※ 如果对象边缘一侧的颜色平均分布，而另一侧却是高对比度，则将对象边缘保持在画笔区域内，但使画笔居中于平均分布的颜色上。

“平滑”选项可以增加或降低轮廓的平滑度，但为了避免不需要的细节模糊处理，最好以0或一个较小的数值开头。如果抽出的结果中有明显的人工痕迹，可以增加平滑值，以便在下一次抽出中移去它们。

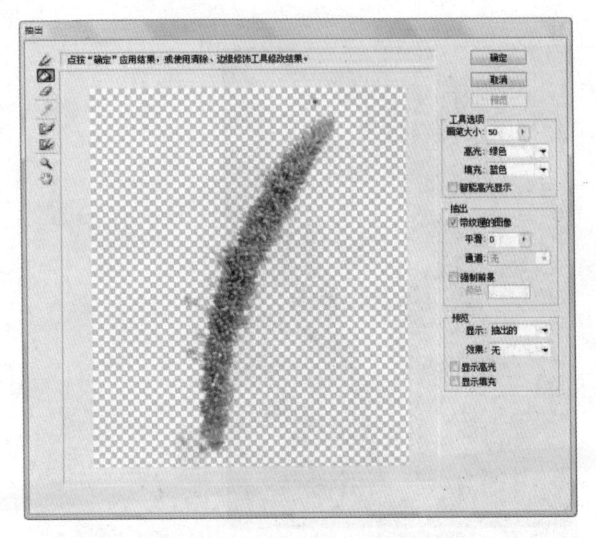

“通道”选项可以设置基于 Alpha 通道中存储的选区进行高光处理。

## STEP 04 使用抽出工具抠出毛毛。

（本步骤采用单色抠图方法执行抽出操作）

在上面操作步骤基础上，在“抽出”对话框中单击“确定”按钮，完成初步抽出操作，返回到Photoshop主编辑窗口，则可以看到“背景 副本”图层的背景色全部被清除，保留毛毛草的主体图像。

重新复制“背景”图层为“背景 副本2”图层，再次选择“滤镜|抽出”命令，打开“抽出”对话框。

在对话框右侧的“抽出”区域勾选“强制前景”复选框，然后使用吸管工具在毛毛草的细毛毛上单击，确定要抽出的颜色。

然后使用边缘高光器工具在毛毛草身上进行涂抹，以确定要抽出的区域。

单击“预览”按钮，可以看到被抽出的毛毛草的细毛毛。也许一次无法全部抽出所有的毛毛，可以完成此次抽出操作之后，反复复制“背景”图层，然后执行单色抽出操作。

建议读者根据毛毛的亮度，分为3次单色抽出操作，即可把所有毛毛抠出来，即深色的毛毛、中性色的毛毛，以及高亮的毛毛。

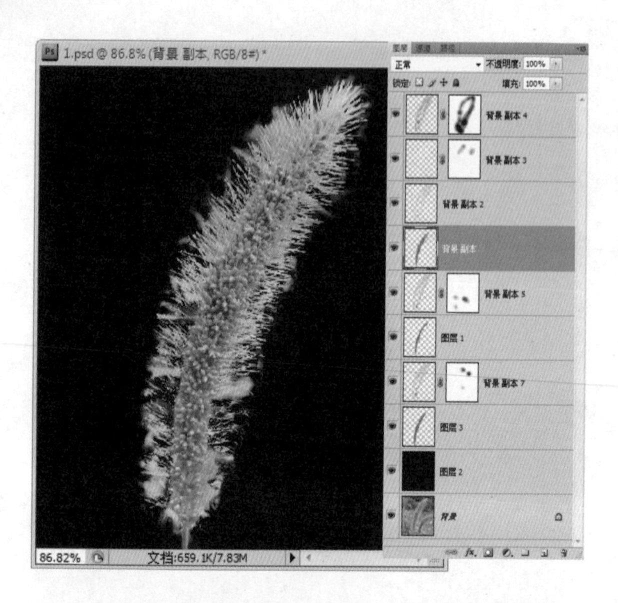

## STEP 05 调整抠出的毛毛草效果。

（通过图层混合模式提升毛毛草的亮度）

经过多次单色抽出之后，返回Photoshop主编辑窗口。在“图层”面板中使用套索工具勾选毛毛草的主体区域，然后按【Ctrl+J】组合键，新建通过复制的图层，以便修补因为抠出操作中损失的毛毛草的轮廓。

在“背景”图层上面新建“图层2”，将其填充黑色，这样可以观察抠出的细节效果。

然后逐个图层进行检查和修复，使用图层蒙版隐藏不需要的背景。方法是，选中某个图层，通过隐藏和显示图层，观察该图层对于整个毛毛草效果的影响。如果发现问题，可以单击“图层”面板底部的“添加图层蒙版”按钮，为该图层添加图层蒙版，然后使用黑色画笔涂抹不需要的区域。为了避免操作的生硬性，可以在画笔工具的工具栏中设置“不透明度”为很低的值，然后涂抹。

最后，把所有抽出图层放置在一个图层组中。方法是，按住【Ctrl】键，选中所有抽出图层，然后拖曳到面板底部的“创建新组”按钮上，就可以把所有图层归为一个组，以方便管理。

拖曳“组1”到面板底部的“创建新图层”按钮上，复制图层组，然后单击面板右上角的面板菜单按钮，从弹出的菜单中选择“合并组”选项，然后复制该图层，并改变图层混合模式为“叠加”，以增强毛毛草的亮度。

## STEP 06 设计毛毛草的艺术插画效果。

（可根据需要调色和个性化设计）

按住【Ctrl】键，选中可见处理图层，并将其拖曳到面板底部的“创建新组”按钮上，就可以把所有图层归为一个组。

按【Ctrl+E】组合键合并组内所有图层，按【Ctrl】键，单击合并后的图层组，然后按【Ctrl+C】组合键，复制被抠出和处理后的毛毛草图像。

在Photoshop中打开本案例的背景素材照片，按【Ctrl+V】组合键，粘贴毛毛草图像到当前图像中，然后调整位置和大小，并适当处理即可，效果如左图所示。

提示：为了增强毛茸茸的效果，可以复制“图层1”，然后选择“滤镜|模糊|高斯模糊”命令，使用高斯模糊工具对毛毛草进行模糊化处理，模糊半径值不要太大，控制在2像素左右为宜，最后改变该图层的图层混合模式为“浅色”，以便更好地进行融合。

图层
# 08 抠毛毛球，设计花絮透视效果——使用通道选取对象

应该说，“抽出”滤镜的功能是非常强大的，但是它也存在自己的不足。在上一案例中，读者会发现使用抽出工具在抠出细毛毛图像时，稍显力不从心，只有在多次应用“抽出”滤镜后，才能交出一份满意的答案。但是，如果使用抽出工具抠出本案例中的毛毛球，存在的困难就会很大，当然经过多次尝试，你也能够抽出这个毛毛球，但是抽出效果会很生硬，或者说不够细腻。

本案例将讲解如何使用通道工具来抠出如下图所示的毛毛球，也许使用一般工具基本上无法完成这个任务，但是使用通道工具可以轻松实现。

处理前

处理后

STEP 01 初步认识通道。

(关于通道技术的专题讲解请参阅第3章)

当使用Photoshop打开一幅照片时，选择“窗口|通道”命令，将会打开“通道”面板，在该面板中可以看到几个以颜色名命名的通道，这些通道存储着图像的颜色信息。

但是，通道还有另一个职能，就是它可以存储选区。当我们选择“选择|存储选区”命令时，所存储的选区就保存在“通道”面板中。

通过右图的矩形选框被存储后的结果可以看到，选择的区域存储到通道后，显示为白色区域；而未选择的区域存储到通道后，显示为黑色区域；而对于灰色区域，则表示该区域为半透明选区。

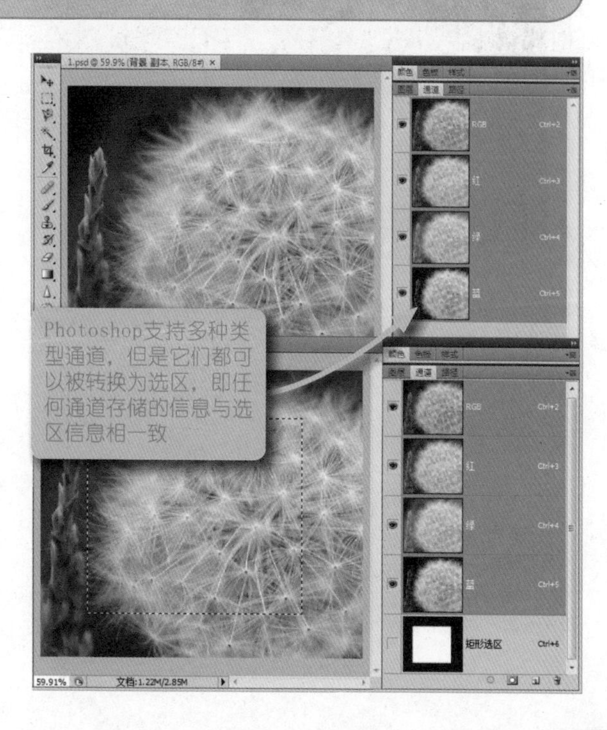

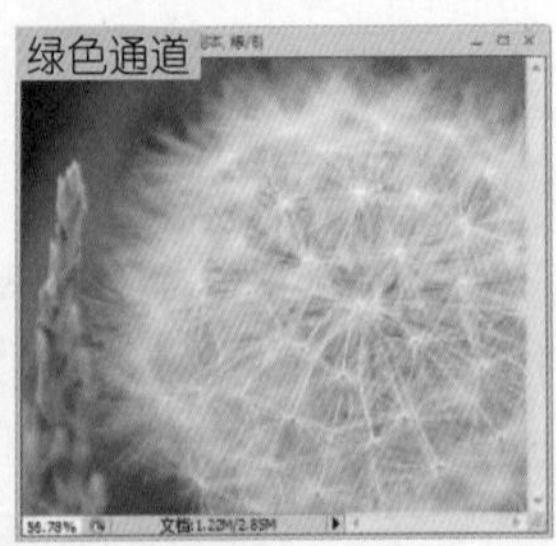


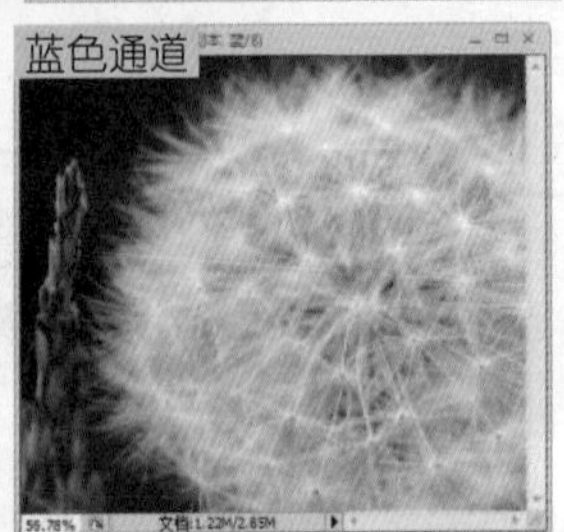


提示：颜色通道是抠图专家，学习和把握颜色通道的细节，能够实现很多高难度的技术操作，在第3章中我们还会就这个技术话题进行深入剖析，本案例仅抛砖引玉。

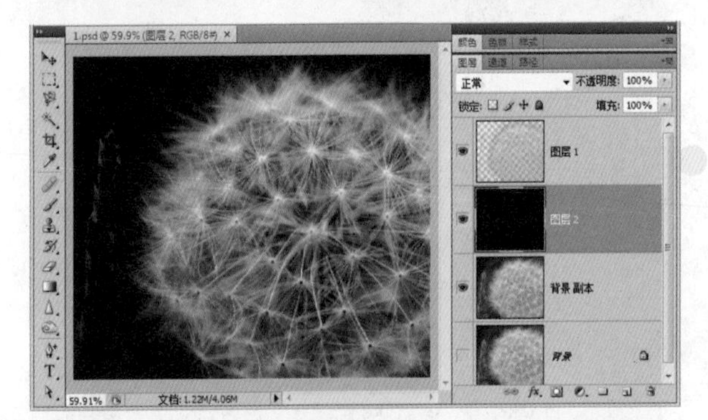

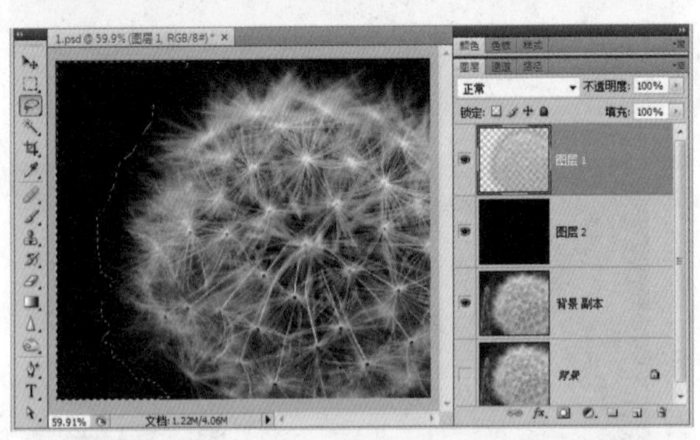

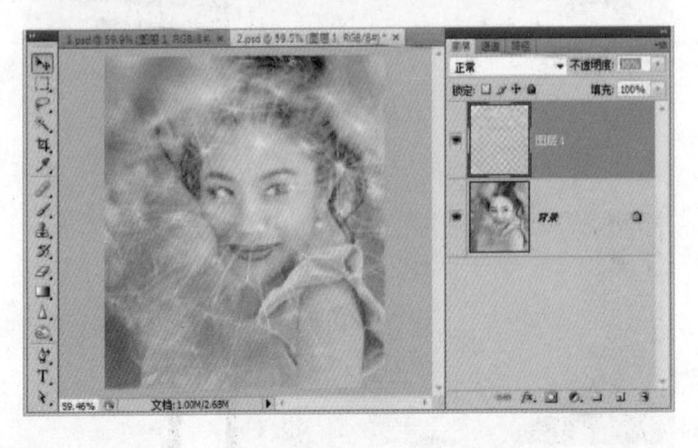

## STEP 02 调用蓝色通道选区。

（把颜色通道内的信息转换为选区）

在“通道”面板中，分别单击RGB各色通道，此时就会在图像编辑窗口中显示该通道的灰度信息。仔细比较各色通道的灰度分布，从中找出背景灰度与毛毛球灰度的对比度明显的通道，这里选择了蓝色通道。

按住【Ctrl】键，单击“蓝”通道，调出该通道的选区。切换到“图层”面板，单击“背景”图层，返回图像正常编辑模式，会看到调出的蓝色通道选区，由于选区的不透明度低于50%时，选区是不可见的，所以我们所看到选区范围很小，可能还不足以包含整个毛毛球，但是它实际上已经抠出了该图像。

如果按【Ctrl+J】组合键，新建通过复制的图层，则获得选区图像，并自动命名为“图层1”。

为了方便观看效果，可以在“图层”面板底部单击“创建新图层”按钮，新建“图层2”图层，拖曳该图层到“图层1”图层的下面，然后按【Shift+F5】组合键，使用黑色进行填充，则可以看到抠出的毛毛球效果。

但是，抠出的内容中还包含其他背景图像，因此可以在此基础上删除多余的背景。选中“背景 副本”图层，隐藏“图层1”和“图层2”，使用套索工具勾选毛毛球以外的背景图像，然后选中“图层1”图层，按【Del】键，删除多余的图像。

## STEP 03 合成图像，设计花絮透视效果。

（合成时调节图层的不透明度能更好融合）

在Photoshop中打开本案例的人物照片素材照片，在毛毛球素材中，按住【Ctrl】键，单击“图层1”图层，调出该图层的图像选区，然后按【Ctrl+C】组合键复制抠出的毛毛球。

切换到人物照片素材，按【Ctrl+V】组合键粘贴毛毛球，并自动命名为“图层1”，然后在工具箱中选择移动工具，按【Ctrl+T】组合键，调整“图层1”中的图像大小。使用方向键可以微调图像的位置。如果按住【Shift】键，然后按方向键，可以快速移动图像，最后在“图层”面板中调整“图层1”的不透明度，以便很好地融合上下图层图像的合成效果。

图层 09

# 抠圆滑、简练的轮廓，设计远视背景效果——使用路径选取对象

在Photoshop中，路径就是选区，绘制路径就是制作选区。路径在图像编辑和处理方面并没有多大优势，其画面表现力也很平庸，但是其矢量化表现和灵活性操作的特点却是独一无二的。矢量的意义就不再说明，其灵活性主要表现在路径的创建和修改方面。

本案例将讲解如何使用钢笔工具抠出如下图所示的人物。事实上对于这类任务，我们都一直使用选取工具实现，也没有觉得有什么难度，再复杂的选区都可以通过不断地合成选区来实现，但是路径以其灵活性让我们有更多更好的选择。

STEP 01 初步认识路径。
（关于路径技术的专题讲解请参阅第6章）

在Photoshop工具箱中选择钢笔工具，然后在图像编辑窗口中单击，即产生一个控制点，如果在另外一处单击，即可连接两点绘制一条直线，该直线就是矢量型路径。

如果单击并进行拖曳，即可为该控制点拉出一条控制线，拖曳控制线可以控制路径的弯曲度。

路径与选区虽然形式不同，但是在Photoshop中具有相同的功能，可以实现相同的效果。创建路径比较快捷，特别是在制作或选取圆滑对象时更具有选区所无法比拟的优势，路径后期修改方便，且操作自如，习惯图形编辑的读者会更加喜欢使用钢笔工具进行选择。

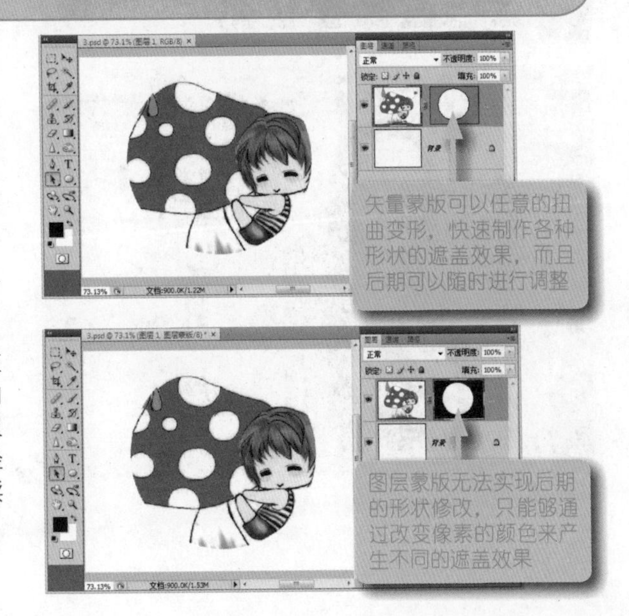

使用钢笔工具选取人物。

（要想灵活使用钢笔工具，则需要掌握很多技巧）

在Photoshop中打开本案例的人物照片素材。直观分析，要抠出照片中的人物，使用磁性套索工具比较容易。但是，考虑到人物轮廓比较简洁、圆滑，没有太多毛边或模糊的边缘，选用钢笔工具绘制路径相对于使用磁性套索工具会更加容易，且更精确。

在工具箱中选择钢笔工具，按【Ctrl++】组合键放大图像。使用钢笔工具在头顶位置单击，然后在长发中间单击并拖拉，拉出控制线。按住【Ctrl】键，使用鼠标拖曳控制线上的锚点，弯曲路径。

继续按顺序沿身体轮廓单击并拖曳，按住【Ctrl】键，使用鼠标控制拉出来的锚点。以此方法不断绘制路径，最后即可获得人物轮廓的完整路径。当最后绘制到人物头部时，使用钢笔工具对准路径的第一个定位点单击，即可闭合路径，形成一个完整的选区。

切换到“路径”面板，双击面板中的临时工作路径，打开“存储路径”对话框，设置存储路径为“人物轮廓”，然后单击“确定”按钮，关闭该对话框，此时所绘制的人物轮廓的封闭路径就被存储在“路径”面板中。

按住【Ctrl】键，单击“人物轮廓”路径，把该路径转换为选区，然后在当前路径外单击，取消对“人物路径”路径的选择，此时在图像编辑窗口中就看不到路径的痕迹了。

合成图像，设计远视背景效果。

（选区也可以转换为路径）

按【Shift+F6】组合键，打开“羽化选区”对话框，羽化选区2像素。切换到“图层”面板，选中“背景 副本”图层，按【Ctrl+J】组合键，新建通过复制的图层，并自动命名为“图层1”。

在Photoshop中打开本案例的背景素材照片，然后把该背景拖曳到当前人物照片中。使用移动工具调整背景的位置。按住【Ctrl】键，单击“图层1”图层缩略图，调出人物选区，然后按【Shift+F6】组合键，羽化选区4像素，最后在“图层”面板底部单击“添加图层蒙版”按钮，隐去白色毛边。

图层 10

# 给MM上唇膏——使用蒙版选取对象

Photoshop中的蒙版包括快速蒙版、图层蒙版和矢量蒙版。在上一案例初识路径中，曾经演示过矢量蒙版和图层蒙版的区别，选区合成案例中也曾介绍过快速蒙版在合成选区中的作用，关于蒙版的详细应用，将在第3章中进行专题讲解。

本案例将重点讲解如何使用快速蒙版工具选取如下图所示人物的唇部区域，并为人物嘴唇上色，让人物看起来更加亮丽。勾选人物的嘴唇，除了使用快速蒙版方法外，使用路径也可以轻松实现，而使用其他选取工具就稍显麻烦和不精确。

处理前

处理后

## STEP 01 快速蒙版与选区的转换关系。
（灰度图与选区不透明度是可以互换的）

在Photoshop中打开本案例的人物素材，然后在工具箱底部单击“以快速蒙版模式编辑”按钮，切换到快速蒙版模式编辑状态。

此时，在图像编辑窗口中执行的任何操作都不会影响当前图层图像。但是，可以继续使用各种工具和命令，绘制、修饰和处理图像编辑窗口中的像素。

Photoshop以8位灰度图的形式显示当前操作的结果，每个像素的灰度级与选区的不透明度可以进行互换。例如，如果某个像素以中度灰色显示，则可以转换为不透明度为50%的选区；如果某个像素以黑色显示，则可以转换为不透明度为0%的选区，即没有被选中；如果某个像素以白色显示，则可以转换为不透明度为100%的选区，

即完全被选中。依次类推，其他灰度级的像素转换为选区后都可以按这个公式计算：选区不透明度=像素的灰度级×100/255。

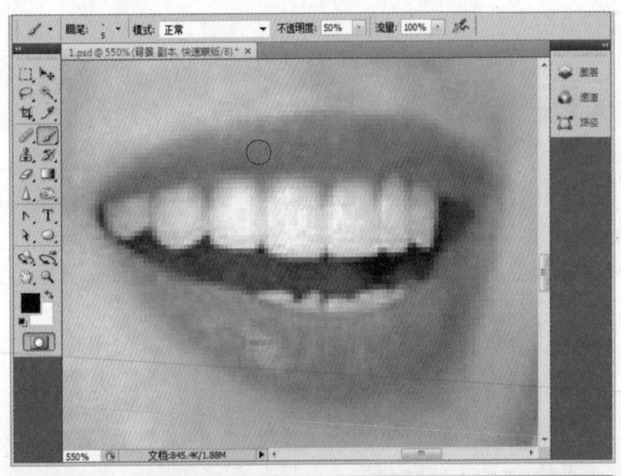

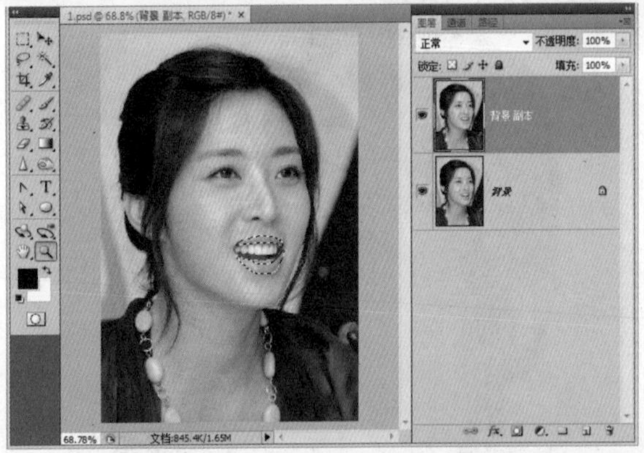

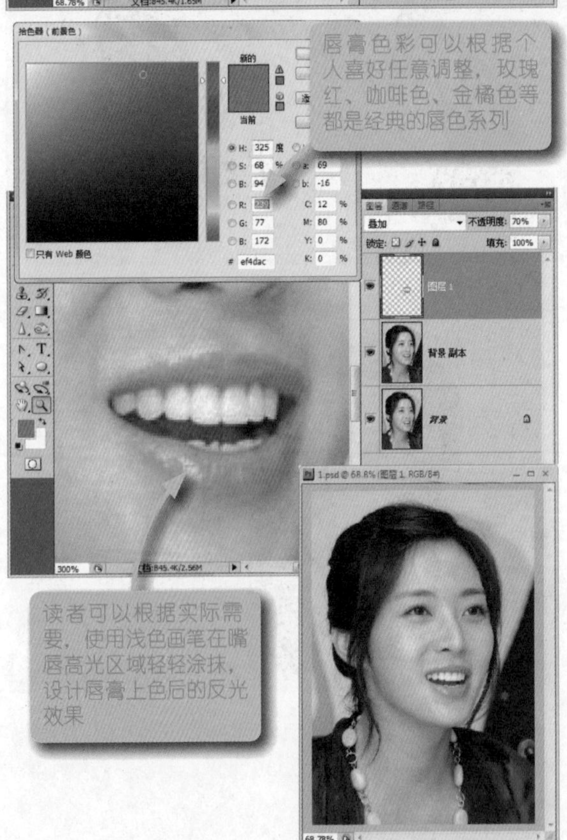


STEP 02 使用快速蒙版绘制嘴唇选区。
（快速蒙版编辑与灰度图像编辑本质上相同）

确保切换到快速蒙版编辑模式下，按【Ctrl++】组合键放大图像，使用抓手工具拖曳视图到嘴唇区域，或者按住空格键，使用鼠标直接拖曳，也可以选择“窗口|导航器”命令，打开“导航器”面板，通过单击或者拖曳导航器中的红色导航定位框定位到嘴唇位置。

在工具箱中选择画笔工具，在工具栏中设置“画笔”大小为“5像素”、“硬度”为“100%”、“不透明度”为“50%”。当然，在涂抹过程中，读者应根据需要酌情、动态调整选项设置，目的只有一个，就是恰当设置工具参数，以方便精确获取嘴唇选区。

在工具箱中设置前景色为黑色，然后涂抹嘴唇区域。在涂抹时，可以坚持两条基本原则：嘴唇中间区域可使用高不透明度笔刷涂抹；嘴唇边缘区域可使用低不透明度笔刷涂抹，这样就可以获得选区羽化效果。

满意之后，按【Q】键切换到图像正常编辑模式，此时可以看到快速蒙版被转换为选区。由于获得的选区是非嘴唇区域，故按【Shift+F7】组合键，反向选择选区，即可获取嘴唇选区。

STEP 03 给嘴唇上色。
（通过图层混合模式调整嘴唇色彩）

在“图层”面板底部单击“创建新图层”按钮，新建“图层1”图层。在工具箱中单击前景色图标，在打开的“拾色器（前景色）”对话框中设置前景色为#ef4dac（RGB为239、77、172），然后单击“确定”按钮关闭该对话框，之后按【Shift+F5】组合键，打开“填充”对话框，使用前景色填充选区。

在“图层”面板中设置“图层1”的图层混合模式为“叠加”，增强唇色效果。同时，可以在“图层”面板的“不透明度”选项中设置“图层1”的“不透明度”为“70%”，以降低填充色的效果，使上色的嘴唇看起来更加自然。

图层 11

# 给MM换裙装——使用色彩范围选取对象

条条道路通罗马，但殊途同归。在Photoshop中可以有多种方法选择同一个对象，但是操作效率和选取精确度却有着天壤之别。选择正确的方法，能够快速而又精确地选择需要的对象，不恰当的方法，会浪费你很多时间，同时选取的对象粗糙，不尽人意。

本案例将重点讲解如何使用“色彩范围”命令选取色彩范围。魔棒工具也能够快速选择相近或相似的色彩范围，但是“色彩范围”命令在功能上更强大，在操作上更灵活。本案例介绍使用“色彩范围”命令选取人物的连衣裙，并更换颜色。

处理前

处理后

## STEP 01 认识色彩范围。

（色彩范围能够根据色彩或亮度来选择对象）

在Photoshop中打开本案例的人物素材之一（如右图所示），然后选择“选择|色彩范围”命令，即可打开“色彩范围”对话框，如右下图所示。

对于习惯于使用选取工具一步步的操作来选取对象不同，色彩范围能够根据指定的颜色或色彩范围在当前图像或选区内获取一个选区。这与魔棒有几分类似，魔棒也是根据单击点像素的颜色选择相近或相似颜色的像素的。

但是“色彩范围”命令显得更加灵活，具体表现在3个方面：一是色彩范围可以选择特定颜色或色彩，魔棒无法做到；二是它可以直观地通过调整容差值观看选区的效果，而魔棒必须在操作之前确定容差值，因此稍显笨拙；三是在操作

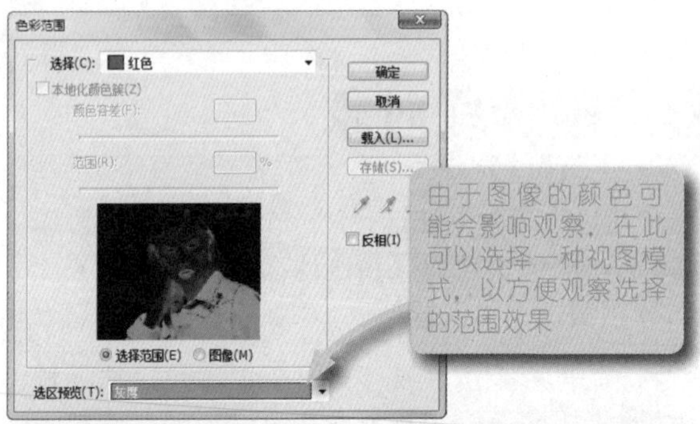

选区灰度预览模式

选区黑色杂边预览模式

选区白色杂边预览模式

选区快速蒙版预览模式

过程中，“色彩范围”命令能够通过增加和减去吸管，不断修改选区的范围，同时在对话框提供的视图中不断调整观察角度，以满足不同习惯的用户。

当打开“色彩范围”对话框之后，先在“选择”下拉列表框中选择一种操作方式，如果直接选择一种特定颜色，则不需要设置下面的多个选项。

当选择“取样颜色”选项后，在“颜色容差”选项中设置颜色的相似性程度，拖动滑块可以调整大小。值越大，选取的范围就越大，反之选取的范围就越小。该选项与魔棒的“容差”选项是相同的。

然后，选择吸管工具在图像编辑窗口中单击选择一种颜色，这与魔棒工具单击选择是相同的。

但是，色彩范围还可以使用添加到取样工具继续添加取样颜色，或者使用从取样中减去工具减去添加的取样颜色。而这些魔棒工具是无法实现的。

## STEP 02 使用“色彩范围”命令选择裙子。

（可以多次应用“色彩范围”命令，以精确选取）

在Photoshop中打开本案例的人物照片的素材，在“图层”面板拖曳“背景”图层到面板底部的“创建新图层”按钮上，复制“背景”图层为“背景 副本”图层。

选择“选择|色彩范围”命令，打开“色彩范围”对话框，在“选择”下拉列表框中选择“取样颜色”选项，然后选择吸管工具在裙子白色区域单击，然后拖曳“颜色容差”滑块，注意观察连衣裙的轮廓是否清晰，只有当裙子的轮廓清晰时，方可停止调整容差。

单击“确定”按钮，关闭“色彩范围”对话框，此时可以看到图像中建立的选区比较凌乱，还需要进一步地进行处理。

在工具箱中选择套索工具，按住【Shift】键，使用鼠标勾选非衣服的选区，减去这些勾选的选区，从而获得连衣裙的选区效果，如左图所示。

## STEP 03 为连衣裙上色。

（本步操作需要多次尝试，以调出合适色）

在“图层”面板底部单击“创建新图层”按钮，新建“图层1”。选择“选择|存储选区”命令，在弹出的对话框中存储选区为“裙子”，以备后用。

在工具箱中单击前景色图标，在打开的“拾色器（前景色）”对话框中，选择一种前景色，此步操作可根据个人爱好进行选择。本案例演示采用深绿色（#3b880c，RGB为59、136、12）。

然后，按【Shift+F5】组合键，打开“填充”对话框，使用前景色填充“图层1”中的选区。

在“图层”面板中设置“图层1”的图层混合模式为“差值”，从而设计出一种紫红色裙子效果，如右图所示。

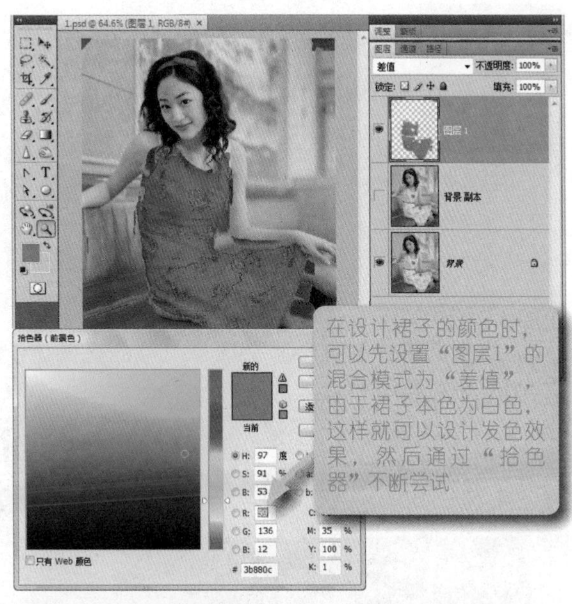


## STEP 04 清除其他区域的杂色。

（由于很多选区是不可见的，填色后方可见）

在“图层”面板中隐藏“图层1”，按【Ctrl++】组合键，放大图像。在工具箱中选择磁性套索工具勾选连衣裙的区域，此步可以不追求精确选取。

选择“选择|存储选区”命令，打开“存储选区”对话框，存储选区为“连衣裙”。

按【Shift+F6】组合键，打开“羽化选区”对话框，羽化选区1像素，然后显示并选中“图层1”，在“图层”面板底部单击“添加图层蒙版”按钮，则可以为该图层添加图层蒙版，从而隐藏不需要的填充色。

## STEP 05 修补遗漏的上色区域。

（此步操作需要手工逐个修补）

在修复遗漏上色区域时，可采用两种方法：一是模仿前面的操作步骤，使用选取工具勾选遗漏的区域，然后填充深绿色（#3b880c），再改变图层的混合模式为“差值”即可，可适当调整图层的不透明度实现明暗融合；二是当使用第一种方法无效时，可使用修复画笔工具，在工具栏中设置“样本”为“所有图层”，然后按住【Alt】键，在修补区域附近单击采用，然后拖曳或单击修复遗漏的区域。

最后的修复效果如右图所示，操作中应注意部分细节区域。

图层 12

# 给MM的指甲抛光——选择高光（1）

素描讲究明暗，明暗有五调子之说，即任何物体都应该包含明部、半明部、明暗交界面、投影面和反光面，只有这样才能够在平面中模拟出三维实体的视觉效果。其中明部就是指物体的高光。所谓高光，就是指对象最亮的点或区域，它表现的是物体直接折射光源的部分，多见于质感比较光滑的物体。

本案例将详细讲解各种选择对象高光的方法，并把所选择的高光应用到另外对象上，从而为另一个对象添加高光效果。

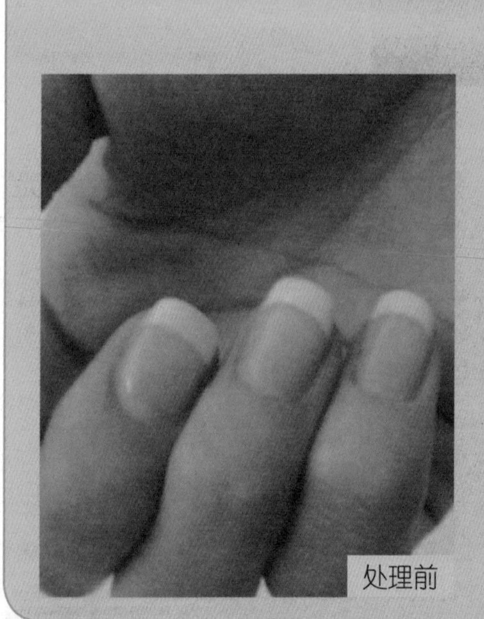

处理前

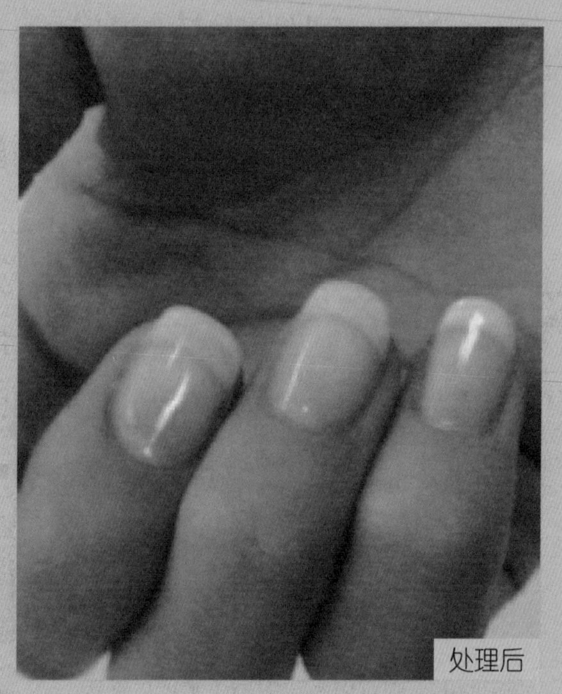

处理后

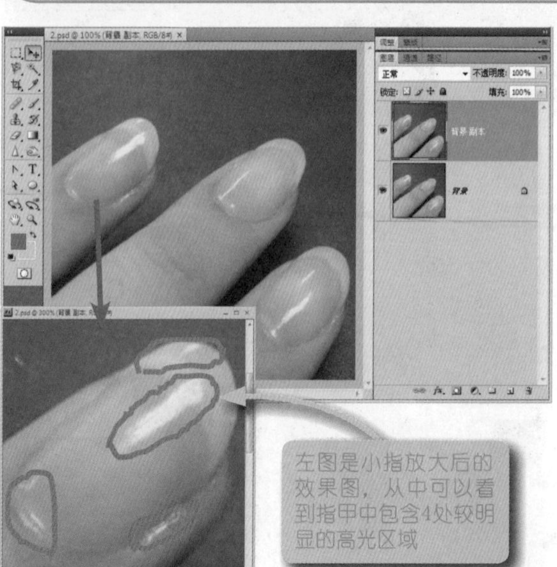

左图是小指放大后的效果图，从中可以看到指甲中包含4处较明显的高光区域

STEP 01 使用通道计算方法选取高光。

（“计算”命令详细讲解请参阅第3章内容）

在Photoshop中打开本案例中包含明显高光效果的指甲照片素材。在这张照片中，可以看到指甲中包含几片高光区，它们不规则地位于指甲的最亮位置。

在“图层”面板中拖曳“背景”图层到面板底部的“创建新图层”按钮上，复制“背景”图层为“背景 副本”图层。

选择“图像|计算”命令，打开“计算”对话框。

在“源1”选项区域，设置文件为当前打开的高光指甲素材文件，“图层”为“合并图层”，“通道”为“灰色”。

在“源2”选项区域，设置文件为当前打开的高光指甲素材文件，“图层”为“合并图层”，“通道”为“灰色”。

设置混合模式为“正片叠底”，在“结果”下拉列表框中选择“新建通道”选项，这样源1与源2的通道混合计算之后所得到的灰度信息就存储在新建的“Alpha 1”通道中，如右图所示。

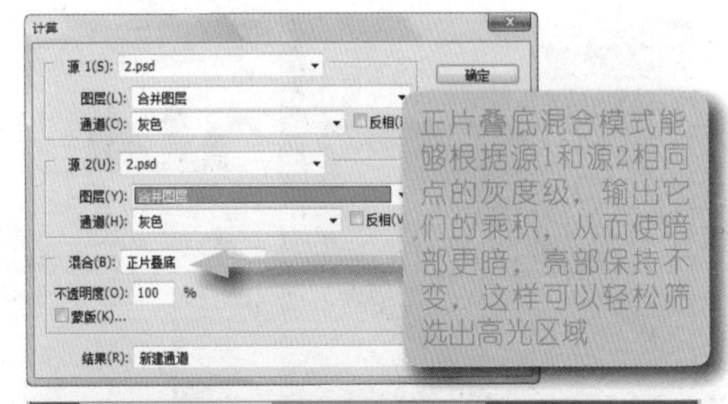


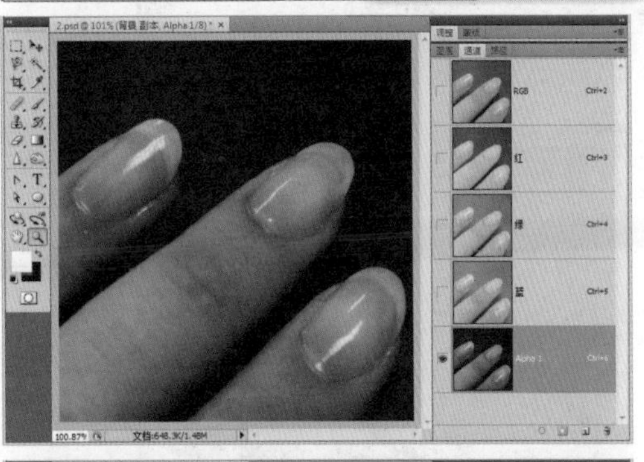

提示：在Photoshop中，正片叠底是将基色与混合色进行正片叠底，结果色总是较暗的颜色。任何颜色与黑色正片叠底产生黑色，任何颜色与白色正片叠底保持不变 。

也就是说，灰度与灰度在进行正片叠底的计算时,图像的中间调到暗调部分在新通道中会变得更暗，以深灰到黑色部分显示。只有原来的高光部分才能得到灰白到白色的显示。这样把这个结果通道载入选区就能得到高光的选区了。

最后，按住【Ctrl】键，在“通道”面板中单击“Alpha 1”通道，调出高光选区然后切换到“图层”面板，按【Ctrl+J】组合键，即可抠出高光区域的对象。

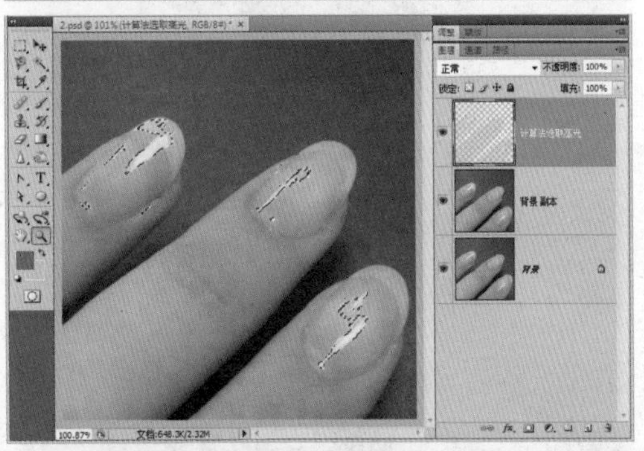

## STEP 02 使用快捷键快速选取高光。

（该方法的本质与计算法是相同的）

※ 按【Ctrl+Alt+2】组合键，选取RGB通道的高光部分，即图像的高光选区。

※ 按【Ctrl+Alt+3】组合键，选取红色通道的高光部分。

※ 按【Ctrl+Alt+4】组合键，选取绿色通道的高光部分。

※ 按【Ctrl+Alt+5】组合键，选取蓝色通道的高光部分。

实际上，快捷键方法就是将图像转换为灰度模式，然后载入灰度通道的选区。读者可以试验一下，按住【Ctrl】键的同时在“通道”面板中分别单击红色通道、蓝色通道和绿色通道，则所得选区与使用上面的快捷方法是相同的。

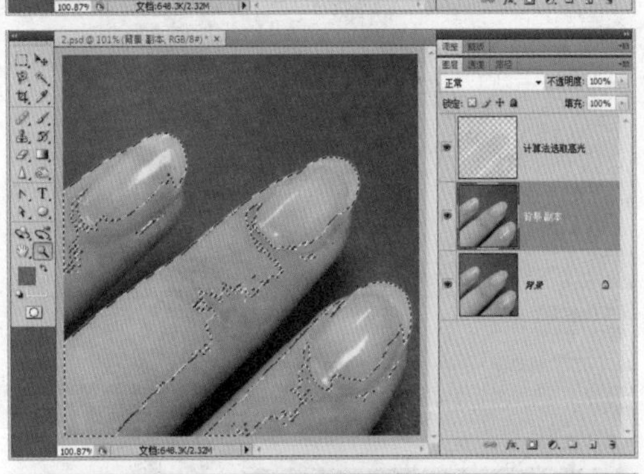

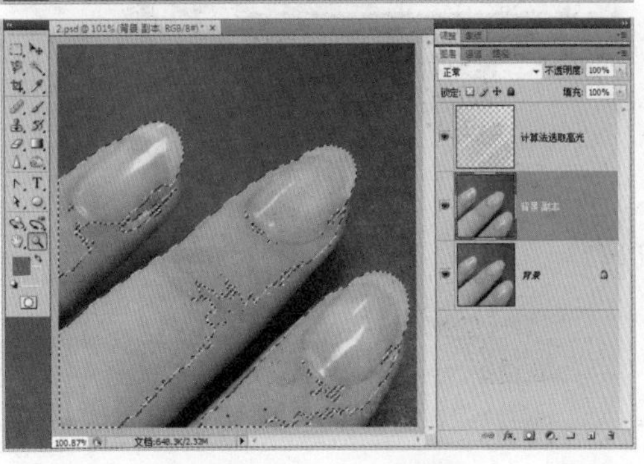

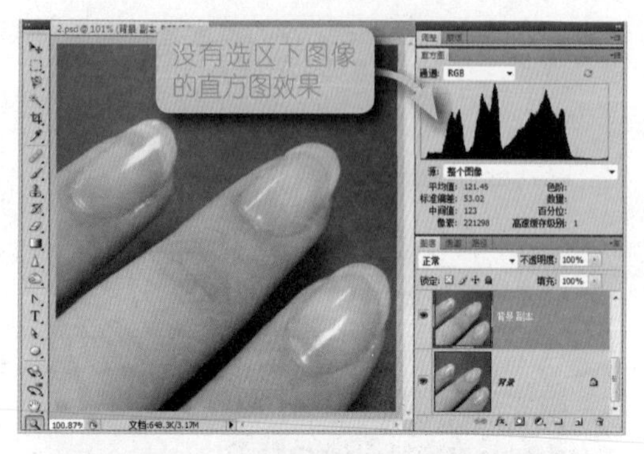


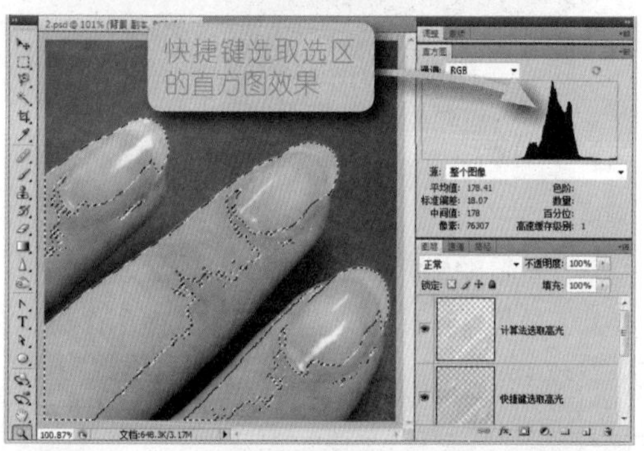


通过简单的比较，可以看出，使用通道计算的方法所选取的选区比通过快捷键方法选取的选区要小很多。

例如，选择“窗口|直方图”命令，打开“直方图”面板，然后分别调出不同方法选取的高光选区，可以看到选区的直方图灰度分布是不同的，这也客观地说明了两者虽然本质相同，但由于方法不同，选取的灰度是不同的。

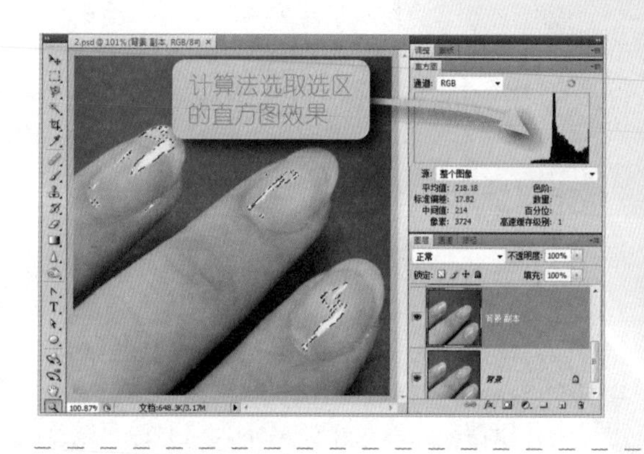


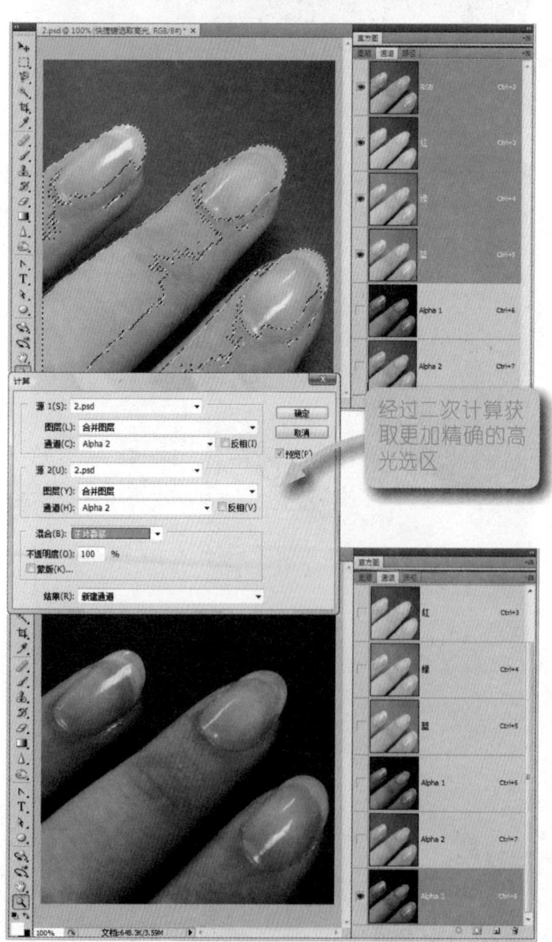


STEP 03 把方法二高光转换为方法一高光。（只需要再一次执行“计算”命令即可）

从表面分析，方法一（使用计算法）选取的高光与方法二（使用快捷键）选取的高光范围大小不同，计算法明显要比快捷键方法选取的区域要小。但是，如果再执行一次“计算”命令，就会让快捷键方法获取的选区与直接计算法获取的选区相同。

首先，在“图层”面板中选中“背景 副本”图层，按【Ctrl+Alt+2】组合键，选中指甲的高光选区。

然后，切换到“通道”面板，在面板底部单击“将选区存储为通道”按钮，将高光选区存储为通道。

最后，选择“图像|计算”命令，打开“计算”对话框，在“源1”选项区域，设置文件为当前打开的高光指甲素材文件，“图层”为“合并图层”，“通道”为“Alpha 2”，在“源2”选项区域，设置文件为当前打开的高光指甲素材文件，“图层”为“合并图层”，“通道”为“Alpha 2”。

设置混合模式为“正片叠底”，在“结果”下拉列表框中选择“新建通道”选项，这样源1与源2的通道混合计算之后所得到的灰度信息就存储在新建的“Alpha 3”通道中。

在“图层”面板单击“背景”图层，切换到正常编辑模式，再切换到“通道”面板，按住【Ctrl】键，分别单击“Alpha 1”（该通道由计算法直接制作的高光选区通道）通道和“Alpha 3”（该通道由快捷键法获取的选区，然后再经过正片叠底混合计算制作的高光选区通道）通道，通过比较可以看到两个通道的选区是完全相同的，如右图所示。

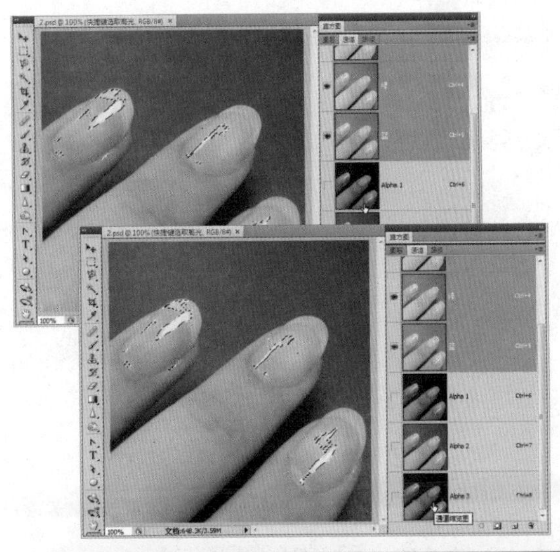

因此，从严格意义上分析，通过第一种方法（即通过通道计算方法）获取的选区才是高光选区。当然，在实际照片处理中，可以根据不同的图片和目的，自由、灵活地选择应用方法。

STEP 04 分别抠出各个手指指甲的高光选区。（可以利用选区合成的方法实现）

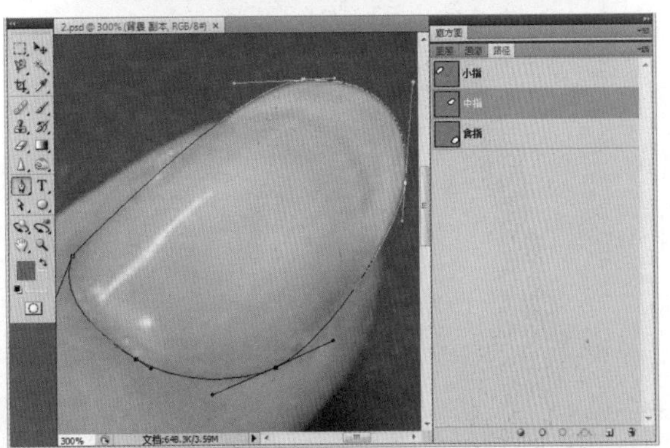

首先，在工具箱中选择钢笔工具，分别勾选3个手指的指甲路径，并在“路径”面板中双击工作路径，存储路径为“小指”、“中指”和“食指”。

然后，在“通道”面板中，按住【Ctrl】键，单击“Alpha 3”通道，调出该通道的高光选区。

最后，按住【Ctrl+Alt+Shift】组合键，在“路径”面板中单击“小指”路径，获取“Alpha 3”通道选区和“小指”路径选区交集，如右图所示。在“通道”面板底部单击“将选区存储为通道”按钮，将小指高光选区存储为通道，并命名为“小指”。

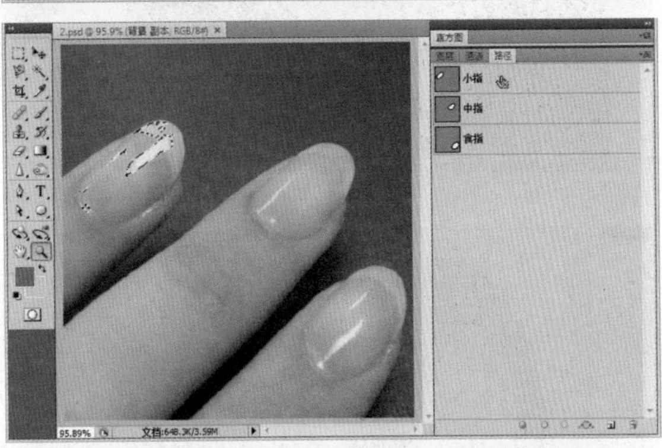

以同样的方法分别获取中指和食指的高光选区，并存储到【通道】面板中，命名为“中指”和“食指”通道。

STEP 05 为本案例指甲抛光。（通过复制粘贴高光选区实现）

在2.psd文件中，按住【Ctrl】键，在“通道”面板中分别调出3个手指指甲的高光选区，然后在“图层”面板中选中“背景 副本”图层，复制选区内的高光内容。

切换到1.psd文件，然后粘贴高光内容，按【Ctrl+T】组合键旋转和缩放大小，并选择“编辑|变换|变形”命令，调整高光图层对象的大小，使其与原指甲大小吻合，即可得到指甲的抛光效果，如右图所示。

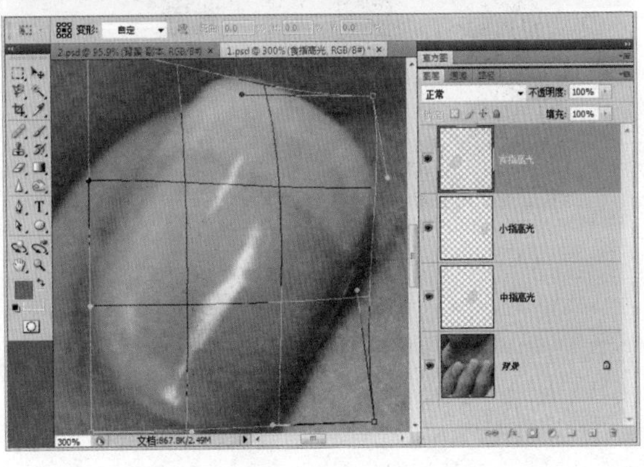

图层 13

# 给MM美白皮肤——选择高光（2）

高光选取的方法有很多种，在上一案例中曾经介绍了两种方法，分别是使用通道计算的方法和快捷键的方法。本案例将介绍使用“色彩范围”命令快速选择高光选区。“色彩范围”命令所选取的高光选区范围与快捷键方法选取的高光选区范围基本相同，但是“色彩范围”命令所选取的选区不透明度要高。

本案例将详细比较“色彩范围”命令选取的选区与快捷键方法选取的选区的效果的差异，并利用“色彩范围”命令所获取的高光选区帮助美白人物皮肤。

处理前

处理后

## STEP 01 使用“色彩范围”命令选取高光。

（“色彩范围”命令可参阅前一案例）

在Photoshop中打开本案例的人物照片，在“图层”面板中拖曳“背景”图层到面板底部的“创建新图层”按钮上，复制“背景”图层为“背景 副本”图层。

选择“选择|色彩范围”命令，打开“色彩范围”对话框，在“选择”下拉列表框中选择“高光”选项，就可以在下面视图区域预览高光区域（白色区域）。

单击“确定”按钮，关闭“色彩范围”对话框，即可获取当前图像的高光选区。

STEP 02 获取面部高光选区。

（通过选区合成方法实现）

获取图像的高光选区后，在“图层”面板中选中“背景 副本”图层，按【Ctrl+J】组合键，新建通过复制的图层。

此时，可以看到所选取的高光区域不仅包含人物部分，还包含背景区域的高光选区。显然，背景高光选区范围不是我们所需要的，应该清除背景区域的高光内容。

在工具箱中选择套索工具，然后勾选人物面部和手部区域。在【图层】面板中选中“图层1”图层，按【Shift+F7】组合键，反向选择选区，按【Del】键删除皮肤外的高光内容。

STEP 03 为面部高光区域施白。

（通过白色填充并修改图层混合模式实现）

获取人物皮肤高光选区后，按住【Ctrl】键，单击“图层”面板中的“图层1”图层，调出“图层1”图层的选区。

在工具箱中单击前景色图标，设置前景色为白色，然后按【Alt+Del】组合键，使用白色填充“图层1”中的选区。

在“图层”面板中，设置“图层1”的图层混合模式为“柔光”，并设置“不透明度”为“50%”，以降低填充白色的生硬感。当然，读者可以根据照片的具体情况进行调节。最后的效果如右图所示。

使用高光选区，配合白色填充的方法能够更加有针对性地为人物皮肤进行增白。因为高光区域的皮肤会更加亮白，而暗部或中间灰度的皮肤由于光线原因，比较暗淡。如果按着传统方法，使用选取工具勾选人物皮肤选区，然后通过“颜色调整”命令进行调整，这样会容易损失人物面部的细节信息。通过高光填色法，就可以避免损失皮肤暗部细节信息。

如果使用快捷键方法，即按【Ctrl+Alt+2】组合键，获取照片高光选区，然后使用套索工具合成面部高光选区，通过这种方法进行白色填充，并修改图层混合模式为“柔光”，“不透明度”为“50%”，则施白效果会更加柔和、自然。

图层 14

# 丰富照片内容的层次和饱和度——选择中间色调（1）

中间色调没有严格的定义，并不是说灰度级在64～192之间的就是。确定照片的中间色调，主要取决于要处理的图像，以及主观感受。简单概括，除了高光和暗调以外的其他区域都是中间色调。中间色调区域与高光和暗调区域的界限非常模糊，甚至说没有，一般无法确定中间色调何时进入了暗调区域，何时进入了高光区域。

本案例将详细讲解如何使用正片叠底方法选取照片中间色调，并利用所选取的中间色调调整照片的明暗度，以丰富照片的层次感和饱和度。

处理前

处理后

提示：一般来说，在图像中中间色调是层次最丰富的部分，同时也是色彩最饱和的部分，中间色调整得好，可以增加图像的层次感，使颜色看起来更加饱满，从而优化照片的像质。

## STEP 01 初步认识图像的中间色调。

（中间色调是照片中主要色区）

在Photoshop中打开本案例中人物照片素材1，如左图所示。在这幅照片中，你会看到，人物白色衣服和背景中的白色花朵为高光区域，深暗色的松树叶和头发为暗调区域，其他区域都可以视为中间色调。也就是说，50%灰度色周围都是中间色调，但是这种描述只能够通过多或少来说明，我们无法精确指出这里就是中间色调，而那里就不是中间色调。

选取中间色调是件很困难的事情，没有选取高光和暗调区域那么容易，选多了不行，选少了也不行。因此，必须通过其他途径来实现，一般常用通道计算的方法来实现。

## STEP 02 用正片叠底混合计算选取中间色调。

（正片叠底计算的结果色总是较暗的颜色）

首先，选择“图像|计算”命令，打开“计算”对话框。在“源1”选项区域中设置“源1”为“1.psd”，即当前打开的人物照片文件，设置“图层”为“合并图层”，设置“通道”为“灰色”。在“源2”选项区域中设置“源2”为“1.psd”，即当前打开的人物照片文件，设置“图层”为“合并图层”，设置“通道”为“灰色”。

然后，在“源1”或“源2”选项区域勾选“反相”复选框。设置“混合”模式为“正片叠底”。

最后，单击“确定”按钮，完成正片叠底混合计算操作，即可生成一个新的通道“Alpha 1”。此时，“Alpha 1”通道灰度图存储的就是图像中间色调的选区信息。

选取原理：通道的灰度反相将原图像的灰度中的黑色显示为白色,白色为黑色，即灰度和它的反相灰度在进行正片叠底的计算时,图像的高光和暗调部分在新通道中都是以深灰到黑色部分显示的，只有原来的中间色调才能得到灰白到白色的显示。这样把这个计算结果的通道载入选区，就可以获取中间色调的选区了。

提示：如果是人物照片，可以根据实际需要，采用红色通道进行计算，也就是说设置源1和源2的通道都是图像的红色通道，这样可以获得更精确的中间色调选区。

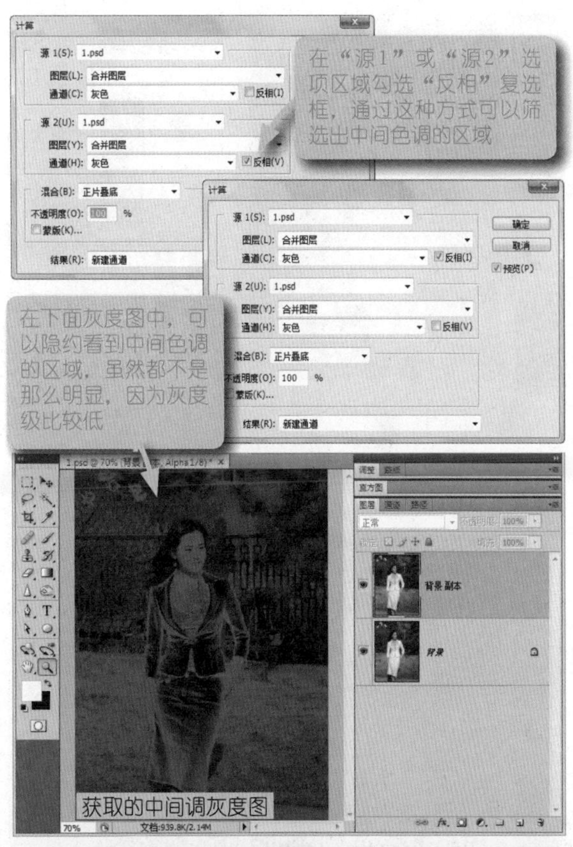


## STEP 03 增强中间色调的饱和度。

（建议使用调整图层实现，以方便修改）

切换“通道”面板，按住【Ctrl】键，单击“Alpha 1”通道，调出该通道的选区，由于所有像素的选区不透明度都小于50%，故Photoshop弹出一个提示对话框，提示选区为不可见状态。单击“确定”按钮，关闭提示对话框即可。

虽然中间色调的选区是不可见的，但是执行的所有操作都是针对图像中中间色调的。例如，在“图层”面板底部单击“创建新的填充和调整图层”按钮，从弹出的菜单中选择“色相/饱和度”命令，创建“色相/饱和度”调整图层。在“调整”面板中，从“色相/饱和度"下拉列表框中选择“强饱和度”选项，利用预定义的调整命令增强照片中间色调的饱和度。

STEP 04 增强中间色调的亮度和对比度。

（建议使用调整图层实现，以方便修改）

切换“通道”面板，按住【Ctrl】键，单击“Alpha 1”通道，调出该通道的选区。

切换到“图层”面板，选中“背景 副本”图层，在“图层”面板底部单击“创建新的填充和调整图层”按钮，从弹出的菜单中选择“亮度/对比度”命令，创建“亮度/对比度”调整图层。在“调整”面板中，设置“亮度”为“150”，设置“对比度”为“100”，调整后的图像效果如左图所示。

STEP 05 深入理解正片叠底混合计算。

（读者可以参阅第3章“计算”命令的详细讲解）

如果单纯使用调整命令（如“曲线”命令，曲线也是Photshop调整中间色调的主要命令），调整照片的亮度和对比度，可以看到中间层次的细节明显丢失了。而使用中间色调选区来调整图像，尽管图像的明暗发生了很大变化，然而图像的细节和层次几乎都没有丢失。

正片叠底混合模式使用基色乘以混合色，然后除以255，就得到结果色。基色就是下面的图层或通道，混合色就是上面的图层或通道，结果色就是两个图层或通道以正片叠底形式混合后看到的最终效果。

下面来分析正片叠底模式产生的中间色调选区的特点。因为是同源通道反相混合，所以基色与混合色相加，都等于255。

※ 基色为255，混合色为0，结果色为0。

※ 基色为0，混合色为255，结果色也为0。

※ 基色为中性灰，混合色为中性灰，结果色也为中性灰。

※ 基色为大于或者小于128，混合色为小于或大于128，根据公式可以得出，结果色必然小于64。

因此，当同源通道以正片叠底(单反相)混合后，图像的白色和黑色都成为黑色。图像的中性灰区域，就接近于64的色阶位置，而64是正片叠底计算产生的新通道最大色阶，于是得到了一个完美的中间色调选区。

# 图层 15 电子面膜，让MM皮肤更光滑嫩白——选择中间色调（2）

除了正片叠底混合计算外，Photoshop还提供了很多其他方法选取图像的中间色调。本案例将讲解如何使用排除混合计算法获取照片的中间色调。与正片叠底混合计算相比，排除不属于变暗模式组，它选取的范围要大很多，同时中间色调选区的不透明度也非常高。因此，使用排除法选取的选区包含了宽泛的中间色调，当在图像处理中不需要精确或细微调整图像色彩时，采用这种方法可以对中间色调进行粗放式处理。如果要精细调整图像的中间色调层次，建议选用正片叠底的方法会更精确。本案例将演示利用排除计算法美化人物的皮肤，使皮肤看起来更加亮白。

处理前

处理后

## STEP 01 使用排除混合计算选取中间色调。（排除混合计算的结果色总是较暗的颜色）

在Photoshop中打开本案例的人物素材之一，如右图所示。

选择“图像|计算”命令，打开“计算”对话框。在“源1”选项区域中设置“源1”为“1.psd”，即当前打开的人物照片文件，设置“图层”为“合并图层”，设置“通道”为“灰色”。在“源2”选项区域中设置“源2”为“1.psd”，即当前打开的人物照片文件，设置“图层”为“合并图层”，设置“通道”为“灰色”。然后设置“混合”模式为“排除”，最后单击“确定”按钮，完成排除混合计算操作，即可生成一个新的通道“Alpha 1”。此时，“Alpha 1”通道存储的就是中间色调选区信息。

STEP 02 使用“曲线”命令调整中间色调。（曲线幅度可以根据需要酌情调整）

切换到“通道”面板，按住【Ctrl】键，单击“Alpha 1”通道，即可调出计算出来的中间色调。

通过比较可以发现，排除法计算的中间色调选区范围要比正片叠底选取的范围大，且不透明度要高很多。在左图中可以看到选区的边缘蚁行线和大致轮廓。

换到“图层”面板，选中“背景 副本”图层，在“图层”面板底部单击“创建新的填充和调整图层”按钮，从弹出的菜单中选择“曲线”命令，创建“曲线”调整图层。

在“调整”面板中，使用鼠标在曲线上单击，产生一个控制点，然后向上拖曳控制点，以增强照片的亮度和对比度，也可以在“调整”面板底部的“输出”文本框中输入“160”，在“输入”文本框中输入“100”。通过调整中间色调后的图像效果如左图所示。

STEP 03 深入理解排除混合计算。（读者可以参阅第3章“计算”命令的详细讲解）

排除混合模式能够用基色加上混合色，然后减去基色与混合色相乘的2倍，就得到结果色。基色就是下面的图层或通道，混合色就是上面的图层或通道，结果色就是两个图层或通道以排除形式混合后看到的最终效果。

下面来分析排除模式产生的中间色调选区的特点。因为是同源通道混合，由于不需要反相，基色总是等于混合色，有别于正片叠底和变暗模式。

※ 基色为0，混合色为0，结果色为0。

※ 基色为255，混合色为255，结果色为0。

※ 基色为中性灰，混合色为中性灰，结果色为中性灰。

※ 基色为大于或者小于中性灰，混合色为大于或小于中性灰，结果色小于中性灰。

以排除模式混合而成的图像，各个像素点都会由中性灰向0点不等距排列，越靠近中性灰，密度越大。由此可以看出，排除模式得到的中间色调区域更加精确。

# 选择 16 补曝人物曝光不均——选择中间色调（3）

获取图像中间色调的算法有很多种，当然不同的算法所获取的选区范围大小和不透明度是不同的。变暗与正片叠底制作选区的原理类似，但是效果不同，也就是说它们制作的选区大小不一样。通过变暗混合计算生成的通道要比正片叠底方法生成的通道更亮一些。

本案例将详细讲解如何使用变暗混合的方法获取图像中间色调的选区，然后利用"色阶"命令调整中间色调选区的图像明暗度，使曝光不均的照片看起来更自然、通透。

处理前

处理后

## STEP 01 使用变暗混合计算选取中间色调。

（变暗与正片叠底算法原理相同，但效果不同）

在Photoshop中打开本案例的人物素材之一（如右图所示）。

选择"图像|计算"命令，打开"计算"对话框。在"源1"选项区域中设置"源1"为"1.psd"，即当前打开的人物照片文件，设置"图层"为"合并图层"，设置"通道"为"灰色"。在"源2"选项区域中设置"源2"为"1.psd"，即当前打开的人物照片文件，设置"图层"为"合并图层"，设置"通道"为"灰色"。然后在"源1"或"源2"选项区域勾选"反相"复选框，设置"混合"模式为"变暗"，最后单击"确定"按钮，完成变暗混合计算操作，即可生成一个新的通道"Alpha 1"。

## STEP 02 使用“色阶”命令调整中间色调。

（通过调整色阶的灰色滑块补曝照片）

切换到“通道”面板，按住【Ctrl】键，单击“Alpha 1”通道，即可调出计算出来的中间色调。

由于所有像素的选区不透明度都小于50%，故Photoshop弹出一个提示对话框，提示选区为不可见状态。单击“确定”按钮关闭提示对话框即可。

换到“图层”面板，选中“背景 副本”图层，在“图层”面板底部单击“创建新的填充和调整图层”按钮，从弹出的菜单中选择“色阶”命令，创建“色阶”调整图层。

在“调整”面板中，使用鼠标拖动中间的灰色三角形滑块，调整中间色调的亮度；也可以在“调整”面板底部的中间一个文本框中输入“3.8”，通过调整中间色调后的图像效果如左图所示。

## STEP 03 深入理解变暗混合计算。

（读者可以参阅第3章“计算”命令的详细讲解）

变暗混合模式总是选择显示混合色或基色中最暗的颜色，也就是说结果色总是等于基色和混合色中的最小值。

下面来分析变暗模式产生的中间色调选区的特点。因为是同源通道反相混合，所以基色与混合色相加，都是等于255。

※ 基色为0，混合色为255，则结果色为0。

※ 基色为255，混合色为0，则结果色为0。

※ 基色为中性灰，混合色为中性灰，结果色为中性灰。

※ 基色为大于或者小于128，混合色为小于或者大于128，结果色取最小值，必然会小于128度中性灰。

因此，当同源通道以变暗模式(单反相)混合后，通道中最亮和最暗处，均变成黑色，生成的新通道的最亮色阶为128度中性灰，最暗色阶为0。

将变暗生成的Alpha通道载入选区，就可以得到图像的中间色调。不过，选取范围与正片叠底相比较，要宽广很多。读者可以根据需求和具体图像灵活选择不同的算法。

STEP 04 综合比较各种选择中间色调的方法。
（“色彩范围”命令也能够选取中间色调）

选择“选择|色彩范围”命令，打开“色彩范围”对话框，在“选择”下拉列表框中选择“中间调”选项，此时就可以在下面视图区域预览中间色调区域（白色区域）。单击“确定”按钮，关闭“色彩范围”对话框，即可获取当前图像的中间色调选区。

如果在“通道”面板中分别单击调出使用不同方法生成的中间色调通道，可以很明显地看出它们的分别。

使用“色彩范围”命令选取的中间色调选区范围最大，亮度最高，而使用正片叠底算法生成的选区最模糊，变暗和排除算法介于中间。

不过，色彩范围和变暗模式下的中间色调选区容易产生比较锐利的边缘，不建议使用。正片叠底制作出的中间色调选区，产生了比较好的柔和过渡效果，同时也有效地控制了色阶范围，将黑色和白色全部排除在外。排除混合模式制作的中间色调选区，范围最大，变化比较柔和，也将黑色与白色排除在外。

因此，读者应该根据被调整图像的实际情况

来决定使用什么方法。如果需要调整的幅度很大，则可以使用“色彩范围”命令；如果希望细微地调整中间色调，则可以考虑使用正片叠底算法；如果调整图像的中间色调幅度一般，则使用变暗或排除法。当然，你也可以使用各种工具或命令对选区通道进行深加工，以满足特殊需要。

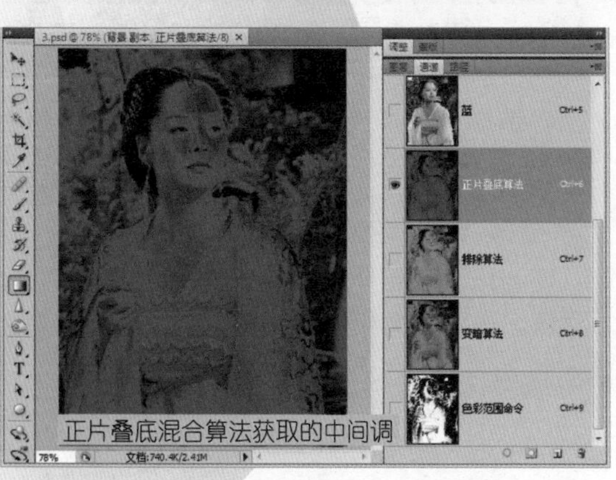

# 选择 17 给照片二次曝光——选择暗调

暗调，也称为阴影，它表示图像中最暗的部分。与高光和中间调一样，选取暗调的方法有很多种，在“色彩范围”命令中提供了阴影选取的方法，但是我们更多地选用通道计算的方法选取暗调选区。本节除了介绍使用“色彩范围”命令快速选择高光选区外，还将介绍如何使用各种通道混合的算法来精细选择暗调选区。

本节案例将借助所选取的暗调选区来调整图像曝光不足，并通过“曲线”命令调整暗调选区的亮度，实现照片二次曝光。这样就避免了直接使用“曲线”命令调整照片亮度，会破坏照片中中间色调的细节信息，同时防止高光区域过于泛白。

处理前

处理后

## STEP 01 使用“色彩范围”命令选取暗调。

（“色彩范围”命令可参阅前面小节案例）

在Photoshop中打开本节案例的人物照片。在“图层”面板中拖曳“背景”图层到面板底部的“创建新图层”按钮上，复制“背景”图层为“背景 副本”图层。

选择“选择|色彩范围”命令，打开“色彩范围”对话框，在“选择”下拉列表框中选择“阴影”选项，此时就可以在下面视图区域预览暗调区域（白色区域）。

单击“确定”按钮，关闭“色彩范围”对话框，即可获取当前图像的暗调选区。

STEP 02 用正片叠底混合计算选取暗调。
（正片叠底计算的结果色总是较暗的颜色）

首先，选择“图像|计算”命令，打开“计算”对话框。在“源1”选项区域中设置“源1”为“1.psd”，即当前打开的人物照片文件，设置“图层”为“合并图层”，设置“通道”为“灰色”。在“源2”选项区域中设置“源2”为“1.psd”，即当前打开的人物照片文件，设置“图层”为“合并图层”，设置“通道”为“灰色”。

然后，在“源1”和“源2”选项区域勾选“反相”复选框，设置“混合”模式为“正片叠底”。

最后，单击“确定”按钮，完成正片叠底混合计算操作，即可生成一个新的通道“Alpha 1”。此时，“Alpha 1”通道灰度图存储的就是图像暗调的选区信息。

选取原理：通道的灰度反相将原图像的灰度中的黑色显示为白色,白色为黑色，即反相灰度在进行正片叠底的计算时,图像的高光和中间调部分在新通道中都是以深灰到黑色部分显示的，只有原来的暗调才能得到灰白到白色的显示。这样把这个计算结果的通道载入选区，就可以获取暗调的选区了。

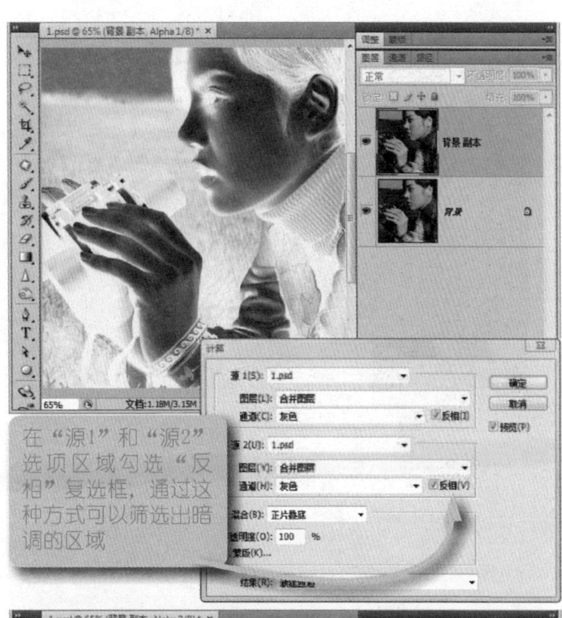


提示：如果希望进一步缩小暗调的选区范围，获取更加精确的选区，则可以对上一步获得的Alpha 1通道进行正片叠底重复计算，但此次不要勾选“反相”复选框。通过该方法可以得到范围更小的暗部选区，具体设置如右图所示。

STEP 03 增强暗调的亮度。
（建议通过“色阶”命令来实现，“曲线”命令难度大）

切换到“通道”面板，按住【Ctrl】键，单击“Alpha 2”通道，调出该通道的选区。

获取了照片暗部区域的选区之后，在“图层”面板底部单击“创建新的填充和调整图层”按钮，从弹出的菜单中选择“色阶”命令，创建“色阶”调整图层。

在“调整”面板中，拖动直方图右侧的白色滑块向左移动，清除高光空白区域，然后拖动中间灰度滑块向左移动，以改善中间色调的灰度分布。也可以直接在下面的文本框中输入值，其中，在中间灰场文本框中输入“1.30”，在白场文本框中输入“125”，具体设置和效果如右图所示。

提示：根据目的不同，可以使用其他通道或混合模式进行计算。只有当理解了计算的本质，那么你会发现选择高光、中间调和暗调是没有标准答案的，根据需要选择，达到预期目的就是正确的。

## STEP 04 使用颜色加深选取最暗点。

（通过颜色加深可以确定照片的黑场）

首先，选择“图像|计算”命令，打开“计算”对话框。在“源1”选项区域中设置“源1”为“2.psd”，即当前打开的人物照片文件，设置“图层”为“合并图层”，设置“通道”为“灰色”。在“源2”选项区域中设置“源2”为“2.psd”，即当前打开的人物照片文件，设置“图层”为“合并图层”，设置“通道”为“灰色”。

然后，在“源2”选项区域勾选“反相”复选框，并设置“混合”模式为“颜色加深”。注意，此时不能勾选“源1”选项区域的“反相”复选框。

最后，单击“确定”按钮，完成正片叠底混合计算操作，即可生成一个新的通道“Alpha 1”。此时，“Alpha 1”通道灰度图存储的就是图像最暗点的选区信息。

## STEP 05 更多的选取暗调选区的方法。

（应该根据需要来选用）

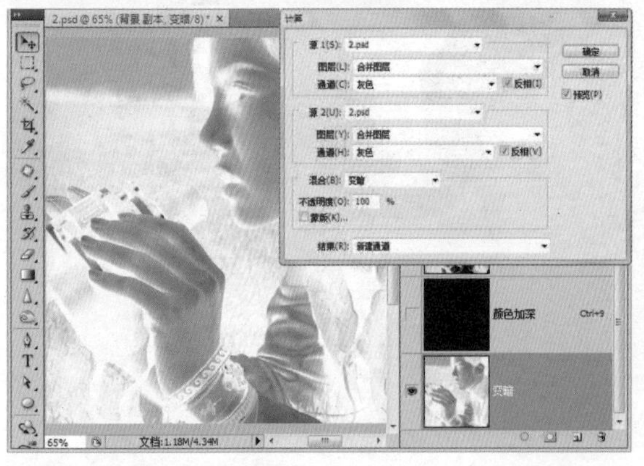

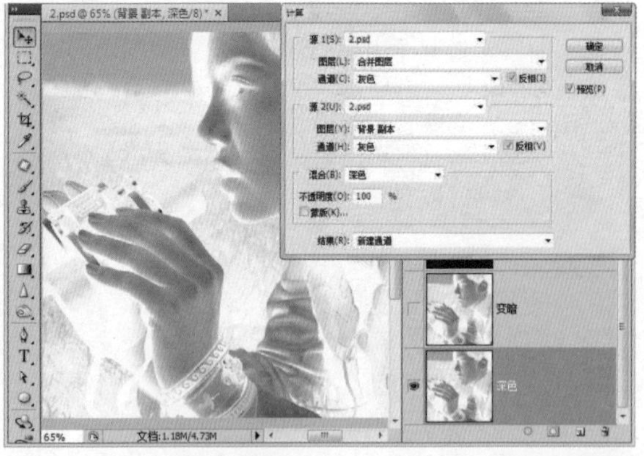

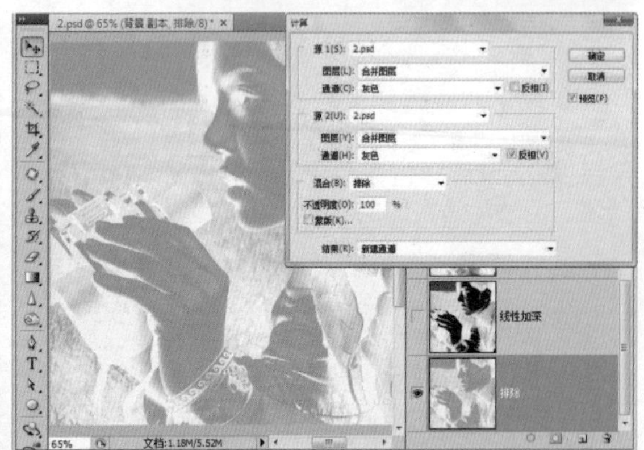

选择 18

## 让旧人物照片更鲜艳——选择常用颜色

选择颜色的方法有很多种，一般常用“色彩范围”命令来实现，但是通过把照片转换为Lab颜色模式，然后计算a和b通道能够得到更精确的常用颜色的选区。

本节将详细讲解如何使用Lab颜色模式，来计算该模式下的颜色通道，从而精确获取特定颜色的选区，然后再利用颜色调整命令，改变人物的衣服色彩饱和度和背景色的饱和度，从而让旧的泛黄的照片新鲜、亮丽，使照片中的人物看起来更年轻、更漂亮。

处理前

处理后

### STEP 01 认识Lab颜色模式下的色彩分布。（a和b通道存储着基本颜色信息）

在Photoshop中打开本节案例的人物素材之一，如右图所示。

选择“图像|模式|Lab颜色”命令，把图像转换为Lab颜色模式，然后切换到“通道”面板，可以看到Lab颜色模式的3个颜色通道。

明度通道存储着图像的亮度，范围为0~100。如果打开“拾色器”或“颜色”对话框，可以看到a 通道（绿色~红色）和 b 通道（蓝色~黄色）的范围都是+127~-128。

※ a通道：深绿→50%灰→亮粉红色。

※ b通道：亮蓝→50%灰→黄色。

a和b两个通道中都有中间灰的存在，因此利

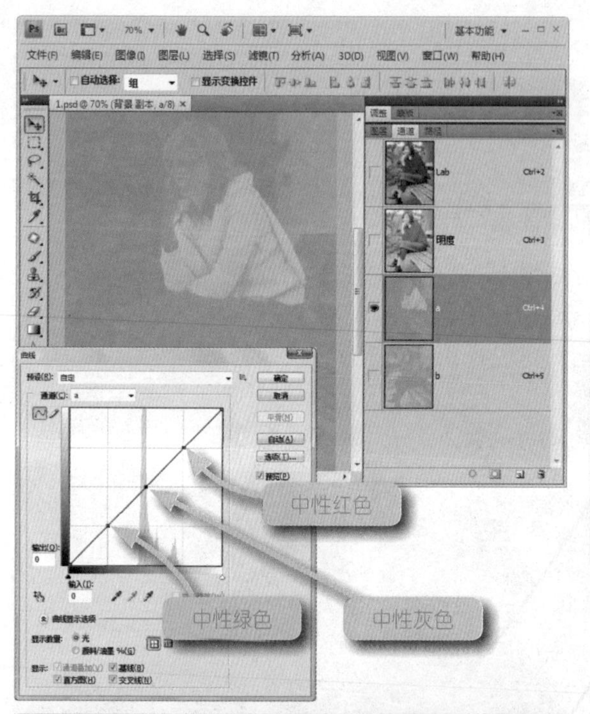


用a和b通道的中间灰就可以选取出绿、红、蓝、黄等基本颜色。

在“通道”面板中单击“a”通道，就可以在编辑窗口中编辑“a”通道的灰度分布。如果按【Ctrl+M】组合键，可以打开“曲线”对话框，在这条曲线中，0表示的是中间灰，0～+127表示的是红色区域，-128～0表示的是绿色区域。单独调整这部分曲线，可以调整这个颜色。

提示：Lab颜色模式是基于人对颜色的直觉，Lab中的数值描述正常视力的人能够看到的所有颜色。由于Lab描述的是颜色的显示方式，而不是设备（如显示器、桌面打印机或数码相机）生成颜色所需的特定色料的数量。所以Lab颜色模式被视为与设备无关的颜色模式。颜色或色彩管理系统使用Lab颜色模式作为色标，以将颜色从一种色彩模式转换到另一个色彩模式。

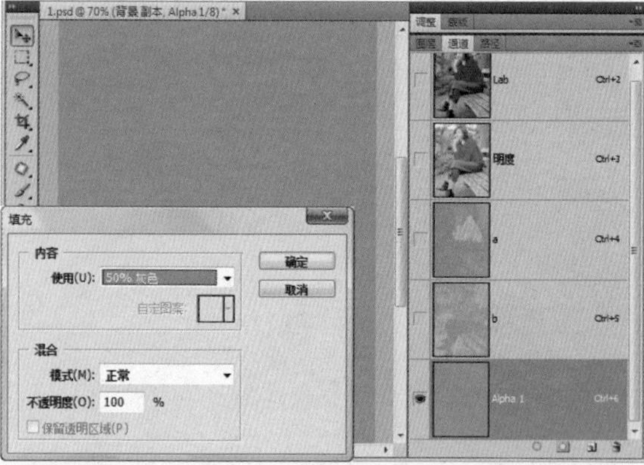

## STEP 02 制作中性灰通道。

（利用该通道作为转换平台）

在“通道”面板底部单击“创建新通道”按钮，新建“Alpha 1”，然后选择“编辑|填充”命令，或者按【Shift+F5】组合键，打开“填充”对话框，使用中性灰色（即50%灰色）填充“Alpha 1”通道。

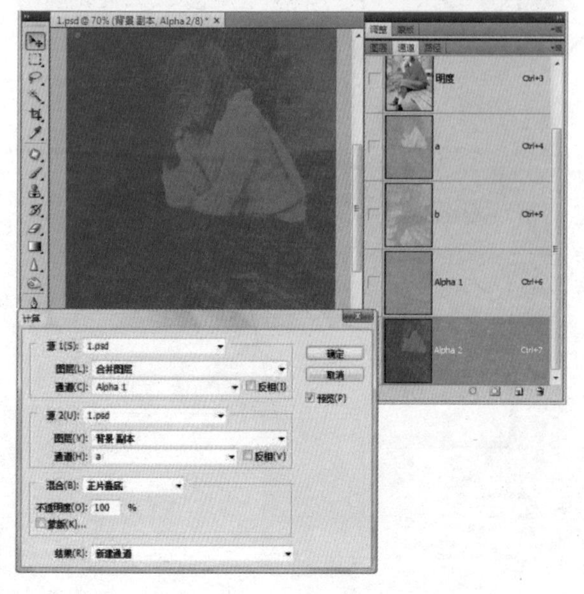

## STEP 03 使用“计算”命令选择红色选区。

（使用正片叠底混合模式）

选择“图像|计算”命令，打开“计算”对话框。在“源1”选项区域中设置“源1”为“1.psd”，即当前打开的人物照片文件，设置“图层”为“合并图层”，设置“通道”为“Alpha 1”。在“源2”选项区域中设置“源2”为“1.psd”，即当前打开的人物照片文件，设置“图层”为“背景 副本”，设置“通道”为“a”，设置“混合”模式为“正片叠底”。注意，在“源1”和“源2”选项区域不要勾选“反相”复选框。

最后单击“确定”按钮，完成正片叠底混合计算操作，即可生成一个新的通道“Alpha 2”。此时，“Alpha 2”通道灰度图存储的就是图像红色选区信息。

进一步强化红色选区的纯度。

选择“图像|计算”命令，打开“计算”对话框。在“源1”选项区域中设置“源1”为“1.psd”，即当前打开的人物照片文件，设置“图层”为“合并图层”，设置“通道”为“Alpha 2”。在“源2”选项区域中设置“源2”为“1.psd”，即当前打开的人物照片文件，设置“图层”为“背景 副本”，设置“通道”为“a”，设置“混合”模式为“正片叠底”。注意，在“源1”和“源2”选项区域不要勾选“反相”复选框。

最后单击“确定”按钮，完成正片叠底混合计算操作，即可生成一个新的通道“Alpha 3”。此时，“Alpha 3”通道灰度图存储的红色选区信息更加纯粹。

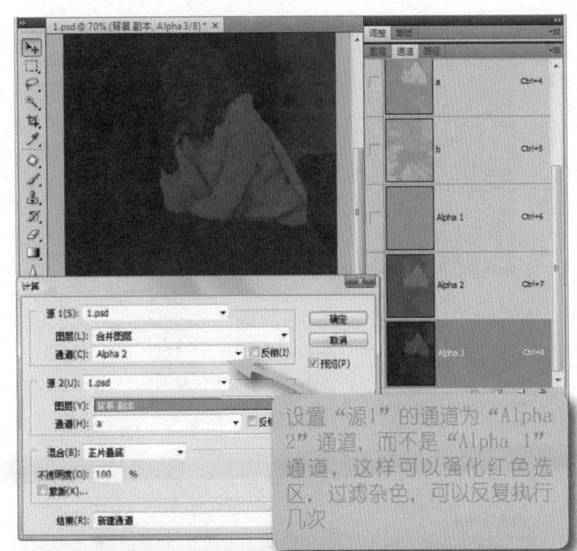


STEP 04 增强红色饱和度。
（建议使用色相/饱和度调整图层实现）

切换到“通道”面板，按住【Ctrl】键，单击“Alpha 3”通道，调出该通道的选区，由于所有像素的选区不透明度都小于50%，故Photoshop弹出一个提示对话框，提示选区为不可见状态。单击“确定”按钮关闭提示对话框即可。

虽然该通道的选区是不可见的，但是执行的所有操作都是针对图像中红色区域。例如，在“图层”面板底部单击“创建新的填充和调整图层”按钮，从弹出的菜单中选择“色相/饱和度”命令，创建“色相/饱和度”调整图层。

在“调整”面板中，分别向右拖动“色相”滑块和“饱和度”滑块，也可以直接设置“色相”文本框的值为“+30”，“饱和度”文本框的值为“+60”。

STEP 05 使用“计算”命令选择绿色选区。
（使用正片叠底混合模式）

选择“图像|计算”命令，打开“计算”对话框。在“源1”选项区域中设置“源1”为“1.psd”，即当前打开的人物照片文件，设置“图层”为“合并图层”，设置“通道”为“Alpha 1”。在“源2”选项区域中设置“源2”为“1.psd”，即当前打开的人物照片文件，设置“图层”为“背景 副本”，设置“通道”为“a”，设置“混合”模式为“正片叠

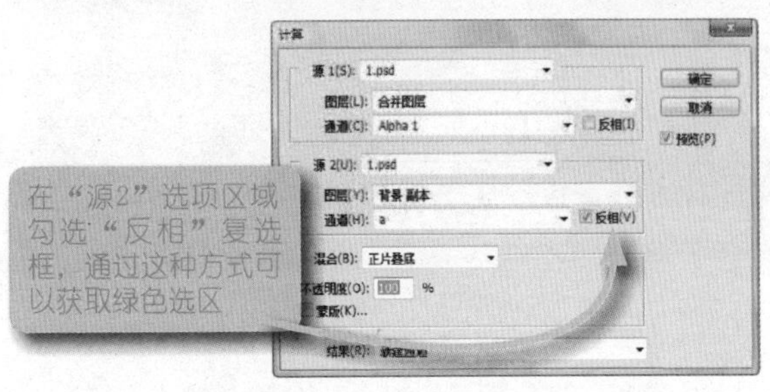

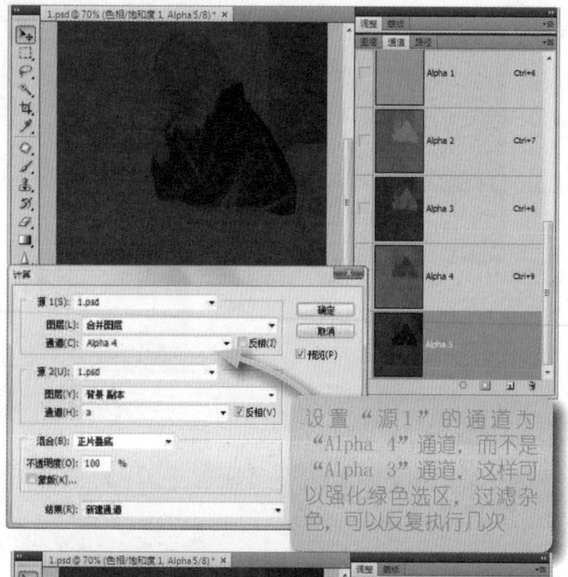

提示：在Lab颜色模式下，调整图像色彩对整个像质影响是最小的，这也是用户最爱选用Lab颜色模式来进行照片后期处理的根本原因。

底"。注意，在"源2"选项区域勾选"反相"复选框。

最后单击"确定"按钮，完成正片叠底混合计算操作，即可生成一个新的通道"Alpha 4"。此时，"Alpha 4"通道灰度图存储的就是图像绿色选区信息。

进一步强化绿色选区的纯度。选择"图像|计算"命令，打开"计算"对话框。在"源1"选项区域中设置"源1"为"1.psd"，即当前打开的人物照片文件，设置"图层"为"合并图层"，设置"通道"为"Alpha 4"。在"源2"选项区域中设置"源2"为"1.psd"，即当前打开的人物照片文件，设置"图层"为"背景 副本"，设置"通道"为"a"。注意，在"源2"选项区域勾选"反相"复选框。设置"混合"模式为"正片叠底"。

最后单击"确定"按钮即可生成"Alpha 5"通道。

## STEP 06 增强绿色饱和度。

（建议使用色相/饱和度调整图层实现）

切换到"通道"面板，按住【Ctrl】键，单击"Alpha 5"通道，调出该通道的选区，由于所有像素的选区不透明度都小于50%，故Photoshop弹出一个提示对话框，提示选区为不可见状态。单击"确定"按钮关闭提示对话框即可。

虽然该通道的选区是不可见的，但是执行的所有操作都是针对图像中绿色区域。

在"图层"面板底部单击"创建新的填充和调整图层"按钮，从弹出的菜单中选择"色相/饱和度"命令，创建"色相/饱和度"调整图层。

在"调整"面板中，分别向右拖动"色相"滑块和"饱和度"滑块，也可以直接设置"色相"文本框的值为"40"，"饱和度"文本框的值为"20"。读者可以根据需要酌情进行调整。

同样道理，把计算通道设置为b通道，就能选取黄色和蓝色的选区。

如果在"计算"对话框中设置其他混合模式，如排除、变暗、变亮等，还能选出相应的颜色选区。只要理解混合模式的运算原理，就很容易操作。

# 第3章

# 黑白有道通天下——探视神秘的通道

Chapter

图层 01

# 通道与遮板——认识Photoshop通道的本质

通道这个概念，最初是与数据紧密相联系的，用来表示传输信息的数据通路。在图像应用领域，通道表示用来储存图像文件中的选择内容及其他信息。例如，透明的GIF格式图像，实际上就包含了一个Alpha通道，用来通知应用程序(如浏览器)，在图像中哪些区域显示为透明。

在Photoshop中，通道技术是从暗房遮板技术演变而来的，简单地说，通道就是选区。在通道中，白色表示待处理的区域（即选择区域），黑色表示不需处理的区域（即非选择区域）。因此，与遮板一样，通道无法独立存在，只有依附于具体的图像时，才能体现其价值。但是通道比遮板优越之处就在于，它可以完全由计算机进行处理，以数字化操作代替了传统的手工操作。下图演示了如何使用通道快速填色图像背景。

处理前

处理后

STEP 01 感性认识Photoshop的通道。

（表象与本质总是相依相附，犹如人与影子）

在Photoshop中，任意打开一幅照片，然后选择“窗口|通道”命令，你都会发现一个奇怪的“通道”面板。

如果使用鼠标单击这些通道，则会发现图像编辑窗口中立即呈现为图像的8位灰色图。这个灰色图就记录了当前图像的原色分布情况，或者说它表示图像原色的灰度分布信息图。

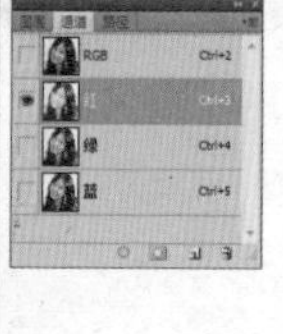

忠告 !

## 通道是图像数据存储的工具箱！

（不要僵化认为通道就是选区，或仅是颜色）

不要被五颜六色的整幅图像迷惑了眼睛，实际上图像的任意一个像素点都显示为某个固定的颜色。例如，使用颜色取样器工具在人物嘴唇位置取一点，在“信息”面板中可以看到该点的颜色信息（R为225，G为129，B为133）。切换到“通道”面板，分别单击图像的各单色通道，则可以看到红、绿、蓝通道所记录该点的信息与图像RGB值相对应。

但是，如果我们存储一个选区，此时图像就会新附加一个通道，该通道的存储信息与图像的颜色就没有必然联系了。

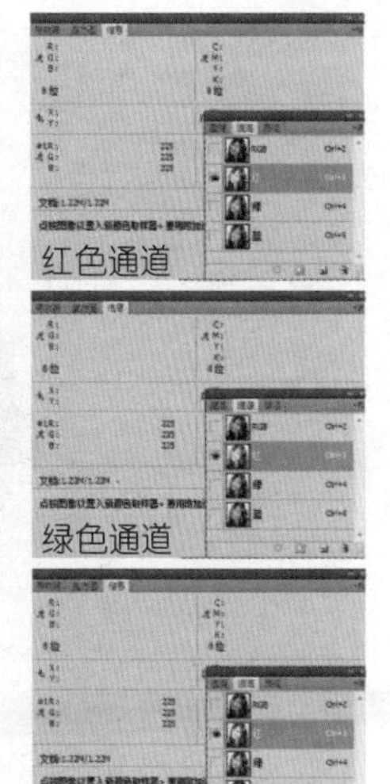

红色通道

绿色通道

蓝色通道

分解 ?

## Photoshop通道的类型

（了解通道类型，将更容易理解通道本质）

※ Alpha通道：为了存储选区信息而专门设计的通道，它具有特殊的功能。图像默认不包含Alpha通道。除PSD格式外，GIF、TIFF和PNG格式的文件中都可以保存Alpha通道。

※ 颜色通道：也称原色通道，为存储图像颜色而专门设计的通道。图像默认都包含颜色通道。颜色通道又分为多个单色通道，图像的模式决定了颜色通道的数量，RGB模式有R、G、B3个单色通道，CMYK图像有C、M、Y、K4个单色通道，灰度图只有一个单色通道。颜色通道包含了所有将被打印或显示的颜色。

※ 复合通道：也称为综合通道，该类通道不包含任何信息，实际上它只是同时预览并编辑所有单色通道的一种快捷方式。

※ 专色通道：一种特殊的颜色通道，它可以使用除了青色、洋红（或称品红）、黄色、黑色以外的颜色来绘制图像。主要用于印刷时调校最终印刷效果而定义的一类特殊的单色通道。

※ 矢量通道：也称为矢量蒙版通道。矢量图形一般都是通过各种复杂的数学公式来记录图像信息的。在Photoshop中，通过定义一个专用通道来存储这些矢量图公式。Photoshop 中的路径、3D预置贴图，以及Illustrator、Flash等矢量绘图软件中的蒙版，都是属于该类型通道。

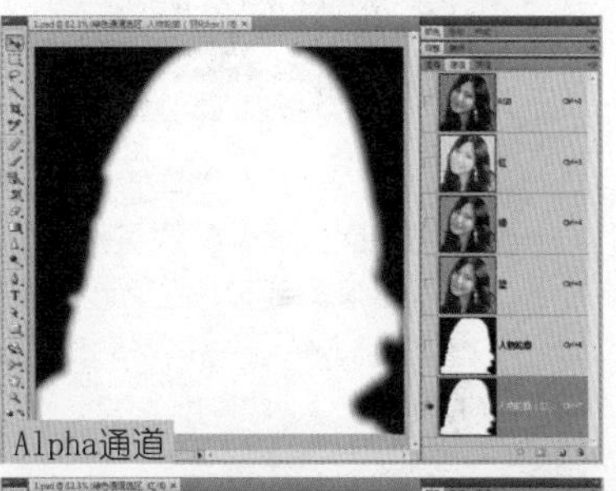

Alpha通道

颜色通道

专色通道

矢量通道

按住【Ctrl】键，单击"通道"面板中的某个通道，可以把该通道转换为选区。

按住【Ctrl】键单击蓝色通道

其中白色区域为选区，黑色区域为非选区，灰色区域为羽化选区。灰度的浓度决定了羽化的强度。因此，灰度为127像素的区域，则表示半透明效果。

按住【Shift】键单击蓝色通道

按住【Shift】键，单击"通道"面板中的某个通道，可以在该通道与复合通道之间切换。按住【Alt】键，单击"通道"面板中的某个通道，或者直接单击该通道，可以在编辑窗口中显示该通道的灰度分布，并利用Photoshop的各种工具和命令进行处理，以制作各种复杂的通道效果。

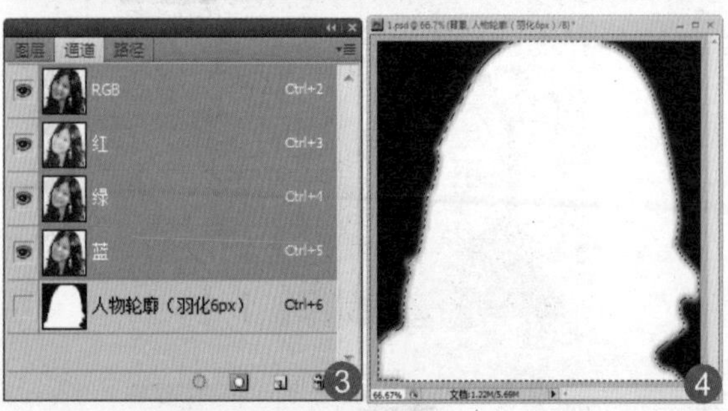


快捷操作：在"通道"面板中，可以直接单击面板底部的"创建新通道"按钮，创建一个Alpha通道，并自动命名为"Alpha 1"。在编辑窗口中如果显示的通道是全黑的，可以按【Shift+F5】组合键，使用白色填充选区，也可以制作出如上图④所示的通道选区。

分解 ? 掌握通道技术将给你带来什么好处?

（通道技术是Photoshop工具的灵魂）

※ 可以制作精确选区。使用工具和命令选择的图像区域比较单一，但是如果通过编辑和处理通道内灰度的分布，就可以获取更加奇妙和精细的选区。例如，使用通道抠出复杂背景中的丝线等。

※ 可以存储和载入选区。通道是静态的，而选取操作是动态的，只有通过通道才能够存储选区，并实现各种复杂的选区操作，实现选区合成和合并。

※ 可以制作其他软件（如Illustrator、InDesign、Flash等）需要导入的透明背景图片。

※ 可以准确查看、分析、编辑和处理图像的颜色信息。在图像调色处理中，通道的价值不可忽视。

※ 可以在印刷出版中方便传输颜色信息和制版。通过把CMYK图像文件4个通道拆开分别保存在4个黑白文件中，这样方便传输，然后合并这些通道，即可恢复CMYK色彩的原文件。利用专色通道可以制作特殊印刷效果。

STEP 02 制作人物轮廓的Alpha通道。

（Alpha通道专门用来存储选区信息）

在工具箱中选择磁性套索工具，勾选出人物的主要轮廓，如左图①所示。

该操作的目的是为了在调用颜色通道内的选区时，以便减去人物身上的选区。因此操作精度要求不高，你可以使用套索工具，配合【Shift】和【Alt】键，增补或修剪选区。

切忌，不要勾选了头发区域中的空隙。

按【Shift+F6】组合键，打开"羽化选区"对话框，羽化选区6个像素。该操作的目的是使人物边缘显得更柔和，避免棱角或齿轮效果。

选择"选择|存储选区"命令，在打开的"存储选区"对话框中存储选区为"人物轮廓（羽化6px）"，如左图②所示。

切换到"通道"面板，会发现刚存储的选区原来躲藏在"通道"面板中，如左图③所示。

单击该通道，在图像编辑窗口中可以查看选区的灰度显示效果，并可以进一步的修饰，如左图④所示。

STEP 03 调出颜色通道中蓝色通道选区。

（学会比较查看各单色通道的明暗分布）

在Photoshop高级图像处理中，颜色通道具有举足轻重的作用。学会比较分析每个单色通道的明暗分布，可以精确找到需要的像素分布。例如，抠出装满溶液的玻璃器皿，就是一个最典型的颜色通道应用。

一般规律，图像中蓝色通道的灰度对比度最为明显，利用该通道可以抠出背景中的人物。

按住【Ctrl】键，单击“蓝”通道，调出该通道中选区信息。注意，颜色通道存储的是颜色信息，而非选区信息，但是可以把颜色信息等值转换为选区信息。

STEP 04 利用“载入选区”命令合成选区。

（合成包括相加、相减和相交，犹如集合操作）

选择“选择|载入选区”命令，打开“载入选区”对话框，具体设置如右图所示。

在“载入选区”对话框中的“源”区域设置载入的选区，即选择已打开的某个图像文档中指定的Alpha通道，然后在“操作”区域选择操作方式，单击“确定”按钮，关闭“载入选区”对话框，获得的合成选区如右图所示。

如果选择“选择|存储选区”命令，在弹出的对话框中存储合成后的选区为“背景选区”，然后在“通道”面板中单击“背景选区”通道，则在编辑窗口中可以看到合成选区的细节，如右下图所示。

此时，你还可以在编辑窗口中修饰背景选区。例如，使用画笔涂抹、使用橡皮擦擦拭、使用修复工具修复、使用“颜色调整”命令处理、使用“滤镜”命令设计特效等。

选区还能够被修饰、编辑和处理，这本身就是件很有趣味的事情。当然，这需要你亲自动手，去慢慢实践和探索。

STEP 05 利用背景选区实现抠图或换背。

（自由发挥，创意由你）

在“图层”面板中，拖曳“背景”图层到底部的“创建新图层”按钮上，新建“背景副本”图层，双击图层名称，将其更名为“蓝色通道选区”，然后选择一种颜色填充选区即可。当然，你可以尝试调出绿或红通道选区。

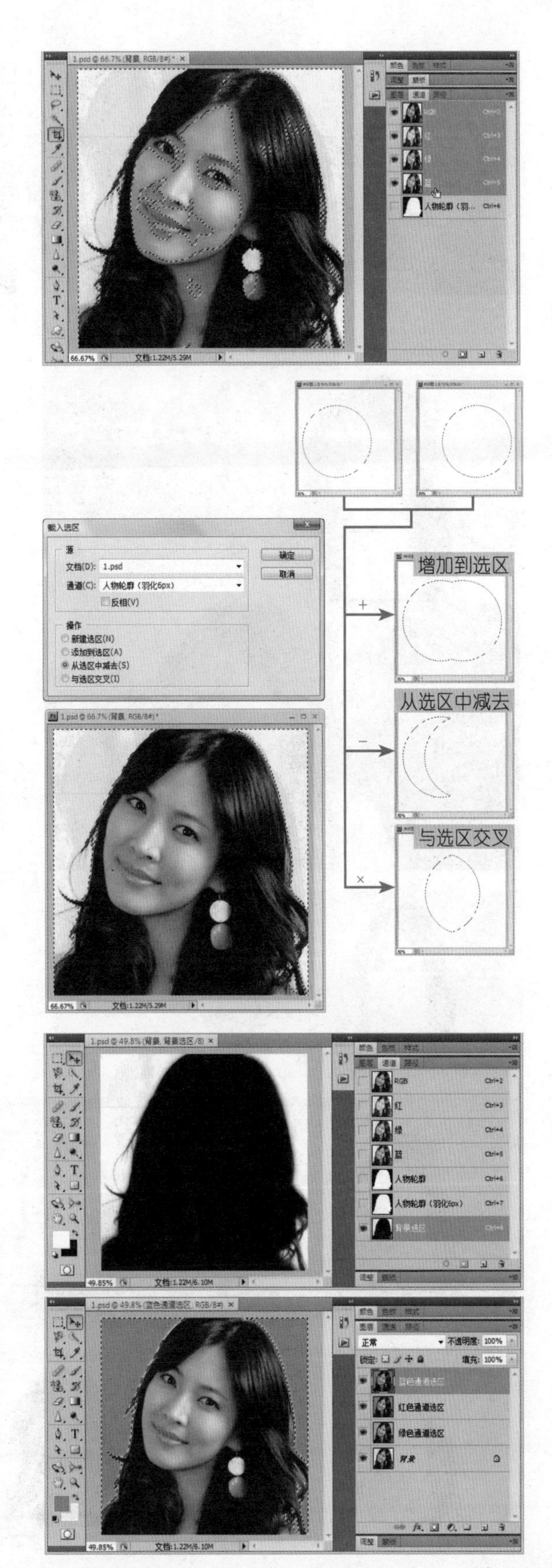

左侧3幅效果图是分别调用蓝、绿和红通道选区，然后使用相同方法和颜色（RGB等于224、121、122）填充背景选区后的效果比较。可以看到蓝和红通道明暗对比度较为明显，而绿通道较弱。

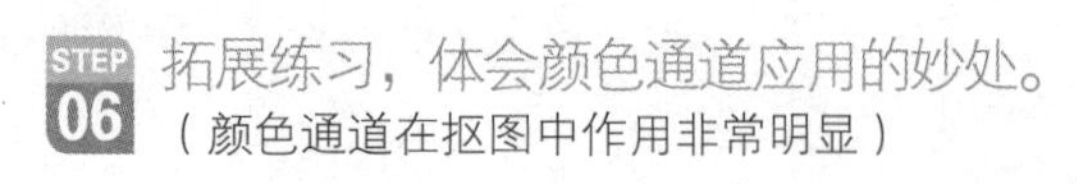

STEP 06 拓展练习，体会颜色通道应用的妙处。

（颜色通道在抠图中作用非常明显）

①比较照片三原色通道的明暗对比度，找出蓝色通道为操作对象。②复制蓝色通道，切忌不可直接操作图像颜色通道。

③选择"图像|调整|曲线"命令，打开"曲线"对话框，选择白场吸管在背景上单击，确定通道白场，增大黑白对比度，降低灰度分布，此步操作主观性很大，请注意观察头发细节变化，避免破坏掉发丝细节（如左图④所示）。

⑤切换到正常模式，使用磁性套索工具勾选人物轮廓选区。⑥再切换到通道视图，使用黑色填充选区，获取完整的背景选区效果，可以使用画笔工具修复细节部分，确保完美抠出头发，而不携带任何背景杂色。⑦按【Ctrl】键，单击通道，调出通道选区，按【Shift+F7】组合键反向选择选区，单击背景图层，复制选区内人物，粘贴到新图像中即可（如⑧）。

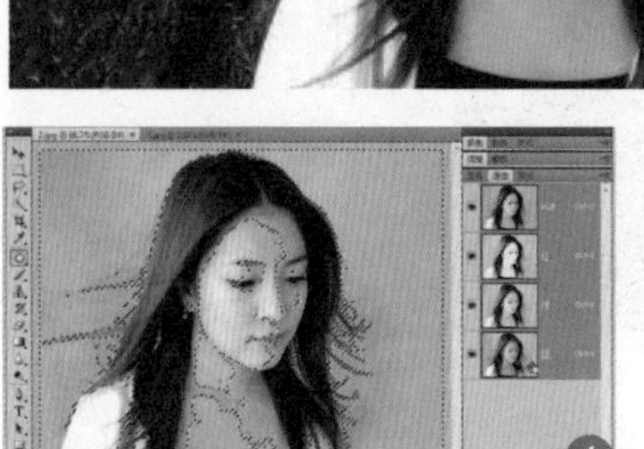

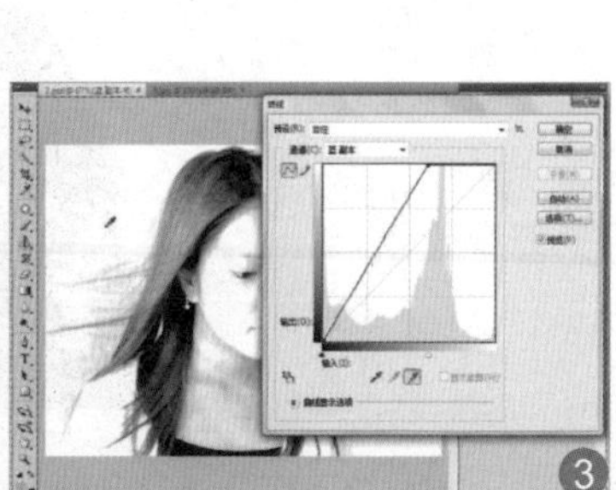

图层 02

# 清除照片杂色——使用颜色通道（1）

颜色通道记载了图像所有颜色信息，因此可以这样认为：通道是基于色彩模式而衍生出的一种直观的记录工具。不同色彩模式的图像，其记载图像颜色的通道数量和功能也是不同的。例如，RGB图像包含3种默认通道（红、绿、蓝），而CMYK图像包含4种默认通道（青、品红、黄和黑）。

每一种颜色通道单独存储图像中某一种基本颜色或者与颜色相关的信息。如果你熟悉色彩模式，以及不同色彩模式下的不同颜色通道的特性和功能，那么就可以在照片修复过程中发挥颜色通道的威力。一般来说，当图像存在偏色、模糊、杂色等问题时，多由于某个或多个颜色通道记录的颜色信息存在失真所致，此时如果单独针对这些问题颜色通道进行修复，就会比修复整个图像的效果要好，且能够比较快速、准确恢复图像的自然之色。

在下面这个案例中，仔细观察原图，你会发现原图存在大量暗蓝色的波条纹，这些杂色严重影响了照片的品质。下面就针对通道执行特殊操作，以便能够快速清除这些杂色。

处理前

处理后

STEP 01 认识Photoshop包含的色彩模式。
（色彩模式与颜色通道紧密联系在一起）

选择“图像|模式”命令，在弹出的子菜单中，你会看到并列显示的8种色彩模式，任意选择其中一种模式，即可把图像从当前默认的RGB模式转换为对应的色彩模式状态。

色彩模式转换会损失掉图像颜色的部分细节，在高品质的图像处理中应该注意这个问题。但是对于普通数码照片处理来说，通过模式的转换可以更方便地进行图像修复和处理操作。

“8位/通道”、“16位/通道”和“32位/通道”菜单信息显示了当前图像的颜色通道大小。

当选择索引模式时，可以选择“颜色表”命令，设置图像的颜色表信息。

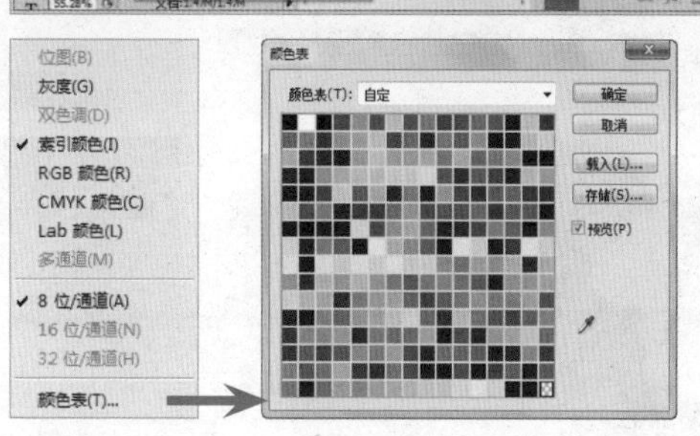

RGB图像品质

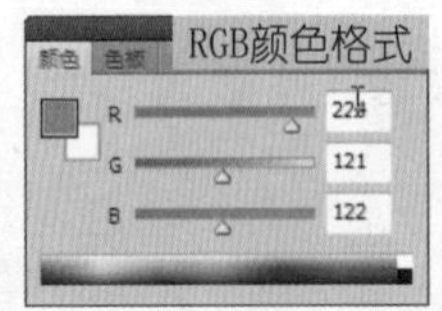
RGB颜色格式

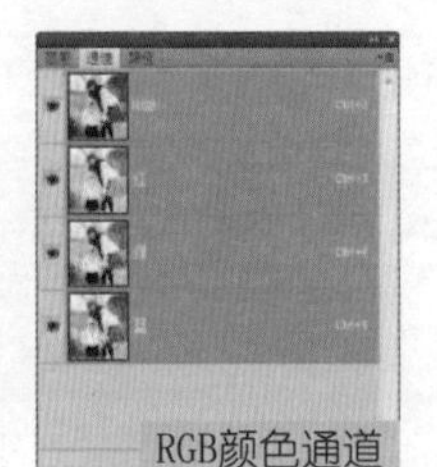
RGB颜色通道

RGB模式是最常用的颜色模式，也是Photoshop默认颜色模式。RGB基于自然界中3种基色光的混合原理，将红、绿、蓝3种基色按照从0(黑色)~255(白色)的亮度值在每个色阶中进行分配，通过混合产生指定色彩。

CMYK图像品质

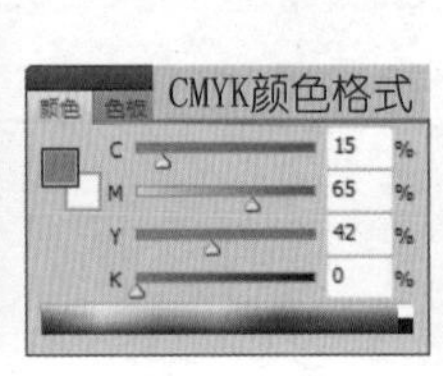
CMYK颜色格式

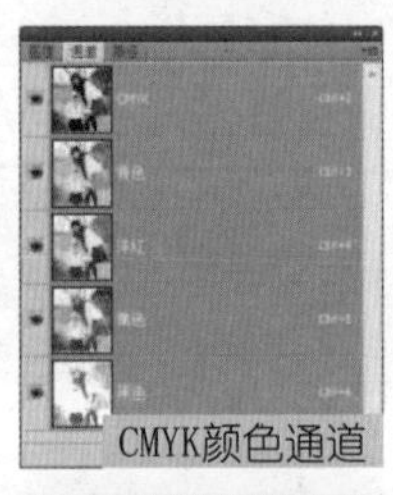
CMYK颜色通道

CMYK模式是印刷专用颜色模式，它由分色印刷的4种颜色组成，分别是青色(C)、洋红(M)、黄色(Y)和黑色(K)。CMYK模式与RGB模式没有本质区别，但它们产生色彩的方式不同，RGB模式以加色混合法产生色彩，而CMYK模式以减色混合法产生色彩。

Lab图像品质

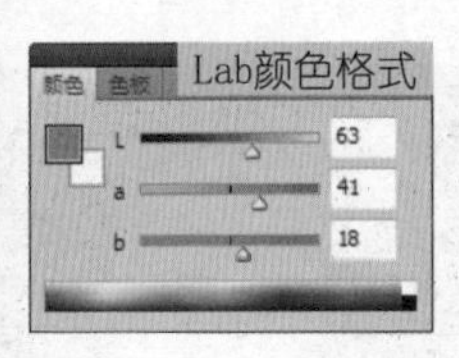
Lab颜色格式

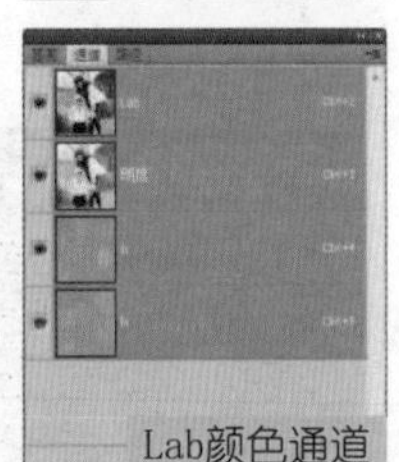
Lab颜色通道

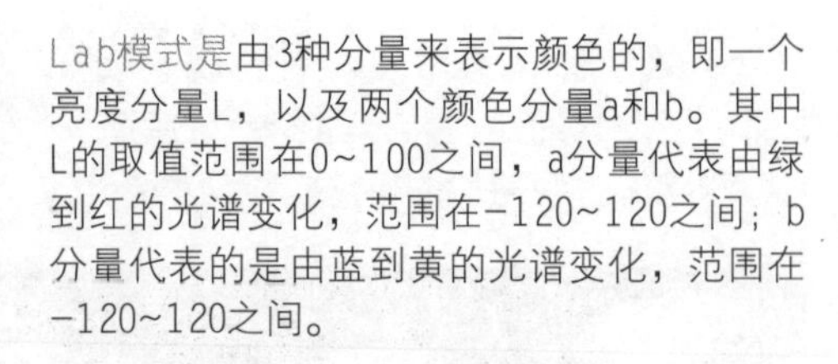
Lab模式是由3种分量来表示颜色的，即一个亮度分量L，以及两个颜色分量a和b。其中L的取值范围在0~100之间，a分量代表由绿到红的光谱变化，范围在-120~120之间；b分量代表的是由蓝到黄的光谱变化，范围在-120~120之间。

多通道图像品质

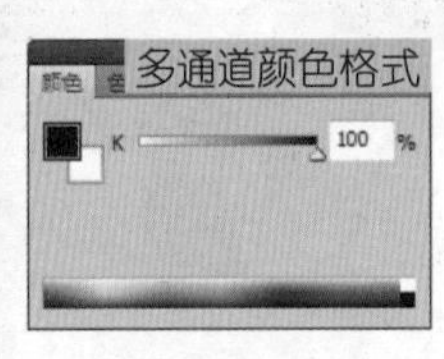
多通道颜色格式

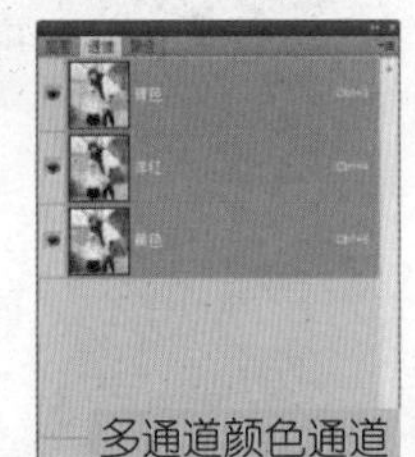
多通道颜色通道

多通道模式的每个通道都使用 256 灰度级来表示，没有专用颜色通道。将一个以上通道合成的图像转换为多通道模式的图像时，原有通道将被转换为专色通道。从RGB、CMYK或Lab模式图像中删除一个颜色通道，会自动将图像转换为多通道模式。

索引颜色图像品质

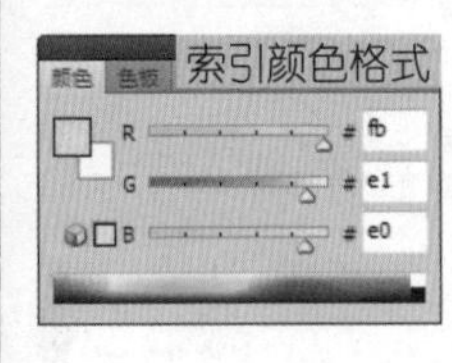
索引颜色格式

索引颜色通道

索引颜色模式根据图像中颜色统计，将统计后的颜色定义成一个颜色表。由于它只能表现256种颜色，所以在转换后只选出256种使用最多的颜色放在颜色表中。对于颜色表以外的颜色，会选取表中最相近或已有颜色模拟这种颜色，因此会出现失真现象。

灰度图像品质

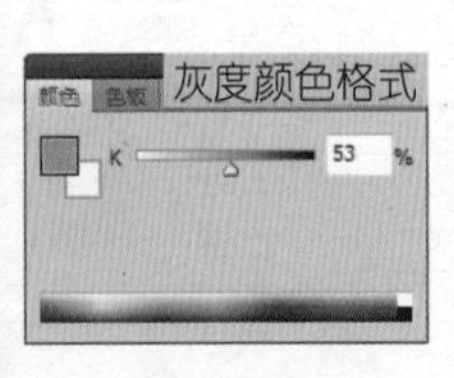
灰度颜色格式

灰度颜色通道

灰度模式根据灰色调模拟自然界中各种色彩，因此该模式图像显示为黑白效果。灰度模式只能够表现256种色调，通过一个通道进行记录。

双色调图像品质

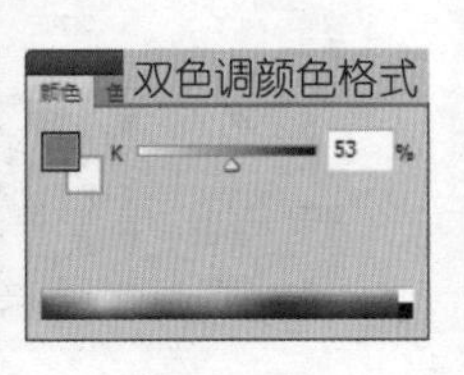
双色调颜色格式

双色调颜色通道

双色调是用两种油墨打印的灰度图像，黑色油墨用于暗调部分，灰色油墨用于中间调和高光部分。但是，在实际操作中，更多地使用彩色油墨打印图像的高光部分，因为双色调使用不同的彩色油墨重现不同的灰阶。主要有单色版、双色版、三色版和四色版。

位图图像品质

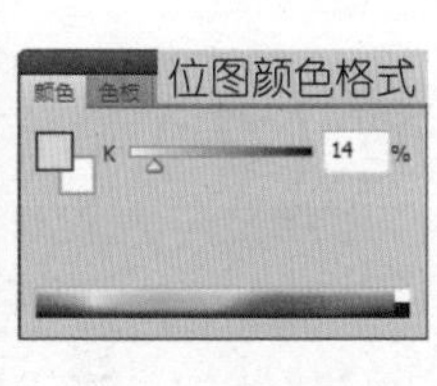

位图颜色格式

位图颜色通道

位图模式只包含黑色和白色两种颜色，在该模式下不能制作出色调丰富的图像，只能制作一些黑白两色的图像。要将一幅彩色图像转换成黑白图像，必须先将该图像转换为灰度模式，然后再转换成位图模式。

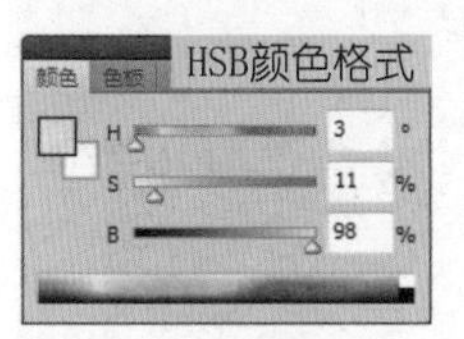

HSB颜色格式

HSB模式是一种基于直觉的颜色模式。利用该模式可以轻松呈现不同明亮度的颜色。Photoshop不直接支持HSB模式，但可以在“颜色”面板或“拾色器”对话框中定义HSB颜色格式。HSB模式中的H表示色相，用于调整颜色，取值范围为0~360；S表示饱和度，用于调整彩度，取值范围为0%~100%。0%为灰色，100%时为纯色；B表示亮度，用于调整颜色的明暗程度，取值范围为0%~100%。0%为黑色，100%为白色。

## STEP 02 分析颜色通道，找出问题通道。

（直入图像通道，抓住问题本质）

打开案例的原图文件，在“通道”面板中分别查看各个单色通道的灰度分布，如右图所示。

可以看到蓝色通道存在明显的波形条纹，而红色通道和绿色通道品质基本完好。在蓝色通道中，由于波纹遍布整个图像，且与图像原始颜色信息混合比较紧密，不容易直接清除。此时可以考虑删除蓝色通道，然后通过复制绿色通道进行弥补，再通过“色彩平衡”命令调整蓝色通道被删除后色彩偏失问题。

红色通道

绿色通道

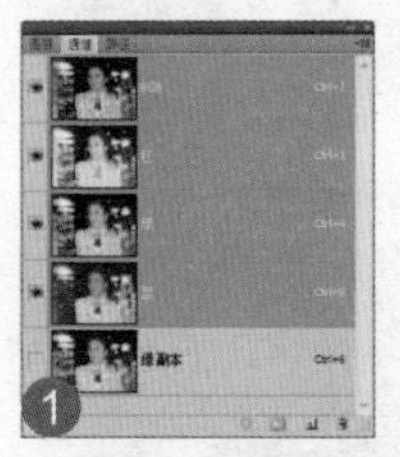
1

蓝色通道

## STEP 03 删除问题通道，复制其他通道替代。

（使用手术切除法，快速而又精确）

在“通道”面板中，拖曳“绿”通道到面板底部的“创建新通道”按钮上，复制为“绿　副本”的Alpha类型通道。

至于为什么复制绿色通道，而不是红色通道，是因为考虑到绿色通道与蓝色通道的灰度分布信息比较接近。

拖曳“蓝”通道到面板底部的“删除当前通道”按钮上，删除蓝色通道，此时图像被转换为多通道模式，如右图所示。

2

## STEP 04 使用“色彩平衡”命令恢复图像真彩色。

（色彩平衡应分区、分暗部高光多次调整）

选择“图像|模式|RGB颜色”命令，把图像转换为默认的RGB色彩模式。在“图层”面板中复制背景图层，选择“图像|调整|色彩平衡”命令，打开“色彩平衡”对话框，细心平衡图像暗部色彩即可。

3

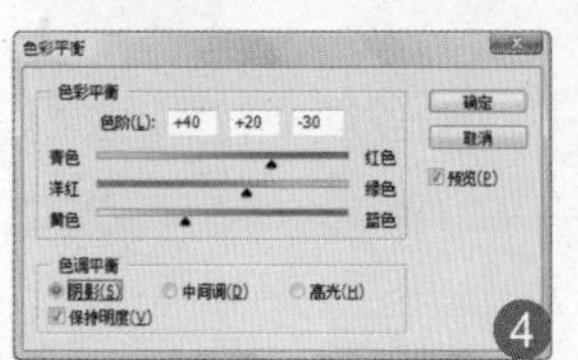

4

提示：色彩平衡不可一蹴而就，建议多尝试，分区平衡。当然，完全恢复图像真彩色是不可能的。

图层 03

# 优化高彩照片的品质 ——使用颜色通道（2）

RGB模式是一种屏幕发光的加色模式，该模式在蓝色与绿色之间的过渡色太多，绿色与红色之间的过渡色又太少。CMYK模式是一种颜色反光的印刷减色模式，该模式在图像编辑过程中容易损失更多的色彩细节。而Lab模式既不依赖光线，也不依赖于颜料，它弥补了RGB和CMYK两种色彩模式的不足。在专业图像色彩调整中，多采用Lab颜色模式。

追求原色，崇尚自然，已成为照片调色的主流，特别是外景照片，应努力调出大自然最真实、最自然、最艳丽的色彩。在下面案例中，通过观察发现原图色彩沉闷，图像品质欠佳。下面尝试使用Lab模式调整图像色彩，使青草树叶更自然。

处理前

处理后

L通道

a通道

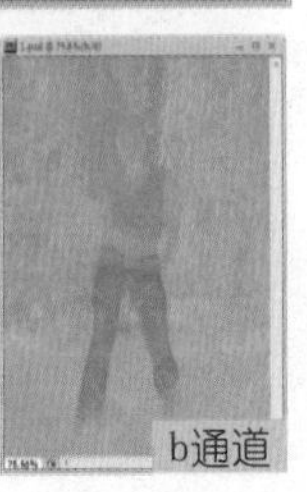

b通道

STEP 01 把图像默认RGB模式转换为Lab模式。
（Lab模式是图像色彩调整的最好模式）

使用Photoshop打开预处理的原图像，选择“图像|模式|Lab颜色”命令，把图像默认的RGB颜色模式转换为Lab颜色模式。

Lab模式包含3个通道：亮度通道（L）、两个颜色范围通道（a和b）。

a通道包括从深绿(低亮度值)到灰色(中亮度值)，再到鲜亮的粉红色(高亮度值)；b通道包括从亮蓝色(低亮度值)到灰色(中亮度值)，再到焦黄色(高亮度值)。

与RGB颜色模式原理相同,Lab颜色模式通过a和b通道颜色混合，产生各种亮丽的颜色，然后通过亮度通道改善颜色的明度。

## 分解 ? 分析Lab颜色模式的优势
（认识事物的本质，才能够更好利用它）

Lab颜色模式是国际照明委员会（CIE）于1976年制定的一种色彩模式标准。Lab颜色模式包含的色彩范围最广，与光线、设备等物理因素无关，且该模式的处理速度与RGB模式相当，比CMYK模式更快。

当Lab模式在转换成CMYK模式时，色彩没有丢失或被替换。因此，在图像色彩修复过程中，专业摄影师常把图像转换为Lab模式编辑，然后再转换为CMYK模式打印输出。

右图演示了为明度、a和b通道绘制黑白渐变色，然后以Lab颜色模式混合，则会产生奇妙的多彩色效果。

## STEP 02 使用“曲线”命令增强明度通道的亮度。
（该操作不会破坏图像色彩平衡）

在“通道”面板中单击“明度”通道，在编辑窗口中处理该通道，按【Ctrl+M】组合键，打开“曲线”对话框。

在该对话框中，单击“曲线显示选项”，展开选项设置，单击“小网格”按钮▦，以10%增量显示详细网格(以便做到精确调整)，其他设置为默认值。在曲线上单击，设置一个控制节点，然后在“输出”文本框中输入“50”，在“输入”文本框中输入“40”，从而对照片整体进行增亮处理。

## STEP 03 调整a通道曲线，增强画面色彩。
（增强暗部和高光区域色彩）

在“通道”面板中单击“a”通道，在编辑窗口中处理该通道，按【Ctrl+M】组合键，打开“曲线”对话框。

在该对话框中的曲线上单击，设置一个控制节点，然后在“输出”文本框中输入“-128”，在“输入”文本框中输入“-110”，再在曲线上单击，设置另一个控制节点，然后在“输出”文本框中输入“127”，在“输入”文本框中输入“110”。

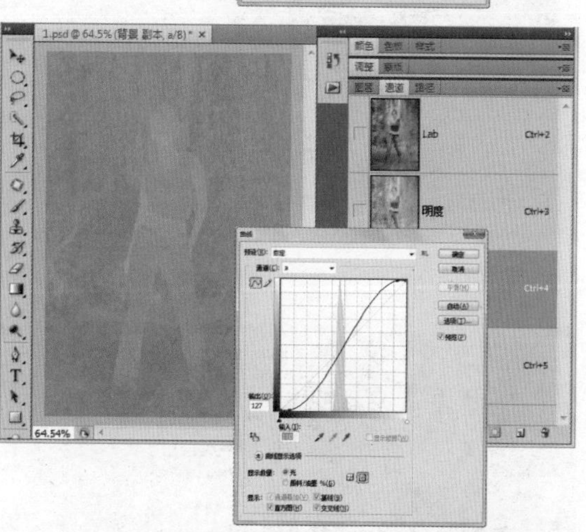


提示：本案例方法适合照片的高光比较柔和，亮部层次比较丰富，曝光稍过一点无妨。在操作中应注意高彩效果的色彩控制不可过度，不是越艳丽越漂亮，而是一种具有真实感的艳丽。

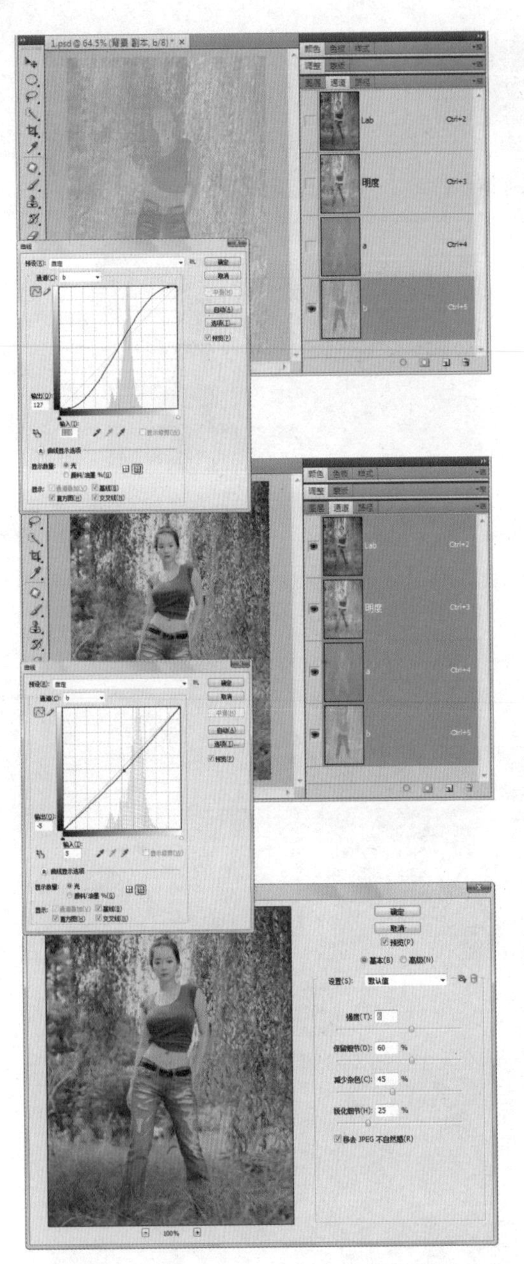

STEP 04 调整b通道曲线，校正a通道偏色。
（增强暗部和高光区域色彩）

在“通道”面板中单击“b”通道，在编辑窗口中处理该通道，按【Ctrl+M】组合键，打开“曲线”对话框。

在该对话框中的曲线上单击，设置一个控制节点，然后在“输出”文本框中输入“-128”，在“输入”文本框中输入“-110”，再在曲线上单击，设置另一个控制节点，然后在“输出”文本框中输入“127”，在“输入”文本框中输入“110”。

STEP 05 调整b通道曲线，增强蓝绿色效果。
（增强中间调色彩）

通过上面3步曲线调整，图像的色彩得到了改善。为了衬托自然色效果，可以考虑适当增强中间调，使青草树叶更显葱茏。在“通道”面板中单击“b”通道，在编辑窗口中处理该通道，按【Ctrl+M】组合键，打开“曲线”对话框。

在该对话框中的曲线上单击，设置一个控制节点，然后在“输出”文本框中输入“-5”，在“输入”文本框中输入“-5”，单击“确定”按钮，然后单击“Lab”复合通道，则可以看到调整后的效果，自然色显得更加亮绿。

STEP 06 清理图像中包含的杂色。
（增强色彩饱和度，也易产生杂色）

选择“滤镜|杂色|减少杂色”命令，打开“减少杂色”对话框，保持默认设置，勾选“移去JPEG不自然感”复选框，清理杂色。

清理杂色之后，选择“图像|自动对比度”命令，自动调整图像对比度，使画面看起来更加自然。

STEP 07 降低面部皮肤的红色饱和度。
（适度降低曲线调色对于面部的直接影响）

使用磁性套索工具勾选面部，以及脖子皮肤区域，羽化2个像素。选择“图像|调整|色相/饱和度”命令，打开“色相/饱和度”对话框，适当降低面部皮肤的饱和度，具体设置如左图所示。

图层 04

## 给人物设计樱桃俏唇——使用颜色通道（3）

Lab颜色模式最大优点就是与设备无关，无论在显示器、打印机或者扫描仪等设备上创建或输出图像时，它都能生成一致的颜色，因此在色彩管理中是非常重要的表色体系。在Photoshop中，相互转换RGB模式和CMYK模式时，也都是以Lab模式作为中间模式实现转换的。

本案例延续上一节案例所讲解的Lab颜色模式的应用技巧，讲解如何利用通道为人物嘴唇上色的一种优化方法。常规做法，通过调色命令直接为人物嘴唇上色，但是这种做法稍显不自然，易破坏图像的真实性。

处理前

处理后

### STEP 01 继续潜水，玩转Lab色彩模式。

（Lab模式拥有最宽广的色域，应好好琢磨）

使用Photoshop打开预处理的原图像，选择“图像|模式|Lab颜色”命令，把图像默认的RGB颜色模式转换为Lab颜色模式。

在默认状态下，“通道”面板是以灰色图显示各个通道的，为了更直观观察，不妨按【Ctrl+K】组合键，打开“首选项”对话框，在左侧分类列表中选择“界面”选项，在右侧界面设置信息区域勾选“用彩色显示通道”复选框。这样就可以看到各个通道代表的颜色。

※ a通道包含由红到绿的色彩范围，其中绿色信息非常少。

※ b通道包含由黄到蓝的色彩范围，其中蓝色信息非常少。

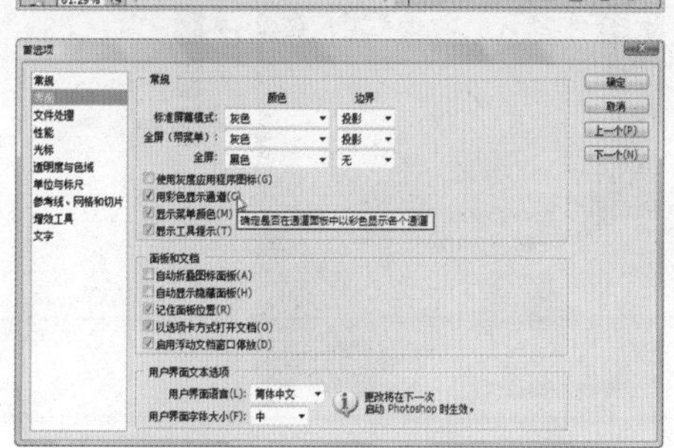

STEP 02 调整a通道色阶，增强红色对比度。（调整幅度不宜过大）

在“图层”面板中，复制“背景”图层为“背景 副本”图层。在“通道”面板中单击“a”通道，此时就可以在编辑窗口中处理该通道。按【Ctrl+L】组合键，打开“色阶”对话框。

在该对话框的“输入色阶”的暗部文本框中输入“50”，在亮部文本框中输入“205”，增大a通道中颜色的对比度。

STEP 03 调整b通道色阶，增强黄色对比度。（调整幅度不宜过大）

在“通道”面板中单击“b”通道，此时就可以在编辑窗口中处理该通道。按【Ctrl+L】组合键，打开“色阶”对话框。

在该对话框的“输入色阶”的暗部文本框中输入“50”，在亮部文本框中输入“205”，增大b通道中颜色的对比度。

STEP 04 勾选人物嘴唇选区。（使用钢笔工具比较快捷、精确）

在工具箱中选择钢笔工具，勾选嘴唇轮廓选区。关于钢笔工具和路径的相关知识请参阅后面章节。

在“路径”面板中，双击“工作路径”，保存工作路径为“路径1”，按住【Ctrl】键，单击“路径1”，转换路径为选区。

按【Shift+F6】组合键，打开“羽化选区”对话框，羽化选区1个像素。

STEP 05 做遮罩效果，舒展樱桃俏唇。（通过图层混合和遮盖可以设计很多特效）

在“图层”面板中，复制“背景”图层为“背景 副本2”图层，然后按【Del】键，删除该图层选区中的像素，让下面的“背景 副本”图层中的鲜艳嘴唇露出来，效果如左图所示。

如果有兴趣，可以在工具箱中选择橡皮擦工具，在工具栏中设置“不透明度”为“20%”左右，“硬度”为“0%”，大小适度，然后在腮部和眼晕位置轻轻擦拭，制作腮红和眼晕效果。

图层
05

# 使用油墨法锐化照片——使用颜色通道（4）

数码照片在修色之后，一般都需要进行锐化处理，锐化处理就是提高照片的清晰度。锐化的目的有两方面：一方面是恢复部分在颜色修复或修饰过程中损失的细节；另一方面是修复照片的轻微对焦不准现象。

当然，锐化处理对图像像质是一种不可逆的有损操作，锐化不当或锐化过度，都会使图像边缘过度生硬，甚者出现色环或噪点的问题。因此读者应铭记：宁可锐化不足，不可锐化过度。有关锐化技术，请参阅后续章节。本节将讲解如何使用油墨法锐化照片。

处理前

处理后

STEP 01 把照片转换为CMYK色彩模式。
（通道锐化法较少产生杂色和躁点）

使用Photoshop打开预处理的原图像，选择“图像|模式|CMYK颜色”命令，把图像默认的RGB颜色模式转换为CMYK颜色模式。

CMYK通道混合效果

CMYK颜色模式主要是为印刷油墨准备的通道，在“通道”面板中可以看到，该模式包含青、品、黄、黑4个通道及一个复合通道，本案例将利用黑色通道进行加锐处理。

从理论上分析，C、M和Y三通道的油墨加在一起就可以得到黑色，K通道可以不要。但是，由于当前工艺水平还不能制造出高纯度的油墨，C、M和Y相加的结果实际是一种暗红色，因此还需要加入一种专门的黑色油墨来中和。

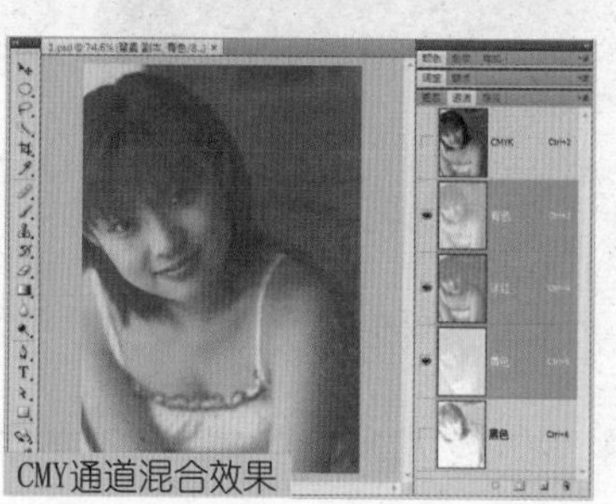
CMY通道混合效果

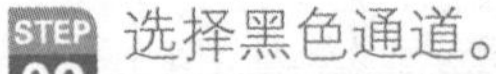

## STEP 02 选择黑色通道。

（黑色通道具有颜色调和作用，适合锐化）

先在“图层”面板中复制“背景”图层为“背景 副本”图层，然后在“通道”面板中单击“黑色”通道，切换到黑色通道编辑状态。

CMYK以减色法产生颜色。例如，黄色和洋红混合便产生红色，如果从图像中减去红色，则只需减少黄色和洋红色的百分比即可，如果为图像增加红色,就不是增加黄色和洋红百分比，而是减少青色的百分比即可。这就是减色法的基本原理。

## STEP 03 为黑色通道执行智能锐化。

（锐化半径不易过大）

选择“滤镜|锐化|智能锐化”命令，打开“智能锐化”对话框，在该对话框中选择“高级”单选按钮，设置锐化“半径”为“1.0”，最好不要超过1.0，否则会出现过度加锐的晕边现象，在“移去”下拉列表框中选择“镜头模糊”选项，勾选“更加准确”复选框。最后在“设置”右侧单击按钮保存设置，以备反复调用。

## STEP 04 恢复图像默认颜色模式。

（锐化效果可能不容易观察，需放大比较）

设置“智能锐化”对话框完毕后，单击“确定”按钮，关闭对话框，然后在“图层”面板中，单击“背景 副本”图层，切换到图像正常编辑状态。选择“图像|模式|RGB颜色”命令，把图像转换为默认的RGB颜色模式。

由于锐化操作效果不是很直观，只有在打印之后，才能够感觉到锐化前后的品质差异。所以，建议你放大局部图像，仔细比对锐化前后效果，如下图所示。

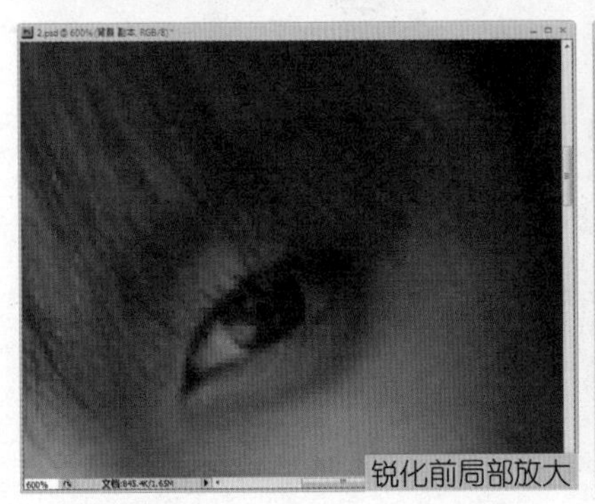

锐化前局部放大

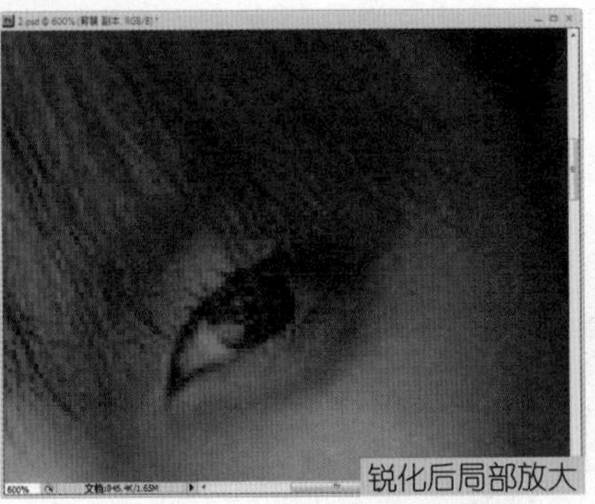

锐化后局部放大

提示：右图放大了600%，仔细比较眼白与头发丝，可以看到锐化前后的效果变化。当然，锐化也产生了很多噪点，如何降噪请参阅下一节案例。

图层 06

# 使用RGB通道给照片降噪——使用颜色通道（5）

所谓降噪，就是降低照片中的噪点。当为照片进行锐化处理时，不可避免会产生一些噪点，这在一定程度上影响了图像锐化的品质。本案例将在上一节案例基础上讲解如何为锐化后的照片降低噪点。

实际上，降噪的过程也是模糊处理的过程，模糊处理是一把双刃剑，使用适当，可以帮助美化画面效果，反之会破坏和损坏原有画质，这与锐化工具一样。因此，读者应根据不同的画面和内容来决定模糊处理的程度。一般认为，风光照片可以稍大一些，而人像照片务必从轻处理。

处理前

处理后

STEP 01 观察锐化后的照片噪点。
（噪点是普遍存在的，多与硬件有关）

噪点（noise）也称噪声，其产生主要是因为电子器件本身的噪声、放大电路的噪声干扰而形成的。当然，CCD传感元件制作工艺的缺陷、光电转换器件本身漏电等也会产生噪声，这些噪声干扰电流,在画面上便会出现粗糙的颗粒，这些颗粒影响图像的清晰度，从而影响照片的质感。特别是在低温条件拍摄时，噪点现象就更为明显。

锐化产生的噪点，不属于硬件原因，但也是普遍存在。如果放大上节案例中锐化后的照片效果，可以看到大量的噪点，如右图所示。观察发现，照片深色背景区域的噪点比较多，且非常明显。

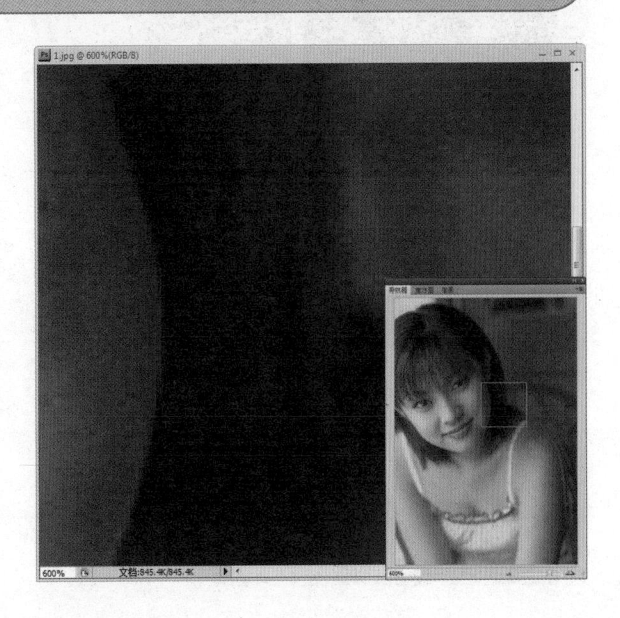

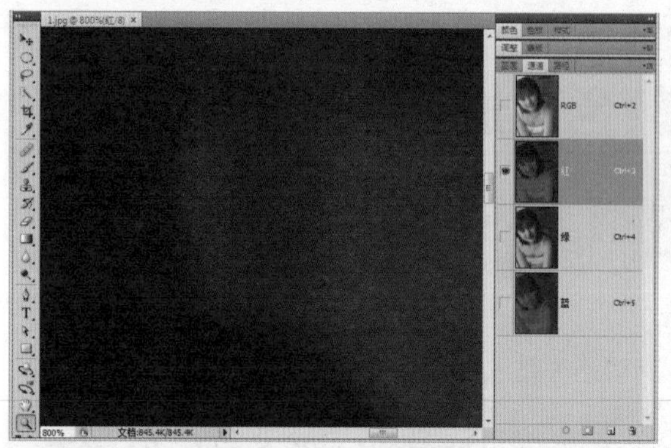

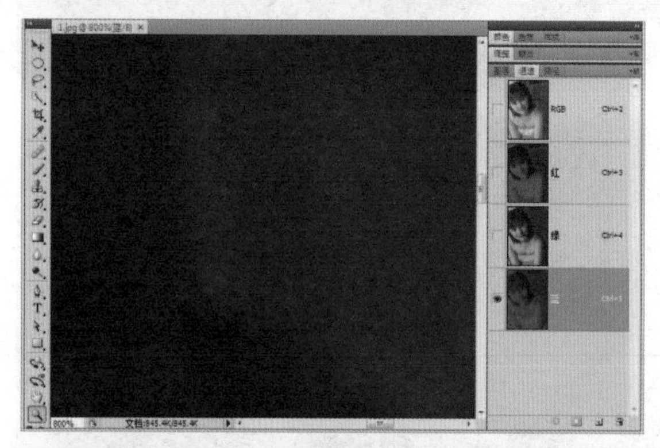

## STEP 02 比较各色通道，找出噪点严重的通道。
（针对问题通道，有的放矢效果会更好）

在“通道”面板中分别单击并查看R、G和B通道，比较分析各通道噪点密度和分布。

在红色和蓝色通道中，存在大量杂色和躁点，而绿色通道中不是很明显。所以，我们也重点在红色和蓝色通道中进行降噪。

在降噪之前，建议在“图层”面板中复制“背景”图层为“背景 副本”，然后在“背景副本”图层上进行操作，以方便比较。

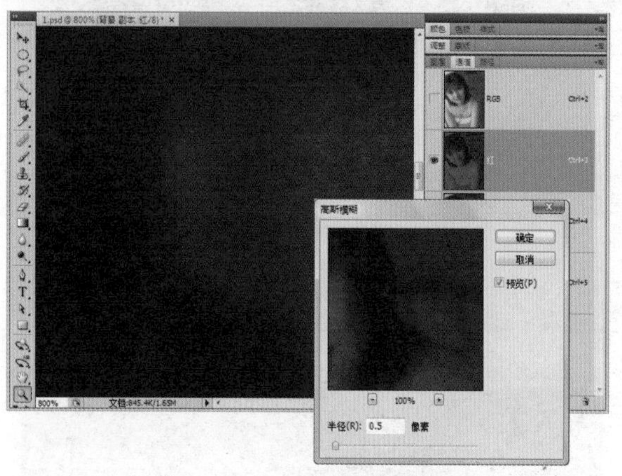

## STEP 03 使用“高斯模糊”命令处理红色通道。
（高斯模糊是把双刃剑，应恰当使用）

在“通道”面板中单击“红”通道，在图像编辑窗口中切换到红色通道编辑状态。

选择“滤镜|模糊|高斯模糊”命令，打开“高斯模糊”对话框，设置“半径”为“0.5”。

注意，模糊半径不要过高，可以边调整边观察，只要画面噪点趋于平滑，不是很明显即可。

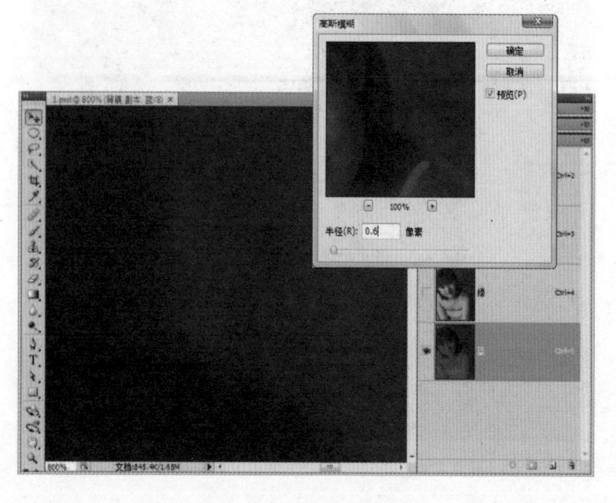

## STEP 04 使用“高斯模糊”命令处理蓝色通道。
（因质制宜，适可而止）

在“通道”面板中单击“蓝”通道，在图像编辑窗口中切换到蓝色通道编辑状态。

选择“滤镜|模糊|高斯模糊”命令，打开“高斯模糊”对话框，设置“半径”为“0.6”。

Photoshop提供的模糊和锐化工具是照片后期处理中经常使用的两个工具，它们功能相反，但在使用时千万要小心，这两个工具都很容易破坏画面品质。

## STEP 05 使用“高斯模糊”命令处理绿色通道。

（轻轻处理，半径不宜大）

在“通道”面板中单击“绿”通道，在图像编辑窗口中切换到绿色通道编辑状态。

选择“滤镜|模糊|高斯模糊”命令，打开“高斯模糊”对话框，设置“半径”为“0.3”。

考虑到绿色通道的噪点不是很明显，调用“高斯模糊”命令时，也应该蜻蜓点水。实际上读者也可以忽略绿色通道中存在的噪点问题。

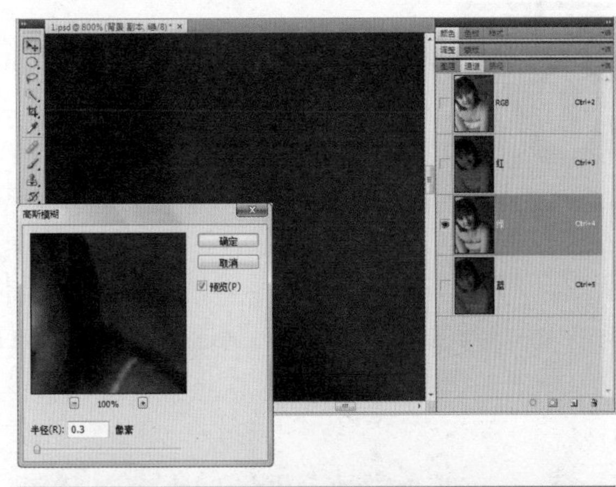

## STEP 06 再次观察高斯模糊降噪效果。

（局部分析与整体效果观察相结合）

在“通道”面板中单击“RGB”复合通道，在编辑窗口中切换到图像正常显示视图。

经过局部和整体观察分析，可以看到图像噪点明显降低了。在观察时，建议配合“导航图”面板，把整体和局部放大相结合，快速查看。

## STEP 07 使用图层蒙版遮盖不需降噪的区域。

（有选择性降噪处理是一种非常优化的方法）

尽管我们针对不同通道，非常谨慎地进行高斯模糊，但是这种行为仍然会伤害无辜的图像细节，特别是人物的浅色皮肤区域、面部表情，以及头发丝细节等。为此，再使用图层蒙版的方法对不需要降噪的区域进行遮罩。

首先，在“图层”面板中，选择“背景 副本”图层，单击面板底部的“增加矢量蒙版”按钮，为“背景 副本”图层添加图层蒙版。

然后，使用磁性套索工具勾选人物浅色皮肤、衣服和浅色背景区域。此时，可以隐藏“背景 副本”图层，并放大图像，借助“导航器”面板进行导航，勾选所有无噪点的区域。

最后，羽化选区2个像素，显示并单击“背景 副本”图层的图层蒙版缩略图，使用黑色填充蒙版选区，这样就可以遮盖掉没有噪点的区域，让这些区域显示为没有经过高斯模糊处理的“背景”图层效果。

以同样的方法勾选头发区域，使用50%灰度部分遮盖掉“背景 副本”的头发模糊效果。

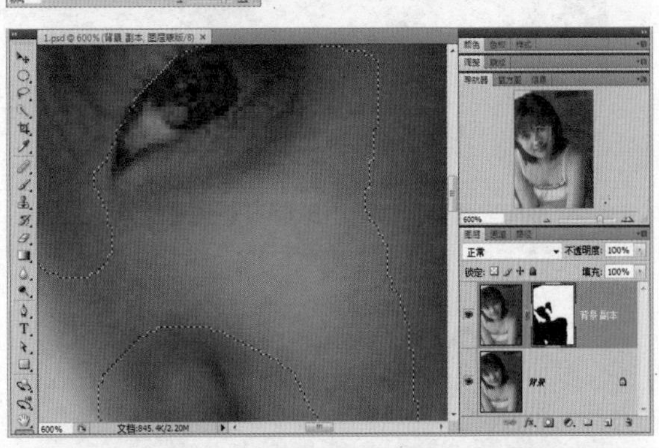

# 图层 07 使用Lab明度锐化法锐化照片——使用颜色通道（6）

锐化处理是使用Photoshop处理数码照片时的最后一道工序，必不可少，当然这道工序存在一定的副作用，尤其在RGB模式下，过度锐化会使照片颜色看起来过于饱和、画面像素化，以及出现白边、光晕等问题。专业锐化的解决方案包括如下4种：

※ 使用lab颜色模式，锐化L通道，避免干扰a和b颜色通道。

※ 锐化图像，然后执行“编辑|渐隐”命令，设置模式为“明度”即可。

※ 复制图层，然后执行锐化，并设置锐化的图层模式为“明度”。

※ 利用图层蒙版，执行选区锐化。

处理前

处理后

## STEP 01 把图像默认RGB模式转换为Lab模式。（Lab模式是图像色彩调整的最好模式）

使用Photoshop打开预处理的原图像，选择“图像|模式|Lab颜色”命令，把图像默认的RGB颜色模式转换为Lab颜色模式。

注意，锐化处理对照片像质来说，是一种不可逆的有损操作，锐化不当或锐化过度，都会造成不可挽回的损失。

Photoshop提供了多种锐化滤镜，比较常用的是USM锐化滤镜，关于这个话题将在后面章节专题讲解。

锐化的方法也很多，专业摄影师比较喜欢使用明度锐化和亮度锐化。本案例就以Lab明度锐化法锐化照片，把明度锐化作为拓展练习。

## STEP 02 选择Lab颜色模式中的“明度”通道。

（“明度”通道包含图像的亮度及细节信息）

首先，在“图层”面板中复制“背景”图层为“背景 副本”图层，然后在“通道”面板中单击“明度”通道，在图像编辑窗口中切换到明度通道编辑状态。

Lab模式把图像亮度和细节信息与颜色信息分离开，其中a通道和b通道包含颜色信息。当我们对“明度”通道执行USM锐化时，而包含颜色信息的通道根本就没有被锐化，这样就可以避免图像出现杂色。

## STEP 03 对“明度”通道执行USM锐化。

（锐化半径应控制在1像素以内）

选择“滤镜|锐化|USM锐化”命令，打开“USM锐化”对话框，设置“半径”为“0.5”、“数量”为“100”，如右图所示。

※ 数量：设置应用给图像的锐化量。

※ 半径：设置锐化处理将影响到边界之外的像素数。

※ 阈值：设置一个像素与在被当成一个边界像素并被滤镜锐化之前其周围区域必须具有的差别。

## STEP 04 再次对“明度”通道执行USM锐化。

（降低锐化的幅度，比上一步操作幅度要小）

选择“滤镜|锐化|USM锐化”命令，打开“USM锐化”对话框，设置“半径”为“0.3”、“数量”为“80”，如右图所示。

经过两次小参数锐化，这样既能够提高锐化效果，又避免了锐化对图像像质的损害。注意，USM锐化半径的取值最大不应该超过5像素。

锐化完成后，再转换为RGB颜色模式即可。锐化前后效果比较如下图所示。

锐化前局部放大

锐化后局部放大

提示：一般来说，数量、半径值越大，锐化程度就越明显，而阈值正好相反。当锐化色彩柔和的照片时，“数量”大一些，而“半径”小一些；当锐化轮廓清晰的实物时，“数量”可以小一些，“半径”则应大一些。

亮度锐化后的效果

STEP 05 拓展练习，使用亮度锐化法锐化照片。
（理论基础相同，但方法各异）

Lab明度锐化法与亮度锐化法都对图像的亮度执行锐化，而不锐化图像的颜色，这样就最大限度降低对照片像质的破坏。

①打开素材文件，在“图层”面板中复制“背景”图层为“背景 副本”图层。

②确保当前图层为“背景 副本”图层，选择“滤镜|锐化|USM锐化”命令，打开“USM锐化”对话框，设置“半径”为“0.5”、“数量”为“100”，与Lab明度锐化法设置相同。

③选择“编辑|渐隐USM锐化”命令，打开“渐隐”对话框，设置“模式”为“明度”。

④重复执行“USM锐化”和“渐隐USM锐化”命令，此次USM锐化的“半径”为“0.3”、“数量”为“80”。

锐化后使用图层混合模式的效果

STEP 06 拓展练习，快速锐化照片。
（理论基础相同，利用图层混合模式实现）

①打开素材文件，在“图层”面板中复制“背景”图层为“背景 副本”图层。

②确保当前图层为“背景 副本”图层，选择“滤镜|锐化|USM锐化”命令，打开“USM锐化”对话框，设置“半径”为“0.5”、“数量”为“100”，与Lab明度锐化法设置相同。

③在“图层”面板中设置“背景 副本”图层的混合模式为“明度”。

提示：锐化操作结束后，调节锐化图层的不透明度滑块，观察图像边界的锐度，直至满意为止，其也是一种快捷方式，如左下图。

锐化后通过调整不透明度的效果

放大细节进行比较，USM直接锐化、Lab明度锐化和亮度锐化有如下特点：

※ 在相同锐化参数条件下，都能够获得相同的边界效果，不过锐化都会对图像像质产生损害，相邻像素的反差加大，图像边缘的过渡效果减弱。

※ USM直接锐化产生更明显的噪点，Lab明度锐化和亮度锐化效果基本一致，但Lab明度锐化的像质会更好。

图层 08

# 快速抠出照片中的人物——使用Alpha通道（1）

颜色通道主要记录图像色彩信息，而Alpha通道主要用来记录选区信息。同时，也可以在颜色通道和Alpha通道之间进行信息交换，以实现各种特殊处理。

对于普通的选取操作来说，使用选取工具和命令基本上能够完成任务，但是在制作特殊选区，如抠发丝、抠阴影、抠透明体、抠重色体等复杂对象时，唯有Alpha通道才能够胜任。当然，Alpha通道在存储选区、合成选区、选区绘制，以及选区编辑、应用各种命令和滤镜等方面也发挥着重要作用。从本节案例开始，将专题讲解Alpha通道在不同环境下的抠图应用。本案例演示在单一背景下抠出简单的人像。

处理前

处理后

STEP 01 抠图概述及工作准备。
（破坏性操作前，做好图层备份是个好习惯）

使用Photoshop打开预处理的原图像，在“图层”面板中复制“背景”图层为“背景 副本”图层。

抠图是Photoshop的专长，在讲解Photoshop通道基础知识时，也曾演示了两个案例。实际上，Photoshoop抠图方法有很多种，根据不同的照片采用不同的抠图方法是提高抠图效率的最佳途径。至于结合具体照片采用具体抠图方法，首先需要读者熟悉常用抠图方法，了解不同抠图方法的特点和技巧要点，这样在需要抠图时才可以根据照片背景和人物环境来选择恰当的抠图方法。必要时，也可以综合应用各种抠图方法，以便精确抠图。

提示：常用抠图方法包括：使用磁性套索工具快速抠图；使用钢笔工具抠取圆滑图像；使用快速蒙版工具抠取细小的图像；使用“色彩范围”命令或魔棒工具抠取颜色相似的图像；使用抽取工具抠取毛边图像；使用通道抠取高难度图像等。

STEP 02 分析各色通道灰度分布和对比度。
（正确理解通道，才能够运用通道）

在抠图应用技术中，通道就是选区，通道中不同的灰度级别就形成不同的选取范围。建立通道，就是建立选区；修改通道，就是修改选取范围。

在“通道”面板中，分别单击各色通道，在图像编辑窗口中仔细比较它们的对比度和边界清晰度情况。蓝色通道整体对比度较强，绿色通道次之，其边界清晰度，红色通道最弱。

STEP 03 复制蓝色通道进行加工。
（利用曲线增大背景与人物之间的对比度）

在“通道”面板中拖曳“蓝色”通道到面板底部的“创建新通道"按钮上，新建“蓝 副本”的Alpha通道，然后单击打开该通道，按【Ctrl+M】组合键，打开“曲线”对话框。

在“曲线”对话框中单击按钮选择白场工具，然后在背景区域单击，可以尝试多次单击，则单击点像素色及其更白区域全部转换为白色。单击按钮选择黑场工具，然后在人物身上最浅色区域单击，可以多次尝试，则单击点像素色及其更黑区域全部转换为黑色。

STEP 04 使用画笔工具修复个别黑白点。
（应用Photoshop修边工具修理毛刺）

在工具箱中选择画笔工具，然后使用白色涂抹背景上的黑点，使用黑色涂抹人物身上的白点。

按住【Ctrl】键，单击“蓝 副本”通道，调出该通道中存储的选区。

切换到“图层”面板，选择“背景 副本”图层，按【Del】键删除背景区域内容，然后单击面板底部的“创建新图层”按钮，新建“图层1”，并拖曳到“背景”图层上面。在工具箱中选择渐变工具，在工具栏中设置渐变类型为线性渐变，颜色为从天蓝到纯白，然后应用渐变效果。

选择“背景 副本”图层，选择“图层|修边|去边”命令，打开“去边”对话框，设置影响“宽度”为“2”像素，这样就可以修理掉人物边缘的毛刺。

图层 09

# 通道与灰度、羽化的关系——使用Alpha通道（2）

在复杂环境下抠图，需要掌握一定的技巧。对于半透明的纱裙来说，要想把它从背景中抠出来，就必须使用通道才能够实现，其他选取工具和命令都望尘莫及。

使用Photoshop工具抠图时，常会遇到四大疑难杂症，即抠发丝、抠玻璃、抠半透明体、抠阴影或模糊体。抠发丝和毛边，方法很多，除了使用通道，还可以使用“抽取”滤镜。关于抠玻璃和阴影，将在下面几个案例中涉及。本节重点讲解如何抠半透明体的一般方法，案例原图和效果图如下所示。

处理前

处理后

STEP 01 理论基础：通道、灰度和羽化的关系。（通道、灰度分布与选区羽化相似，但不同）

Alpha通道的灰度与物体的透明度可以画等号，当然它们是不同的概念。通道的灰度值越高，即密度越大，则通道存储的选区也越不透明，反之，所存储的选区就越透明。例如，新建一个文件，使用渐变工具在图像中拉出一个从黑到白的渐变填充效果，在通道中可以看到灰度的分布是从高到底的，相应地，该通道存储的选区也是从不透明到完全透明过渡。

按住【Ctrl】键，单击任意颜色通道，调出通道选区，则可以看到选区宽度为图像的一半，这说明在通道中只有中性灰及其以上灰密度区域才会显示可见选区，这与选区羽化相同。

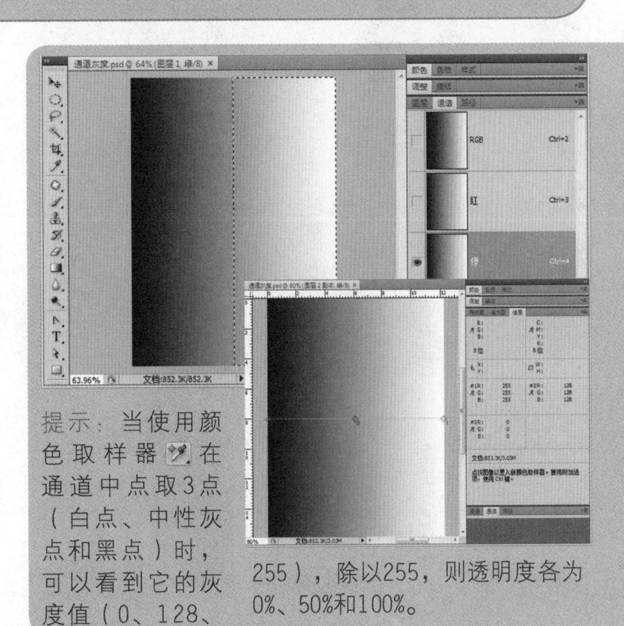

提示：当使用颜色取样器 在通道中点取3点（白点、中性灰点和黑点）时，可以看到它的灰度值（0、128、255），除以255，则透明度各为0%、50%和100%。

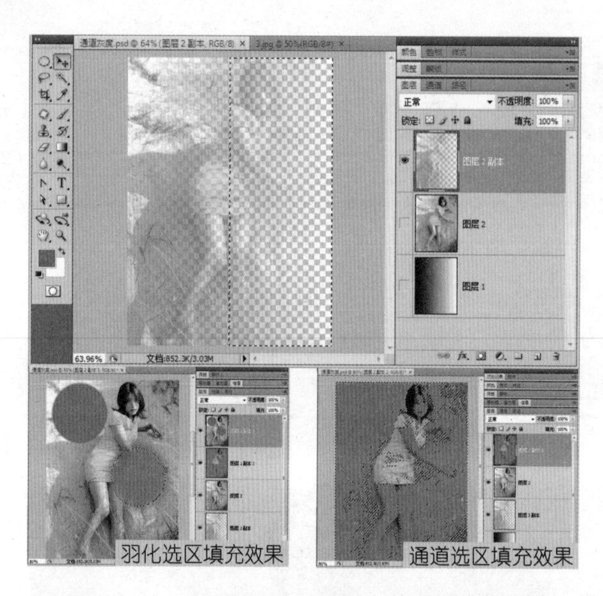


如果使用通道中渐变灰度所存储的选区，来处理图像，例如，删除选区内的图像，则可以看到删除图像的程度从弱到强逐渐过渡。

通道中的灰度密度与选区直接被羽化，具有相同的功能和效果。但是，通道比羽化选区更加灵活和自由。

对于选区羽化操作来说，我们只能把选区处理成从不透明到完全透明的过渡，其过渡的幅度可以调节，如羽化2像素和羽化20像素的选区效果是不同的。

对于通道来说，我们可以任意绘制其存储的选区信息，让其呈现各种半透明效果。这对于选区羽化来说，是无法实现的。

## STEP 02 理清抠出纱裙的操作思路。

（思路明晰，才不会导致操作混乱）

使用Photoshop打开本案例素材文件，养成习惯在“图层”面板中复制“背景”图层为“背景 副本”图层，对原图像进行备份。

简单一看，抠出人物难度不大，稍麻烦的就是空中飘浮的几根细发，不过使用通道可以快速解决这个问题。

要抠出半透明的裙纱，需要配合人物选区才行，因为背景色与裙纱融合密切，对比度不明显。可以考虑，先勾选人物轮廓，然后分通道分别抠出头发和裙纱。

提示：在绘制路径时，应注意手指区域、头发区域，路径不包含虚边和空隙区域。

## STEP 03 使用钢笔勾选人物轮廓。

（勾选轮廓不要求精细）

在工具箱中选择钢笔工具，绘制人物的外形轮廓，包括裙纱。绘制后，切记在“路径”面板中双击工作路径，在弹出的对话框中存储工作路径为“人物轮廓”路径，这样路径信息不会因为关闭Photoshop而丢失。

绘制时，不要求精确勾选人物轮廓，可以适当收缩一下，抠头发、空隙和虚边都交给通道来实现。

然后，按住【Ctrl】键，在“路径”面板中单击“人物轮廓”路径，把路径转换为选区，选择“选择|存储选区”命令，在弹出的对话框中存储选区为“人物轮廓”，羽化选区2像素，再存储为“人物轮廓（羽化2px）”。

STEP 04 使用钢笔勾选人物的躯干。
（可以在人物轮廓路径基础上修改）

再次使用钢笔工具勾选人物的躯干，即不含裙纱的区域，其操作目的就是在后期抠图中能够有效分离裙纱与人体之间的密切联系。

对于被裙纱遮盖的左腿，可以考虑使用路径进行控制，根据人体形体走势确定弧度，操作时应该注意路径不要太直。

在“路径”面板中单击“人物躯干”路径，把路径转换为选区，选择“选择|存储选区”命令，在弹出的对话框中存储选区为“人物躯干”，羽化2像素，再存储选区为“人物躯干（羽化2px）”。

STEP 05 分析通道灰度信息，确定可用通道。
（直观分析，对于抠半透明体会存在障碍）

由于本照片中人物与背景色都偏向浅色，人物与背景的对比度不强烈，单一借助某个通道来抠图会存在困难。例如，分别利用各色通道来抠图，会发现都能够抠出整个图像。

但是仔细分析三色通道，会发现蓝色通道的对比度大些，适合抠人物和头发，而红色通道灰度分布最浅，适合抠半透明的裙纱，由于绿色和蓝色对比度过大，抠裙纱容易出现残缺和过于透明问题。

STEP 06 使用蓝色通道抠人物和头发。
（使用曲线调整蓝色通道的灰度时不要过大）

在“通道”面板中拖曳“蓝”通道到面板底部的“创建新通道”按钮上，复制“蓝”通道为“蓝 副本”的Alpha通道。切忌，直接编辑图像原色通道。

单击“蓝 副本”通道，在编辑窗口中切换到蓝色通道编辑状态，按【Ctrl+M】组合键，打开“曲线”对话框，在对话框中单击按钮，选择黑场工具，然后在头发区域单击，或者直接拖动曲线左下角的控制点到25的位置，也可以直接在“输入”文本框中输入“25”。

使用曲线调整通道灰度的幅度不宜过大，可以时刻观察头发和身体虚边区域的变化。过大的操作，将会损失头发等细节信息。

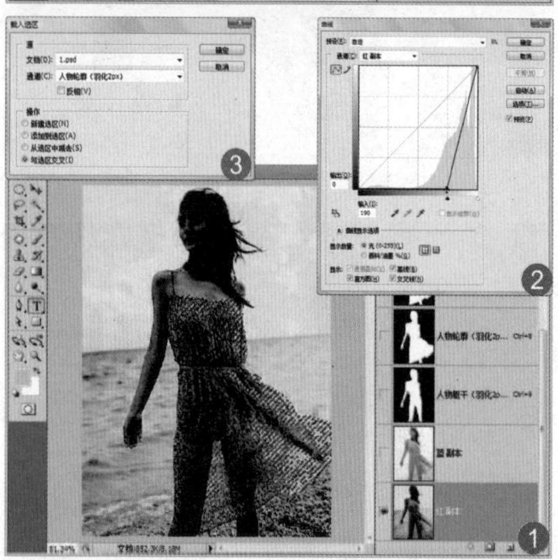

STEP 07 合成人物选区，并抠出人物。

（考虑使用“人物躯干（羽化2px）”选区）

按住【Ctrl】键，单击“蓝 副本”通道，调出该通道选区，按【Shift+F7】组合键反向选择选区。选择“选择|载入选区”命令，打开“载入选区”对话框，在“通道”下拉列表框中选择“人物躯干（羽化2px）”选项，在“操作”选项区域中选择“添加到选区”单选按钮，然后单击“确定”按钮，即可合成人物完整选区。

注意，本步操作没有使用“人物轮廓”选区进行合成，主要考虑蓝色通道中抠出的裙纱太透明，效果不是很好，在后面专门使用红色通道来抠裙纱。

切换到“图层”面板，选中“背景 副本”图层，按【Ctrl+J】组合键，新建通过复制的图层，然后单击面板底部的“创建新图层”按钮，新建“图层2”，并拖曳到复制的“图层1”和“背景 副本”之间。

在工具箱中选择渐变工具，在工具栏中设置类型为线性渐变，在“图层2”中从下到上拉出一个从蓝色到白色的渐变。此时可以发现背景区还有杂物，人物头发和肩臂边缘细节损失很多，下面将会修补。

STEP 08 使用红色通道抠出裙纱。

（利用红色通道修补蓝色通道的缺陷）

在“图层”面板中隐藏“图层1”和“图层2”，避免通道灰度受加工图层的影响。在“通道”面板中复制“红”通道为“红 副本”的Alpha通道。单击“红 副本”通道，然后按【Ctrl+M】组合键，打开“曲线”对话框，拖曳曲线左下角的控制点到190的位置，也可以直接在“输入”文本框中输入“190”，然后单击“确定”按钮关闭对话框。

调出该通道选区，按【Shift+F7】组合键反选选区，选择“选择|载入选区”命令，打开“载入选区”对话框，具体设置如左上图所示，通过交叉合成选区。

切换到“图层”面板，选中“背景 副本”图层，按【Ctrl+J】组合键，新建通过复制的图层，并自动命名为“图层3”。复制“图层3”为“图层3 副本”，并设置图层混合模式为“柔光”，以增强裙纱的质感。最后使用橡皮擦工具擦除“图层1”中残留的灰尘色彩即可，效果如左图所示。

图层 10

# 通道与高光、暗影的关系——使用Alpha通道（3）

玻璃类物质与半透明的丝纱在材质上是有区别的，玻璃不仅仅透明，而且还会反光，完全透明的玻璃，直观是看不到它的存在的，但是通过玻璃的反光和表面的暗影，让人感知它的存在。所以，抠出透明玻璃与抠出发丝的方法和结果都是不同的。抠发丝追求的是真实，越真实越好，最佳效果是把所有发丝都能够抠出来，而不是模糊或忽略掉。抠玻璃则追求的是神似，通过捕捉玻璃的高光和暗影，来抽象出玻璃的存在。

本案例除了要抠透明的玻璃外，还要抠出背景色与人物色高度接近的照片。对于这类操作，只有综合运用通道选区与其他选取工具才能够胜任。

处理前

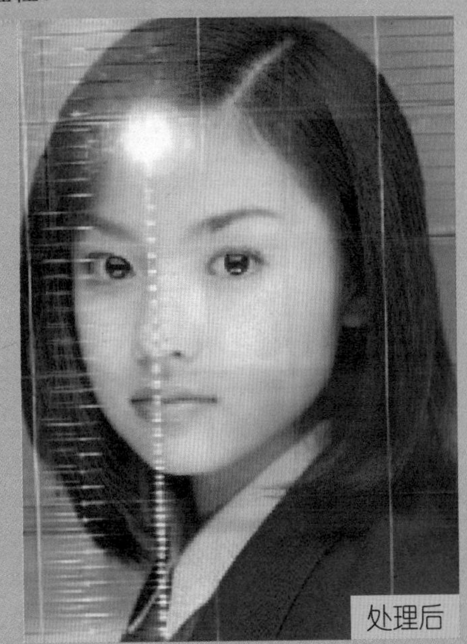
处理后

## STEP 01 抠背景色与人物色高度接近的照片。（针对该照片，如果不怕麻烦，使用路径更好）

使用Photoshop打开本案例的素材1，切换到“通道”面板，分析各色通道的对比度和灰度分布。直观发现绿色通道效果比较理想，红色通道最差。拖曳“绿”通道到面板底部的“创建新通道”按钮上，复制为“绿 副本”的Alpha通道。

按【Ctrl+M】组合键，打开“曲线”对话框，单击按钮，选择白场工具，然后在背景区域单击，单击时注意观察头发丝细节，防止曲线调整丢掉头发丝信息。

针对本案例，直接使用“抽取”滤镜可能会更快速，关于“抽取”滤镜的使用，请参阅相关章节。

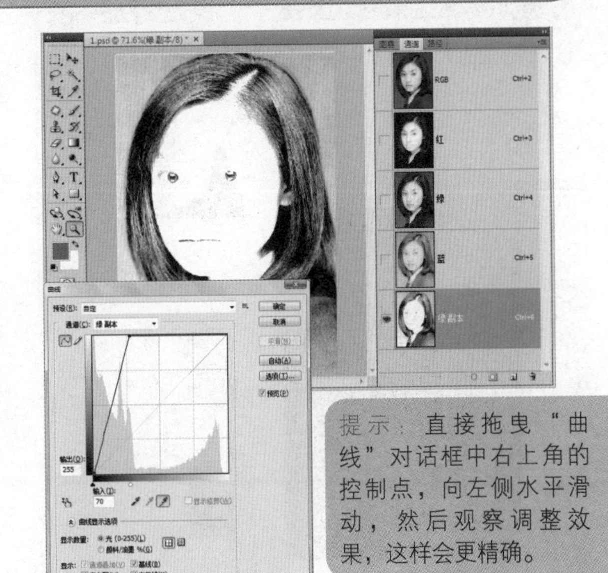

提示：直接拖曳“曲线”对话框中右上角的控制点，向左侧水平滑动，然后观察调整效果，这样会更精确。

## STEP 02 使用磁性套索工具勾选人物轮廓。

（注意下巴和后肩区域的勾选，易误解）

切换到“图层”面板，复制“背景”图层为“背景 副本”图层，在工具箱中选择磁性套索工具，勾选人物轮廓，不要紧贴头发边缘区域，适当收缩。

在勾选下巴和后肩区域选区时，应注意区分，由于头发和背景色严重混淆，稍不注意，就会把背景视为头发。

然后，按【Shift+F6】组合键，羽化选区2像素，选择“选择|存储选区”命令，在弹出的对话框中保存选区为“人物轮廓（羽化2px）”。

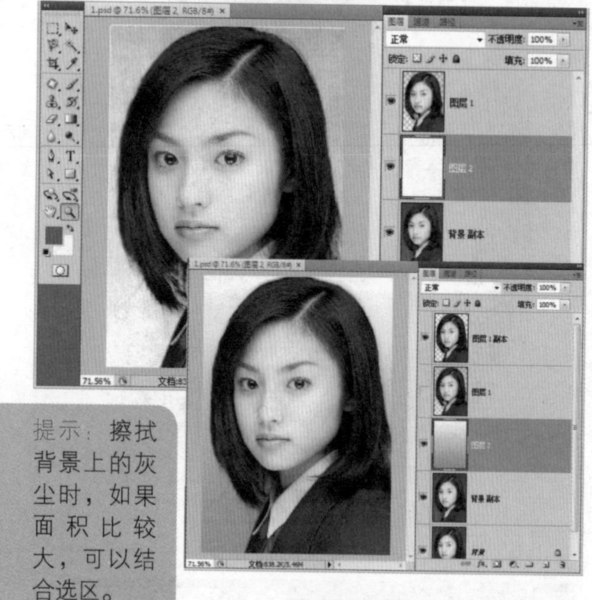

## STEP 03 从复杂背景色中抠出人物。

（个别细节可能遗漏，在后期可以修复）

按住【Ctrl】键，在“通道”面板中单击“绿 副本”通道，调出该通道选区，然后选择“选择|载入选区”命令，打开“载入选区”对话框，在“通道”中选择“人物轮廓（羽化2px）”选项，在“操作”选项区域中选择“添加到选区”单选按钮。

合成选区后，切换到“图层”面板，选中“背景 副本”图层，按【Ctrl+J】组合键，新建通过复制的图层，然后单击面板底部的“创建新图层”按钮，新建“图层2”，拖曳该图层到“图层1”下面，按【Shift+F5】组合键，使用白色填充图层，则可以看到背景中遗留的灰尘，最后选择橡皮擦工具擦除这些灰尘即可。

提示：擦拭背景上的灰尘时，如果面积比较大，可以结合选区。

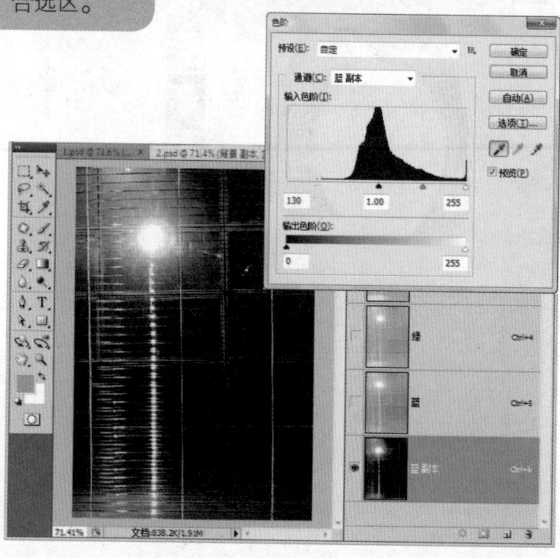

## STEP 04 制作玻璃高光区域选区。

（玻璃高光区也是反光最强烈的区域）

在Photoshop中打开玻璃墙面素材，如左图所示，切换到“通道”面板，在三原色通道中找出明暗对比比较明显的通道，这里选择蓝色通道。

拖曳“蓝”通道到面板底部的“创建新通道”按钮上，复制蓝色通道为“蓝 副本”通道。

按【Ctrl+L】组合键打开“色阶”对话框，在对话框中单击按钮，选择黑场工具，在玻璃上灰色区域单击，如左图所示，设置该点灰度，以及更灰区域为黑色，最后可以看到玻璃的高光区域。

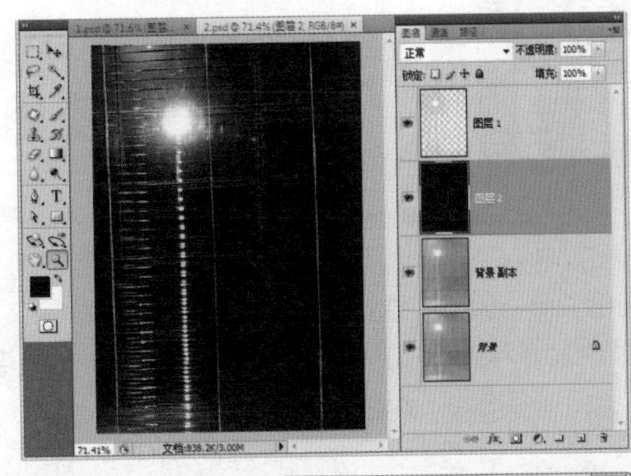

STEP 05 抠出玻璃高光区域。
（高光区域可以使用黑屏进行衬托）

按住【Ctrl】键，在“通道”面板中单击“蓝 副本”通道，调出该通道存储的高光选区。

切换到“图层”面板，选中“背景 副本”图层，按【Ctrl+J】组合键，新建通过复制的图层，并自动命名为“图层1”。

为了方便观察高光效果，可临时新建“图层2”，使用黑色进行填充，然后拖曳到“图层1”的下面，即可直观看到高光效果，如右图所示。

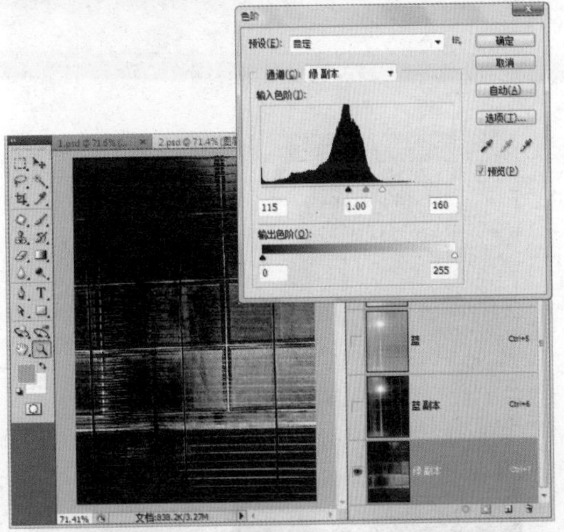

STEP 06 制作玻璃暗影区域选区。
（玻璃暗影区也是明暗对比最弱的区域）

在“图层”面板隐藏“图层1”和“图层2”，切换到“通道”面板，找出灰度明暗对比最弱的通道，这里选择绿色通道，然后拖曳并复制绿色通道为“绿 副本”通道。

按【Ctrl+I】组合键，反相通道内的灰度分布，然后再按【Ctrl+L】组合键打开“色阶”对话框，在对话框中拖动黑色滑块到峰值中央位置，同时拖动白色滑块到峰脚，也可以通过左右文本框来精确设置值。

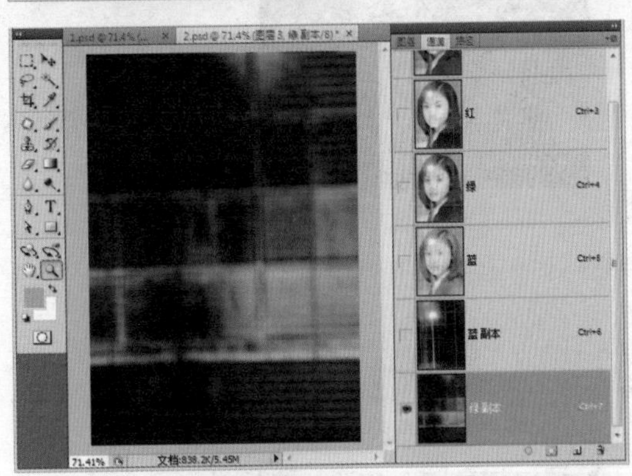

STEP 06 利用高光和暗影选区合成最后效果。
（使用“镜头模糊”命令打磨暗影选区）

通过上一步的操作，可以看到暗影选区棱角过于明显，不是很真实。可以选择“滤镜|模糊|镜头模糊”命令，打开“镜头模糊”对话框，保持默认设置，单击“确定”按钮，给暗影选区进行模糊化处理。

按住【Ctrl】键，单击“绿 副本”通道，调出该通道选区，然后切换到“图层”面板，选中“背景 副本”图层，按【Ctrl+J】组合键，新建通过复制的图层。可酌情调整该图层的不透明度，设置玻璃的明净效果。

把前面步骤中抠出的人物复制过来，放置在“图层3”下面，同时隐藏临时图层“图层2”，则就可以看到我们要制作的效果了。

# 图层 11 通道与快速蒙版、图层蒙版的关系 ——使用Alpha通道（4）

所谓蒙版，顾名思义就是蒙蔽图像的板子，这与暗房中的遮板功能相似。蒙版与通道关系紧密，但是概念和功能分歧明显。部分蒙版利用通道来存储信息，当然也有使用路径和图层保存蒙版信息的。在Photoshop中，蒙版可以分为4种类型（如下），虽然蒙版与通道、路径和图层都有联系，考虑到方便学习，从本节开始，我们将对它们的理论和应用进行集中讲解。

※ 快速蒙版：利用通道临时存储选区信息。

※ 图层蒙版：利用通道存储特定图层的蒙版信息。

※ 矢量蒙版：利用路径存储特定图层的蒙版信息。

※ 剪贴蒙版：利用图层存储特定图层的蒙版信息。

处理前

处理后

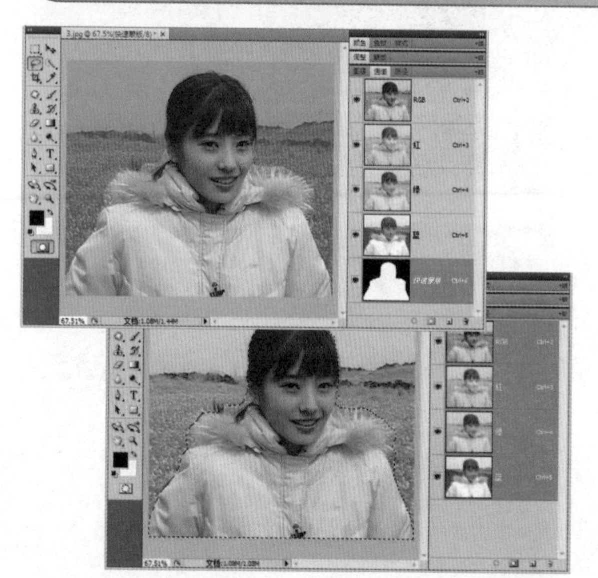

## STEP 01 理论基础：通道与快速蒙版的关系。（快速蒙版实际就是一个临时Alpha通道）

实际上，快速蒙版就是选区的一种可视化编辑视图。随意打开一幅照片，在工具箱底部单击“以快速蒙版模式编辑”按钮，切换到快速蒙版模式编辑状态，然后使用黑色画笔在窗口中涂抹，可以看到被涂抹的区域显示为半透明度的红色，同时在“通道”面板中新建一个名为“快速蒙版”的Alpha通道。

一旦按【Q】键或者单击工具箱底部的“以标准模式编辑”按钮，切换到标准模式时，名为“快速蒙版”的通道被删除，快速蒙版被涂抹的区域被转换为选区。同理，如果在编辑窗口中设计一个选区后，切换到快速蒙版模式下，选区被转换为半透明的涂抹区域。

快速蒙版作为选区的一种操作平台，它为用户提供了如下操作便利：

※ 可以使用任意 Photoshop 工具、命令和滤镜修改蒙版。

※ 可以借助各种选取工具合成选区、任意羽化选区。

※ 可以借助各种调色命令和滤镜设计选区的特效形式。

※ 把选区视为单色像素，这样更方便发挥个人创意，在快速蒙版上挥洒自如。

应用撕边滤镜

撕边后的选区

在蒙版上绘制选区

应用反相命令

快速蒙版是一种临时通道，但是该通道无法直接编辑，其实当在编辑窗口中编辑快速蒙版时，快速蒙版通道会动态显示编辑后的灰度变化和分布，相当于只读通道。

快速蒙版通道存储的选区信息是暂时的，当切换到正常模式，选区信息会全部丢失。所以，快速蒙版通道不适合存储选区信息，仅适合作为临时中转站。

如果希望存储快速蒙版通道的灰度信息，可以在“通道”面板中拖曳该通道到面板底部的“创建新通道”按钮上，复制快速蒙版通道为标准的Alpha通道。

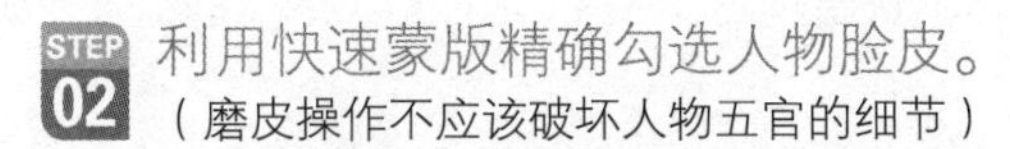

## STEP 02 利用快速蒙版精确勾选人物脸皮。

（磨皮操作不应该破坏人物五官的细节）

下面这个案例将借助快速蒙版技术实现对人物面部皮肤进行美容，让脸面看起来更加光滑，这种操作也被称为Photoshop磨皮。

使用Photoshop打开本节案例备加工素材照片，按【Q】键切换到快速蒙版编辑模式，在工具箱中选择缩放工具，单击放大图像。

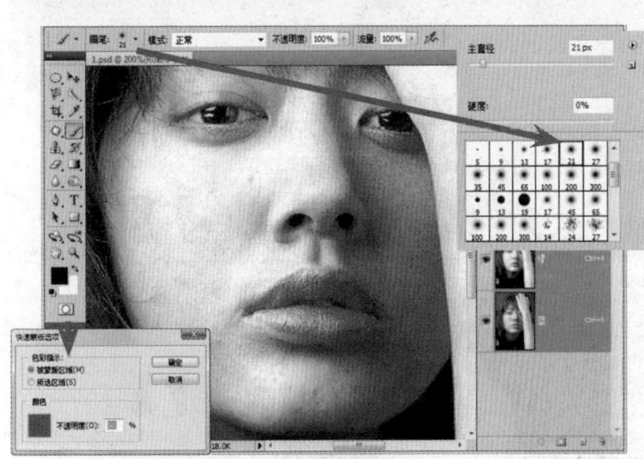

考虑到面部肤色偏向红色，所以需要重设快速蒙版的颜色，双击“以标准模式编辑”按钮，打开“快速蒙版选项”对话框，修改默认的红色为蓝色。

在工具箱中选择画笔工具，设置前景色为黑色，在工具栏中选择笔刷大小为“21”，“硬度”为“0%”，如右上图所示。

使用画笔涂抹面部皮肤，涂抹时避免覆盖五官区域。先使用大笔刷快速涂抹，再使用小笔刷并随时降低笔刷不透明度精心修理边界，效果如右图所示。

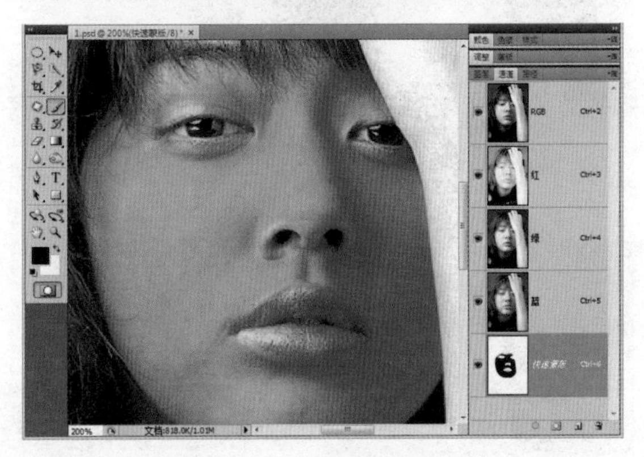

**STEP 03** 把快速蒙版转换为选区，并进行磨皮。

（所谓磨皮就是模糊处理的意思）

按【Q】键切换到标准编辑模式，则快速蒙版被转换为了选区。为了备用，可以保存选区，或者在转换之前在“通道”蒙版中复制快速蒙版通道。

在“图层”面板中复制“背景”图层为“背景 副本”图层，然后选择“滤镜|模糊|高斯模糊”命令，打开“高斯模糊”对话框，设置模糊“半径”为“1”像素，该值不要过大，否则会破坏人物面部细节信息。

**STEP 04** 理论基础：通道与图层蒙版的关系。

（快速蒙版实际就是一个特殊的Alpha通道）

在“图层”面板中选中一个图层，然后在面板底部单击“添加图层蒙版”按钮，就可以为该图层添加一个图层蒙版。此时，使用画笔工具在编辑窗口中涂抹，不会影响原图像，而是在图层蒙版上进行操作，图层蒙版缩略图可以动态显示用户涂抹的痕迹。

图层蒙版中黑色区域表示遮盖的区域，即图层中被隐藏显示的区域，你可以视其为透明区；白色区域表示显示的区域，即图层中可见的区域，该区域可以参与图层合成；灰色区域表示图层中半透明区域。

切换到“通道”面板，可以看到一个图层蒙版通道，名称与绑定的图层名称相对应。该通道本质上是一个Alpha通道，它存储着与指定图层相联系的选区信息，但是它的功能不是指定选取范围，而是作为图层隐藏或显示区域的遮板。本质相同，用途各异。

**STEP 05** 使用图层蒙版。

（图层蒙版可以被操作和编辑）

尽管图层蒙版用于图层遮板，但是它与Alpha通道关系密切。一是图层蒙版的信息都存储在通道中，二是它可以被转换为选区使用。

按住【Ctrl】键单击图层蒙版缩略图，可以把它转换为选区；按住【Shift】键单击图层蒙版缩略图，可以禁用图层蒙版；按住【Alt】键单击图层蒙版缩略图，可以在编辑窗口中编辑图层蒙版通道。单击图层缩略图，可以切换到图像编辑模式；单击图层蒙版缩略图，可以切换到图像蒙版编辑模式。

提示：单击图层蒙版通道，然后应用“染色玻璃”滤镜效果。

# 图层 12 让你的照片更富艺术性——使用矢量蒙版和剪贴蒙版

蒙版始终与具体的图层相联系，其实质就是将原图层的画面进行适当的遮盖，从而显示出设计者需要的部分。在图层蒙版上操作，只有灰色系列，这与快速蒙版是相同的，蒙版中的白色表示全透明，黑色表示遮盖，而灰白系列则表示半透明。

矢量蒙版和剪贴蒙版也是用来遮盖图层画面的，但是分别使用路径和图形来实现这个目的，路径蒙版的信息存储在“路径”面板中，而剪贴蒙版的信息存储在“图层”面板中。由于它们与像素和灰度没有任何联系，所以也无法实现半透明的遮盖效果，不过其各有独特的功效，本节案例将展示它们的应用。

## STEP 01 理论基础：蒙版、路径和矢量蒙版。

（矢量蒙版是借助路径来遮盖图层区域的）

按住【Ctrl】键，在“图层”面板底部单击“添加图层蒙版”按钮，即可为当前图层添加一个矢量蒙版。

从外观上看，矢量蒙版缩略图与图层蒙版缩略图没有什么区别。但是矢量蒙版不支持位图操作工具或命令，如果使用画笔在矢量蒙版上涂抹，则将影响原图层画面，而不是矢量蒙版。

矢量蒙版只支持矢量工具操作，如钢笔、矢量绘图工具等。当使用矢量工具在矢量蒙版中绘制图形时，在图形内的画面将被显示出来，图形外的区域将被遮盖。

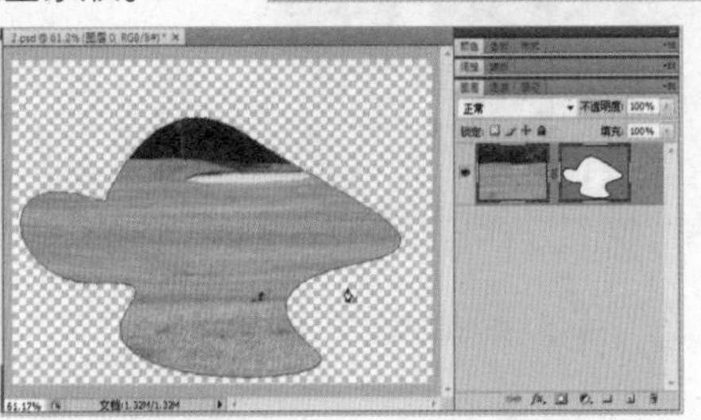

提示：在矢量蒙版中，白色区域为显示区域，灰色区域将被隐藏。

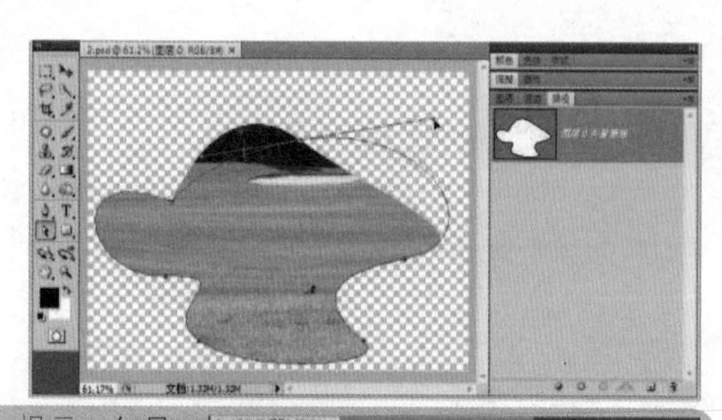

提示：矢量蒙版与图层蒙版作用相同，但途径各异。

矢量蒙版能发挥钢笔、路径的特殊优势来设计复杂的图形遮盖效果。

而图层蒙版能发挥像素的灰度级来设计透明、复杂的特殊遮盖效果。

在练习、实践操作中，读者应习惯使用右键菜单和面板菜单，你将会发现更多功能命令。

**STEP 02** 使用矢量蒙版。

（矢量蒙版可以被操作和编辑）

切换到“路径”面板中，会发现该面板自动存储了一个名为“图层0矢量蒙版”的路径，这个路径就是上一步添加的矢量蒙版信息。

单击该路径，在编辑窗口中就可以使用直接选择工具选择路径包含的节点，并通过控制柄和锚点调整路径的形状。也可以使用路径选择工具，选中当前路径，进行移动、变形或删除路径等操作。

在“图层”面板中，按住【Ctrl】键单击矢量蒙版缩略图，可以把它转换为选区；按住【Shift】键单击矢量蒙版缩略图，可以禁用矢量蒙版；按住【Alt】键单击矢量蒙版缩略图，可以在编辑窗口中编辑矢量蒙版的路径。单击矢量缩略图，可以在编辑窗口中编辑矢量路径，在缩略图外单击，则隐藏编辑窗口中的路径。

如果图层已经添加了图层蒙版，则再次单击面板底部的“添加图层蒙版”按钮时，添加的不是图层蒙版，而是矢量蒙版。此时，图层蒙版和矢量蒙版同时作用于当前图层。

一个图层只能附带一个图层蒙版和一个矢量蒙版，且不管添加顺序如何，图层蒙版总在前，矢量蒙版总在后。

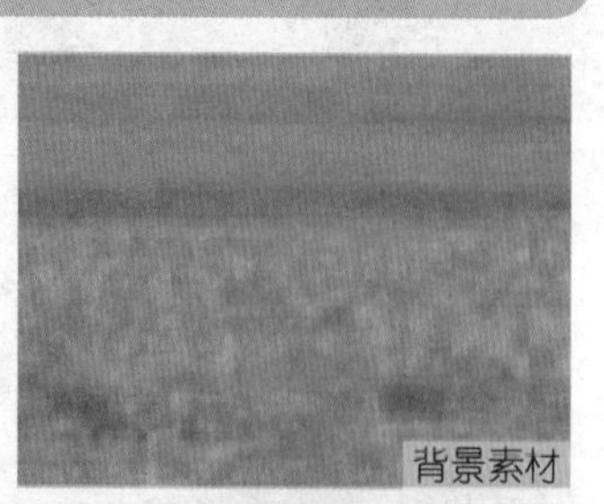

**STEP 03** 应用矢量蒙版。

（使用矢量蒙版抠图并设计镂空背景效果）

在Photoshop中打开本案例素材，在工具箱中选择缩放工具，放大图像，再选择钢笔工具，绘制人物轮廓。此步操作需要细心、耐心，可结合直接选择工具对路径进行调整。

绘制完毕后，在“图层”面板底部单击“添加图层蒙版”按钮，则Photoshop会自动根据路径的形状设置矢量蒙版的遮盖效果。此时，切换到“路径”面板中可以看到“背景 副本矢量蒙版”的路径。

如果删除该矢量蒙版，只需拖曳矢量蒙版到“图层”面板底部的“删除图层”按钮，或者用鼠标右键单击矢量蒙版，从弹出的快捷菜单中选择“删除矢量蒙版”命令即可。如果选择“栅格化矢量蒙版”命令，则可以转换为图层蒙版。

## STEP 04 添加背景素材的矢量蒙版。

（设计镂空的背景墙效果）

打开背景素材，然后将其复制到当前文件中，自动命名为“图层1”。按住【Ctrl】键，在“图层”面板底部单击“添加图层蒙版”按钮，为“图层1”添加一个矢量蒙版。

在工具箱中选择自定形状工具，然后在工具栏中选择“拼贴4”形状，选择工具类型为“路径”。

在编辑窗口中拖拉出一个自定义形状，此时背景图层就被拼图路径遮盖了，如右图所示。

在“图层”底部单击“创建新图层”按钮，新建“图层2”，拖曳该图层到“图层1”下面。在工具箱中选择渐变工具，在工具栏中设置渐变类型为“线性渐变”，在“图层2”中从下向上拉出一个由绿到白的渐变填充效果，效果如右图所示。

## STEP 05 理论基础：图层与剪贴蒙版。

（剪贴蒙版是一种简化的矢量蒙版）

剪贴蒙版与Flash遮罩层有点类似，它利用一个图层的形状遮罩另一个图层。因此，创建剪贴蒙版时至少需要两个图层。

在剪贴蒙版中，下面图层作为遮罩的形状，上面图层作为被遮罩的对象，这样上面图层只显示下面图层的形状。通俗地说，就是用下面图层的形状来剪切上面图层，即上面图层只显示下面图层包含像素的区域。当然，不管透明度和颜色的变化，只要存在像素，都会形成剪贴效果。

创建方法：选中一个图层，按【Ctrl+Alt+G】组合键，即可把该图层设置为下面图层的剪贴图层，下面图层就变成了剪贴蒙版。按着【Alt】键，在两个图层之间单击，也可以快速创建，当然也可以利用面板菜单命令创建。

一个剪贴蒙版可以遮盖多个图层，只要图层位于剪贴蒙版的上面并相邻，按【Ctrl+Alt+G】组合键即可。

从本质上分析，剪贴蒙版实际上也是一种特殊的矢量蒙版，不过它不是路径作为遮盖工具，而是图层的形状。如果把图层的形状转换为路径，再添加矢量蒙版，所得结果都是一样的。但是，剪贴蒙版与矢量蒙版相比，它有两个优点：

※ 利用图层自身形状，操作非常方便。

※ 图层形状可以被Photoshop的各种工具和命令处理，从而可以设计各种镂空效果。如果使用矢量蒙版，会存在很多麻烦，如上图所示。

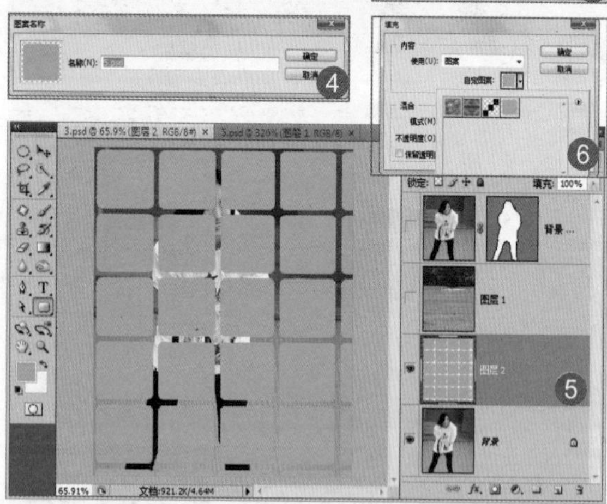

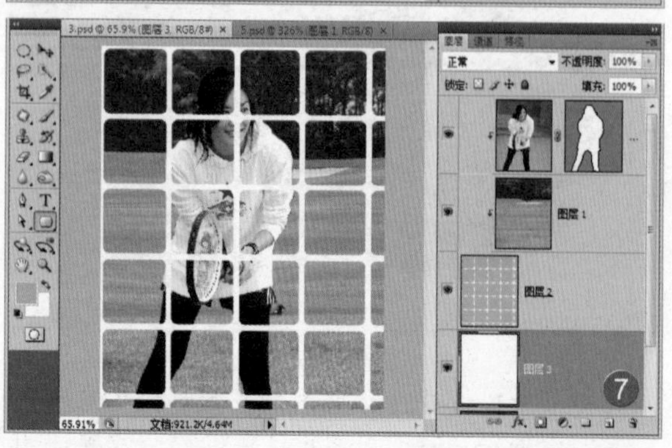

STEP 06 应用剪贴蒙版。
（使用剪贴蒙版设计网格效果艺术照）

打开本节第一个案例的PSD源文件，在“图层”面板中用鼠标右键单击“图层1”的矢量蒙版缩略图，在弹出的快捷菜单中选择“删除矢量蒙版”命令，删除矢量蒙版。

按【Ctrl+A】组合键，全选“图层2”中的图像，然后按【Del】键删除渐变填充色。

按【Ctrl+N】组合键，打开“新建”对话框，在该对话框中设置“宽度”和“高度”都为“120”像素，设置“背景内容”为“透明”，设置“名称”为“5”。

在编辑窗口中，按【Ctrl+R】组合键调出标尺，使用鼠标分别在左侧标尺和顶部标尺中拖曳出一条辅助线，对齐辅助线到窗口的中央。

在工具箱中选择圆角矩形工具，在工具栏中设置“半径”为“10”像素，然后把光标对准横竖辅助线交叉的中心点，按住【Shift+Alt】组合键，拖曳绘制一个圆角矩形，留边2像素，可以观察透明网格（2个透明网格）。

选择“编辑|定义图案”命令，打开“图案名称”对话框，保持默认的名称，单击“确定”按钮即可。

切换到案例文件，在“图层”面板中选中“图层2”，选择“编辑|填充”命令，在打开的对话框的“使用”下拉列表框中选择“图案”选项，然后在“自定图案”选项中选择上一步定义好的图案，单击“确定”按钮即可。

分别选中“图层1”和“背景 副本”图层，然后按【Ctrl+Alt+G】组合键，把这两个图层转换为“图层2”的剪贴图层，此时“图层2”就成为了剪贴蒙版。

在“图层”面板底部单击“创建新图层”按钮，新建“图层3”，按【Shift+F5】组合键，使用白色填充图层，然后拖曳到“图层2”的下面即可。

# 图层 13 轻轻松松让你的照片大换季——使用通道混合器

艺术无痕，技术有度。对于数码摄影师来说，照片调色其实就是主观感受的适应过程，调色本身没有严谨的公式守恒，一切都凭感觉确定。

不过，在Photoshop众多调色工具中，通道混合器应该算是比较特殊的一个工具了，它不像一般调色彩工具可以依靠感觉就可以完成调色工作，要想使用通道混合器做出漂亮的色彩，不但需要敏锐的色感，还需要把握里面的数据基础。如果能玩转了里面的数据搭配，那想要什么色彩简直就是易如反掌。

本节案例将结合一幅照片的换季操作过程，体验通道混合器的用法，以及它在数码照片后期处理中的存在价值和挖掘潜力。下面案例的原图是旺盛夏季的色彩图，通过通道混合器，把背景色变为金秋十月的背景效果。

处理前

处理后

## STEP 01 理论基础：通道混合器。
（通道混合器是最严谨的调色工具）

选择“图像|调整|通道混合器”命令，打开“通道混合器”对话框。在“输出通道”选项中确定图像中某一通道作为处理对象，然后可以根据图像的当前通道信息及其他通道信息进行加减混合计算，得到当前通道的调整结果，以期达到调整图像颜色的目的，其他通道不会受到影响。

注意，进行加减计算的颜色信息都来自本通道或其他通道的同一图像位置。即空间上某一通道的图像颜色信息可由本通道和其他通道颜色信息来混合计算。

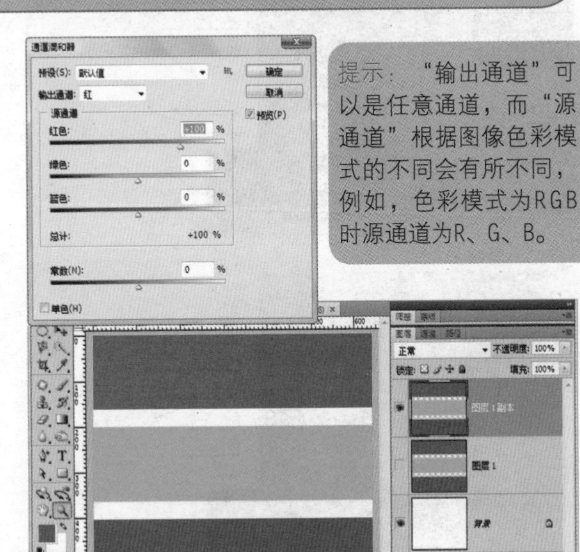


提示：“输出通道”可以是任意通道，而“源通道”根据图像色彩模式的不同会有所不同，例如，色彩模式为RGB时源通道为R、G、B。

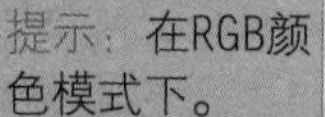

提示：在RGB颜色模式下。

红色通道：越亮，画面就越红，少青；越暗，就越青，少红。

绿色通道：越亮，画面就越绿，少品；越暗，就越品，少绿。

蓝色通道：越亮，画面就越蓝，少黄；越暗，就越黄，少蓝。

外景素材

晚霞效果

深秋效果

选定要处理的输出通道后，可以通过拖动"源通道"区域中的滑块或者直接输入百分比值，混合计算输出通道的结果。通道混和器将遵循下面计算公式：

※ 各个源通道的百分比之和应等于100%，则该通道的中性灰会保持不变，即调色不会失真。可以通过"总计"提示的百分比值观察。

※ 原图各色通道色阶乘以对应通道调整的百分比，然后相加，再加上"常数"（始终为255）乘以对应调整的百分比，最后之和就是通道混合器调整后的通道色阶。

因此，某通道的"常数"百分比增加或减少，该通道亮度就平均增加或减暗，相当于平均增加或减少了该通道的颜色。

※ 选定某输出通道，当增加源通道中红色、绿色或蓝色，以及常数的百分比时，该通道的亮度就会变亮，画面就增加该输出通道的颜色，即减少该输出通道颜色的补色;当减少源通道中红色、绿色或蓝色，以及常数的百分比时，该通道的亮度就会变暗，画面就减少该输出通道颜色，即增加该输出通道颜色的补色。

勾选左下角的"单色"复选框，可以对照片的黑白层次进行调整。注意，通道混和器只在RGB或CMYK颜色模式图像中起作用，在LAB或其他颜色模式中操作无效。

使用某一颜色通道的颜色信息作用其他颜色通道的颜色，这是其他调节工具所不能实现的。使用通道混合器可以完成下面操作：

※ 对偏色现象进行富有成效的校正。

※ 从每个颜色通道选取不同的百分比创建高品质的灰度图像。

※ 创建高品质的带色调的彩色图像。

左图演示了图像在不同通道混合运算后的效果，如果切换到"通道"面板，可以看到当前处理通道的前后变化。例如，以绿色通道为输出通道，则处理前后比较如下图所示。

混合前

混合后

## STEP 02 为照片应用通道混合器。

（设计照片背景色换季效果）

打开本案例照片素材，在“图层”面板中拖曳“背景”图层到面板底部的“创建新图层”按钮上，复制“背景”图层为“背景 副本”图层。

选择“图像|调整|通道混合器”命令，打开“通道混合器”对话框，在“输出通道”下拉列表框中选择“红”选项，然后在“源通道”选项区域中设置“绿色”百分比为“+100%”，设置“蓝色”百分比为“-100%”，则调整后的效果如右图所示。

通道混合器在调整照片整体色彩方面作用明显，特别对于背景色的调节方面，显得很灵活。但是，该工具也会破坏照片中人物的自然肤色。为了避免此类问题发生，可以采取下面方法进行修复：

※ 使用历史记录画笔工具擦拭恢复人物肤色区域。

※ 通过图层蒙版等方法对人物皮肤区域进行遮罩保护。

## STEP 03 使用蒙版屏蔽掉人物身上的色偏。

（可以同时对路面进行遮罩处理）

在工具箱中选择钢笔工具，然后按【Ctrl++】组合键放大图像，沿着人物轮廓绘制人物和路面的路径选区。

切换到“路径”面板，双击工作路径，存储路径为“路径1”，然后按【Ctrl】键，单击“路径1”，把路径转换为选区。

按【Shift+F6】组合键，打开“羽化选区”对话框，羽化选区2像素，再按【Shift+F7】组合键反相选择选区，获取背景绿色植被选区。

在“图层”面板底部单击“添加图层蒙版”按钮，为“背景 副本”图层添加图层蒙版，此时在图层蒙版中，非选择区域被黑色填充，则遮盖住了人物和路面区域的图像，这样就直接显示“背景”图层中的图像，从而实现恢复人物和路面的自然色彩。

为了增强背景的层次感，可使用磁性套索工具勾选远处的苍柏，羽化选区5像素左右，然后选中“背景”图层，按【Ctrl+J】组合键，新建通过复制的图层，并拖曳到图层顶部，设置“不透明度”为“50%”，以冲淡远景偏色效果。

图层 14

# 让照片中的MM皮肤更亮丽——使用“计算”命令

“计算”命令是Photoshop中最强大的工具之一（理由如下）。本节将详细讲解“计算”命令的运算原理和用法，并通过几个案例的操作，让读者体会计算的实践操作。

※ “计算”命令与通道紧密关联，它在通道中运算，产生新的Alpha 通道，Alpha 通道存储着选区信息，因此“计算”命令是精确选取图像的最强工具。

※ “计算”命令与图层混合模式紧密联系，它能够借助混合模式进行复杂的运算，从而产生各种复杂的选区，这些选区是无法通过其他工具或命令实现的。

※ “计算”命令不会修改通道，不具有破坏性。

处理前

处理后

计算
源 1(S): 2.psd
图层(L): 合并图层
通道(C): Alpha 1 反相(I)
源 2(U): 2.psd
图层(Y): 合并图层
通道(H): Alpha 2 反相(V)
混合(B): 正片叠底
不透明度(O): 100 %
蒙版(K)...
结果(R): 新建通道
确定
取消
预览(P)

## STEP 01 理论基础：“计算”命令与混合模式。

（计算是通道合成Alpha 通道的智能方法）

选择“图像|计算”命令，打开“计算”对话框（如左图所示），该对话框貌似很简单，但是学问高深。要想灵活运用它，就必须深入理解“计算”命令的计算原理，并积极动手实践。

简单地说，“计算”命令提供了强大的、精确的选取功能，这是传统选取工具所不能比拟的。要想理解计算的强大功能，就必须先搞清楚通道的混合模式，只有这样，才能知道通道之间是如何计算的。

右图模型演示了两个通道参与计算的直观方式，计算时先收集两个通道相同位置点的像素灰度值，并把值投入到指定模式的公式中进行计算，最后返回该位置点新的灰度值。

为了帮助读者更深、更直观地理解计算的本质，下面以示例进行演示说明：

新建PSD文件，大小为500px×500px，设置颜色模式为多通道，通道“Alpha 1”中水平渐变填充5种灰色，依次为：

※ 黑色（灰度级100%，RGB为0、0、0）。

※ 深黑（灰度级75%，RGB为98、98、98）。

※ 中灰（灰度级50%，RGB为160、160、160）。

※ 浅灰（灰度级25%，RGB为211、211、211）。

※ 白色（灰度级0%，RGB为255、255、255）。

通道“Alpha 2”中垂直渐变填充5种灰色，依次为黑色、深黑、中灰、浅灰和白色。

然后，打开“计算”对话框，在对话框中设置混合计算的两个通道，如右图所示。

下面就结合不同混合模式来说明通道“Alpha 1”和通道“Alpha 2”混合计算的方法和结果。

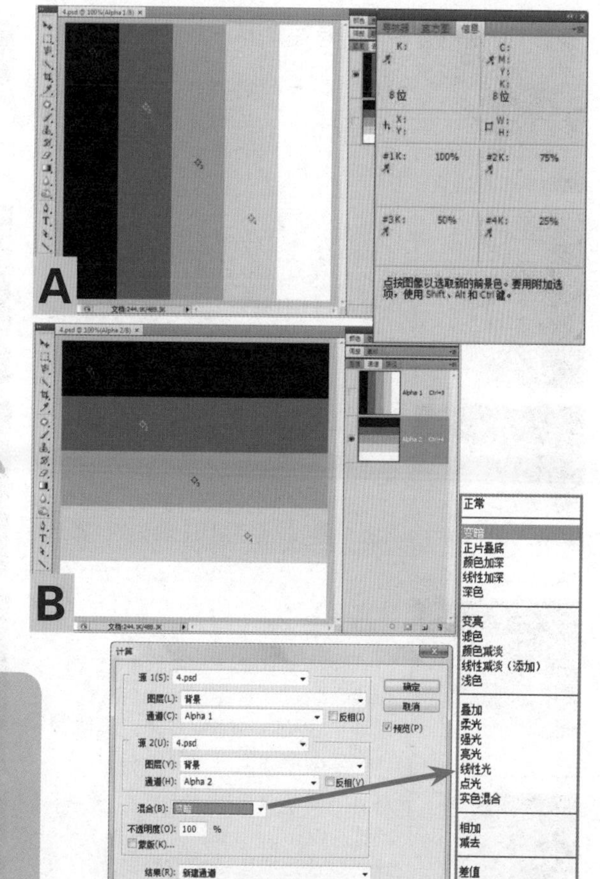


提示：在“计算”命令的通道混合运算公式中：

※ A代表通道“Alpha 1”中对应像素点的灰度级，即A=灰度值/255。

※ B代表通道“Alpha 2”中相应像素点的灰度级，即B=灰度值/255。

※ C代表混合计算后该点像素的灰度级，转换为具体灰度值应该为255×C，各模式结果如下图所示。

※ d表示该通道的透明度。

注意：混合运算默认将产生新的Alpha通道，以备调用，因此“计算”命令不会对原图像产生影响。

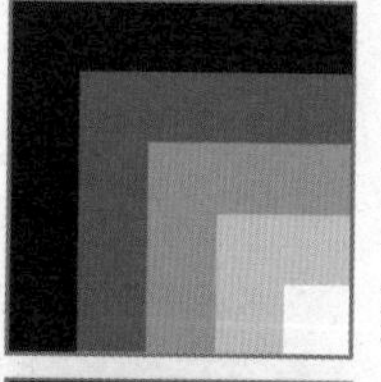

模式：变暗。
公式：如果B<=A，则C=B；如果B>=A，则C=A。
说明：比较上下通道像素灰度级后，取相对较暗的像素灰度作为输出。

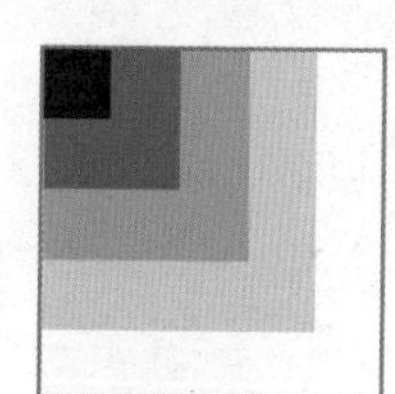

模式：变亮。
公式：如果B<=A，则C=A；如果B>A，则C=B。
说明：比较上下通道像素灰度级后，取相对较亮的像素灰度作为输出。

模式：正片叠底
公式：C=A×B
说明：将上下通道对应像素点的灰度级相乘，然后输出。结果偏暗，遇黑变黑，遇白不变，适合精确选择图像中间色调。

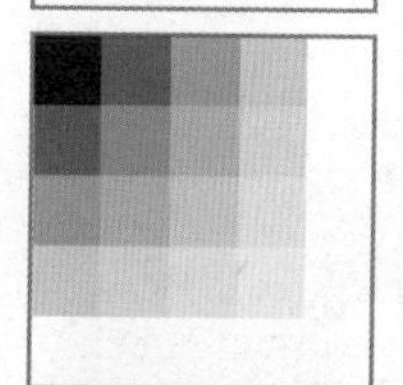

模式：滤色。
公式：C=1-(1-A)×(1-B)
说明：将上下通道对应像素点的灰度级反相后相乘，然后反相后再输出。结果偏亮，遇黑不变，遇白变白。

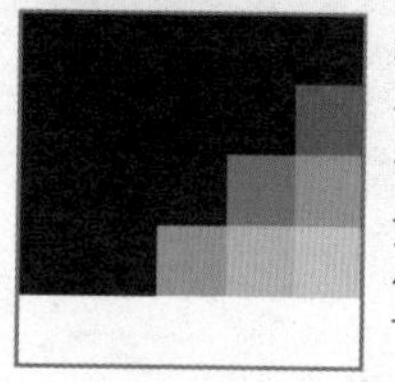

模式：颜色加深。
公式：C=1-(1-B)/A。
说明：如果上面通道越暗，则下面通道获取的光就越少。配合滤镜制作特殊效果时，如查找边缘等，上下通道的位置将影响计算结果。

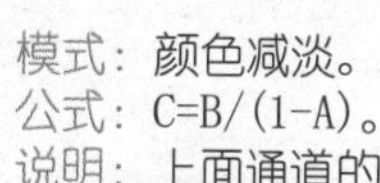

模式：颜色减淡。
公式：C=B/(1-A)。
说明：上面通道的亮度决定了下面通道的暴露程度。上下通道的位置将影响计算结果。

模式：线性加深。
公式：C=A+B-1。
说明：将上下通道的灰度值相加，然后减去255。该模式适合将图像高光区域的色阶向中间调和暗调方向迁移。

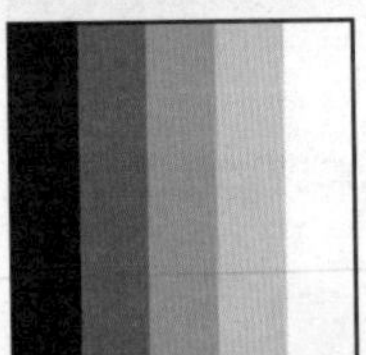

模式：深色。
说明：比较上下通道所有通道值的总和并显示较小的值。因此该模式不会生成第3种灰度值。

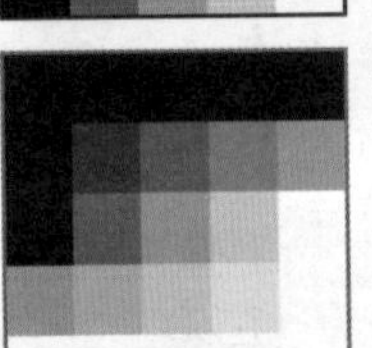

模式：叠加。
公式：如果B<=0.5，则C=2×A×B；如果B>0.5，则C=1-2×(1-A)×(1-B)。
说明：根据下面通道灰度值，决定是用正片叠底，还是用过滤模式计算。

模式：柔光。
公式：如果A<=0.5，则C=(2×A-1)×(B-B×B)+B；如果A>0.5，则C=(2×A-1)×(sqrt(B)-B)+B。
说明：使灰度变暗或变亮，具体取决于上面通道像素点灰度。

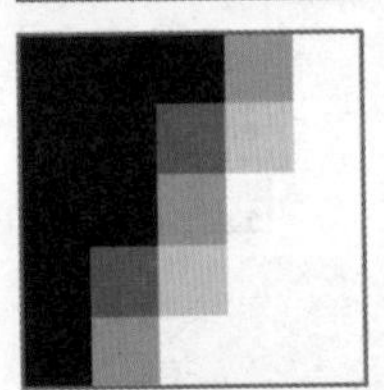

模式：线形光。
公式：C=B+2×A-1。
说明：通过减小或增加亮度来加深或减淡颜色，具体取决于上面通道像素点灰度。

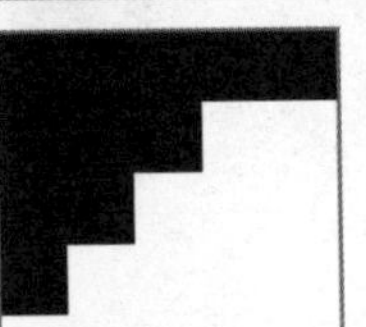

模式：实色混合。
公式：如果A<1-B，则C=0；如果A>1-B，则 C=1。
说明：适合将所有像素点更改为原色，即黑白色。

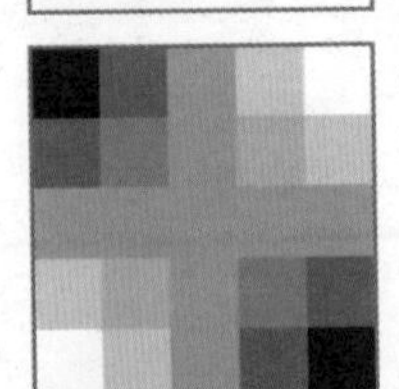

模式：排除。
公式：C=A+B-2×A×B。
说明：与差值模式相似，但对比度效果更低，更柔和。

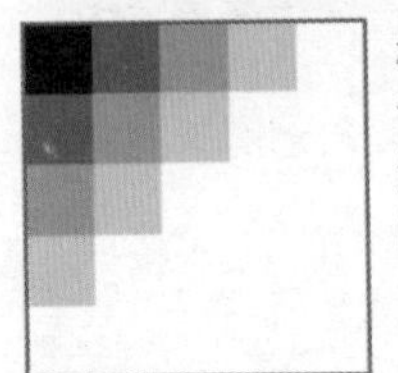

模式：相加。
说明：增加两个通道中的像素值。这是在两个通道中组合非重叠图像的好方法。

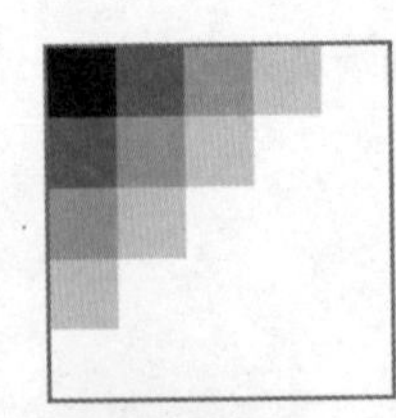

模式：线性减淡。
公式：C=A+B。
说明：将上下通道的灰度值相加。该模式适合将图像暗调区域的色阶向中间调和高光方向迁移。

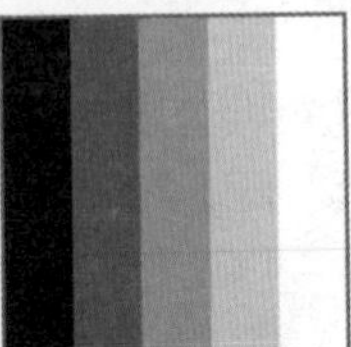

模式：浅色。
说明：比较上下通道所有通道值的总和并显示较大的值。因此该模式不会生成第3种灰度值。

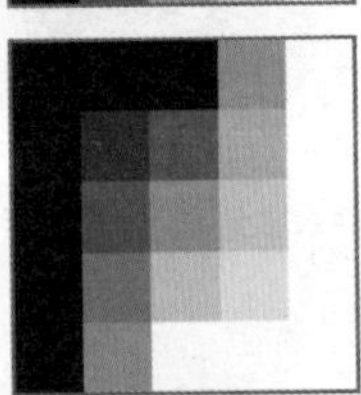

模式：强光。
公式：如果A<=0.5，则C=2×A×B；如果A>0.5，则C=1-2×(1-A)×(1-B)
说明：根据上面通道灰度值，决定是用正片叠底，还是用过滤模式计算。

模式：亮光。
公式：如果A<=0.5，则C=1-(1-B)/2×A；如果A>0.5，则C=B/(2×(1-A))。
说明：通过增加或减小对比度来加深或减淡灰度，具体取决于上面通道。

模式：点光。
公式：如果B<2×A-1，则C=2×A-1；如果2×A-1<B<2×A，则C=B；如果B>2×A，则 C=2×A。
说明：根据上面通道灰度值替换下面通道的灰度值，适合特殊处理。

模式：差值。
公式：C=|A-B|。
说明：根据上下通道灰度值的差值决定显示效果，因此灰度越接近，就越暗，对比度越大，就越亮。

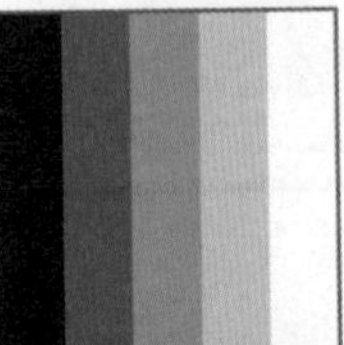

模式：正常。
公式：C=A。
说明：使用上面通道灰度完全覆盖下面通道的灰度。

模式：减去。
说明：从下面通道中相应的像素上减去上面通道中的像素值。

## STEP 02 利用“计算”命令合成图像。

（体验“计算”命令的强大和灵活）

新建3个500px×500px大小的PSD文件。2.psd和3.psd文件分别使用红、绿、蓝三原色依次填充。

在2.psd和3.psd文件中，选择“图像|计算”命令，打开“计算”对话框，在“源1”选项中设置混合计算的通道为2.psd文件的红色通道，在“源2”选项中设置混合计算的通道为3.psd文件的红色通道，然后设置“混合”模式为“正片叠底”，单击“确定”按钮，即可得到“Alpha 1”通道。以同样的方式混合计算绿色通道和蓝色通道，分别得到Alpha2通道和Alpha3通道。

在“通道”面板中删除所有原色通道和RGB复合通道，则图像自动转换为多通道模式，然后再把图像转换为RGB模式，即可得到右图所示的计算结果。

## STEP 03 使用“计算”命令设计霓虹文字。

（再次体验“计算”命令的强大和灵活）

新建PSD文件，设置背景色为黑色。切换到“通道”面板，单击面板底部的“创建新通道”按钮，新建一个Alpha 通道，默认为“Alpha 1”。在工具箱中选择文字工具，随意输入几个白色汉字，大小和字体随意，以醒目清楚为原则。

选择“滤镜|模糊|高斯模糊”命令，对汉字执行模糊处理，半径以3.0像素为宜。

复制“Alpha 1”通道，方法是拖曳该通道到面板底部的“创建新通道”按钮上即可。选择“滤镜|其他|位移”命令，打开“位移”对话框，对复制的通道执行位移滤镜处理，具体设置和效果如右图所示。

选择“图像|计算”命令，打开“计算”对话框，使用差值模式混合计算“Alpha 1”通道和“Alpha 1副本”通道，具体设置如右图所示。选择“图像|自动色调”命令，适当改善处理后的文字效果，效果如右图所示。

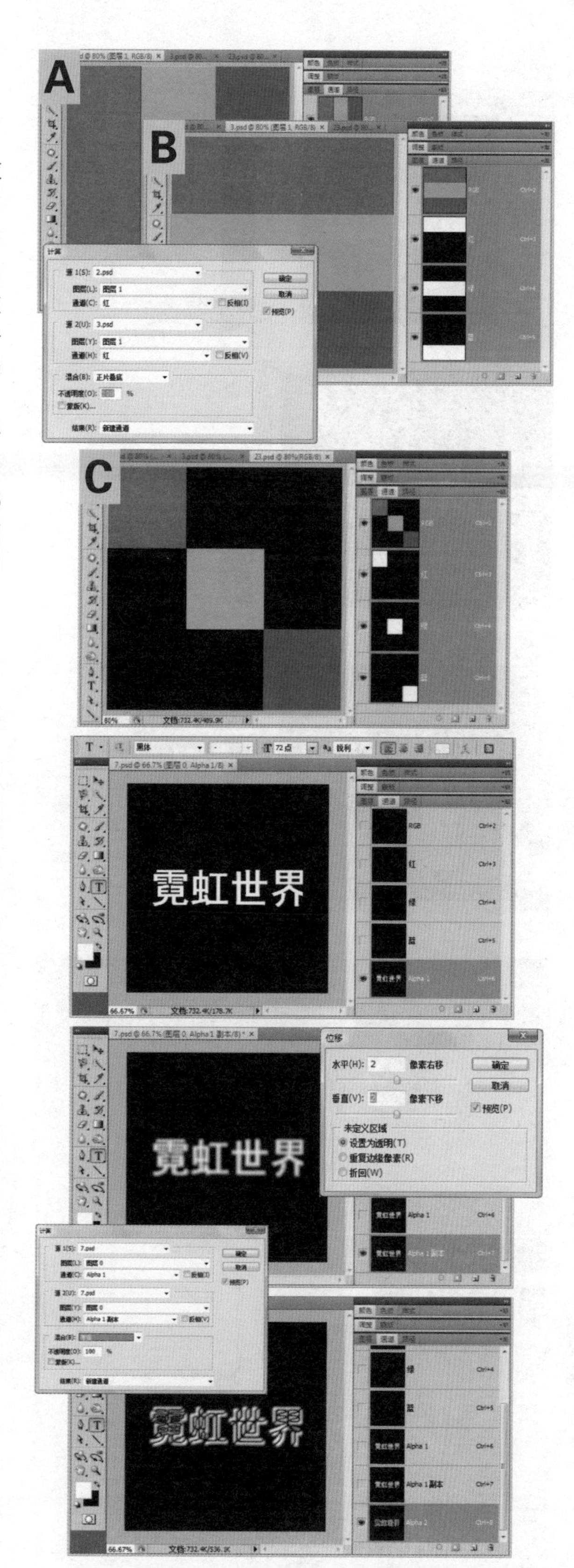

按【Ctrl+M】组合键，打开“曲线”对话框，使用正弦曲线，对“Alpha 2 副本”通道执行特殊灰度调整，效果如左图所示。

选择“图像|计算”命令，打开“计算”对话框，使用强光模式混合计算“Alpha 1”通道和“Alpha 2”副本”通道，具体设置如左图所示，通过这种方式获得新的“Alpha 3”通道。

按【Ctrl+A】组合键，全选“Alpha 3”通道中的灰度信息，按【Ctrl+C】组合键复制选区信息。

切换到“图层”面板，在面板底部单击“创建新图层”按钮，新建“图层1”，按【Ctrl+V】组合键粘贴复制的信息。

在工具箱中选择渐变工具，在工具栏中设置渐变类型为“径向渐变”，渐变色为预定义的“色谱”样式，混合“模式”为“叠加”。

然后从文字中央向外拉出一个渐变，效果如下图所示。

## STEP 04 使用“计算”命令优化MM亮丽的皮肤。

（无损增亮皮肤不是简单的加亮操作）

打开本节案例照片，仔细观察照片中的人物，面部肤色比较暗，影响了照片的品质。

根据一般操作习惯，要增强人物面部亮度，可以使用曲线或者色阶工具。例如，选择“图像|调整|曲线”命令，打开“曲线”对话框，然后向上拖曳曲线，以增强图像的亮度。

使用曲线工具可以将人物的肤色处理得通透一点，但是使用曲线或色阶等一般方法很容易造成曝光过度，从而损失了一些暗部细节，另外这种简单的增量方法，很容易让面部肤色失真。下面就是用“计算”命令进行有选择性的调整，避免普调对于画面品质的破坏。

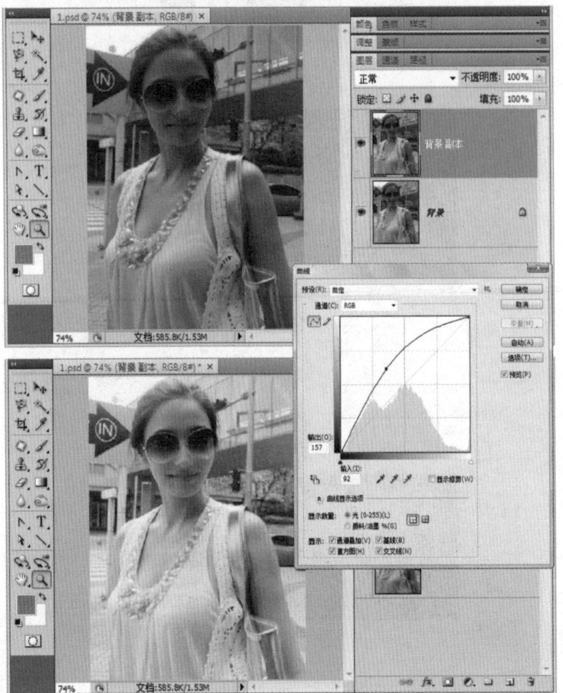

## STEP 05 分析原图像颜色通道的灰度信息。

（找出影响人物脸部偏暗的通道）

删除上一步调整的“背景 副本”图层，重新拖曳“背景”图层到面板底部的“创建新图层”按钮上，复制“背景”图层为“背景副本”图层。切换到“通道”面板，逐个查看颜色通道，找出面部较暗的通道。

观察发现蓝色通道中，面部灰度值最低，稍显比较暗。所以下一步的操作就是利用“计算”命令算出面部暗部的信息。

## STEP 06 使用“计算”命令算出面部暗部选区。

（计算不需要完全精确，可以在后期遮罩）

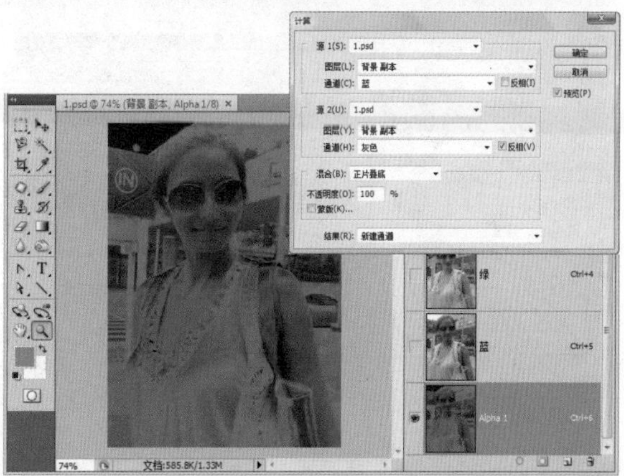

选择“图像|计算”命令，打开“计算”对话框。在“源1”选项区域中选择蓝色通道，在“源2”选项区域中选择灰色通道。灰色通道是一个参照通道，利用灰色通道作为参考来筛选出蓝色通道中暗调区域的选区。

在前面基础部分，介绍过正片叠底混合模式是以上下通道灰度级相乘进行输出的，这种模式适合精确选择图像中间色调。所以，我们用正片叠底模式来进行计算，让蓝色通道与灰度通道的反相调相乘进行混合，从而筛选出面部暗部区域。

观察一下运算出来的Alpha1通道，会看到脸上的高光部位较暗，这正是我们想要的选区。

为了增强明暗对比度，再一次执行“计算”命令，使用强光模式混合Alpha 1通道自身，让明暗对比度更加明显。

## STEP 07 利用“计算”命令计算的选区调整图像。

（计算生成的Alpha通道实际上存储了选区）

按住【Ctrl】键，在“通道”面板中单击“Alpha 2”通道，调出该通道的选区。由于任何像素都不大于50%选择，选区边将不可见。此时会弹出提示对话框，单击“确定”按钮关闭提示对话框即可。按【Shift+F7】组合键，反相选择选区。

切换到“图层”面板，在面板底部单击“创建新的填充和调整图层”按钮，在弹出的菜单中选择“曲线”命令，从而创建一个“曲线”调整图层。

然后在“调整”面板中向上拖曳曲线。在调整中应随时观察光线的明暗变化细节，既要防止光线曝光过度，又要防止身体和地面上的光线被虚化。

利用调整图层，可以随时进行修改，它不像“曲线”命令是不可逆操作。

为了增强曲线调整的层次性，再添加一个曲线调整图层。

按住【Ctrl】键，在“图层”面板中单击“曲线 1”调整图层的图层蒙版缩略图，调出蒙版选区。

在“图层”面板底部单击“创建新的填充和调整图层”按钮，从弹出的菜单中选择“曲线”命令，再创建一个“曲线”调整图层。

在“调整”面板中向上拖曳曲线，此次调整幅度应小于“曲线 1”调整图层中的调整幅度。

STEP 08 编辑图层蒙版，清除曲线对背景的影响。（通过二次编辑图层蒙版，优化照片像质）

在工具箱中选择钢笔工具，绘制人物轮廓路径，然后在“路径”面板中存储工作路径为“路径1”。

按住【Ctrl】键，单击”路径1“，调出路径选区。按【Shift+F6】组合键，打开“羽化选区”对话框，羽化选区2像素，再按【Shift+F7】组合键，反相选择选区。

在“图层”面板中，单击“曲线1”图层的图层蒙版缩略图，切换到图层蒙版编辑状态。按【Shift+F5】组合键，打开“填充”对话框，使用黑色填充图层蒙版。

在“图层”面板中，单击“曲线2”图层的图层蒙版缩略图，切换到图层蒙版编辑状态。按【Shift+F5】组合键，打开“填充”对话框，使用50%灰色填充图层蒙版。

最后，按【Ctrl+D】组合键取消选区，保存文件即可。

# 图层 15 修复照片色偏——使用应用图像命令

“应用图像”命令与“计算”命令功能相同，都是根据不同的混合模式对图像图层或通道执行合成计算。“应用图像”命令可以混合两个图层、通道或不同的图像文件，还可以直接混合不同颜色模式的图层和通道，同时可以使用蒙版来控制作用的范围，以及测定不同的作用量。

“计算”命令可以把两个不同文件的混合结果产生为新的文件、新的通道，或直接转换为选区，但它只能做灰阶影像之间的混合，多用来混合计算不同的通道，以产生新的通道，因此“计算”命令不会破坏原图像文件，而“图像应用”命令会影响原图像的显示效果。

处理前

处理后

## STEP 01 认识“应用图像”命令。

（“应用图像”命令与“计算”命令运算原理相同）

选择“图像|应用图像”命令，打开“应用图像”对话框。“应用图像”对话框包含3部分：第一部分是设置源（A），即混合在上面一层的通道信息，可以设置已打开的任意图像、图层或通道。

第二部分是设置目标图像（B），即混合在下面一层的通道信息，可以是当前图像的任意层或通道。应在执行“应用图像”命令之前，预先指定图层，以及具体的通道。源文件和目标文件的大小必须相等，否则执行无效。

第三部分是设置上下通道的混合模式、不透明度，以及遮罩用的通道蒙版。

“应用图像”本质上就是图层混合模式的延伸应用，不过它还可以同时合成图层、通道等不同类型的载体，因此灵活性要比图层混合模式大许多。

使用时，首先，在当前图像中选择要执行运算的图层或通道。然后，打开“图像应用”对话框，在“源”选项区域中设置混合用的图像、图层及通道。最后，在对话框底部设置混合模式、混合的程度（即不透明度）和蒙版（即遮罩避免被混合运算的通道选区）。

## STEP 02 使用“应用图像”命令纠正色偏。

（“应用图像”命令在色彩校正方面功能很强大）

打开本节案例照片，仔细观察照片中的人物，人物皮肤偏红色，照片色偏严重。

根据一般操作习惯，如果要校正照片色偏问题，可以使用“色彩平衡”命令，或者使用“照片滤镜”命令来中和。下面尝试使用“图像应用”命令来混合计算通道灰度分布，从而达到校正色偏的问题。

切换到“通道”面板，分别查看各通道的灰度分布、对比度。首先，确定选中红色通道，选择“图像|应用图像”命令，打开“应用图像”对话框。在“源”选项中设置当前文件，设置“图层”为“合并图层”，设置“通道”为“红”通道，然后设置“混合”模式为“正片叠底”，设置“不透明度”为“70%”，单击“确定”按钮，以降低红色通道的亮度，提高图像的中间灰度的细节。

选中蓝色通道，选择“图像|应用图像”命令，打开“应用图像”对话框。在“源”选项中设置当前文件，设置“图层”为“合并图层”，设置“通道”为“蓝”通道，然后设置“混合”模式为“滤色”，设置“不透明度”为“80%”，单击“确定”按钮，以增强蓝色通道的亮度。

在操作中，读者可以尝试启用蒙版功能，利用各色通道作为蒙版选区，然后设计更加细腻的混合运算效果。由于“应用图像”命令是不可逆的，任何操作都会立即在原图像中看到效果，因此，会很容易破坏原图像的品质，建议读者在操作之前复制图层进行备份。

由于图像偏向绿色，进一步使用绿色通道来中和图像的色彩。选中RGB通道，选择“图像|图像应用”命令，打开“图像应用”对话框。在“源”选项中设置当前文件，设置“图层”为“合并图层”，设置“通道”为“绿”通道，然后设置“混合”模式为“滤色”，设置“不透明度”为“50%”，单击“确定”按钮，以增强绿色通道的亮度。

## STEP 03 对图像应用色彩平衡。

（尽力恢复图像的自然色彩）

在工具箱中选择颜色取样点工具，分别在图像中找3个点，代表灰平衡。其中远处背景的白墙为第1点，代表高光点；人物前胸的皮肤为第2点，代表中间调；人物头发为第3点，代表阴影点。

在“图层”面板底部单击“创建新的填充和调整图层”按钮，从弹出的菜单中选择“色彩平衡”命令，创建“色彩平衡”调整图层。

在“调整”面板中，分别调整阴影、中间调和高光区域的色调，具体调整数值如下图所示，在调整过程中，应在“信息”面板中观察取样点的R、G、B3个值是否接近平衡（即数值比较相近）。

## STEP 04 使用图层蒙版修复面部色彩。

（遮罩掉色彩平衡对面部色彩的影响）

在工具箱中选择磁性套索工具，然后分别勾选人物的面部和手臂皮肤区域，按【Shift+F6】组合键，羽化选区2像素，然后单击“色彩平衡1”的图层蒙版缩略图，按【Shift+F5】组合键，使用50%灰色填充蒙版选区，部分遮罩掉色彩平衡对于皮肤的影响，最后修改效果如右图所示。

MEMO

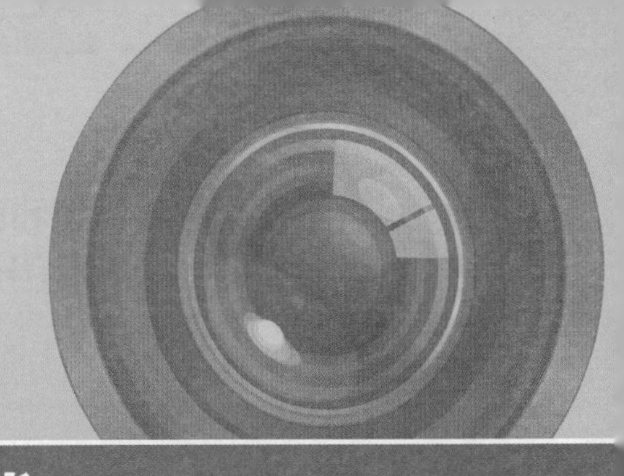

# 第4章

## 用数学思维把握图像合成——探析图层混合与遮盖

Chapter

# 图层 01 图层、图层类型和图层混合模式——认识Photoshop图层的本质

图层这个概念，没有通道那么深奥，它也不是Photoshop专有的技术，任何图形、图像、多媒体编辑软件，都无一例外地支持图层技术。图层技术给予了Photoshop编辑和合成图像更大的自由空间和灵活度。打个比方，在一张张透明的玻璃纸上绘画，透过上面的玻璃纸可以看见下面纸上的内容，但是无论在上一层上如何涂画都不会影响到下面的玻璃纸，上面一层会遮挡住下面的图像。最后将玻璃纸叠加起来，通过移动各层玻璃纸的相对位置或者添加更多的玻璃纸即可改变最后的合成效果，这就是对Photoshop中的图层技术进行的形象化描述。

本章将研究Photoshop图层的一些核心技术，当然很多图层知识和操作技巧在其他章节中也有所涉及，所以不会面面俱到。

处理前

处理后

## STEP 01 感性认识Photoshop的图层。

（图层就是剪贴画，但它包含更复杂的用法）

在Photoshop中，任意打开一幅照片，然后选择“窗口|图层”命令，就会打开“图层”面板。其实在默认状态下，Photoshop会显示“图层”面板。

“图层”面板负责显示和管理图像中的所有图层、图层组和图层效果，并利用“图层”面板提供的各种功能来完成一些图像编辑任务，例如，创建、隐藏、复制和删除图层等。还可以使用图层样式改变图层上图像的效果，例如，添加阴影、外发光、浮雕等。如果配合“图层”面板提供的图层混合模式、不透明度和填充等设置选项还可以制作各种特殊效果。

提示：“图层”面板包含顶部的图层选项、图层预览区、底部的工具按钮，以及右上角的面板菜单。图层选项和工具按钮是每个Photoshop用户必须熟练操作的对象，但如果熟悉面板菜单中每个命令的用法，也能够方便你的操作，菜单命令集成了“图层”面板的所有功能。

## 分解? Photoshop图层的类型

（了解图层类型，将更容易理解图层本质）

图层是Photoshop用来存储多媒体信息的独立空间。在Photoshop中，图层包含很多类型，它们分别用来存储不同类型的信息。下面分别以图示的方式显示不同类型的Photoshop图层，其中背景图层本质也是普通图层，可以与普通图层相互转换。

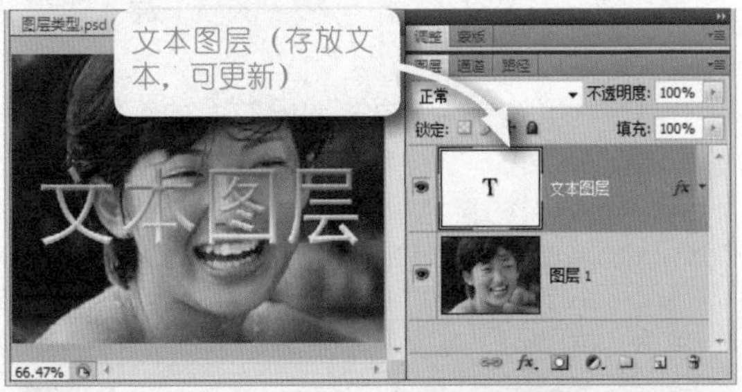


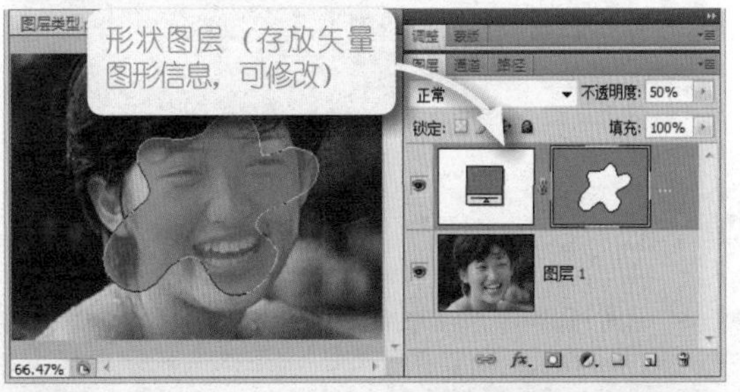


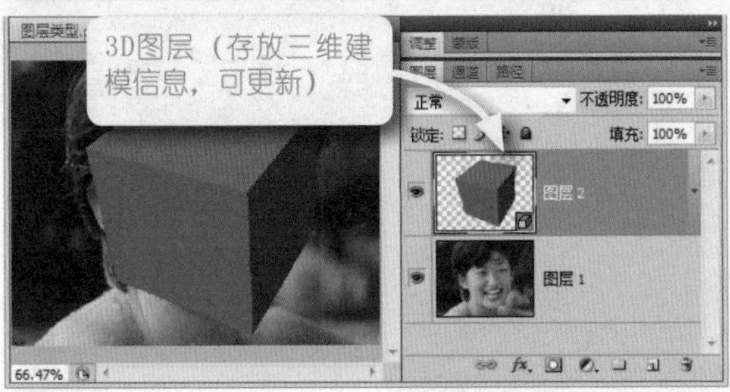


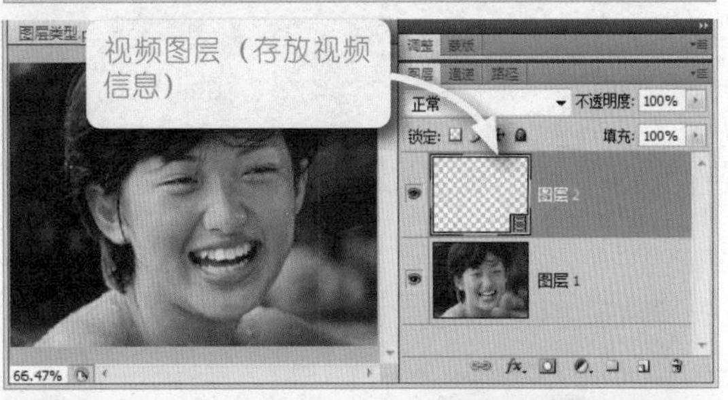


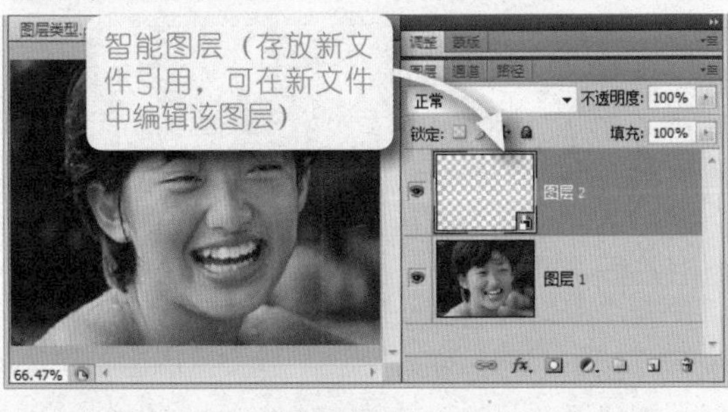


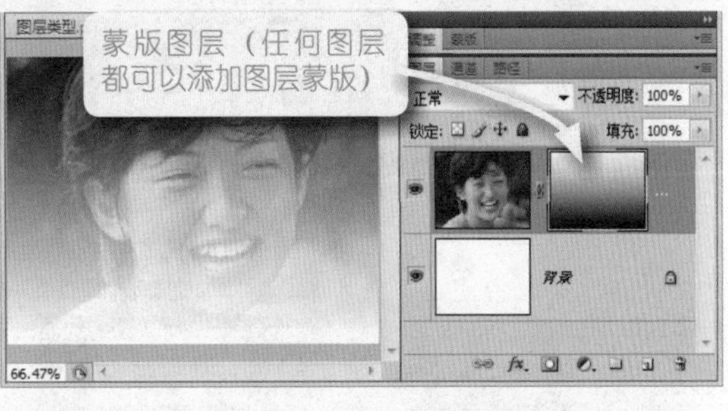


提示：在Photoshop众多的图层类型中，调整图层和蒙版图层无疑是最重要，也是最常用的类型。对于数码摄影师来说，调整图层具有无可替代的功能和作用。它提供了几乎所有的图像调整命令，使用调整图层命令能够做到无损操作，在保持原图像画质基础上，调整出令人满意的图像色彩效果。蒙版图层在保护图像局部区域方面，作用非常明显。它能够实施有针对性的局部色彩调整操作，这对于暗房曝光操作来说非常重要。

其他类型图层由于在数码后期处理中不是很常用，所以我们也不会重点讲解。

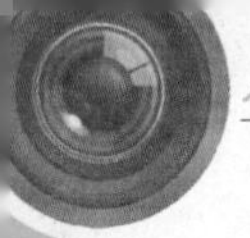



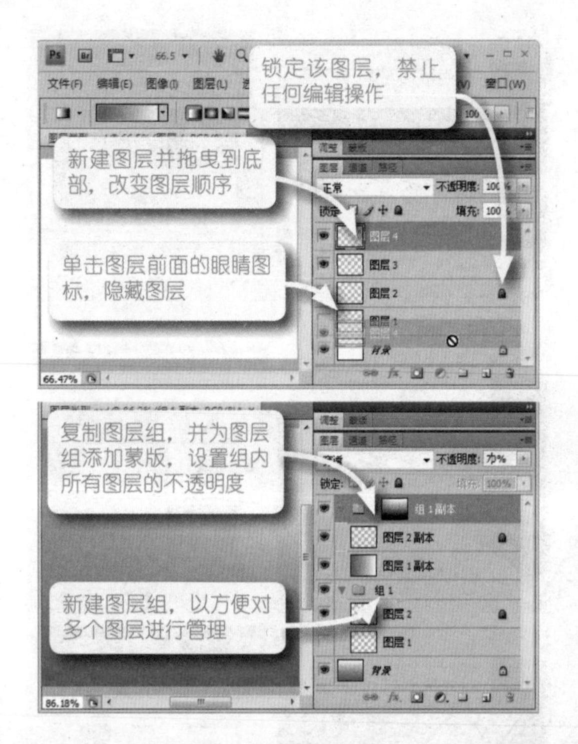


提示：在“图层”面板中，可以单击面板底部的“创建新组”按钮新建图层组，用以管理多个图层。也可以选中多个图层，然后拖曳这些图层到面板底部的“创建新组”按钮新建图层组。拖曳图层组到面板底部的“创建新图层”按钮上，可以复制该图层组。

图层组不仅可以便以管理多个图层，同时也可以对图层组执行各种操作，此时操作的结果将影响组内所有图层，例如，为图层组添加图层蒙版、设置不透明度等。

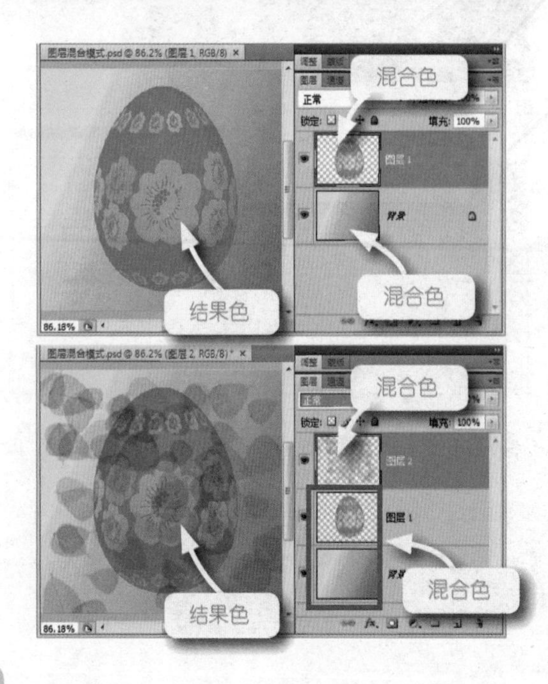


## STEP 02 图层基本操作。

（熟练使用快捷键能够提高工作效率）

在Photoshop的“图层”面板中，借助图层按钮、选项和图层面板菜单，可以完成所有操作。也可以结合Photoshop的“图层”主菜单，来完成部分操作功能。

※ 新建图层：在“图层”面板底部单击“创建新图层”按钮，即可新建普通图层，通过其他方式还可以创建各种特殊的图层。

※ 复制图层：按【Ctrl+J】组合键，或者拖曳当前图层到面板底部的“创建新图层”按钮上即可。

※ 删除图层：拖曳图层到面板底部的“删除图层”按钮上即可。

※ 选中图层：单击即可选中当前图层，配合使用【Shift】和【Ctrl】键可以选择多个图层。

※ 显/隐图层：单击图层前面的眼睛图标，可以在显示和隐藏两种状态之间进行切换。

※ 锁定图层：单击“锁定”选项中的对应按钮可以为当前图层锁定部分区域。其中表示锁定空白像素，表示锁定图像像素，表示锁定图层中图像的位置，表示锁定整个图层图像。

※ 合并图层：按【Ctrl+E】组合键可以向下合并图层或图层组，按【Ctrl+Shift+E】组合键可以合并所有可见图层。

※ 排序图层：在“图层”面板中拖曳当前图层到某个位置，即可改变图层顺序，上面图层总会覆盖下面图层。

## STEP 03 认识基色、混合色和结果色。

（混合模式的3个基本概念）

在“图层”面板中，当多个图层相互叠放就存在图像混合问题。如何混合这些图层，于是就产生了混合模式这个概念。所谓混合模式，就是通过特定的数学公式，计算每个像素点所要显示的颜色值。这里，读者应该认识3个基本概念。

※ 基色：表示图像中的原稿颜色。

※ 混合色：表示通过绘画或编辑工具应用的颜色。

※ 结果色：表示混合后得到的颜色。

STEP 04

## 认识混合模式的种类。

（混合模式类型和种类是两个不同概念）

在Photoshop中，混合模式是图像处理中无处不在的点金石，你可以在每个角落中看到它的身影，因此读者应深入理解混合模式的运用原理。

根据应用场合的不同，混合模式的表现也不尽相同，因此习惯上把它分为以下3种类型。

※ 颜色混合：应用于绘画操作中。

※ 通道混合：应用于通道计算中。

※ 图层混合：应用于图层混合中。

本章重点讲解图层混合模式的类型和应用，颜色混合和通道混合与图层混合的本质是相同的，但是由于用处不同，不同种类的混合模式都会有自己的混合模式类型。

例如，颜色混合模式中包含“背后”和“清除”混合模式，图层混合模式中包含“色相”、“饱和度”、“颜色”和“亮度”混合模式，而通道混合模式中包含“相加”和“相减”混合模式。

在Photoshop的各种工具、命令和对话框中都会存在混合模式。例如，选择“编辑|填充”和“编辑|描边”命令，打开的对话框中都会存在颜色混合模式。在画笔工具的选项栏中也可以看到这种颜色混合模式，如右上图所示。同时，“画笔”面板中也存在颜色混合模式。

在“图层样式”对话框中或者选择“编辑|渐隐”命令，在打开的“渐隐”对话框中，可以看到图层混合模式。

另外，除了右上图显示的“应用图像”对话框外，“计算”对话框也包含通道混合模式。

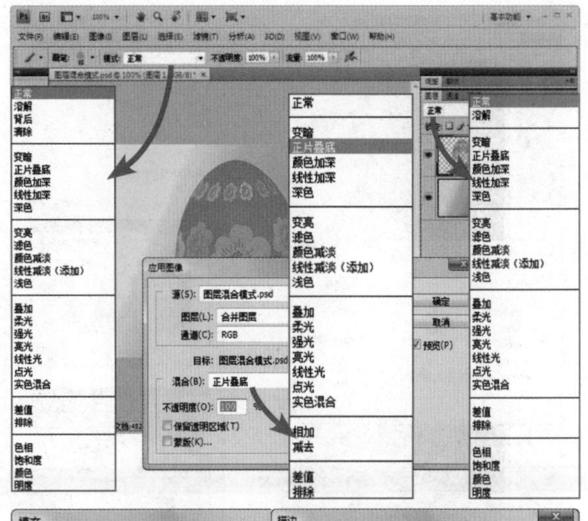

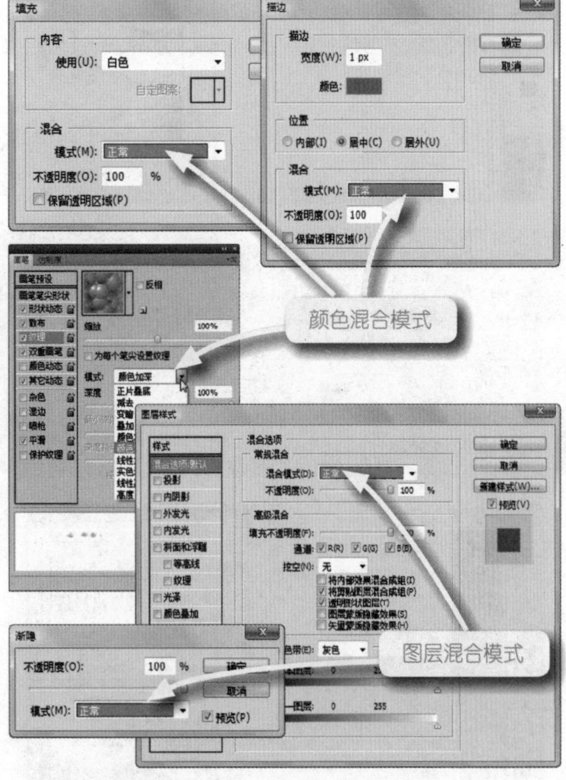


STEP 05

## 认识混合模式的实验方法。

（掌握正确的方法才能够准确、全面认识它）

本质上分析，混合模式就是数学公式。也许认识这些数学计算公式，就能够快速把握每种混合模式的执行结果，但问题并非如此简单。

也许很多读者习惯使用“图层”面板中的混合模式选项来感性认识每一种混合模式的运算效果，但这也极容易让人一叶障目。最好的认识途径当然是建立在严谨的科学实验方法基础上。一

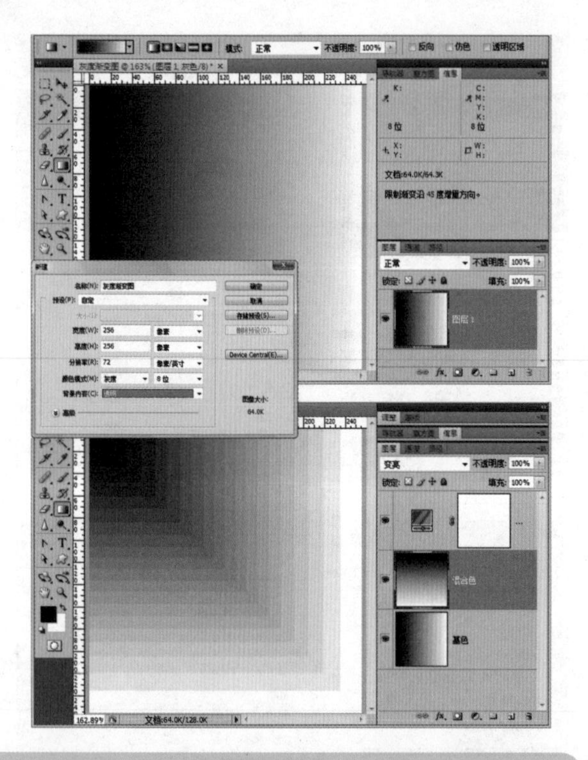

提示：使用灰度渐变图像来研究图层混合模式的运算规律，从方法学角度分析，是一种化繁为简的方法。对于彩色的RGB图像来说，虽然它包含三原色，但是在图层混合模式运算时，三原色通道是各自独立进行运算的。而每个通道中的颜色信息都是256级的灰度图。所以，使用灰度图来试验图层混合模式的运算规律是非常科学的。

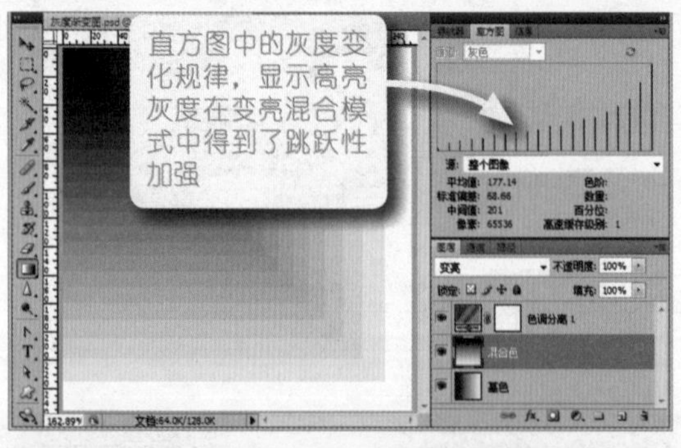


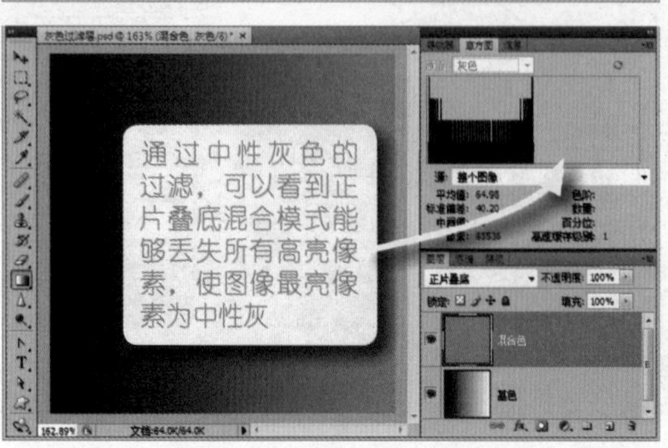


般我们可以采用如下方法来科学认识混合模式的运算规律。

**方法一：使用灰度渐变图模拟。**

这种方法在通道混合模式中曾经介绍过，当然具体的设计方法也不尽相同。这里建议读者不妨采用如下方法制作：

1. 新建256×256像素、72像素/英寸的灰度模式图像。这里选用256像素宽和高是因为灰度的级别整好是256，以方便观察。
2. 在工具箱中选择渐变工具，在工具栏中设置渐变色为黑白渐变色，渐变类型为"线性渐变"，取消勾选"仿色"选项。
3. 按住【Shift】键，在编辑窗口中从左到右拉出一个渐变填充。应确保左右两侧的像素颜色分别为黑色和白色，可配合"信息"面板进行检测。
4. 复制"图层1"，并分别重命名为"基色"和"混合色"图层，以方便观察。选择"编辑|变换||旋转90度（顺时针）"命令，交错两个图层的渐变填充色。
5. 最后，在"图层"面板中新建"色调分离"调整图层，设置色调分离的色阶值为"20"，以放大图层混合之后的结果色变化规律。这样就可以观察比较不同混合模式的运算结果和规律了。

**方法二：使用直方图。**

在图像混合运算中，直方图能够精确反映图像在变化前后的灰度分别变化。通过分析直方图的变化，也能够科学认识图层混合模式的运算规律。有关直方图的信息分析，读者可以参阅通道章节内容。

**方法三：使用灰色过滤层。**

通过设置混合色为单色的灰图层，然后利用该图层来混合图像，就可以很直观地看到图像与这种单色进行混合运算时的变化结果。

通过这种方式可以了解图像中每个灰度值的运算前后的变化规律。这个实验方法的道理是：以一个单色像素与图像中所有颜色的像素进行运算，通过同一图像内的不同像素的灰度变化，就可以认识混合模式的运算规律。例如，一般常用中性灰色作为混合色来过滤图像中不需要的暗色像素或者高亮像素，或者利用它来加强图像的色彩。

图层 02

## 制作虚光照片效果——使用变暗混合模式

Adobe官方解释：变暗混合模式能够查看每个通道中的颜色信息，并选择基色或混合色中较暗的颜色作为结果色。因此该模式将替换比混合色亮的像素，而比混合色暗的像素保持不变。使用数学公式表示为：

结果色=最小值(基色,混合色)

本节案例将借助变暗图层混合模式制作照片的虚光效果，如下图所示。

处理前

处理后

### STEP 01 认识变暗混合模式。
（该模式偏向暗调，可作为高光过滤器）

通过右图观察和分析：在基色和混合色中，结果色总显示较暗的颜色。左下角区域基色灰度值总小于混合色，故都显示基色；反之，右上角区域混合色灰度值小，故都显示混合色。

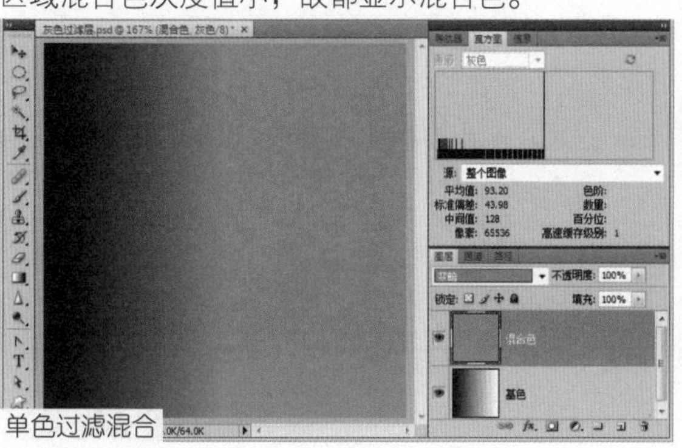

单色过滤混合

单色渐变混合

通过左图观察和分析：由于变暗模式总是显示较暗的颜色，因此使用中性灰色可以过滤掉基色中所有的高亮像素，这样在结果色中，最亮的颜色就是中性色。如果设置混合色为白色，则结果色总会显示基色；反之，如果混合色为黑色，则结果色就完全显示黑色。

STEP 02 曲线演示变暗混合模式。

（以降低对比度的方式减少色阶）

针对变暗混合模式，可以通过拖曳右上角的端点到斜线上某个点上，把目标点作为过滤点，过滤掉目标点以上的高光。此时该色阶值以上的所有像素点就全部被丢失，从而使图像变得更暗。

STEP 03 制作虚拟光照效果。

（虚拟光照让照片看起来更漂亮）

虚拟光照效果能够在保留照片的大部分细节信息基础上，对图像的纹理进行平滑处理，从而使照片看起来更加光滑、细腻，并包含淡淡的朦胧效果，就如同照片被涂抹了一层橄榄油。

其工作原理是，照片中的细节信息一般都趋向于较暗的颜色，在正常模式下模糊图像之后，细节会被抹平为较亮的颜色。通过“渐隐”命令，并配合变暗混合模式，这样就可以恢复图像的细节信息，同时非细节区域被模糊处理显示，因此照片看起来更加光滑，但是细节信息还保持得相对完好。实施方法如下：

1. 打开本节案例素材文件，在“图层”面板中，拖曳背景图层到面板底部的“创建新图层”按钮上，复制“背景”图层为“背景 副本”图层。
2. 选择“滤镜|模糊|高斯模糊”命令，打开“高斯模糊”对话框，对图像执行模糊化处理，模糊幅度可以根据图像分辨率而定，确保图像基本轮廓能够分辨清楚。
3. 确定之后，选择“编辑|渐隐高斯模糊”命令，打开“渐隐”对话框。在该对话框中设置“模式”为“变暗”，“不透明度”设置为“60%”，可以根据图像恢复的细节信息进行自由设置。
4. 单击“确定”按钮，关闭“渐隐”对话框，即可看到虚拟光照的效果，如左图所示。读者还可以根据情况调整“背景副本”图层的不透明度，以改善虚拟关照的强度。

## 图层 03　制作柔和、清晰的人物照片效果——使用正片叠底混合模式

Adobe官方解释：正片叠底混合模式能够查看每个通道中的颜色信息，并将基色与混合色进行正片叠底。结果色总是较暗的颜色。任何颜色与黑色正片叠底产生黑色，任何颜色与白色正片叠底保持不变。当使用黑色或白色以外的颜色绘画时，绘画工具绘制的连续描边产生逐渐变暗的颜色。这与使用多个标记笔在图像上绘图的效果相似。使用数学公式表示为：

结果色=(基色×混合色)/255

简单地说，正片叠底就是把基色和混合色的灰度值相乘，再除于255。本节案例将借助正片叠底图层混合模式对照片的中间色调进行优化，从而使照片中的人物色彩看起来更加清晰、柔和，如下图所示。

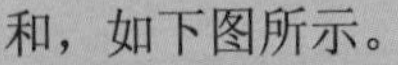

处理前

处理后

### STEP 01 认识正片叠底混合模式。（该模式偏向暗调，可作为中间色调过滤器）

通过右图观察和分析：正片叠底混合时，结果色总显示较暗的颜色。结果色以扇形从右下角逐渐向左上角变暗，呈完美的弧线，与x×y=z的曲线方程相似。当基色或混合色为黑色时，结果色总是为黑色，而与白色混合保持不变。

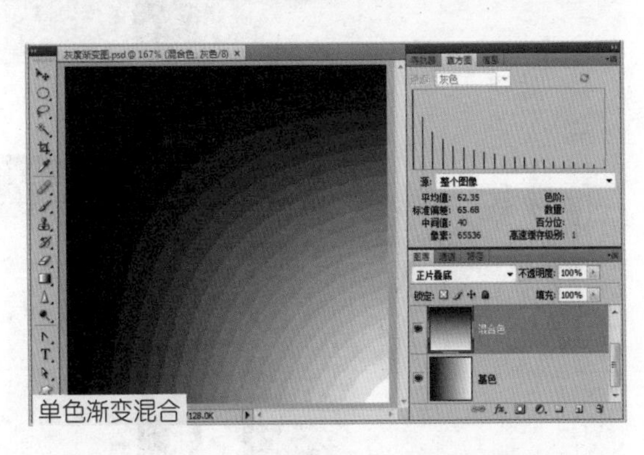

单色渐变混合

通过左图观察和分析：由于基色和混合色相乘输出结果色，所以两者的位置关系不重要。同时，结果色总是小于基色或者混合色。在左图中，由于混合色为中性灰，故结果色中最亮的颜色不大于中性灰色。

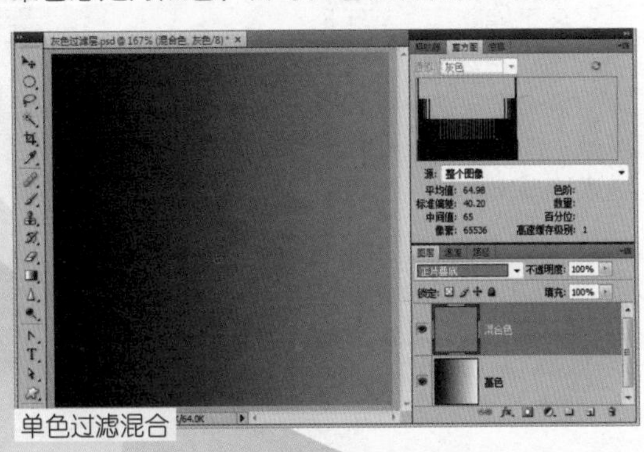

单色过滤混合

1 2 3 4 5 6 7

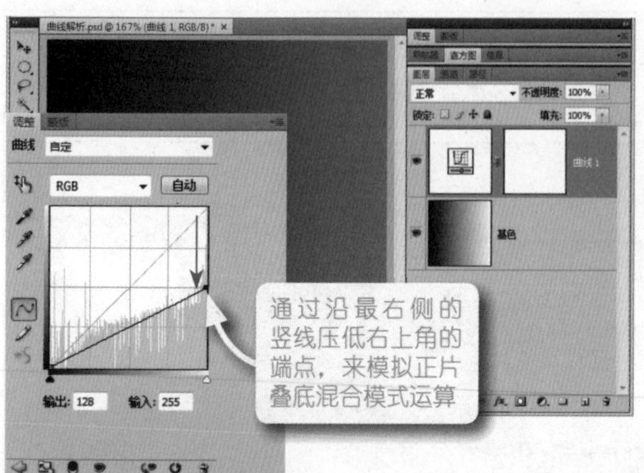


## STEP 02 曲线演示正片叠底混合模式。

（以降低对比度的方式减少色阶）

针对正片叠底混合模式，可以通过垂直拖曳右上角的端点到某个点上，把目标点作为色调降低点，所有高光灰度值上的像素点亮度值被降低到目标点以下，从而使图像变暗。

这与使用“色阶”命令进行模拟具有相同的效果，如左下图所示。可以通过直方图的前后变化，可以发现输出色阶的调整前后，与中性灰的正片叠底混合模式运算结果是相同的。

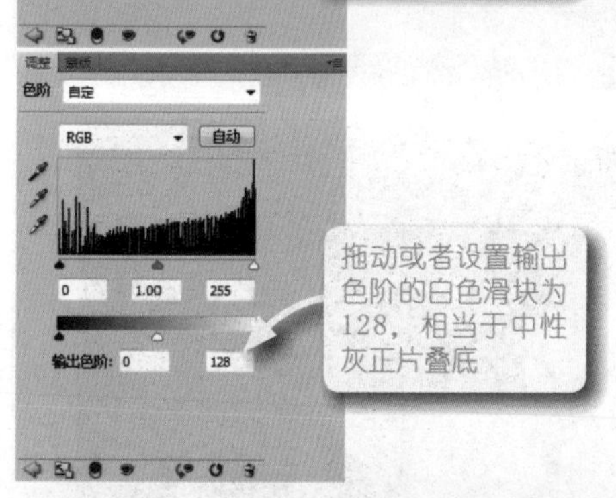


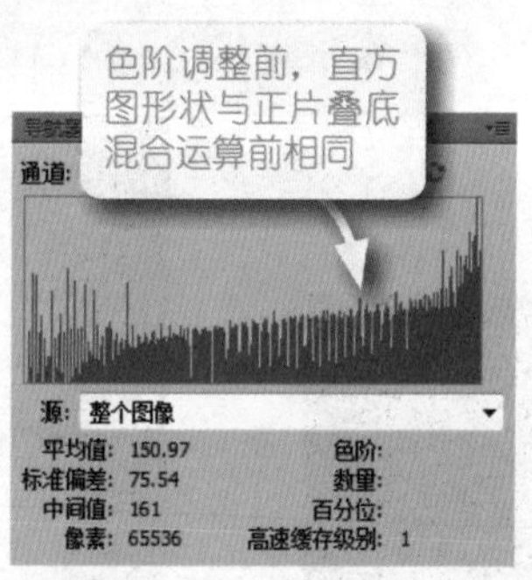


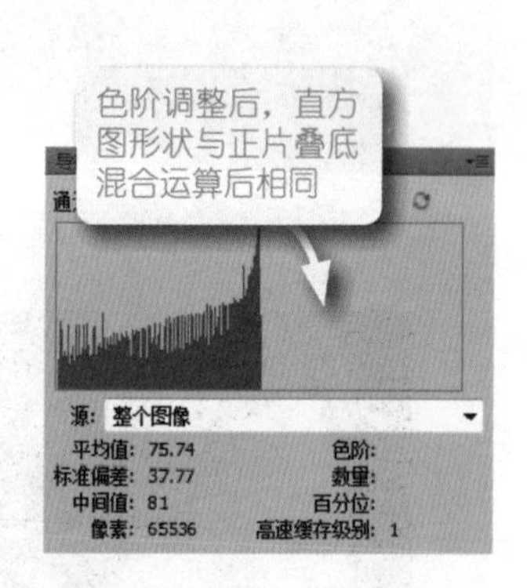


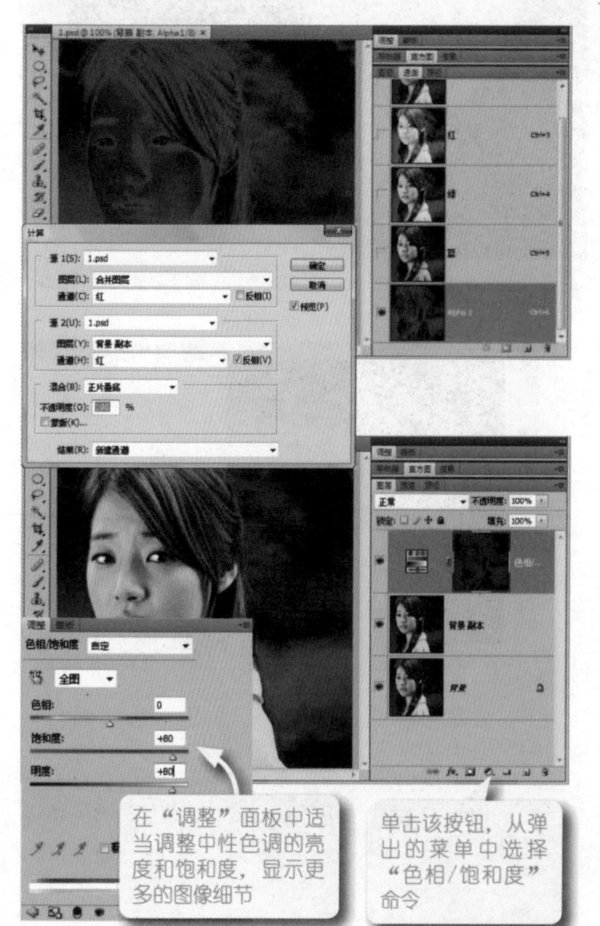


## STEP 03 制作清晰、柔和的照片人物效果。

（中性色调保存着最丰富的细节信息）

打开本节案例的素材文件，在“图层”面板中复制“背景”图层为“背景 副本”图层。

选择“图像|计算”命令，打开“计算”对话框，设置“源1”和“源2”的文件为当前文档，“图层”设置为“合并图层”或“背景 副本”图层，“通道”设置为“红”通道，并设置其中一个通道为反相，两源混合模式为“正片叠底”，这样就可以计算出中性色调的选区，如左图所示。

考虑到马太效应的副作用，按【Ctrl】键，在“通道”面板中通过单击“计算”命令生成的新通道“Alpha 1”，调出通道选区，由于通道选区的不透明度都低于50%，故会弹出提示对话框，提示选区无法显示。

单击“确定”按钮后，选择“编辑|清除”命令，适当去除最亮的像素。按【Ctrl+D】组合键取消选区，按【Ctrl】键，再次单击“Alpha 1”通道，调出处理后的选区。

切换到“图层”面板，为选区添加“色相/饱和度”调整图层，设置“饱和度”值为“+80”，“明度”值为“+80”，从而调整中间色调的亮度和饱和度，如左图所示。

# 图层 04 制作清爽色调人物照片效果——使用颜色加深混合模式

Adobe官方解释：颜色加深混合模式能够查看每个通道中的颜色信息，并通过增加对比度使基色变暗以反映混合色。与白色混合后不产生变化。使用数学公式表示为：

结果色=基色-[(255-基色)×(255-混合色)/混合色]

简单地说，颜色加深就是先计算基色反相与混合色反相的乘积，然后除以混合色，最后使用基色减去前面的计算值。颜色加深模式比较诡异，理解起来不是那么容易，使用频率也比较低，不过借助该模式可以设计图像特效。

处理前

处理后

## STEP 01 认识颜色加深混合模式。

（该模式偏向暗调，可用做图像特效处理）

通过右图观察和分析：颜色加深混合时，结果色总显示较暗的颜色。如果混合色为黑色，则基色无论为什么色，结果色都为黑色；如果混合色为白色，则结果色总是显示基色。

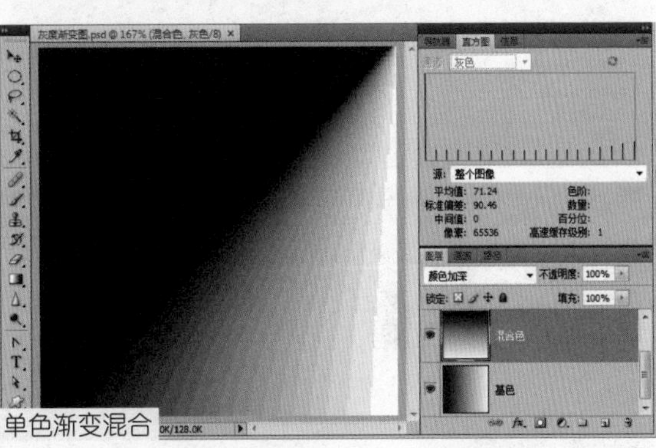
单色渐变混合

单色过滤混合

通过左图观察和分析：当基色小于或等于128（50%灰色）时，无论混合色为什么色，结果色总是黑色；当基色大于128（50%灰色）时，结果色会以较大的反差反映基色的变化。

因此，利用颜色加深模式可以增强基色的对比度，并忽略掉暗部色调。

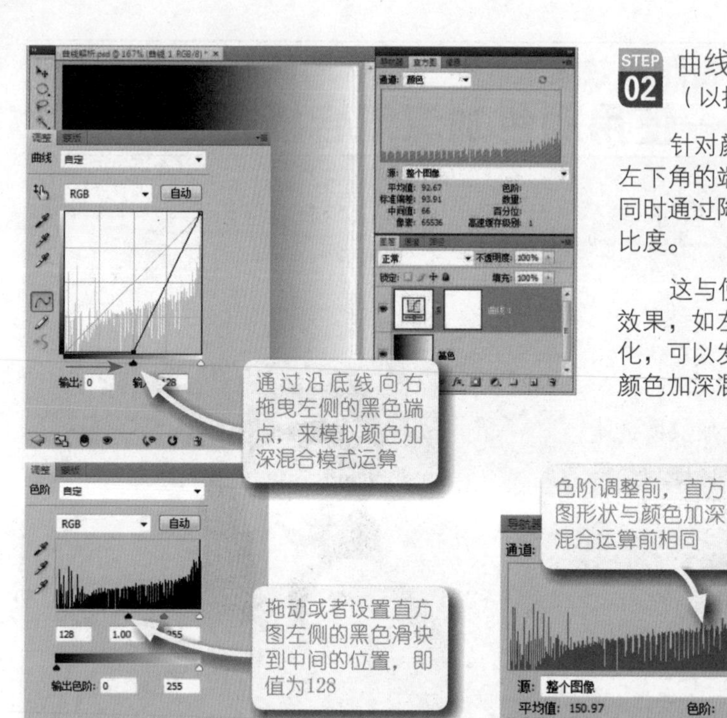


STEP 02 曲线演示颜色加深混合模式。（以提高对比度的方式减少色阶）

针对颜色加深混合模式，可以通过水平拖曳左下角的端点到某个点上，放弃所有暗部像素，同时通过降低色阶的宽度，来增强高亮区域的对比度。

这与使用“色阶”命令进行模拟具有相同的效果，如左下图所示。可以通过直方图的前后变化，可以发现输出色阶的调整前后，与中性灰的颜色加深混合模式运算结果是相同的。

STEP 03 制作清爽色调人物照片效果。（降低照片的暖色调）

打开本节案例的素材文件，在“图层”面板中复制“背景”图层为“背景 副本”图层。

切换到“通道”面板，选中红色通道，选择“图像|应用图像”命令，打开“应用图像”对话框，设置混合模式为“颜色加深”，如左图所示。通过这种方式可以降低红色的色阶值，并增强高亮像素的对比度。

在“通道”面板中，选中绿色通道，选择“图像|应用图像”命令，打开“应用图像”对话框，设置混合模式为“颜色加深”，“不透明度”设置为“20%”，以此方法适当增强绿色通道的高光像素的对比度。

在“通道”面板中，选中蓝色通道，选择“图像|应用图像”命令，打开“应用图像”对话框，设置混合模式为“颜色加深”，“不透明度”设置为“20%”，以此方法适当增强蓝色通道的高光像素的对比度。

切换到“图层”面板，选中“背景”图层，切换到RGB正常显示模式，可以看到图像的暖色调被清除掉，人物的对比度得到了加强，色彩更加鲜明。

# 图层 05 制作高反差照片效果 ——使用线性加深混合模式

Adobe官方解释：线性加深混合模式能够查看每个通道中的颜色信息，并通过减小亮度使基色变暗以反映混合色。与白色混合后不产生变化。使用数学公式表示为：

结果色=(基色+混合色)-255

简单地说，线性加深就是先计算基色和混合色的和，然后减去255，从而使图像暗度降低，对比度减弱。本节案例将利用线性加深混合模式把高光区域的色阶向中间调和暗部推移，从而设计高反差的照片效果。

处理前

处理后

## STEP 01 认识线性加深混合模式。

（该模式偏向暗调，可用做图像变暗处理）

通过右图观察和分析：线性加深混合时，结果色总显示较暗的颜色。如果混合色或者基色为黑色，则结果色总是为黑色；如果混合色为白色，则结果色显示为基色，反之，如果基色为白色，则结果色显示为混合色。

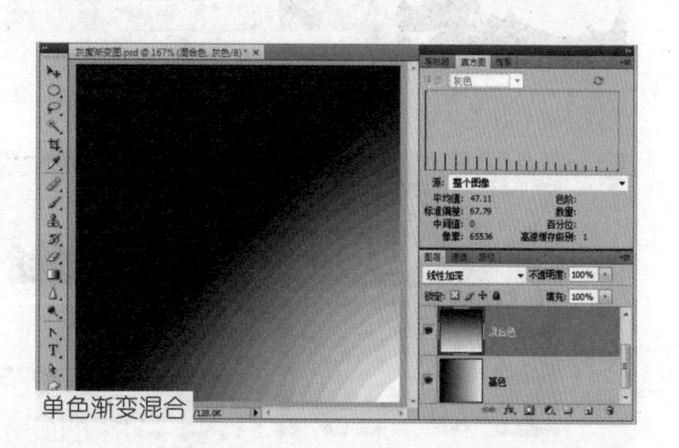

单色渐变混合

单色过滤混合

通过左图观察和分析：当基色和混合色都小于或等于中性灰色，则结果色总是为黑色；当混合色为中性灰色，则结果色中最亮的颜色为中性灰色。基色的对比度被降低，呈现昏暗的效果。线性加深比颜色加深具有更剧烈的变暗功效。

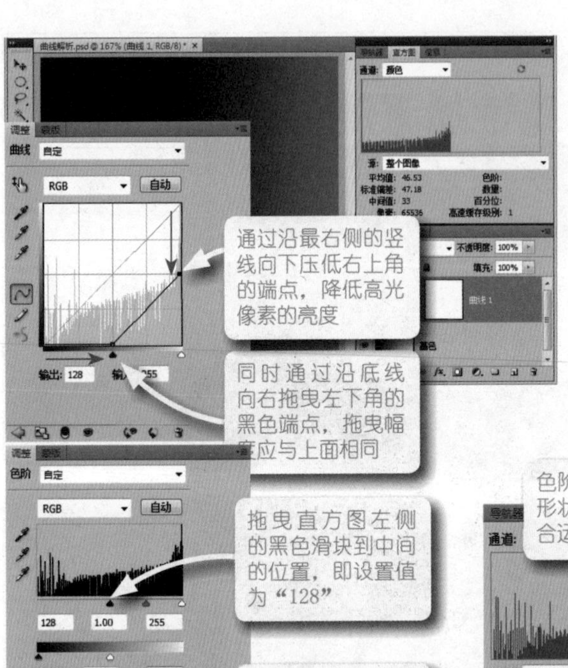


## STEP 02 曲线演示线性加深混合模式。

（以降低亮度的方式减小色阶）

针对线性加深混合模式，可以通过水平拖曳左下角的端点到某个点上，放弃所有暗部像素，通过垂直向下拖曳右上角的端点到某个点上，降低所有高光像素点的亮度值，从而使图像变暗。

这与使用“色阶”命令进行模拟具有相同的效果，如左下图所示。

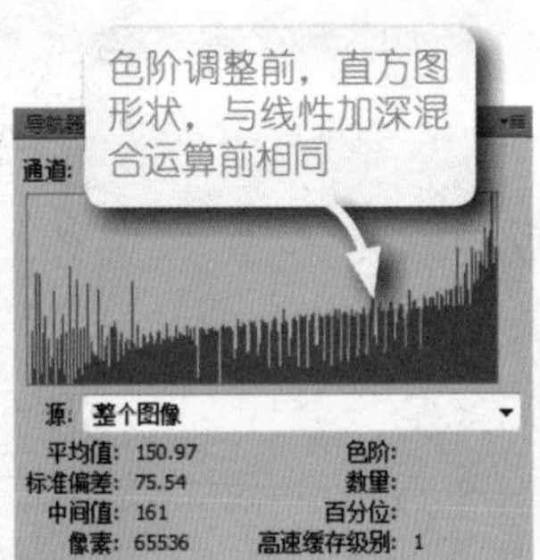


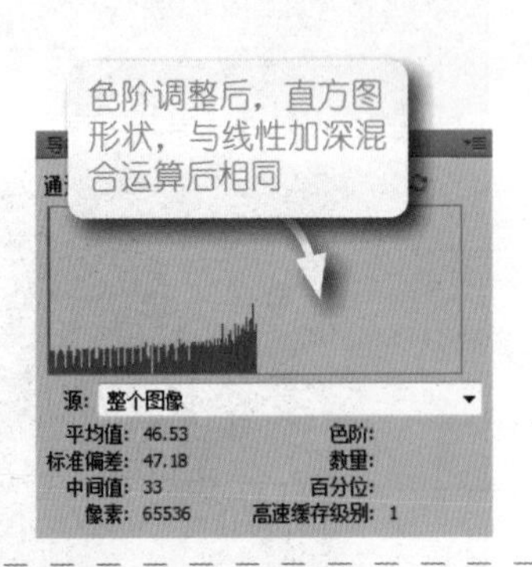


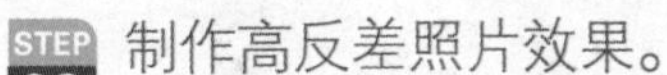

## STEP 03 制作高反差照片效果。

（通过大规模迁移高光色阶到中间调和暗部）

打开本节案例的素材文件，在“图层”面板中复制“背景”图层为“背景 副本”图层。

在“图层”面板中设置“背景 副本”图层的混合模式为“线性加深”，则可以看到图像变暗。通过设置前后直方图比较，可以看到高光区域的色调被向左迁移。

双击“背景 副本”图层，打开“图层样式”对话框，按住【Alt】键，在“混合颜色带”区域中单击拖动“本图层”和“下一图层”左侧的黑色滑块，拆分该滑块，并拖曳半截黑色滑块到右侧端点位置，如左图所示，这样就可以将“背景 副本”图层暗调渐隐剔除，不参与图层混合，从而设计出高反差效果。

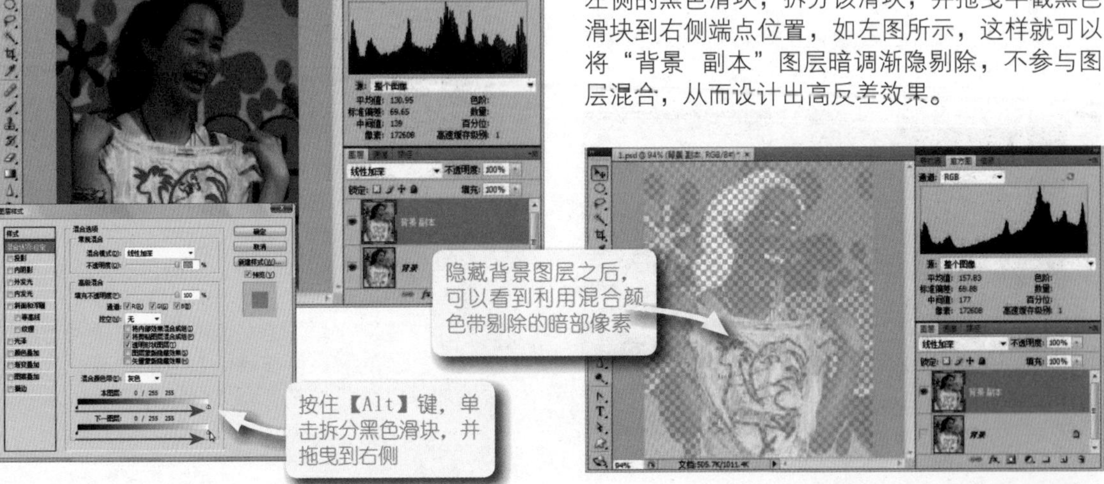

图层 06

# 提高局部偏暗的照片——使用变亮混合模式

Adobe官方解释：变亮混合模式能够查看每个通道中的颜色信息，并选择基色或混合色中较亮的颜色作为结果色。比混合色暗的像素被替换，比混合色亮的像素保持不变。使用数学公式表示为：

结果色=最大值(基色,混合色)

本节案例将借助变亮图层混合模式提高照片的偏暗区域。请注意，对于局部偏暗的照片来说，不可直接使用“曲线”或“色阶”命令进行处理。

处理前

处理后



## STEP 01 认识变亮混合模式。

（该模式偏向亮调，可作为暗调过滤器）

通过对右图观察和分析：在基色和混合色中，结果色总显示较亮的颜色。底部区域的基色灰度值总大于混合色，故都显示基色；反之，图像右侧区域混合色灰度值较大，故都显示混合色。

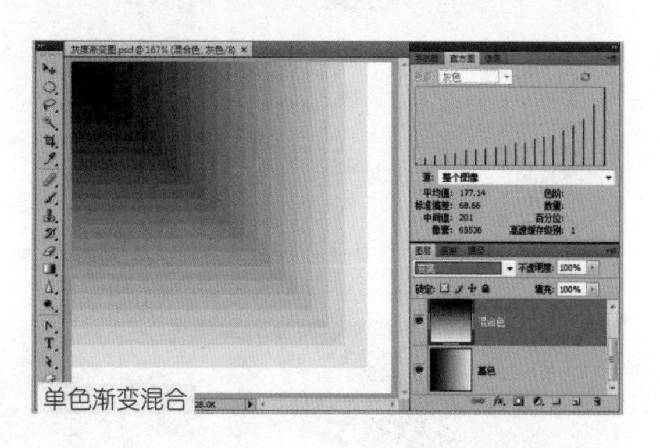
单色渐变混合

单色过滤混合

通过左图观察和分析：由于变亮模式总是显示较亮的颜色，因此使用中性灰色可以过滤掉基色中所有的暗部像素，这样在结果色中，最暗的颜色就是中性色。如果设置混合色为白色，则结果色总会显示白色；反之，如果混合色为黑色，则结果色就完全显示基色。

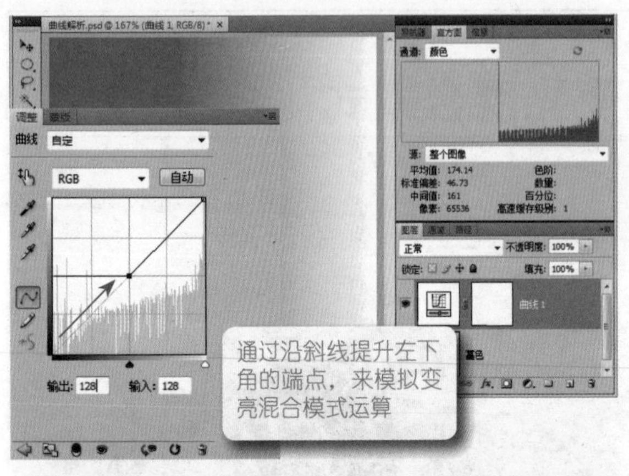


STEP 02 曲线演示变亮混合模式。
（以提高亮度的方式增加色阶）

针对变亮混合模式，可以通过拖曳左下角的端点到斜线上某个点上，把目标点作为过滤点，过滤目标点以下的暗调。此时该色阶值以下的所有像素点就全部被丢失，从而使图像变得更亮。

STEP 03 提高局部偏暗的照片。
（有选择的处理是Photoshop操作核心理念）

照片局部偏暗是一种普遍问题，通常方法是通过补曝来进行修复，但是这种方法对于问题不是很严重的照片来说，很容易让照片变得泛白，降低图像的对比度，从而使像质变差。而通过有选择性的处理，局部调整会产生更好的效果。

其工作原理是，利用“计算”命令计算出图像中偏暗的像素选区，然后再借助“曲线”命令进行适度调整即可。实施方法如下：

1. 打开本节案例素材文件，在“图层”面板中，拖曳“背景”图层到面板底部的“创建新图层”按钮 上，复制“背景”图层为“背景 副本”图层。
2. 选择“图像|计算”命令，打开“计算”对话框，设置“源1”的文件为当前文件，“图层”设置为“合并图层”，“通道”设置为“绿”通道。设置“源21”的文件为当前文件，“图层”设置为“背景 副本”图层（该参数在当前图像中可以忽略），“通道”设置为“绿”通道。最后勾选“源1”和“源2”的“反相”复选框，设置混合模式为“变亮”，从而计算出图像中偏暗的像素。
3. 单击“确定”按钮，关闭“计算”对话框，在“通道”面板中就会产生一个“Alpha 1”新通道。按住【Ctrl】键，单击该通道调出通道选区。
4. 切换到“图层”面板，在面板底部单击“创建新的填充和调整图层”按钮 ，从弹出的菜单中选择“曲线”命令，添加“曲线”调整图层。
5. 在“调整”面板中，向上拖曳曲线，以增强选区中像素的亮度，从而使照片的偏暗效果得到有效改善。

图层 07

# 制作亮丽、明晰的照片效果——使用滤色混合模式

Adobe官方解释：滤色混合模式能够查看每个通道的颜色信息，并将混合色的互补色与基色进行正片叠底。结果色总是较亮的颜色。用黑色过滤时颜色保持不变；用白色过滤将产生白色，此效果类似于多个摄影幻灯片在彼此之上投影。使用数学公式表示为：

结果色=255-[(255-基色)×(255-混合色)/255]

简单地说，滤色就是把基色和混合色反相后的灰度值相乘，再除于255，最后再反相。本节案例将借助滤色混合模式来改善照片的亮度。

处理前

处理后

STEP 01 认识滤色混合模式。

（该模式偏向亮调，可作为照片增亮器）

通过右对图观察和分析：滤色混合时，结果色总显示较亮的颜色。结果色以扇形从左上角逐渐向右下角变亮，呈完美的弧线，与x×y=z的曲线方程相似。当基色或混合色为黑色时，结果色总是为混合色或基色，而与白色混合总显示白色。

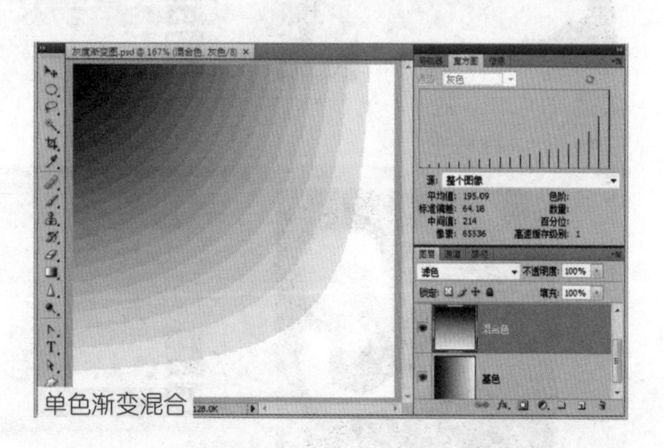

单色渐变混合

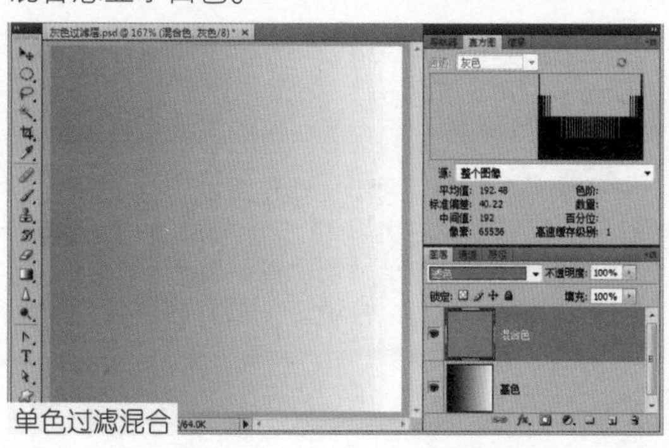

单色过滤混合

通过左图观察和分析：基色和混合色两者的位置关系不重要。同时，结果色总是大于基色或者混合色。在左图中，由于混合色为中性灰，故结果色中最暗的颜色不小于中性灰色。

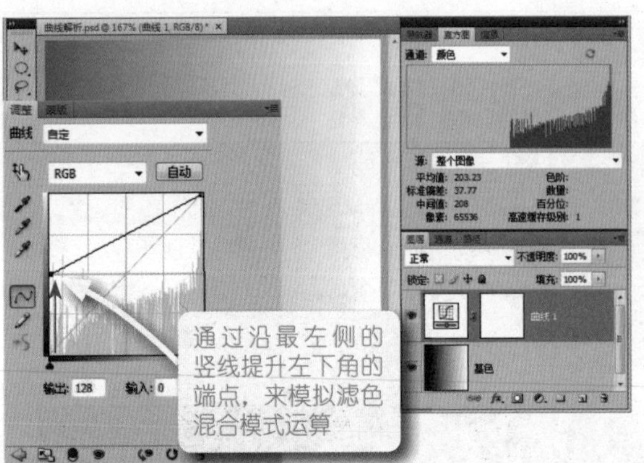


## STEP 02 曲线演示滤色混合模式。

（以降低对比度的方式增加色阶）

针对滤色混合模式，可以通过垂直拖曳左下角的端点到某个点上，把目标点作为色调提升点，所有暗部灰度值上的像素点亮度值被提升到目标点以上，从而使图像变亮。

这与使用“色阶”命令进行模拟具有相同的效果，如左下图所示。通过直方图的前后变化，可以发现输出色阶的调整前后，与中性灰的滤色混合模式运算结果是相同的。

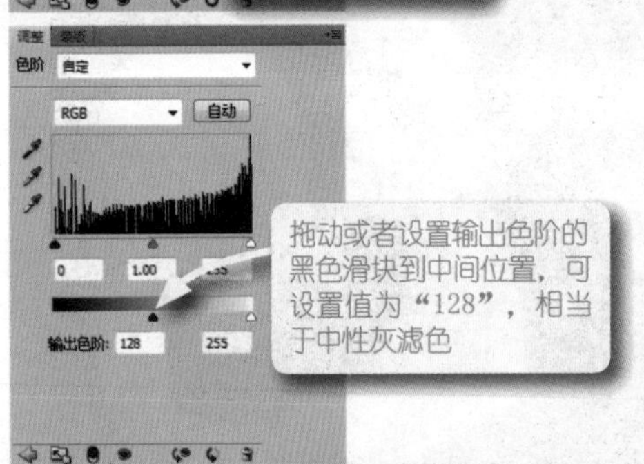


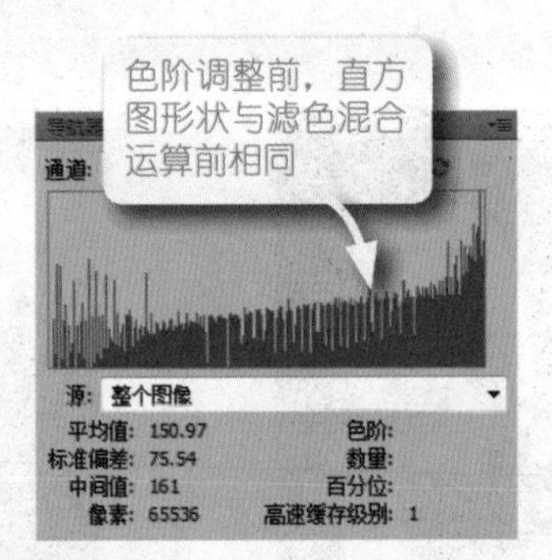


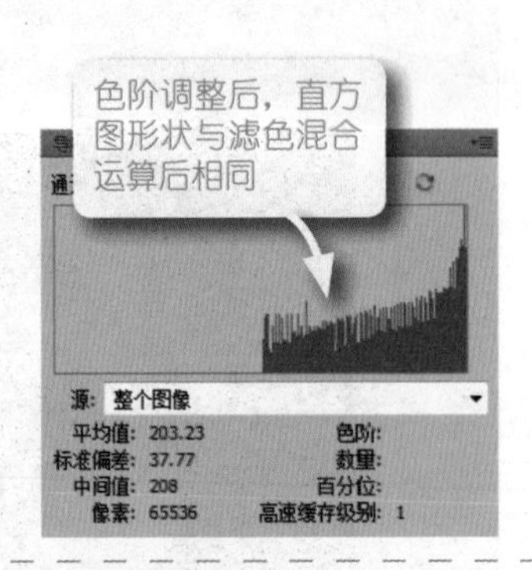


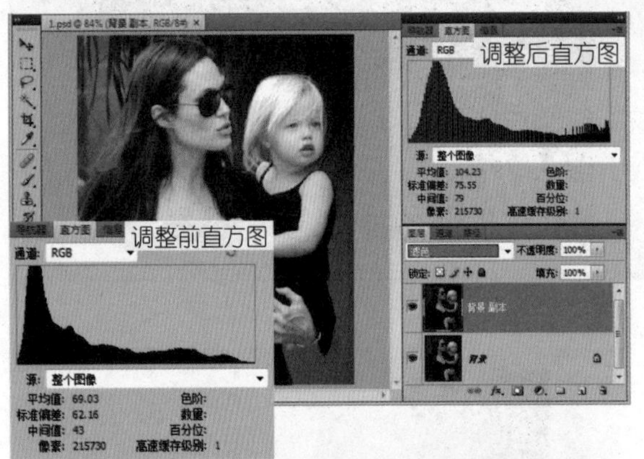


## STEP 03 制作亮丽、明晰的照片效果。

（通过提升暗部像素的亮度使照片更清晰）

打开本节案例的素材文件，在“图层”面板中复制背景图层为“背景 副本”图层。

选择“窗口|直方图”命令，打开“直方图”面板，可以看到原图像的色阶峰值严重向左偏移，要改善照片的像质，应该向右迁移峰值，使色阶分布更趋合理。

在“图层”面板中设置“背景 副本”图层的混合模式为“滤色”，则可以看到图像的亮度得到了增强。

在“图层”面板底部单击“创建新的填充和调整图层”按钮，从弹出的菜单中选择“亮度/对比度”命令，为图像添加一个“亮度/对比度”调整图层。

在打开的“调整”面板中，分别向右拖动“亮度”和“对比度”滑块，使照片看起来更亮，对比度更加明晰。该调整的幅度不宜过大。

以“亮度/对比度1”调整图层为当前图层，在“图层”面板右上角单击面板菜单按钮，从弹出的菜单中选择“创建剪贴蒙版”命令（可按【Ctrl=Alt+G】组合键，使调整图层仅对“背景 副本”图层产生作用，效果如左图所示。

图层 08

# 设计人物照片的素描效果——使用颜色减淡混合模式

Adobe官方解释：颜色减淡混合模式能够查看每个通道中的颜色信息，并通过减小对比度使基色变亮以反映混合色。与黑色混合则不发生变化。使用数学公式表示为：

结果色=基色+[(基色×混合色)/(255-混合色)]

简单地说，颜色减淡就是先计算基色与混合色反相的乘积，再加上基色与混合色的乘积，然后除以混合色的反相。颜色减淡与颜色加深模式一样比较诡异，理解起来不是那么容易，使用频率也比较低，不过借助该模式可以设计特效。

处理前

处理后

1 2 3 4 5 6 7

## STEP 01 认识颜色减淡混合模式。

（该模式偏向暗调，可用做图像特效处理）

通过右图观察和分析：颜色减淡混合时，结果色总显示较亮的颜色。如果混合色为白色，则基色无论为什么色，结果色都为白色；如果混合色为黑色，则结果色总是显示基色。

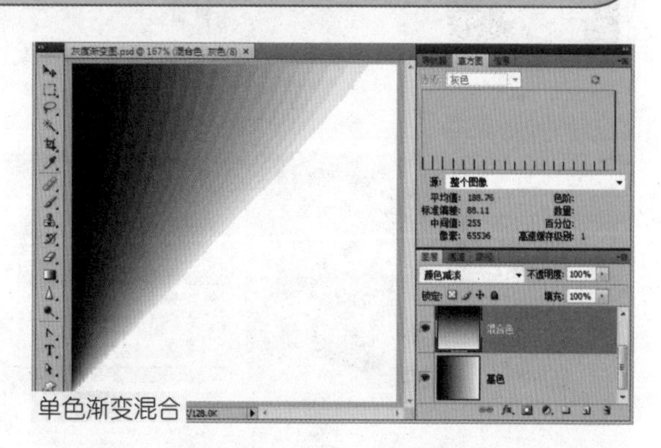

单色渐变混合

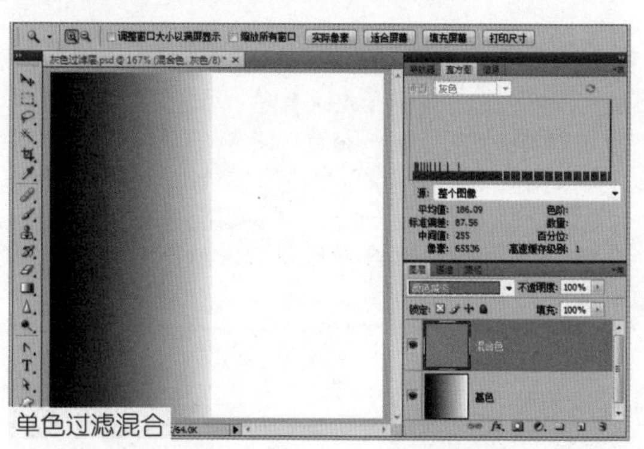

单色过滤混合

通过左图观察和分析：当基色大于或等于128（50%灰色）时，则无论混合色为什么色，结果色总是白色；当基色小于128（50%灰色）时，则结果色会以较大的反差反映基色的变化。

因此，利用颜色减淡模式可以增强基色的对比度，并忽略高光色调。

## STEP 02 曲线演示颜色减淡混合模式。

（以提高对比度的方式增加色阶）

针对颜色减淡混合模式，可以通过水平拖曳右上角的端点到某个点上，增强所有高光像素的亮度，同时通过降低色阶的宽度，来增强暗部区域的对比度。

这与使用“色阶”命令进行模拟具有相同的效果，如左下图所示。通过直方图的前后变化，可以发现输出色阶的调整前后，与中性灰的颜色减淡混合模式运算结果是相同的。

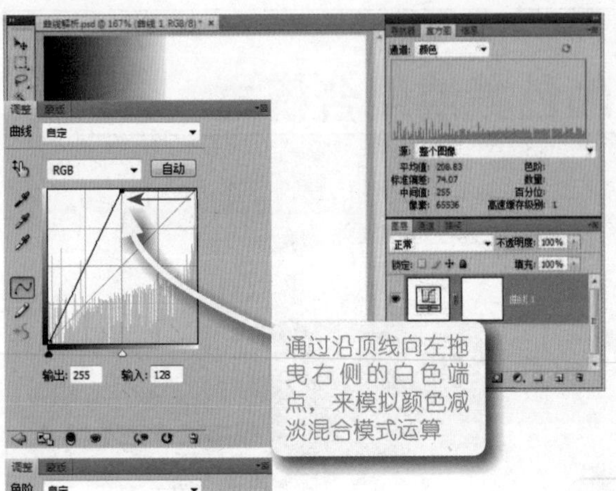


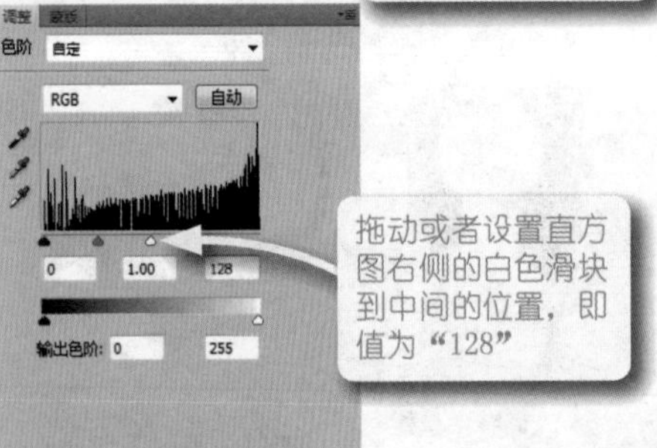


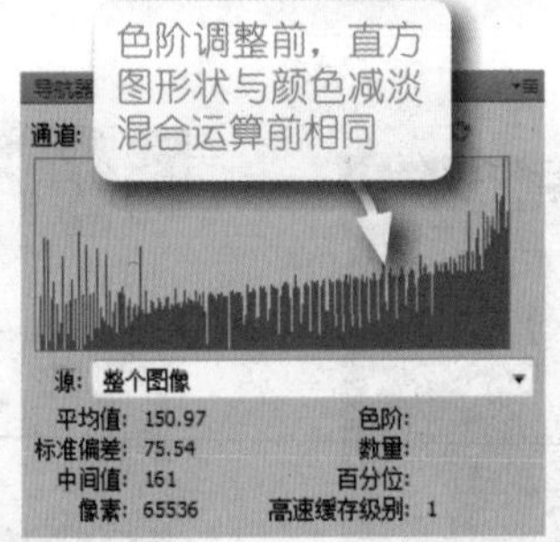


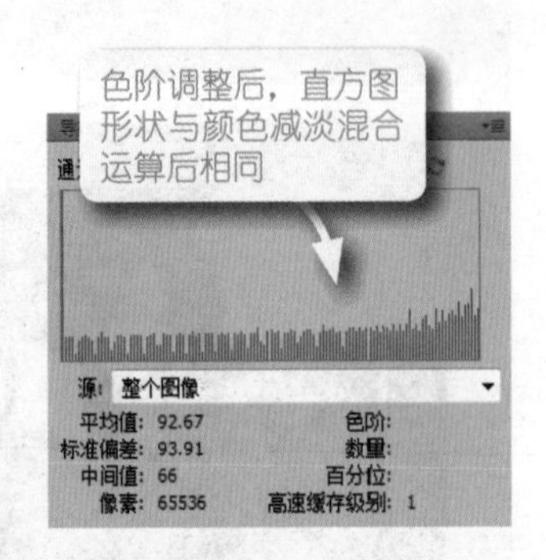


## STEP 03 设计人物照片的素描效果。

（通过特效抽出人物的轮廓线来实现）

打开本节案例的素材文件，在“图层”面板中复制“背景”图层为“背景 副本”图层。

选择“图像|调整|反相”命令，对“背景 副本”图层进行反相处理，并设置该图层的混合模式为“颜色减淡”，此时可以看到图像编辑窗口中显示为白色。

选择“滤镜|其他|最小值”命令，打开“最小值”对话框，设置“半径”为“2”像素，此时可以初步看到人物照片的素描效果。

考虑到照片的暗部细节损失过重，素描效果不是很明晰，可以考虑对暗部色调进行遮盖处理，这样就可以显示背景图层中的暗部色调效果。

双击“背景 副本”图层，打开“图层样式”对话框，按住【Alt】键，单击“混合颜色带”区域中的“下一图层”左侧的滑块，拆分该滑块，并拖曳半截滑块到中间位置，设置其值为“110”，这样下一图层中的暗部色调就按着这个渐隐幅度显示部分细节信息，从而增强图像的真实感，如左图所示。

# 图层 09 制作怀旧照片效果——使用线性减淡混合模式

Adobe官方解释：线性减淡混合模式能够查看每个通道中的颜色信息，并通过增加亮度使基色变亮以反映混合色。与黑色混合则不发生变化。使用数学公式表示为：

结果色=基色+混合色。

简单地说，线性加深就是计算基色和混合色的和，从而提高图像的亮度。本节案例将利用线性减淡混合模式来模拟并设计怀旧照片效果。旧照片一般包含两个特点，一是照片没有丰富、鲜艳的色彩和逼真的细节，二是受外界环境腐蚀，老照片都有褪色、暗黄色调。老照片打上了岁月沧桑的烙印，有了另一种艺术韵味，使照片更加耐看，如下图所示。

处理前

处理后

## STEP 01 认识线性减淡混合模式。
（该模式偏向亮调，可用做图像变亮处理）

通过对右图观察和分析：线性加深混合时，结果色总显示较亮的颜色。如果减淡色或者基色为白色，则结果色总是为白色；如果混合色为黑色，则结果色显示为基色，反之，如果基色为黑色，则结果色显示为混合色。

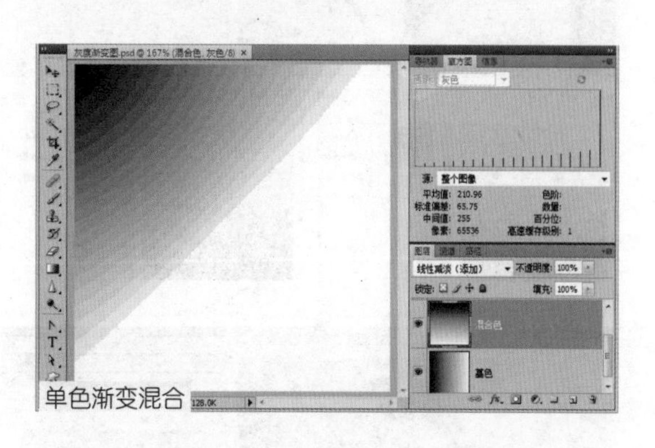

单色渐变混合

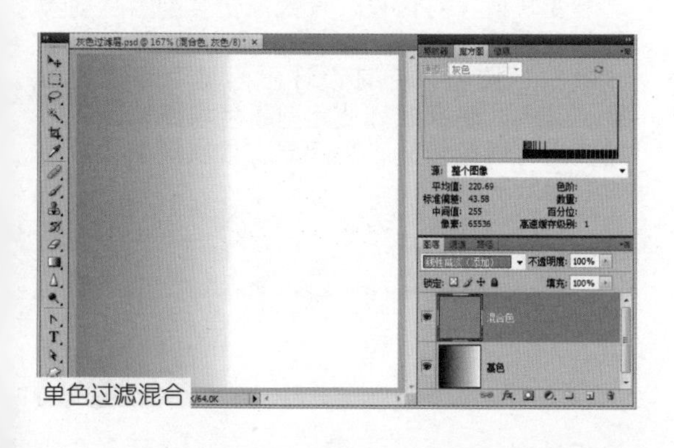

单色过滤混合

通过左图观察和分析：当基色和混合色都大于或等于中性灰色，则结果色总是为白色；当混合色为中性灰色，则结果色中最暗的颜色为中性灰色。基色的对比度被降低，呈现较亮的效果。线性减淡比颜色减淡具有更剧烈的增亮效果。

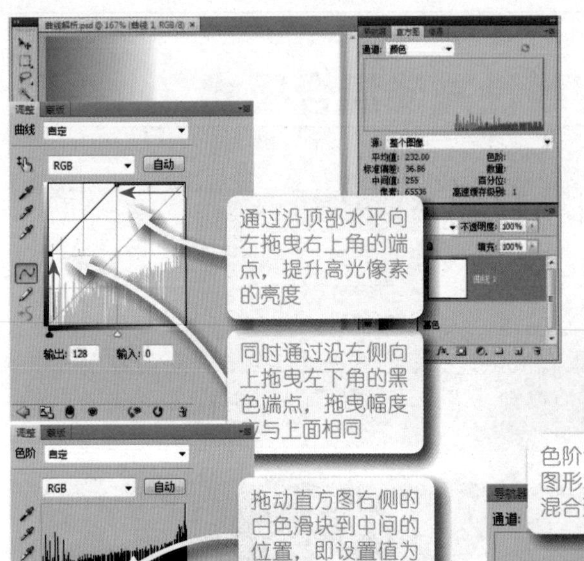


## STEP 02 曲线演示线性减淡混合模式。

（以提高亮度的方式增加色阶）

针对线性减淡混合模式，可以通过水平拖曳右上角的端点到某个点上，放弃所有高光像素，通过垂直向上拖曳左下角的端点到某个点上，提高所有暗部像素点的亮度值，从而使图像变亮。

这与使用“色阶”命令进行模拟具有相同的效果，如左下图所示。

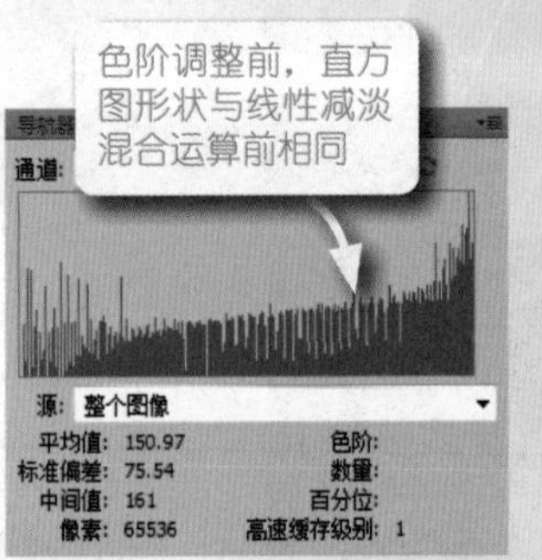


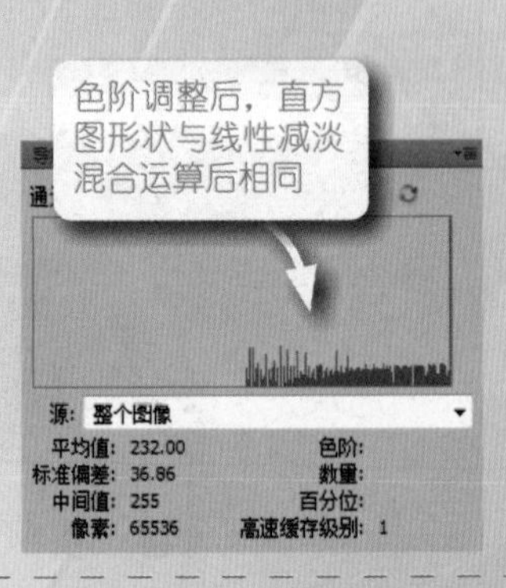

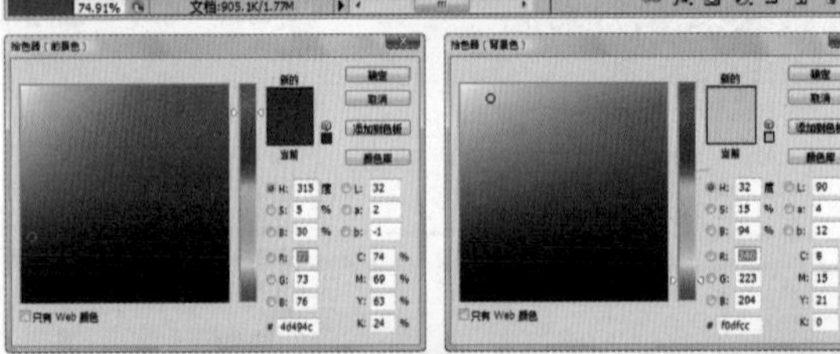

## STEP 03 制作怀旧照片效果。

（配合渐变映射来完成设计）

打开本节案例的素材文件，在“图层”面板中复制“背景”图层为“背景 副本”图层。

在工具箱中分别单击前景色图标和背景色图标，打开“拾色器”对话框，分别设置如下：

※ 前景色RGB为77、73、66。

※ 背景色RGB为240、223、204。

设计一幅褪色的黑白照片主色调，其中，前景色需要模拟旧黑白照片暗部的色调，背景色需要模拟旧黑白照片亮部的颜色。该前景色和背景色的色彩是根据本照片的层次确定的，读者可以根据原始图片的色调差异性，适当修改。

选择“图像|调整|渐变映射”命令，打开“渐变映射”对话框，设置渐变类型为从前景色到背景色，其他选项保持默认设置，单击“确定”按钮，即可设计出旧黑白照片的效果。其中，暗部区域使用前景色填充，高光区域使用背景色填充，中间层次依次渐变，效果如左图所示。

在“图层”面板中，再次复制两个背景图层的副本，然后单击“图层”面板底部的“创建新组”按钮，新建“组1”，并把复制的“背景 副本2”和“背景 副本3”图层拖曳到组中。

选中“背景 副本3”图层，设置该图层的混合模式为“线性减淡（添加）”。利用该混合模式分离出照片中鲜艳的色彩，具体包含人物的红色衣服、头发，以及部分亮色的背景。分离出来的色彩将用于模拟褪色的彩色，或者手工添加的颜色，如右图所示。

再选择”组1“，设置组1的图层混合模式为“线性加深”，并设置“不透明度”为“20%”，效果如右下图所示。

利用线性加深混合模式，计算出“背景 副本”图层的深色调，为渐变映射后的照片加深颜色，增大反差，夸张色彩，其后再通过降低不透明度减淡色彩。实际处理其他照片时，不透明度视具体效果而定。

按【Ctrl+Shift+Alt+E】组合键，盖印可见图层，得到新创建的“图层1”。所谓盖印可见图层就是在处理照片时，将处理后的效果盖印到新的图层上，通俗地说就是合并可见层到新的图层，而又保留（不破坏）原来的图层。

这种快捷方式的功能与合并可见图层相同，但比合并图层更好用。因为盖印是重新生成一个新的图层而不会影响前面已经处理的各种图层。这样做的好处就是,如果重新修改前面的处理效果，可以删除盖印图层，而前面所做的效果图层依然保存。极大地方便后期处理，也可以节省时间。

最后，选择“滤镜|艺术效果|胶片颗粒”命令，打开“胶片颗粒”对话框，设置“颗粒”为“1”、“高光区域”为“1”、“强度”为“1”，通过滤镜方式模拟胶片粗颗粒的效果。

图层 10

# 优化照片中人物皮肤的色彩——使用叠加混合模式

Adobe官方解释：叠加混合模式能够对颜色进行正片叠底或过滤，具体取决于基色。图案或颜色在现有像素上叠加，同时保留基色的明暗对比。不替换基色，但基色与混合色相混以反映原色的亮度或暗度。使用数学公式表示为：

※ 如果基色小于等于128，则：结果色 =(基色×混合色)/ 128。

※ 如果基色大于128，则：结果色 = 255 - [(255 - 基色)×(255 - 混合色)/ 128 ]。

简单地说，叠加混合模式是以基色为基础进行计算的，如果基色偏暗（小于128），则模拟正片叠底模式进行计算，使像素变得更暗。如果基色偏亮（大于等于128），则模拟滤色模式进行计算，使像素变得更亮。

处理前

处理后

STEP 01 认识叠加混合模式。
（该模式偏向两端，可用做图像反差处理）

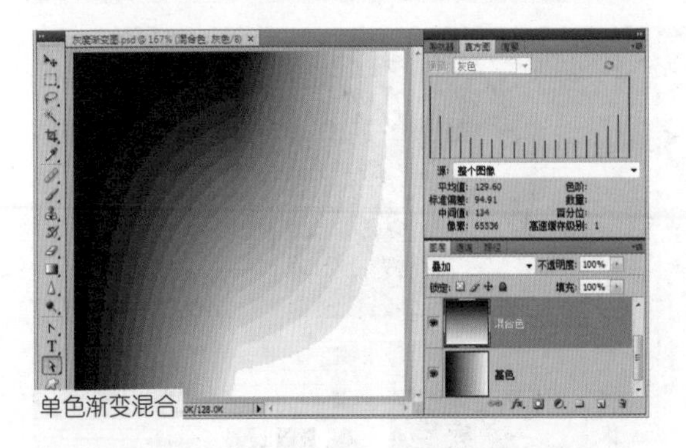
单色渐变混合

通过左图观察和分析：叠加混合时，结果色将会向两端偏移，通过直方图也可以看到这种变化区域。这样就很容易产生马太效应，暗部区域变得更暗，而高光区域变得更亮。

通过对右图观察和分析：由于该模式是以基色作为基础的，所以当使用中性灰色填充图层来试验时，会发现对于结果色并没有产生影响，也就是说结果色与基色是相同的，通过比较直方图会更容易理解。但是如果使用黑色和白色填充图层来混合时，将会产生正片叠底和滤色效果。

单色过滤混合

## STEP 02 叠加混合模式实战。

（通过叠加模式优化人物皮肤对比度）

打开本节案例的源文件，通过分析该图像的直方图，可以看到峰值平缓，状如丘陵。在图像编辑窗口中直观分析图像的像质，会发现人物皮肤经过了磨皮处理，细节模糊化比较厉害，色彩趋于柔和，人物整体看起来没有个性，不是很鲜明。因此，我们将通过叠加混合模式来改善图像像素的对比度，使人物看起来更醒目，特别是皮肤区域。操作方法如下：

1. 首先，在“图层”面板中拖曳“背景”图层到面板底部的“创建新图层”按钮上，复制“背景”图层为“背景 副本”图层。
2. 切换到“通道”面板，分析图像的3个原色通道，先选中对比度强烈的红色通道。
3. 选择“图像|应用图像”命令，打开“应用图像”对话框，在“源”选项区域中设置图像为当前打开的文件，“图层”设置为“背景”图层，“通道”设置为“红”通道，设置混合模式为“叠加”、“不透明度”为“30%”，并勾选“蒙版”复选框。
4. 然后在显示的蒙版选项区域设置图像为当前打开的文件，“图层”设置为“背景”图层，“通道”设置为“灰”通道，如右图所示。
5. 单击“确定”按钮，关闭“应用图像”对话框，然后在“通道”面板中选中绿色通道，再次选择“图像|应用图像”命令，打开“应用图像”对话框，在“源”选项区域中设置图像为当前打开的文件，“图层”设置为“背景”图层，“通道”设置为“绿”通道，设置混合模式为“叠加”、“不透明度”为“50%”。
6. 最后，选中蓝色通道，模仿上一步的参数设置，为蓝色通道应用图像混合计算即可。通过这种方式，利用叠加混合模式分别为不同原色通道提高色阶对比度，从而提升了人物皮肤的对比度和明亮度，使人物看起来更真实。

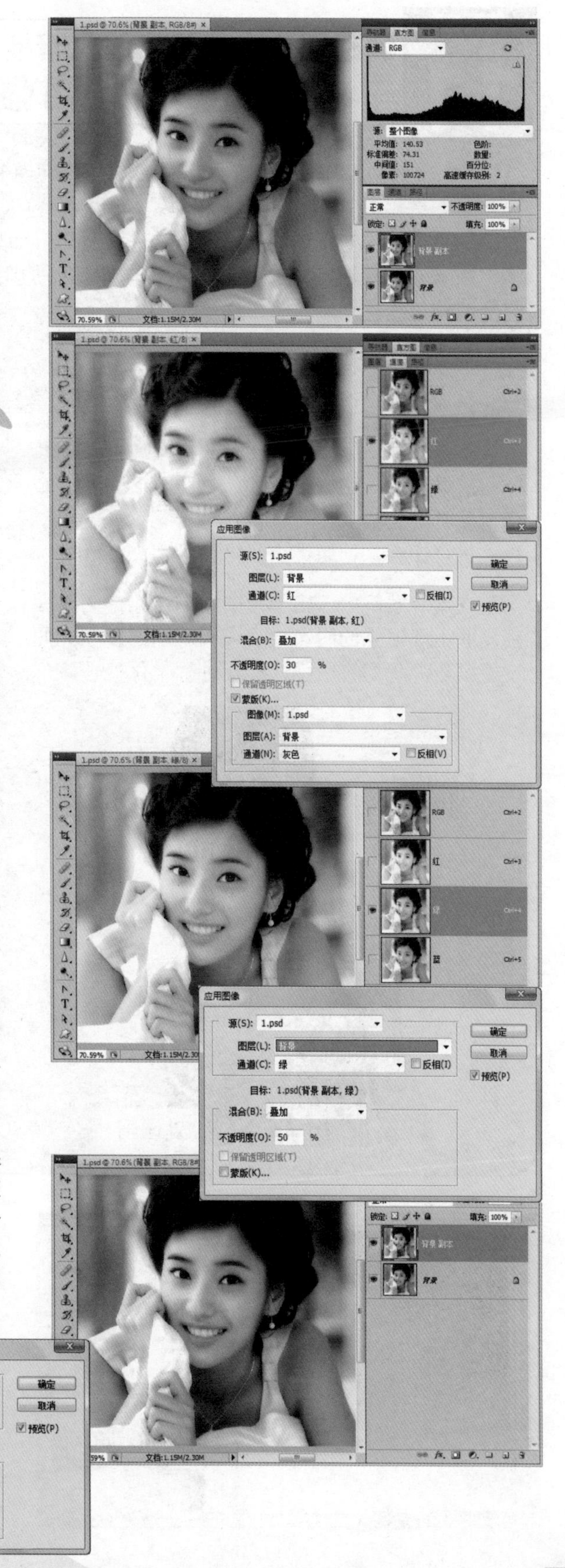

图层 11

# 调整照片中人物皮肤明暗度——使用强光混合模式

Adobe官方解释：强光混合模式能够对颜色进行正片叠底或过滤，具体取决于混合色。此效果与耀眼的聚光灯照在图像上相似。如果混合色（光源）比 50%灰色亮，则图像变亮，就像过滤后的效果，这对于向图像添加高光非常有用；如果混合色（光源）比 50% 灰色暗，则图像变暗，就像正片叠底后的效果，这对于向图像添加阴影非常有用。使用纯黑或纯白色绘画会出现纯黑或纯白色。

使用数学公式表示为：

※ 如果混合色小于等于128，则：结果色=（ 基色×混合色 ）/ 128。

※ 如果混合色大于128，则：结果色 = 255 - [(255 - 基色)×(255 - 混合色)/ 128 ]。

简单地说，强光混合模式是以混合色为基础进行计算的，如果混合色偏暗（小于128），则模拟正片叠底模式进行计算，使像素变得更暗。如果混合色偏亮（大于等于128），则模拟滤色模式进行计算，使像素变得更亮。

在本节案例中，由于受阴影的影响，人物面部皮肤出现很强的阴影效果，同时胸部皮肤光照过于强烈，我们将用强光模式进行柔化处理。

处理前

处理后

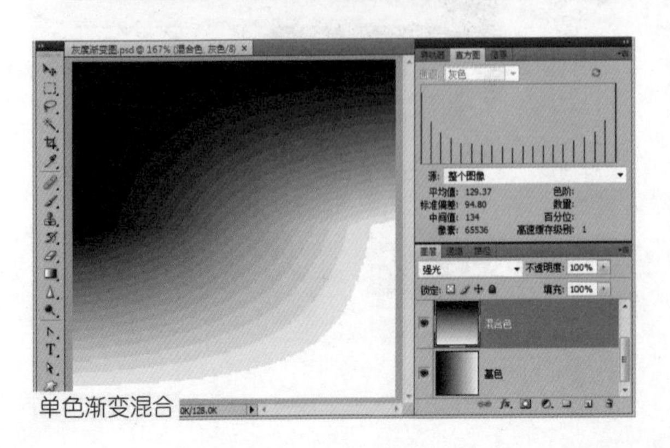

单色渐变混合

STEP 01 认识强光混合模式。
（该模式偏向两端，可用做图像反差处理）

通过对左图观察和分析：强光混合时，结果色将会向两端偏移，通过直方图也可以看到这种变化区域。这样就很容易产生马太效应，暗部区域变得更暗，而高光区域变得更亮。

实际上，强光模式与叠加模式功能是相同的，它们的运算公式也相同，唯一的区别就是执行运算的条件不同。叠加模式以基色为计算的前提条件，而强光模式以混合色为计算的前提条件。故对于同源图层或者通道来说，这两种混合模式的结果色是完全相同的。

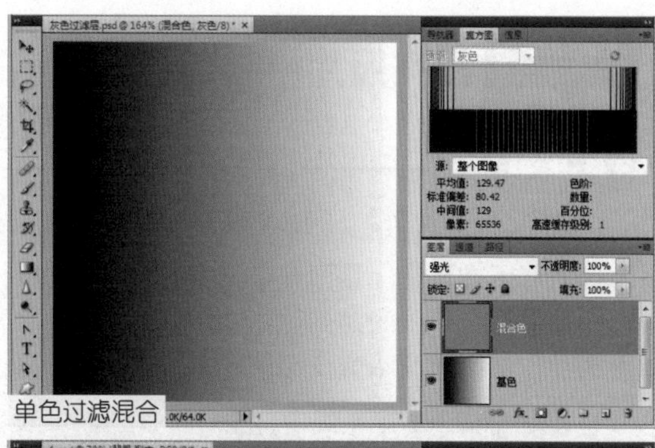
单色过滤混合

STEP 02 强光混合模式实战。
（通过强光模式调整人物皮肤光影效果）

打开本节案例的源文件，在“图层”面板中复制“背景”图层为“背景 副本”图层。

选择“图像|计算”命令，打开“计算”对话框，设置“源1”的图像为当前文件，“图层”设置为“合并图层”，“通道”设置为“红”通道。设置“源2”的图像为当前文件，“图层”设置为“背景 副本”图层，“通道”设置为“蓝”通道，并勾选“反相”复选框。

在“混合”选项中设置混合模式为“强光”，通过该种混合运算获取人物皮肤的主要选区，如右下图所示。单击“确定”按钮，关闭“计算”对话框，则在“通道”面板中生成了一个 名为“Alpha 1”的通道。

按住【Ctrl】键，单击“Alpha 1”的通道选区，在“图层”面板中新建“曲线”调整图层，然后在“调整”图层中，调整曲线为反S型，通过压低高光、提升暗部的方法降低选区内像素明暗对比度。

最后，选中“背景 副本”图层，设置图层混合模式为“强光”，“不透明度”设置为“25%”，通过这种方式改善中间灰度过大的沉闷效果。

图层 12

# 提亮照片中暗部细节——使用柔光混合模式

Adobe官方解释：柔光混合模式能够使颜色变暗或变亮，具体取决于混合色。此效果与发散的聚光灯照在图像上相似。如果混合色（光源）比 50% 灰色亮，则图像变亮，就像被减淡了一样；如果混合色（光源）比 50% 灰色暗，则图像变暗，就像被加深了一样。使用纯黑或纯白色绘画会产生明显变暗或变亮的区域，但不会出现纯黑或纯白色。使用数学公式表示为：

※ 如果混合色小于等于128，则：结果色=(基色×混合色)/128 +(基色/255)2×(255−2×混合色)。

※ 如果混合色大于128，则：结果色 =[基色×(255−混合色)]/128 +(基色/255)0.5×(2×混合色−255)。

处理前

处理后

## STEP 01 认识柔光混合模式。（柔光模式是最不规则的一种混合模式）

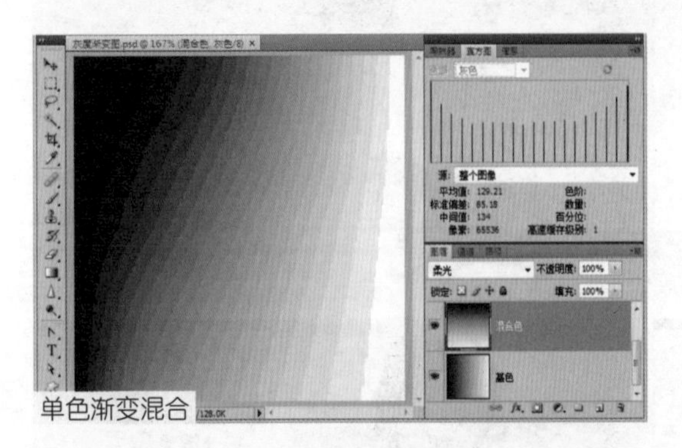

单色渐变混合

通过对左图观察和分析：柔光模式是叠加类混合模式中最复杂的混合模式。通过左图可以发现，结果色呈现不完全对称的变化效果。无论从横向、竖向或者对角方向上，都略有不对称的关系。柔光也是根据混合色来决定运算的模式，这与强光混合模式相同，但是混合后的图像效果更加接近叠加模式，因此柔光模式是综合叠加和强光两种模式的一种特殊混合模式。如果隐藏色调分离调整图层，可以看到柔光模式的直方图犹如盆地，而叠加模式犹如山谷。

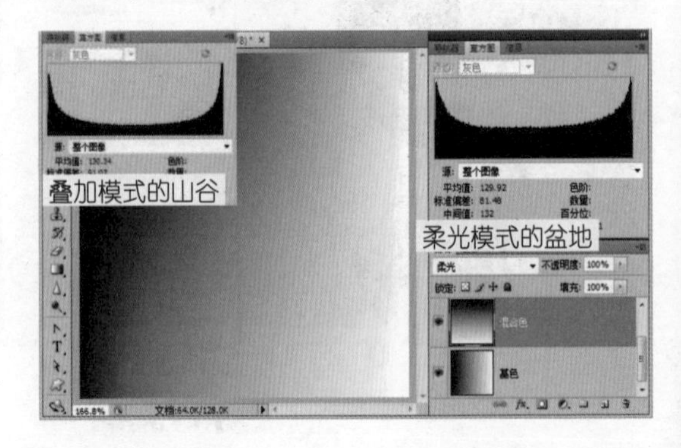

叠加模式的山谷

柔光模式的盆地

## STEP 02 柔光混合模式实战。

（通过柔光模式可以优化高光和暗部细节）

打开本节案例的源文件，通过分析该图像的直方图，可以看到峰值严重偏左，暗调过度，暗部细节丢失严重。因此，我们将通过柔光混合模式来改善图像暗部细节信息，使黑暗的背景看起来更明晰。操作方法如下：

1. 首先，在“图层”面板中拖曳“背景”图层到面板底部的“创建新图层”按钮 上，复制“背景”图层为“背景 副本”图层。

2. 选择“图像|调整|反相”命令，反相“背景 副本”图层，这样就能够促使直方图发生逆转，使峰值向右偏移。在“图层”面板中设置该图层的混合模式为“柔光”，这样就可以使图像与其反相混合后的结果色向中间偏移，如右图所示。

3. 但是，这种混合是以损失图像对比度作为代价的。为此，先隐藏“背景 副本”图层，切换到“通道”面板，找到高光与暗部对比比较明显的通道，这里选择红色通道。按住【Ctrl】键，单击“红”通道，调出该通道选区。

4. 按【Shift+F7】组合键，反相选择选区，切换到“图层”面板，显示并选中“背景 副本”图层，在面板底部单击“添加图层蒙版”按钮 ，为“背景 副本”图层中的选区添加图层蒙版。这样使用蒙版遮盖图像中高光和中间调区域的混合运算，从而使柔光混合模式仅作用于图像暗部区域。

5. 在“图层”面板底部单击“创建新的填充和调整图层”按钮 ，从弹出的菜单中选择“亮度/对比度”命令，添加“亮度/对比度”调整图层，并在“调整”图层中，设置“亮度”和“对比度”为“100”，以增强图像的亮度和对比度，然后按【Ctrl+Alt+G】组合键，把调整图层设置为“背景 副本”图层的剪贴蒙版即可。

图层 13

# 增强照片中性色调的对比度——使用亮光混合模式

Adobe官方解释：亮光混合模式能够通过增加或减小对比度来加深或减淡颜色，具体取决于混合色。如果混合色（光源）比 50% 灰色亮，则通过减小对比度使图像变亮；如果混合色比 50% 灰色暗，则通过增加对比度使图像变暗。使用数学公式表示为：

※ 如果混合色小于等于128，则：结果色=[(255-基色)×(255-2×混合色)]/(2×混合色)。

※ 如果混合色大于128，则：结果色 =基色+[基色×(2×混合色-255)]/[255-(2×混合色-255)]。

简单地说，如果混合色比较暗（小于等于中性灰色），将执行颜色加深混合运算；如果混合色比较亮（大于中性灰色），将执行颜色减淡混合运算。

处理前

处理后

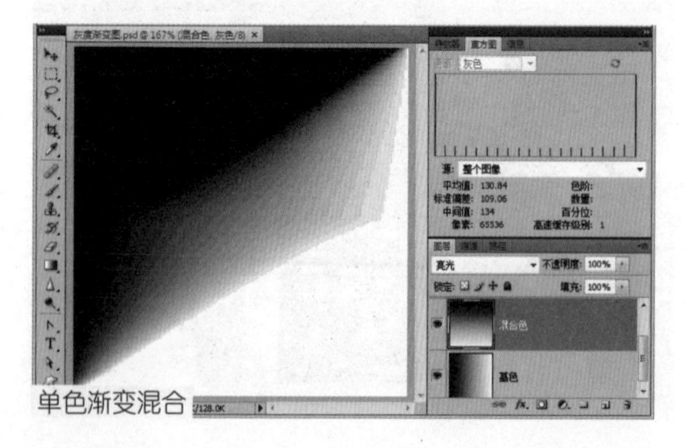

单色渐变混合

STEP 01 认识亮光混合模式。（亮光模式是加速两级化的一种混合模式）

通过左图观察和分析：亮光模式是颜色加深模式和颜色减淡模式的马太效应式运算，它也是以混合色为基础进行判断运算的。对于同源图层来说，亮光模式会使图像更强烈地向两级分化，如右图所示。左右两侧的纯黑色和纯白色区域宽度扩大，中间过渡色宽度缩小，图像对比度加大。而柔光模式就比较缓和，同时柔光模式不会把较暗或较亮区域完全转换为纯黑色或者纯白色。同源图层亮光混合的结果色类似“亮度/对比度”命令的调整色。

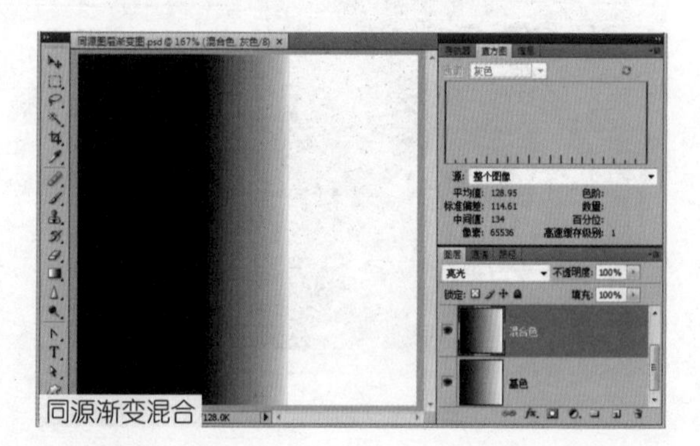

同源渐变混合

## STEP 02 亮光混合模式实战。

（通过亮光模式可以优化中间色调的对比度）

打开本节案例的源文件，通过分析该图像的直方图，可以看到峰值严重偏右，暗部细节缺失，中间色调平庸，人物看起来发灰，图像对比度不强，人物缺乏真实感。因此，我们将通过亮光混合模式来改善图像中间色调的细节信息，加强图像对比度。操作方法如下：

1. 首先，在“图层”面板中拖曳“背景”图层到面板底部的“创建新图层”按钮 上，复制“背景”图层为“背景 副本”图层。

2. 在“图层”面板中设置“背景 副本”图层的混合模式为“亮光”，这时可以看到图像对比度骤然加强，直方图中峰值被削平，高光区域雪亮，而暗部区域漆黑，如右图所示。

3. 当然这种混合模式使图像的像质变得更差，我们需要对“背景 副本”图层进行蒙版处理，实现有选择性的混合处理。为此，先隐藏“背景 副本”图层，切换到“通道”面板，找到高光与暗部对比比较明显的通道，这里选择红色通道。按住【Ctrl】键，单击“红”通道，调出该通道选区。

4. 按【Shift+F7】组合键，反相选择选区，切换到“图层”面板，显示并选中“背景 副本”图层，在面板底部单击“添加图层蒙版”按钮 ，为“背景副本”图层中的选区添加图层蒙版。这样使用蒙版遮盖图像中高光区域的混合运算，从而使高光混合模式仅作用于图像中间色调和暗部区域。此时，可以看到直方图中次级峰值向左偏移，适当平衡了右偏的峰值。

5. 在“图层”面板中复制“背景”图层为“背景 副本2”图层，并将其拖曳到顶部，选择“图像|调整|反相”命令，反相图像，然后设置混合模式为“叠加”。按【Ctrl+Alt+G】组合键，把该图层设置为“背景 副本”图层的剪贴蒙版，使用叠加模式适度降低暗部色调的亮光混合运算，最后的效果如左图所示。

# 图层 14 通过选择性锐化优化照片的清晰度——使用点光混合模式

Adobe官方解释：点光混合模式能够根据混合色替换颜色。如果混合色（光源）比50%灰色亮，则替换比混合色暗的像素，而不改变比混合色亮的像素；如果混合色比50%灰色暗，则替换比混合色亮的像素，而比混合色暗的像素保持不变。这对于向图像添加特殊效果非常有用。使用数学公式表示为：

※ 如果混合色小于等于128，则：结果色=最小值(基色,2×混合色)。

※ 如果混合色大于128，则：结果色 =最小值(基色,2×(混合色-128))。

简单地说，如果混合色比较暗（小于等于中性灰色），将模拟变暗模式进行计算；如果混合色比较亮（大于中性灰色），将模拟变亮模式进行计算。

处理前

处理后

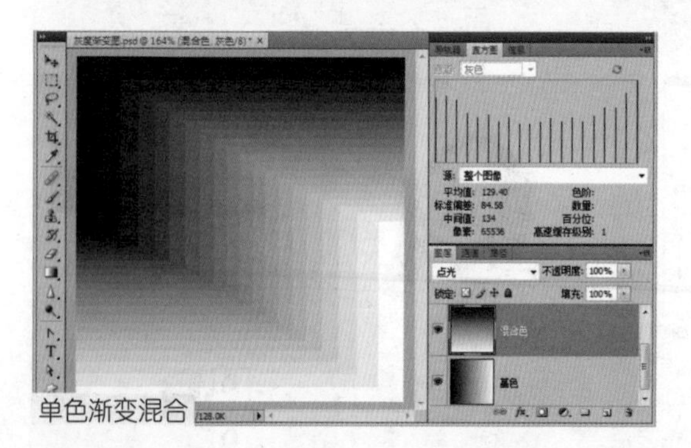

单色渐变混合

## STEP 01 认识点光混合模式。（点光模式是一种古怪的混合模式）

通过对左图观察和分析：点光模式是变暗模式和变亮模式的马太效应式运算。它也是以混合色为基础进行判断运算的。对于同源图层来说，亮光模式不会对图像产生影响，从下图可以看到这种趋势。点光模式不是完全按变暗和变亮模式进行选择，而是对混合色进行了压缩处理。当然，这种模式比较古怪，变化趋势不是很明显。通过上图可以看到该模式的变化主要集中在混合色的高光和暗部区域，并能够产生两条较明显的明暗变化转折边界（明暗纹理线）。

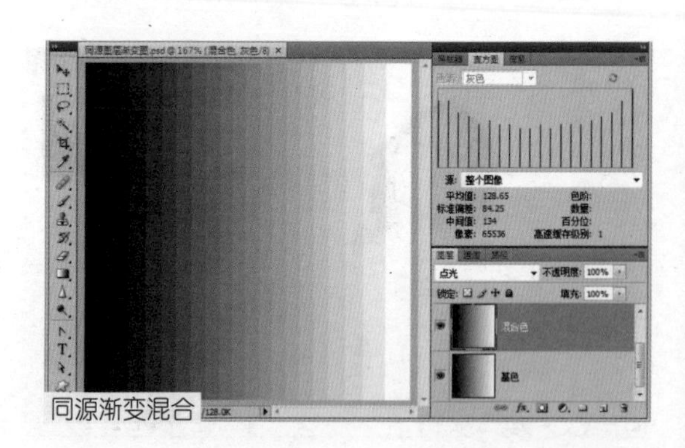

同源渐变混合

STEP 02 点光混合模式实战。
（通过点光模式可以找出图像明暗边界）

由于对焦不准、手轻微抖动等原因，都会造成所拍摄的照片模糊，如果没有重影，都可以通过Photoshop的锐化工具来修复。但是，一般的锐化操作容易制造大量的数码噪点，破坏照片像质。

锐化的本质就是提高边缘像素的反差。所有图像的边缘都包括了相邻的深色调和浅色调，通过让深色调更深，让浅色调更浅，就能够强调边缘，实现锐化图像的目的。

打开本节案例的源文件，通过分析原图像，会发现原画面模糊现象比较严重。一般常用的数码锐化工具主要是USM锐化滤镜。选择“滤镜|锐化|USM锐化”命令，打开“USM锐化”对话框，在该对话框中分别设置USM锐化的数量、半径和阈值，如右图所示。其中，数量用来控制锐化的强度，即增加边缘上的对比度，半径用来控制锐化效果范围大小，而阈值用来控制被锐化像素之间的差异度。可以通过调整阈值来保护部分纹理较少的区域不被过度锐化。

无论使用哪种锐化方法，都会对原图像像质产生一定的破坏性，不过可以通过蒙版技术，有效地控制想要锐化的区域，进行有选择的锐化，最大限度保护图片质量。

根据本案例原图分析，我们想要锐化的主要区域是人物的眼睛、鼻子、嘴唇，以及衣服的纹理等细节，而皮肤等大面积的光滑区域则不希望锐化。本案例将利用“计算”命令和“查找边缘”滤镜来达到这个目的。

1. 首先，选择“图像|计算”命令，打开“计算”对话框，设置“源1”的“通道”为“红”，“源2”的“通道”设置为“绿”，混合模式选择“点光”，其余保持不变，如右上图所示。此时就得到了一个纹理较暗而光滑区域较明亮的Alpha 1通道。
2. 选择“滤镜|风格化|查找边缘”命令，获取Alpha 1通道中的纹理边缘。选择“图像|调整|反相”命令（或者按【Ctrl+I】组合键），反相调整Alpha 1通道，如右图所示。此时获得一个纹理较亮，而光滑区域较暗的选区通道。
3. 然后，再对反相后的通道进行微调，使用“色阶”命令加强细节，使用“高斯模糊”命令令选区更柔和。

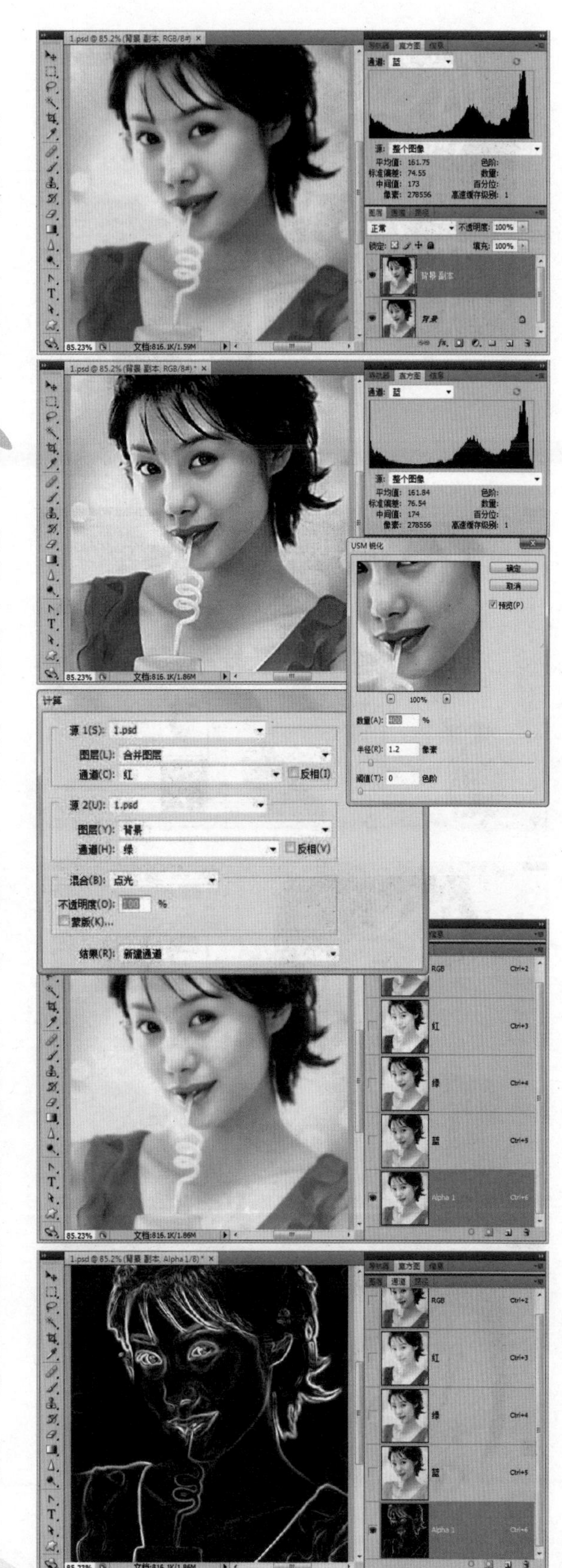

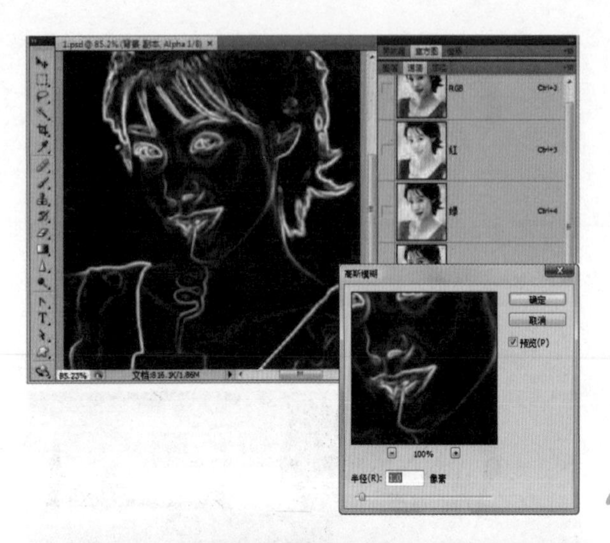

4. 选择“图像|调整|色阶”命令，打开“色阶”对话框，适当调整白色滑块，调亮高光细节，如左图所示。

5. 选择“滤镜|模糊|高斯模糊”命令，对白色的纹理边缘进行柔化处理，设置“半径”为“1”像素，如左图所示。

6. 最后，按住【Ctrl】键，在“通道”面板中单击“Alpha 1”通道，调出该通道的选区。

切换到“图层”面板，显示并选中“背景 副本”图层，在面板底部单击“添加图层蒙版”按钮，为“背景 副本”图层的选区添加图层蒙版，利用该蒙版就可以遮盖住人物平滑区域，以下进行锐化处理。

当然，使用这种有选择性的锐化处理，照片中的部分区域仍然出现了质量受损的问题，如左图所示，特别是头发边缘出现明显的高光现象。

为了修复受损的图像部分，读者可以根据需要减弱受损区域的锐化效果。使用画笔工具在锐化蒙版上进行涂抹，以控制图像受损的区域。为了实现更加平滑的控制，可以将画笔的“不透明度”设置为较低值，如左下图所示，并设置画笔颜色为黑色，用来屏蔽图像中过多的锐化效果。在“背景 副本”图层的图层蒙版上单击，切换到图层蒙版编辑状态，按【Ctrl++】组合键放大图像，然后使用画笔对不需要锐化的区域单击、拖曳进行涂抹即可。最后修复的效果如下图所示。

图层 15

# 均匀调整照片的色调分布——使用线性光混合模式

Adobe官方解释：线性光混合模式能够通过减小或增加亮度来加深或减淡颜色，具体取决于混合色。如果混合色（光源）比 50% 灰色亮，则通过增加亮度使图像变亮；如果混合色比50%灰色暗，则通过减小亮度使图像变暗。使用数学公式表示为：

结果色=基色+(2×混合色)-255。

简单地说，线性光就是根据混合色来决定对图像是执行类似线性加深模式运算，还是线性减淡模式运算。虽然线性光是根据混合色作为运算的前提条件的，但是它的公式仍然可以合并为一个公式，这体现了线性光混合模式的直白特性，当然也更容易让人接受和理解。

处理前

处理后

## STEP 01 认识线性光混合模式。

（该模式是一种最直白的叠加类型混合模式）

通过右图观察和分析：线性光模式是线性加深模式和线性减淡模式的马太效应式运算。与其他叠加类型模式进行比较，线性光模式的渐变混合后的结果色比较直接，呈现近似直线型黑白过渡。

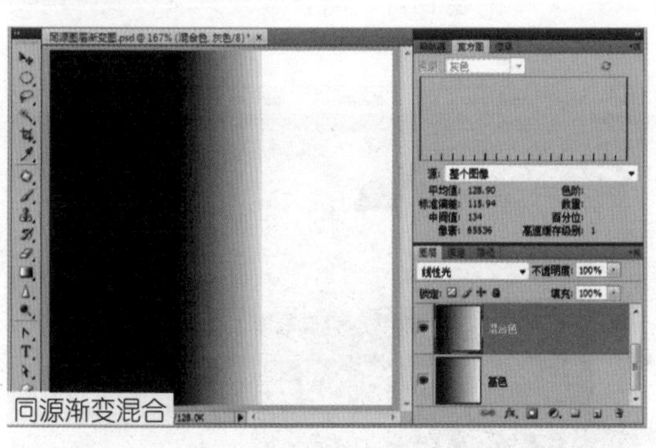
同源渐变混合

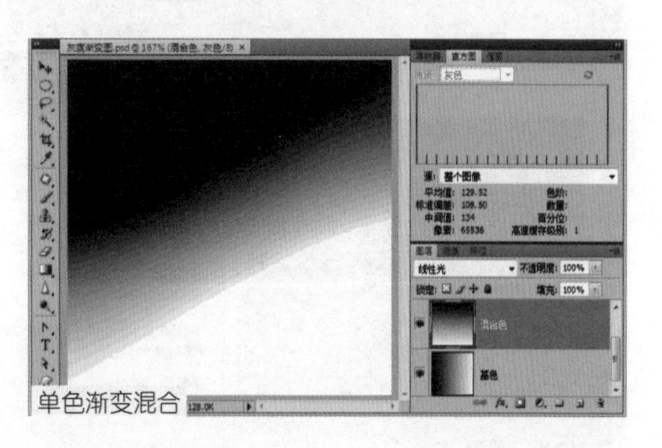
单色渐变混合

对于同源图层来说，线性光模式与亮光模式具有相近的效果，当然它们也是颜色信息损失最大的两种混合模式。当应用这两种混合模式时，应该考虑到暗部和高光区域可能会因为颜色信息溢出而丢失。同源图层线性光混合的结果色类似“亮度/对比度”命令的调整色。

STEP 02 线性光混合模式实战。

（通过线性光模式可以扩散明暗色调）

打开本节案例源文件，可以看到图像四周曝光不足，色调偏暗，这是远镜头照片中常见的问题。下面将利用线性光模式清除这种现象，让照片看起来更加色调均匀，操作方法如下：

1. 首先，在“图层”面板中拖曳“背景”图层到面板底部的“创建新图层”按钮上，复制“背景”图层为“背景 副本”图层。

2. 选择“图像|调整|去色”命令（或者按【Ctrl+Shift+U】组合键），给“背景副本”图层去色。选择“滤镜|模糊|高斯模糊”命令，打开“高斯模糊”对话框，模糊化处理该图层图像不清楚为止，利用这种方法获取图像的明暗色调轮廓。

3. 在“图层”面板中设置“背景 副本”图层的混合模式为“线性光”，由于线性光模式增大了图像的反差，此时可以看到更强烈的明暗对比。按【Ctrl+I】组合键，反相图层图像，这时可以看到图像的四周变得明亮起来。不过，亮度过强，且图像焦点位置图像变得比较暗了。

4. 在“图层”面板中添加一个“亮度/对比度”调整图层，在“调整”面板中调低亮度和对比度，参数设置如左下图所示。按【Ctrl+Alt+G】组合键，把该图层设置为“背景 副本”图层的剪贴蒙版。

5. 仅显示背景图层，在“通道”面板中找到明暗对比强烈的通道，按【Ctrl】键单击调出该通道选区。按【Shift+F7】组合键反选选区，为“背景 副本”图层添加蒙版，并设置该图层的“不透明度”为“50%”，如下图所示。最后，使用黑色、半透明度的画笔涂抹该蒙版中的植物叶区域，隐藏焦点区域不需要处理的图像细节。

在图层蒙版中，使用黑色画笔涂抹叶子区域，画笔的不透明度应比较低，其他焦点位置也可以进行涂抹，以便保护图像原高光细节

## 图层 16　设计网点印刷的照片效果——使用实色混合模式

Adobe官方解释：实色混合模式能够将混合颜色的红色、绿色和蓝色通道值添加到基色的RGB值。如果通道的结果总和大于或等于255，则值为 255；如果小于255，则值为0。因此，所有混合像素的红色、绿色和蓝色通道值要么是0，要么是255。这会将所有像素更改为原色：红色、绿色、蓝色、青色、黄色、洋红、白色或黑色。使用数学公式表示为：

※ 如果基色与混合色的和大于等于255，则结果色=255。

※ 如果基色与混合色的和小于255，则结果色=0。

简单地说，实色混合就是把成千上百的颜色简单地转换为8种基本色，即三原色及其互补色，另加黑白色。实色混合在数码照片后期修理中基本上没有多大用处，不过可以利用它做一些图像特效，本案例就是利用实色混合来模拟纸质印刷中的网格效果，如下图所示。

处理前

处理后

### STEP 01 认识实色混合模式。
（该模式是一种最简单的叠加类型混合模式）

通过对右图观察和分析：实色混合模式是一种简单的二选一处理模式。与其他叠加类型模式相比，实色混合模式的结果色只有两种颜色，要么是黑色，要么是白色，没有第3种颜色呈现。

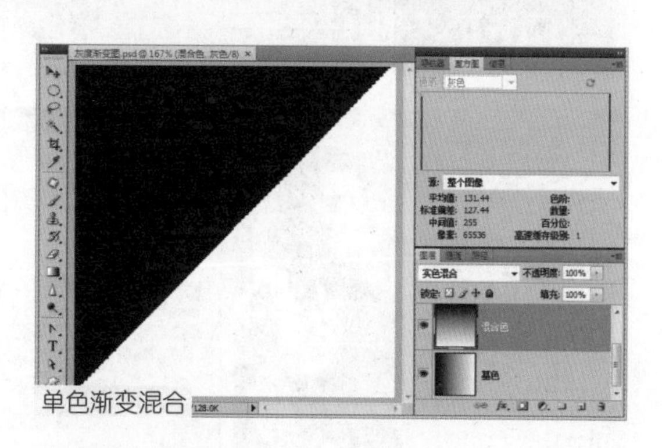
单色渐变混合

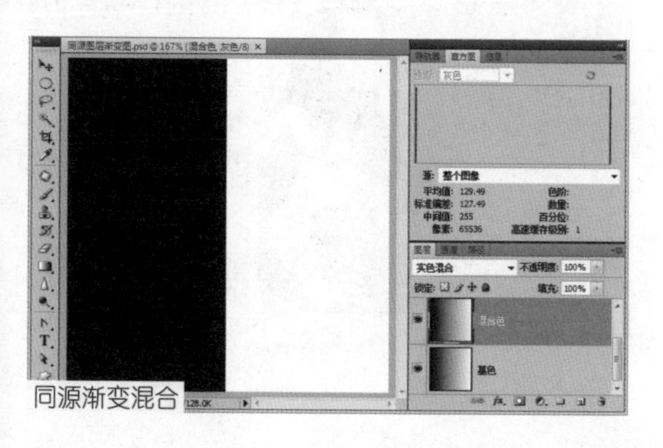
同源渐变混合

对于同源图层来说，实色混合模式就是“亮度/对比度”命令的一种特殊设置。也就是说，当在“亮度/对比度”对话框中设置对比度为100%时，你会看到与实色混合模式相同的结果色。如果配合图层的不透明度，则实色混合会有较平滑的颜色效果，类似于亮光模式。

## STEP 02 实色混合模式实战。

（通过实色模式可以简化色调，制作纹理）

打开本节案例源文件，下面将利用实色混合模式为照片添加网格印刷的效果，操作方法如下。

1. 首先，在“图层”面板中拖曳“背景”图层到面板底部的“创建新图层”按钮上，复制“背景”图层为“背景 副本”图层。
2. 在“图层”面板底部单击“创建新图层”按钮，新建“图层1”。选择“编辑|填充”命令（或者按【Shift+F5】组合键），打开“填充”对话框，使用50%灰色填充“图层1”。
3. 在工具箱中设置前景色和背景色分别为黑色和白色。选择“滤镜|素描|半调图案”命令，打开“半调图案”对话框，在该对话框中设置“大小”为“1”，“对比度”也设置为“1”。
4. 单击“确定”按钮，关闭“半调图案”对话框，为图层1添加网点效果。在“图层”面板中设置“图层1”图层的混合模式为“实色混合”，则可以看到图像与网格灰度图混合后，呈现网格效果。
5. 不过这种网格效果过于强烈，可以按住【Ctrl】键，同时选中“图层1”和“背景 副本”图层，然后拖曳这两个图层到“图层”面板底部的“创建新组”按钮上，把这两个图层放置在同一个组内。
6. 选中“组1”，设置该组的混合模式为“柔光”，降低前面实色混合所产生的强烈效果，最后的效果如下图所示。

图层 17

# 让照片中的人物表情更自然——使用差值混合模式

Adobe官方解释：差值混合模式能够查看每个通道中的颜色信息，并从基色中减去混合色，或从混合色中减去基色，具体取决于哪一个颜色的亮度值更大。与白色混合将反转基色值；与黑色混合则不产生变化。使用数学公式表示为：

结果色=|基色-混合色|

简单地说，差值模式就是获取基色和混合色相减之后的绝对值。本案例利用差值混合模式来调整人物面部表情的色偏现象，使其更自然。

处理前

处理后

STEP 01 认识差值混合模式。
（该模式是一种减法混合模式，可求差值）

通过右图观察和分析：差值混合模式是一种简单的减法模式，并对减法求绝对值计算。当色调相近，则差值混合的结果色会越趋向于黑色。相反，当色调反差越大，则差值混合的结果色会越趋向于白色。

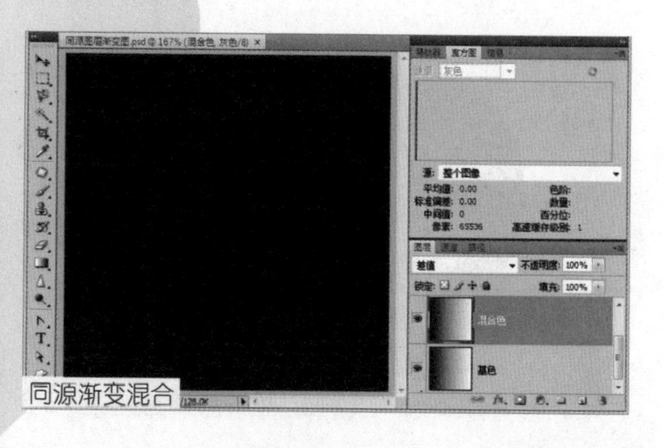
同源渐变混合

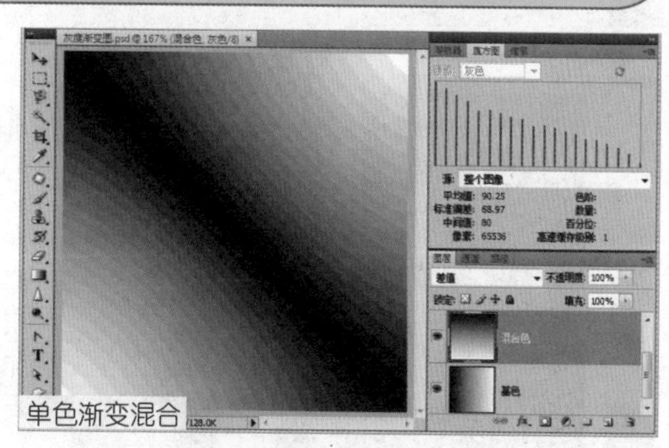
单色渐变混合

对于同源图层来说，差值混合模式的结果色总是黑色，如左图所示。利用差值模式的这种特殊性，可以寻找不同通道，或者不同图层之间的灰度差，并利用这个灰度差获取选区，最后利用这个选区对图像进行色彩平衡。

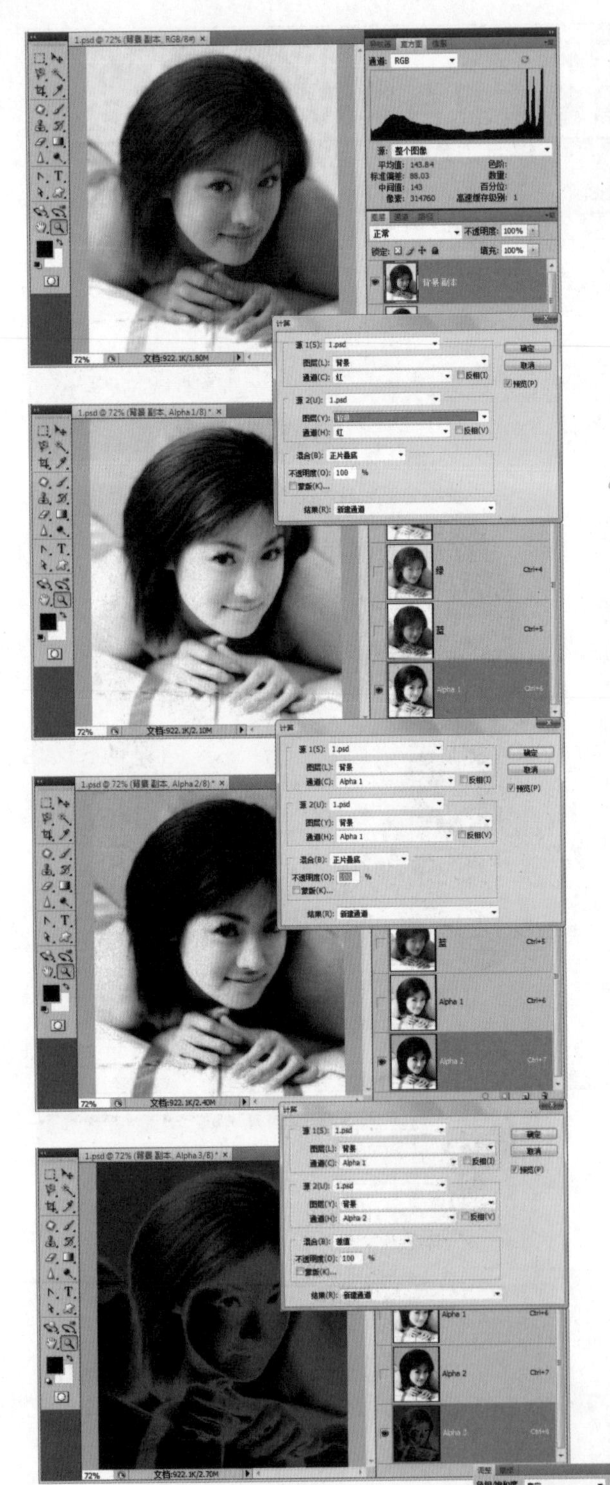

STEP 02 差值混合模式实战。
（通过差值模式可以进行色彩平衡）

打开本节案例源文件，下面将利用差值混合模式为照片进行色彩平衡，使人物面部表情更自然、真实，操作方法如下。

1. 首先，在“图层”面板中拖曳“背景”图层到面板底部的“创建新图层”按钮上，复制“背景”图层为“背景 副本”图层。

2. 选择“图像|计算”命令，打开“计算”对话框。在该对话框中设置“源1”和“源2”的图像都为当前文件，“图层”设置为“背景”图层，“通道”设置为“红”通道，“混合”模式设置为“正片叠底”。通过这种方式，加大红色通道中明暗对比度，以此筛选出人物的高光和中间色调区域。

3. 单击“确定”按钮，关闭“计算”对话框，则生成一个新的Alpha 1通道。

4. 再打开“计算”对话框，设置“源1”和“源2”的图像都为当前文件，“图层”设置为“背景”图层，“通道”设置为“Alpha 1”通道，“混合”模式设置为“正片叠底”。通过这种方式，进一步加大红色通道的明暗对比度，以此方式筛选出人物的高光区域。

5. 单击“确定”按钮，关闭“计算”对话框，则生成一个新的Alpha 2通道。

6. 再利用“计算”命令，把“源1”和“源2”的通道设置为“Alpha 1”通道和“Alpha 2”通道，设置“混合”模式为“差值”，则将得到人物中间色调区域，如左下图所示。

7. 调出“计算”命令生成的Alpha 3通道选区，在“图层”面板中添加一个“色相/饱和度”调整图层，在“调整”面板中设置“饱和度”为“0”，“明度”为“+40”，则将去掉中间色调中的多余色彩，并适度提高中间色调的亮度，效果如右图所示。

图层 18

# 优化照片的色彩饱和度——使用排除混合模式

Adobe官方解释：排除混合模式能够创建一种与差值模式相似但对比度更低的效果。与白色混合将反转基色值，与黑色混合则不发生变化。使用数学公式表示为：

结果色=基色+混合色-[(基色×混合色)/128]

简单地说，排除模式是差值混合的一种柔和折中版，它降低了差值模式的直接、生硬的计算模式，可获得更缓和的结果色。本案例利用排除混合模式获取照片中的中间色调，并利用“色相/饱和度”命令丰富中间色调，使色彩更饱满。

处理前

处理后

STEP 01 认识排除混合模式。（该模式是一种更缓和的间接减法混合模式）

通过右图观察和分析：排除混合模式也是一种减法模式，但是比差值模式更缓和。通过右图可以看到排除模式包含正片叠底和滤色模式及其反相运算的影子。如果混合色为白色，则结果色

同源渐变混合

单色渐变混合

等于基色反相。如果混合色为黑色，则结果色等于基色。

对于同源图层来说，暗部和高光自身相排除后，会变得很黑，而中间色调相互排除，则会变得更加明显。据此，可以推论出排除模式是获取图像中间色调的最佳混合模式。

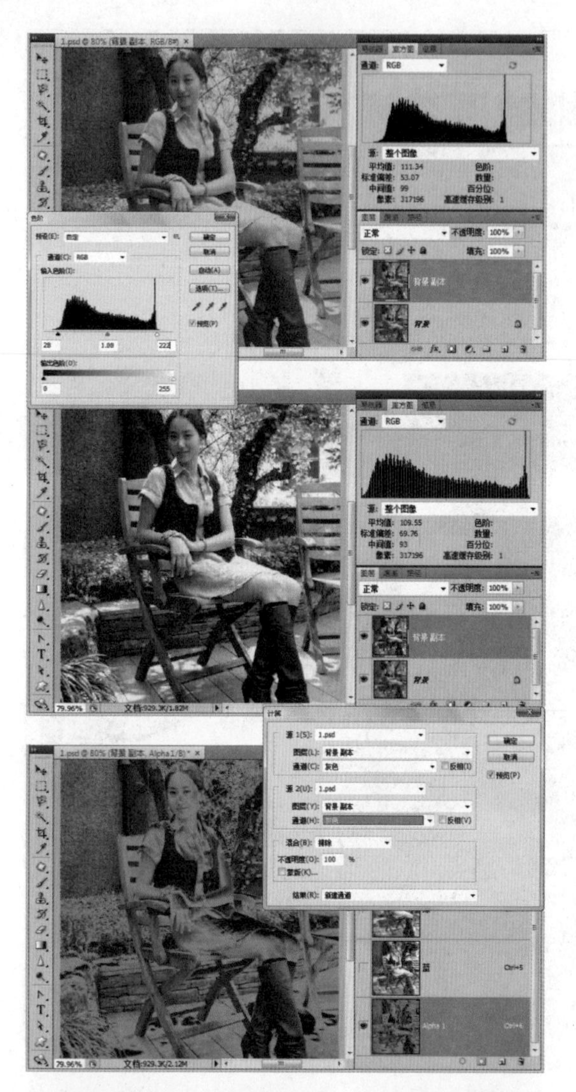

## STEP 02 排除混合模式实战。

（通过排除模式可以选取图像中间色调）

打开本节案例源文件，下面将利用排除混合模式为照片进行色彩调整，使照片色彩看起来更饱满、自然、真实，操作方法如下。

1. 首先，在“图层”面板中拖曳“背景”图层到面板底部的“创建新图层”按钮上，复制“背景”图层为“背景 副本”图层。
2. 选择“图层|调整|色阶”命令，打开“色阶”对话框使用“色阶”命令优化图像泛灰的色调，具体设置如左图所示。
3. 选择“图像|计算”命令，打开“计算”对话框。在该对话框中设置“源1”和“源2”的图像都为当前文件，“图层”设置为“背景 副本”图层，“通道”设置为“灰色”通道，“混合”模式设置为“排除”。通过这种方式，选取色阶调整后的图像中间色调。
4. 单击“确定”按钮，关闭“计算”对话框，则生成一个新的Alpha 1通道。按住【Ctrl】键，在“通道”面板中单击“Alpha 1”通道，调出该通道存储的图像中间色调的选区。
5. 切换到“图层”面板，选中“背景 副本”图层，在面板底部单击“创建新的填充和调整图层”按钮，从弹出的菜单中选择“色相/饱和度”命令，创建“色相/饱和度”调整图层。在“调整”面板中设置“饱和度”为“-30”，“明度”为“+30”，适当降低中间色调的饱和度，并提高亮度。
6. 在“调整”面板的“通道”下拉列表框中选择“红色”通道，设置中间色调中的红色饱和度为0，即去除人物面部的红色色偏，并提高“明度”为“100”。再选择“绿色”通道，设置饱和度为“+100”，“明度”也设置为“+100”，从而使树叶的色彩更加鲜艳。最后调整的图像效果如下图所示。

图层 **19**

# 为照片中女包设计立体阴影
# ——使用相加混合模式

Adobe官方解释：相加混合模式能够增加两个通道中的像素值。这是在两个通道中组合非重叠图像的好方法。相加模式只能应用在“计算”命令中。使用数学公式表示为：

结果色=[(基色+混合色)/缩放参数]+补偿值参数

简单地说，相加模式就是把基色和混合色相加，然后借助两个参数对结果色适当进行人工干预。本节案例将利用相加模式获取女包的暗影选区，再增大这种暗影，使女包更富有立体感。

处理前

处理后

**STEP 01** 认识相加混合模式。
（该模式是线性减淡模式的复杂应用）

利用“计算”命令的相加混合模式相加基色和混合色，则结果色如右图所示。从中可以看到较高的像素值总是代表较亮的颜色，所以向通道添加重叠像素将使图像变得更亮。两个通道中的黑色区域仍然保持黑色（0+0=0）。任一通道中的白色区域仍为白色（255+任意值= 255或更大值）。

相加模式使用缩放参数值除以基色和混合色像素值的总和，然后将补偿参数值添加到此和中。例如，要查找两个通道中像素的平均值，应先将它们相加，再除以 2 ，且不设置“补偿值”参数值。

缩放参数值介于1.000~2.000之间的任何数字。输入较高的缩放参数值将使图像变暗。

补偿值参数介于<255~>255之间的亮度值，该补偿值能够使目标通道中的像素变暗或变亮。负值使图像变暗，而正值使图像变亮。

如果不考虑相加模式中的两个参数，则该模式与线性减淡模式相同。也就是说，当缩放参数值为1，补偿参数值为0时，该模式的结果色与线性减淡模式的结果色是相同的。如左图所示，分别使用线性减淡和相加模式执行相同的源通道运算，则结果色是相同的。

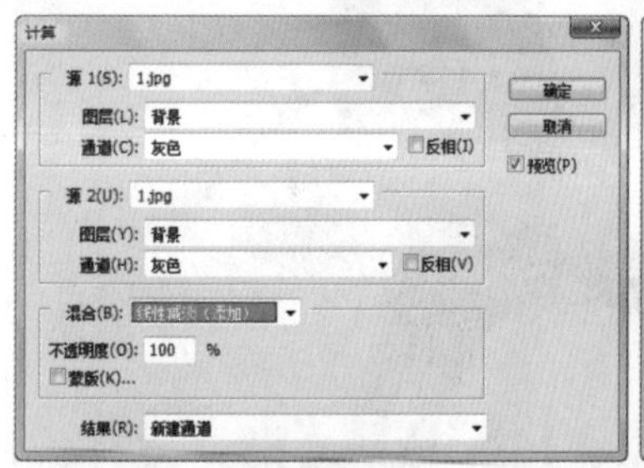

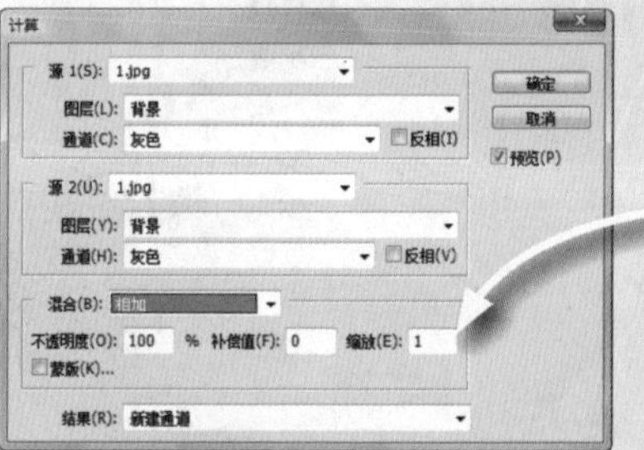

设置“缩放”的参数值等于1，“补偿值”参数值等于0，则计算的结果色与线性减淡模式计算的结果色是一模一样的

## STEP 02 相加混合模式实战。

（相加模式可以进行人工干预，灵活性很强）

打开本节案例源文件，下面将利用相加混合模式为照片中女包添加立体阴影效果，操作方法如下。

1. 首先，在“图层”面板中拖曳“背景”图层到面板底部的“创建新图层”按钮上，复制“背景”图层为“背景 副本”图层。
2. 选择“图像|计算”命令，打开“计算”对话框。在该对话框中设置“源1”和“源2”的图像都为当前文件，“图层”设置为“背景”图层，“通道”设置为“蓝”通道，“混合”模式设置为“相加”。
3. 然后设置“补偿值”为“-210”，“缩放”设置为“1.8”，通过这种方式选出女包选区，如左图所示。
4. 单击“确定”按钮，关闭“计算”对话框，则生成一个新的Alpha 1通道。按住【Ctrl】键，在“通道”面板中单击“Alpha 1”通道，调出该通道存储的选区。由于选区的不透明度小于50%，则Photoshop会提示选区为不可见状态。单击“确定”按钮关闭提示对话框。

5. 切换到“图层”面板，在面板底部单击“创建新的填充和调整图层”按钮 ，从弹出的菜单中选择“亮度/对比度”命令，添加“亮度/对比度”调整图层。

6. 在“调整”面板中，设置“亮度”为“-120”，“对比度”为“-40”，利用该选区调整图层为女包添加阴影效果。

7. 由于利用相加模式计算出来的选区还包含更多的区域，因此最后还需要手动进行遮盖。

8. 在工具箱中选择钢笔工具 ，在图像编辑窗口中勾选女包以外的区域，如右下图所示。

9. 切换到“路径”面板，双击工作路径，在弹出的“存储路径”对话框中，存储路径为“路径1”。

10. 在“路径”面板底部单击“将路径作为选区载入”按钮 ，把路径转换为选区。

11. 按【Shift+F6】组合键，打开“羽化选区”对话框，羽化选区5像素。

12. 在“图层”面板中，单击“亮度/对比度”调整图层的图层蒙版，切换到图层蒙版编辑状态。选择“编辑|填充”命令，或者按【Shift+F5】组合键，打开“填充”对话框，使用黑色填充蒙版选区区域，这样就可以遮盖掉“亮度/对比度”调整图层对女包以外的其他区域的影响。

# 图层20 通过扩散高光区以增强人物面部亮度——使用减去混合模式

Adobe官方解释：减去混合模式能够从目标通道中相应的像素上减去源通道中的像素值。与相加模式相同，此结果将除以缩放参数值，并添加到补偿值。减去模式只能应用在“计算”命令和“应用图像”命令中。使用数学公式表示为：

结果色=[(基色-混合色)/缩放参数]+补偿值参数

简单地说，减去模式就是把基色和混合色相减，然后借助两个参数对结果色适当进行人工干预。本节案例将利用减去模式获取照片中接近高光的选区，然后使用“曲线”命令扩散高光。

处理前

处理后

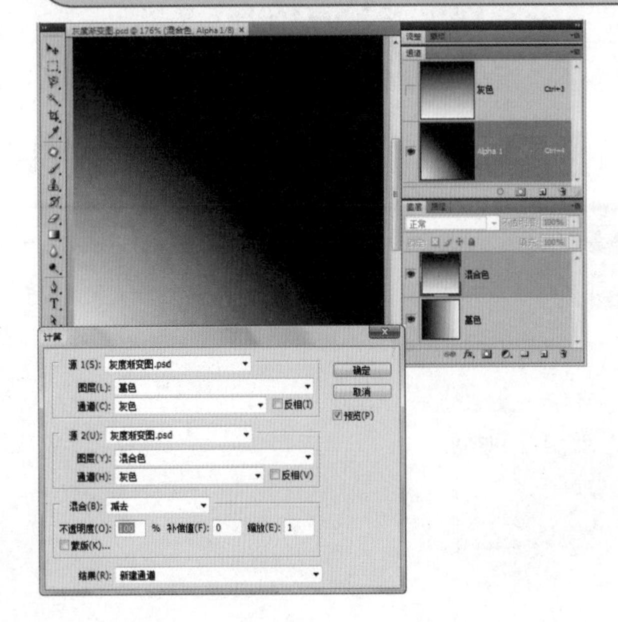


## STEP 01 认识减去混合模式。

（该模式是线性加深模式的复杂应用）

利用“计算”命令或者“应用图像”命令的减去混合模式计算基色与混合色的差值，结果色如左图所示。从中可以看到该模式与线性加深模式具有某种相似性，但是明暗变化的走向不同。减去模式使用缩放参数值除以基色与混合色像素值的差值，然后将补偿参数值添加到此和中。例如，要查找两个通道中像素差值的平均值，应先将它们相减，再除以 2 ，且不设置“补偿值”参数值。

缩放参数值是介于1.000~2.000之间的任何数字。补偿值参数介于<255~>255之间的亮度值，该补偿值能够使目标通道中的像素变暗或变亮。负值使图像变暗，而正值使图像变亮。

## STEP 02 减去混合模式实战。

（减去模式可以灵活计算图像中明暗落差）

打开本节案例源文件，下面将利用减去混合模式为照片中人物面部皮肤进行增亮，操作方法如下。

1. 首先，在“图层”面板中拖曳“背景”图层到面板底部的“创建新图层”按钮 上，复制“背景”图层为“背景 副本”图层。
2. 选择“图像|计算”命令，打开“计算”对话框。在该对话框中设置“源1”和“源2”的图像都为当前文件，“图层”设置为“背景”图层。
3. 然后设置“源1”的“通道”为“蓝”通道、“源2”的“通道”为“红”通道。由于红色通道中存储着图像中主要高光色调，而蓝色通道中存储着图像中主要的暗部色调，这样利用减去模式就可以获取图像中的高光和暗部之间的差值。
4. 设置“混合”模式为“减去”，然后在“补偿值”中设置“-20”，适当降低蓝色通道与红色通道差值的强度，在“缩放”中设置“1”，如右图所示。
5. 单击“确定”按钮，关闭“计算”对话框，则生成一个新的Alpha 1通道。按住【Ctrl】键，在“通道”面板中单击“Alpha 1”通道，调出该通道存储的选区。由于选区的不透明度小于50%，则Photoshop会提示选区为不可见状态。单击“确定”按钮，关闭提示对话框。
6. 在“图层”面板中，为选区添加一个“曲线”调整图层，向上拖曳曲线，增加与高光相邻像素的亮度，通过这种方式则可以扩大高光区域。
7. 由于增强幅度很弱，视觉上可能觉察不到图像变化，不过建议读者可以多次复制该调整图层，以累计的方式增强亮度。

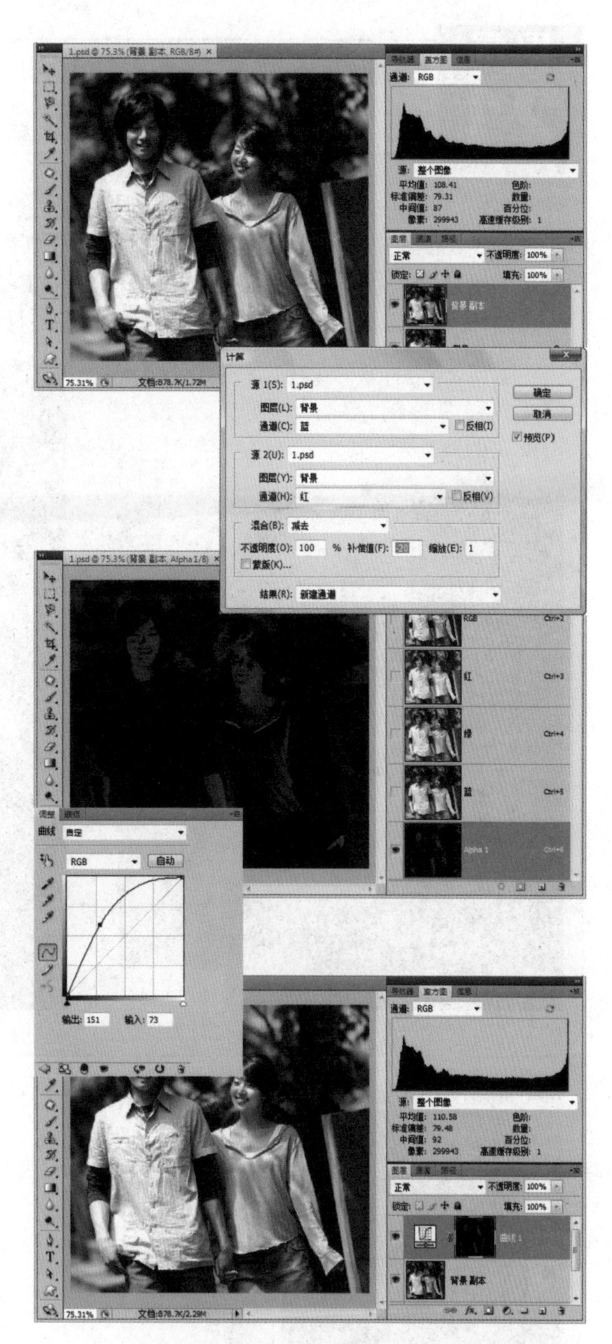

8. 最后通过直方图的变化，可以看出暗部色调被轻微向高光推移。虽然变化幅度不大，但是人物面部皮肤却获得了足够的亮度。

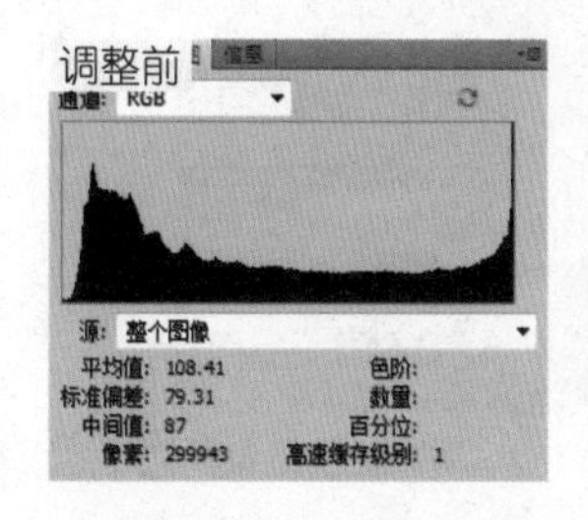


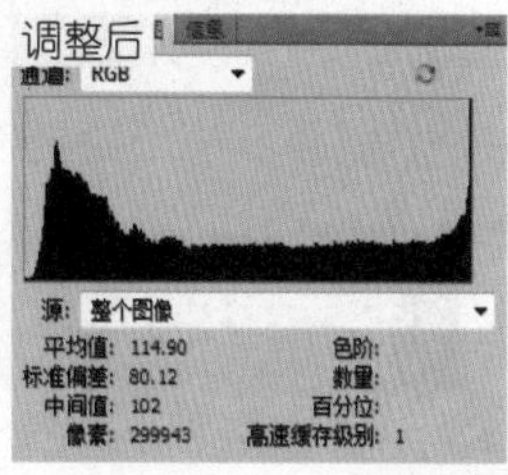

# 图层 21 快速纠正照片的色偏问题——使用色相混合模式

色相混合模式是用基色的明亮度和饱和度，以及混合色的色相创建结果色。要深入认识色相混合模式，读者应该先了解颜色3要素：色相、饱和度和明度。色相由颜色的R、G、B3个值决定，而亮度也是由颜色的R、G、B3个值决定的，不过它们的计算公式不同，而饱和度是由颜色的R、G、B3个值中最大值和最小值决定。由于这些颜色计算的公式比较专业，这里就不再深入剖析。

本节案例将通过如何通过色相混合模式纠正照片的色偏，进而深入理解色相模式的应用技巧。

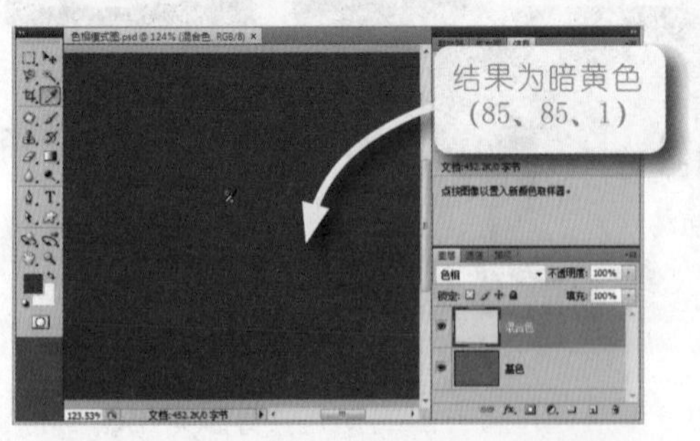


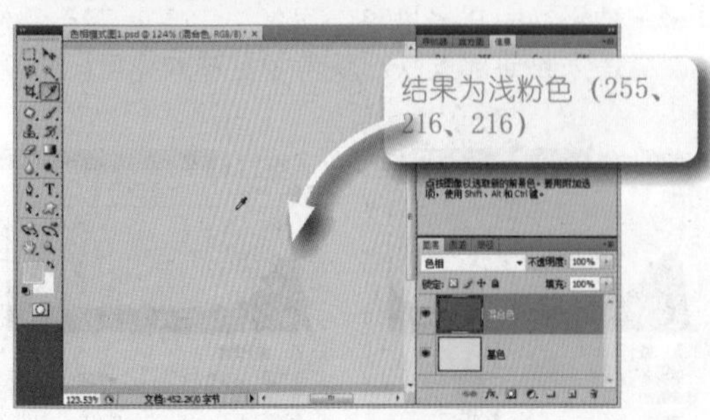


## STEP 01 认识色相混合模式。

（该模式是图层色彩混合的专用模式）

颜色是由人眼主观感受的，所以没有前面的各种混合模式那么理性。为了方便理解，我们做一个实验：使用红色（255、0、0）与黄色（255、255、0）进行混合，来分析混合的结果色是如何变化的，如左图所示。

在第一幅图中，混合色为黄色，即结果色的色相为黄色，然后利用基色的明度和饱和度与黄色进行混合。但是，由于不同命令对于明度的计算方式不同，导致混合结果也各不相同，最后我们看到，混合后的结果色为暗黄色，而不是纯黄色。同理，当黄色作为基色，由于它的明度和饱和度也不全是100%，所以在第二幅图像中，结果色为浅粉色，而不是纯红色。

## STEP 02 色相混合模式实战。

（色相模式可以实现颜色混合、中和、稀释）

打开本节案例源文件，下面将利用色相混合模式纠正照片中严重的色偏问题，操作方法如下。

1. 首先，在“图层”面板中拖曳“背景”图层到面板底部的“创建新图层”按钮上，复制“背景”图层为“背景 副本”图层。
2. 在工具箱中选择吸管工具，在工具栏中设置“取样大小”为“101x101平均”，使用较大的取样区域，这样就可以获得比较均匀的人物面部皮肤颜色。
3. 使用吸管工具在人物面部较暗位置单击，采集面部皮肤颜色。在“图层”面板底部单击“创建新图层”按钮，新建“图层1”。
4. 按【Alt+Delete】组合键，使用前景色填充“图层1”。选择“图像|调整|反相”命令，反相填充的颜色。
5. 在“图层”面板中设置“图层1”的混合模式为“色相”，并设置“不透明度”为“50%”。这样混合后的结果色中色相为50%的偏红色和50%的该颜色的反相颜色，经过中和之后，则得到了皮肤的正常颜色。
6. 在“图层”面板底部单击“创建新的填充和调整图层”按钮，从弹出的菜单中选择“色阶”命令，添加“色阶”调整图层，在“调整”图层中拖动白色滑块，调整高光色阶分布，最后调整的人物面部颜色如下图所示。

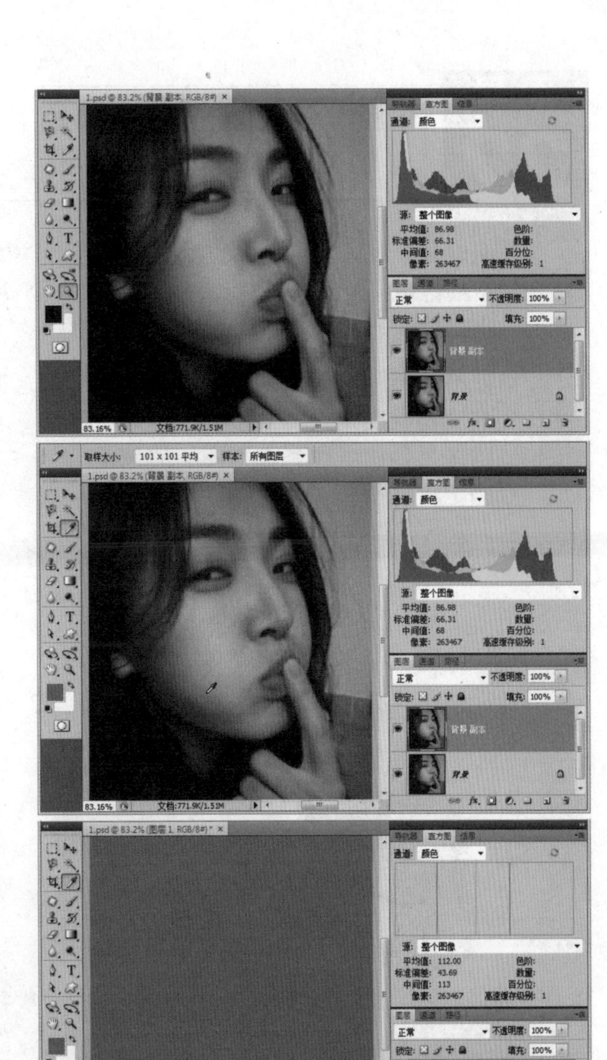

图层 22

# 快速调节人物的皮肤颜色——使用饱和度混合模式

饱和度混合模式是用基色的明亮度和色相，以及混合色的饱和度创建结果色。在无饱和度（灰色）的区域上使用此模式绘画不会发生任何变化。简单地说，混合色被用来调整基色的饱和度，也就是说上面图层只有饱和度对下面的图层起作用。

如果不是彩色图像，则混合色对于下面图层来说是不起作用的，如果下面图层是纯色的话，饱和度模式也是没有效果的。总之，该模式的结果色要考虑到上下图层的色彩来综合确定。这种模式实际应用比较少，多用在人像肤色的调整。

处理前

处理后

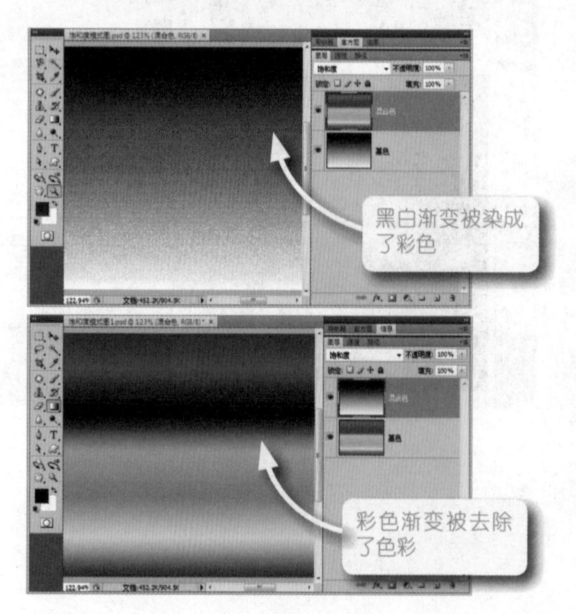


## STEP 01 认识饱和度混合模式。

（该模式是图层色彩混合的专用模式）

混合色提供饱和度，基色提供明度和色相，因此最终混合的结果色主要是根据混合色来影响基色。

在左侧第一幅插图中，可以看到如果混合色为七彩渐变，由于不同颜色的饱和度是不同的，当它与黑白渐变以饱和度模式混合后，饱和度为0的黑白渐变被提升了饱和度，则结果色呈现彩色渐变。

反之，在左侧第二幅插图中，由于黑白渐变的饱和度为0，则与彩色渐变以饱和度模式混合后，则彩色渐变的饱和度被设置为0，从而使其失去色彩，呈现黑白渐变效果。

STEP 02 饱和度混合模式实战。
（饱和度模式可以用来调整色彩浓度）

打开本节案例源文件，下面将利用饱和度混合模式纠正照片中人物皮肤的色彩饱和度过度的问题，操作方法如下。

1. 首先，在“图层”面板中拖曳“背景”图层到面板底部的“创建新图层”按钮上，复制“背景”图层为“背景 副本”图层。

2. 在工具箱中单击前景色图标，设置前景色为深红色。在“图层”面板底部单击“创建新图层”按钮，新建“图层1”。

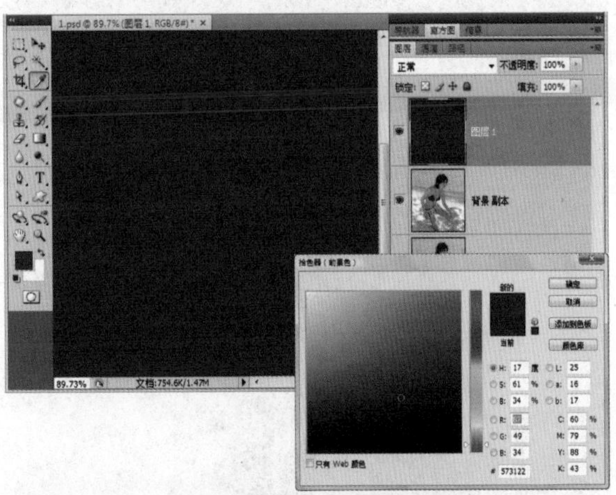

3. 按【Alt+Delete】组合键，使用前景色填充“图层1”。在“图层”面板中设置“图层1”的混合模式为“饱和度”，则可以看到图层混合之后的结果色以“图层1”中填充色的饱和度来消弱原图层中的严重饱和的偏红色。最后，结果色中的红色色调被降低，人物皮肤呈现自然的颜色。

4. 但是，这种混合模式也会对人物以外的其他色彩产生影响，为此还需要使用图层蒙版对其他区域进行保护。

5. 在工具箱中选择磁性套索工具，勾选人物的轮廓选区，如右下图所示。按【Shift+F6】组合键，打开“羽化选区”对话框，羽化选区2像素，然后在“图层”面板底部单击“添加图层蒙版”按钮，这样就可以使用蒙版遮盖掉其他区域的混合色，从而使饱和度模式对其他区域不产生作用，最后调节的效果如下图所示。

图层 23

# 快速给黑色照片上色——使用颜色混合模式

颜色混合模式是用基色的明亮度，以及混合色的色相和饱和度创建结果色。这样可以保留图像中的灰阶，并且对于给单色图像上色和给彩色图像着色都会非常有用。

本节案例将利用颜色混合模式帮助一位灰度图像的MM进行上色。上色时，根据身体各部位的不同，分别执行上色操作，并借助颜色混合模式使上色的人物看起来更加真实、自然，操作前后的效果比较如下图所示。

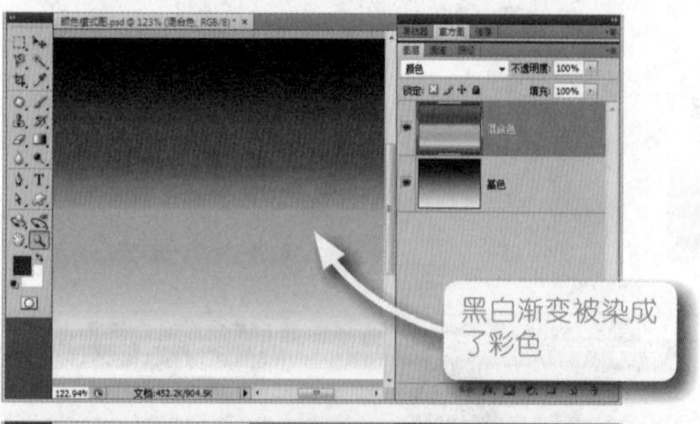


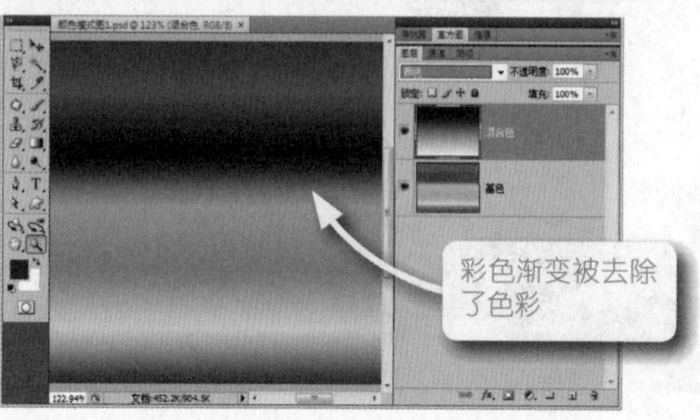


STEP 01 认识颜色混合模式。
（该模式是图层色彩混合的专用模式）

混合色提供饱和度和色相，基色提供明度，因此最终混合的结果色主要是根据混合色来决定基色的颜色，基色的明亮度影响颜色的显示效果。

在左侧第一幅插图中，可以看到如果混合色为七彩渐变，当它与基色的黑白渐变进行混合时，由于黑色的亮度最低，而白色的亮度最高，导致结果色从上的暗色到下的浅色渐变显示。

反之，在左侧第二幅插图中，由于黑白渐变的色相为黑色或者白色，饱和度为0，则与彩色渐变混合后，彩色渐变的饱和度被设置为0，色相为黑色或者白色，从而失去色彩。

## STEP 02 颜色混合模式实战。

（颜色模式可以用来给图像上色或者染色）

打开本节案例源文件，下面将利用颜色混合模式给黑白照片上色，操作方法如下。

1. 首先，在“图层”面板中拖曳“背景”图层到面板底部的“创建新图层”按钮 上，复制“背景”图层为“背景 副本”图层。
2. 在工具箱中选择磁性套索工具，在工具栏中设置磁性套索工具的选项，具体设置如右下图所示。然后在图像编辑窗口中勾选人物的轮廓。
3. 选择“选择|存储选区”命令，在打开的“存储选区”对话框中存储选区为“人物轮廓”。以同样的方式，使用磁性套索工具分别勾选人物的头发、牛仔裤、上衣、皮带、皮鞋选区，并分别选择“选择|存储选区”命令进行存储。
4. 最后，在“通道”面板中可以看到这些存储的选区，它们分别以Alpha通道存储选区信息。
5. 按住【Ctrl】键，单击“人物轮廓”通道，调出人物轮廓选区，然后按住【Ctrl+Alt】组合键，再分别单击“头发”、“牛仔裤”、“上衣”、“皮带”、“皮鞋”通道，分别从人物轮廓选区中减去这些选区，就可以获得人物皮肤选区，然后选择“选择|存储选区”命令，将其存储为“皮肤”。
6. 在“通道”面板中单击“皮肤”通道，在图像编辑窗口中可以看到该通道的灰度信息，从中可以看到皮肤选区存在很多瑕疵，使用黑色画笔工具擦除非皮肤区域的亮点，如下图所示。

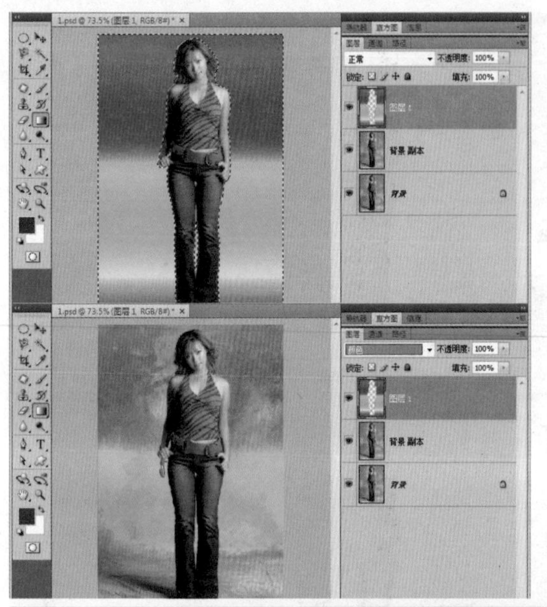

在“图层”面板底部单击“创建新图层”按钮，新建“图层1”。选择“选择|载入选区”命令，打开“载入选区”对话框，从“通道”下拉列表框中选择“人物轮廓”选项，载入人物轮廓选区，按【Shift+F7】组合键反向选择选区，获得照片的背景区域。

按【Shift+F6】组合键，打开“羽化选区”对话框，羽化选区1像素。在工具箱中选择渐变工具，在工具栏中设置渐变类型为“线性渐变”，渐变色为Photoshop默认的“色谱”，按住【Shift】键，在图像编辑窗口中从上到下拉出一个渐变填充。

在“图层”面板中设置“图层1”的混合模式为“颜色”，就可以获得一个七彩背景色，如左图所示。

下面的操作相同，主要包括3步：

第1步，在“图层”面板中新建图层，并设置图层混合模式为“颜色”。

第2步，从“通道”面板中分别调出对应区域的选区。

第3步，在工具箱中设置前景色的颜色，然后按【Alt+Delete】组合键，使用前景色填充当前图层的选区即可。

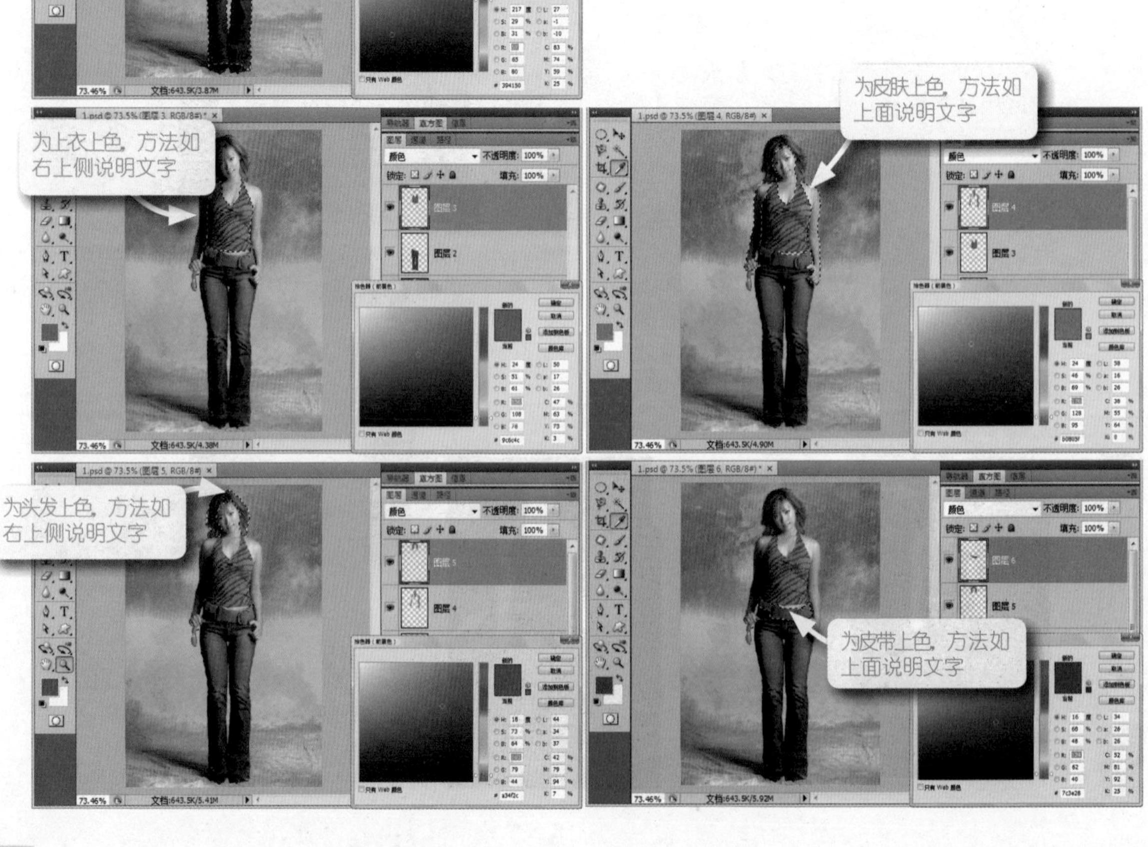

图层 24

# 拯救缺乏补光的抓拍照片——使用明度混合模式

明度混合模式是用基色的色相和饱和度，以及混合色的明亮度创建结果色。该模式创建与颜色模式相反的效果。

颜色模式能够给照片补色，而明度模式能够给照片补光。本案例将利用明度模式为照片进行补光，使照片看起来更明晰，如下图所示。

处理前

处理后

## STEP 01 认识明度混合模式。

（该模式是图层色彩混合的专用模式）

混合色提供明度，基色提供饱和度和色相，因此最终混合的结果色主要是根据混合色来决定基色的明暗效果，这与颜色模式正好相反，从右图可以看到这种效果。

在右侧第一幅插图中，可以看到由于基色为黑白渐变，虽然混合色为七彩渐变，但最后显示的是七彩渐变纹理的黑白效果。

反之，在右侧第二幅插图中，如果基色为七彩渐变，当它与混合色的黑白渐变进行混合时，由于黑色的亮度最低，而白色的亮度最高，导致结果色把七彩色从上的暗色到下的浅色渐变显示。

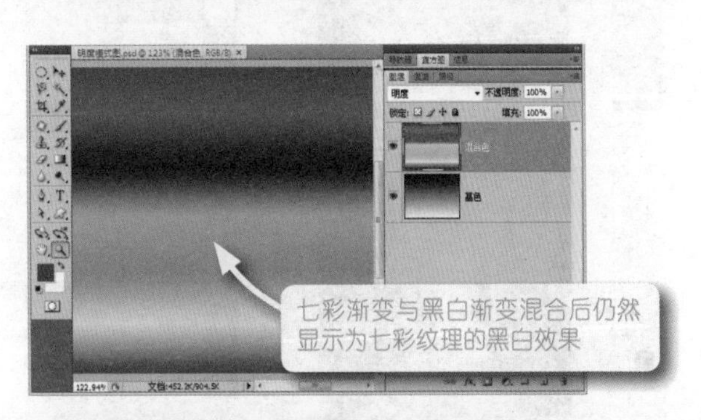


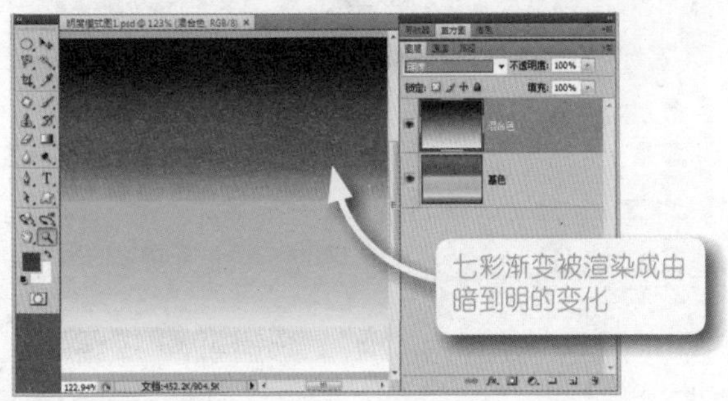

## STEP 02 明度混合模式实战。

（明度模式可以给图像补加明暗纹理）

打开本节案例源文件，下面将利用明度混合模式为照片补光，使照片看起来更明晰，操作方法如下。

1. 首先，在“图层”面板中拖曳“背景”图层到面板底部的“创建新图层”按钮上，复制“背景”图层为“背景 副本”图层。通过直方图可以看到峰值严重偏左，照片整体比较暗，但是高光存在暴起现象，对于这类照片，如果简单使用“曲线”或“色阶”命令修复，效果不是很好。

2. 在“图层”面板中新建“图层1”，按【Shift+F5】组合键，使用白色填充“图层1”，然后设置该图层的混合模式为“明度”，但是结果色仍然显示白色，这说明白色的亮度太高。通过调整“不透明度”为“16%”，则可以看到图像亮度得到了提高，但是画面变得模糊。

3. 按【Ctrl+Alt+Shift+E】组合键，盖印图层，生成“图层2”，选择“滤镜|锐化|USM锐化”命令，按左下图设置提高“图层2”的清晰度。

4. 隐藏“图层1”，设置“图层2”的混合模式为“滤色”，提亮图像，如下图所示。

5. 但是人物面部曝光过度，出现溢色现象，这时可以使用图层蒙版进行遮盖，如下图所示。

图层 25

# 利用图层混合模式抠头发丝——使用其他混合模式

在前面各节中，详细讲解了Photoshop提供的主要混合模式。本节把余下的6个混合模式（深色、浅色、背后、清除、正常、溶解）简单介绍一下，由于这些模式比较简单，故不打算专题分讲。

同时，本节将通过一个案例讲解Photoshop所提供的各种混合模式的综合应用。在本案例中，将利用图层混合模式抠出人物的头发丝，如下图所示。

处理前

处理后

## STEP 01 认识深色和浅色混合模式。

（比较颜色的亮度选择显示基色或者混合色）

深色混合模式就是比较混合色和基色的所有通道值的总和并显示值较小的颜色；而浅色混合模式就是比较混合色和基色的所有通道值的总和并显示值较大的颜色。

简单地说，比较基色与混合色的明度，并决定结果色显示为基色或者混合色。例如，基色为（192、128、64），而混合色为（128、192、64），根据公式计算，则基色的明度为140，而混合色的明度为159。如果它们以深色模式混合，则结果色为混合色；如果以浅色模式混合，则结果色为基色，如右图所示。注意，深色和浅色模式是按逐个像素比较，而不是整个图层比较。

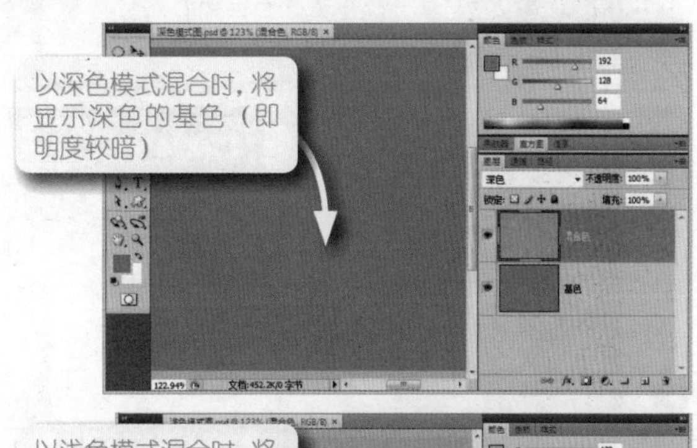


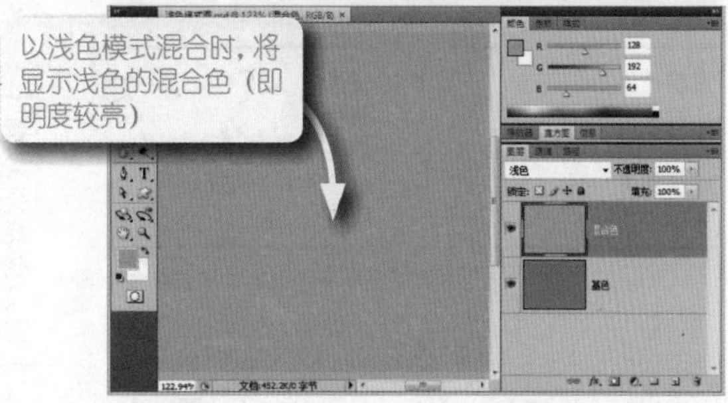

使用画笔工具，在工具栏中设置模式为清除混合模式，涂抹当前图层中的像素，功能类似于橡皮擦

使用画笔工具，在工具栏中设置模式为背后混合模式，涂抹当前图层中的像素，则仅显示透明区域的效果，功能类似于在选区内涂抹

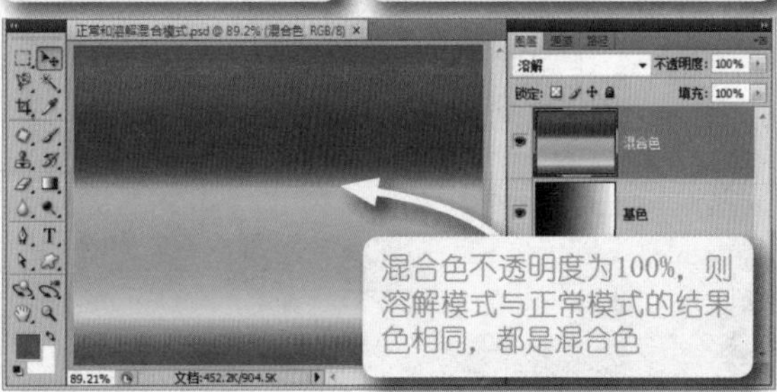


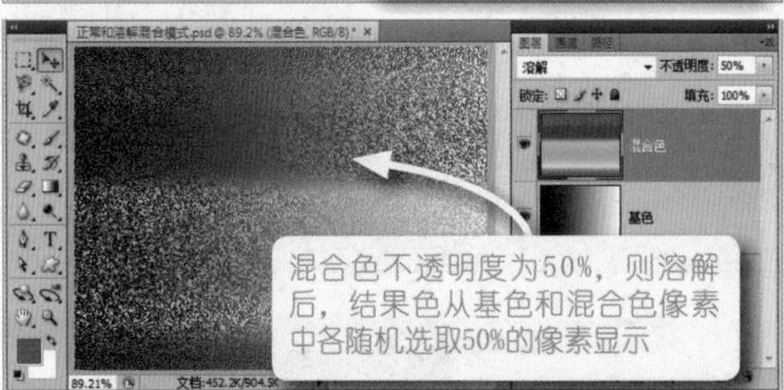


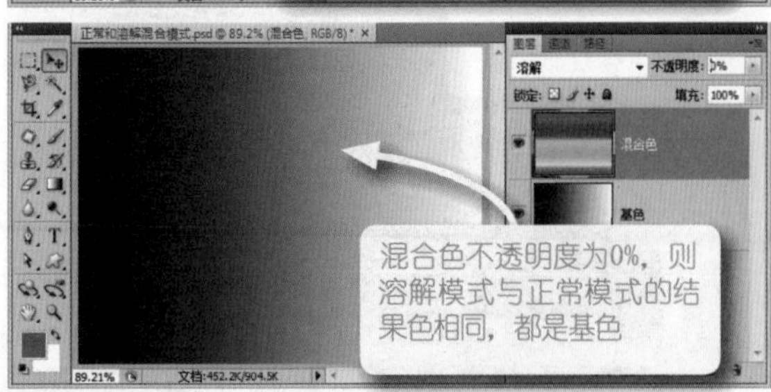


## STEP 02 认识背后和清除混合模式。
（绘图工具专用的涂抹混合模式）

背后混合模式就是只能够在图层的透明区域编辑或者绘画。该模式只有在取消选择“锁定透明区域”的图层中使用。通俗地说，该模式类似于在透明纸的透明区域背面绘画。

清除混合模式只能够编辑或者绘制每个像素，使其透明。该模式可用于形状工具（当选定填充区域时）、油漆桶工具、画笔工具、铅笔工具、“填充”命令和“描边”命令。同样，该模式也只有在取消选择“锁定透明区域”的图层中使用。

## STEP 03 认识正常和溶解混合模式。
（最常用、最简单的像素混合）

正常混合模式就是编辑或绘制每个像素，使其成为结果色。简单地说，就是结果色始终显示混合色。该模式为默认模式，在处理位图图像或索引颜色图像时，该模式被称为阈值。

溶解混合模式能够编辑或者绘制每个像素，使其成为结果色。但是，根据任何像素位置的不透明度，结果色由基色或混合色的像素随机替换。

如果混合色为不透明，则结果色总是显示混合色，这时与正常模式功能相同。

如果混合色为透明，则结果色总是显示基色，这时也与正常模式功能相同。

只有当混合色为半透明时，溶解模式才能够起作用，且将根据不透明度的值，决定随机显示基色像素的数量和密度。

## STEP 04 图层混合模式的过滤效应。
（使用图层混合模式可以实现图像抠图功能）

在开始实例操作之前，先来对图层混合模式进行总结和再认识。我们把比较常用且重要的3组模式进行比较，如下图所示。

变暗
正片叠底
颜色加深
线性加深
深色

变暗类型模式，该类模式以白色作为中性色，可过滤浅色

变亮
滤色
颜色减淡
线性减淡（添加）
浅色

变亮类型模式，该类模式以黑色作为中性色，可过滤深色

叠加
柔光
强光
亮光
线性光
点光
实色混合

叠加类型模式，该类模式以灰色作为中性色，可过滤中间色调

下面我们做一个比较试验，直观感受图层混合模式在抠图和过滤色调方面的作用。也许使用图层混合模式进行抠图，未必是最佳方法，但是在特定条件下，这种模式也显示了特殊的效果和独特价值。本试验案例通过设计不同背景的水果图，使其与七彩渐变图层进行混合，通过选择不同的混合模式可以快速过滤背景色。这种混合反应比较奇妙，也很让人兴奋。

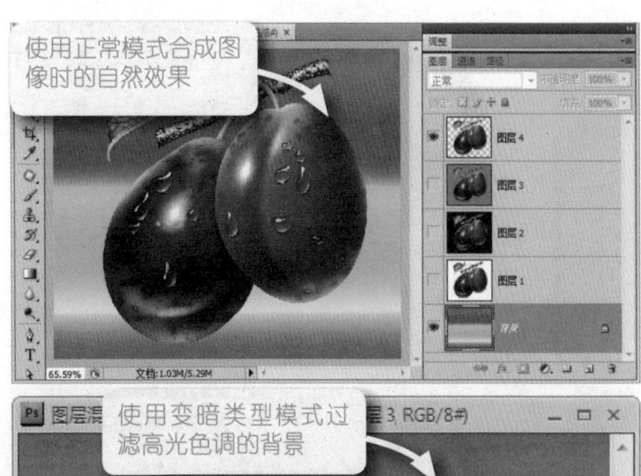

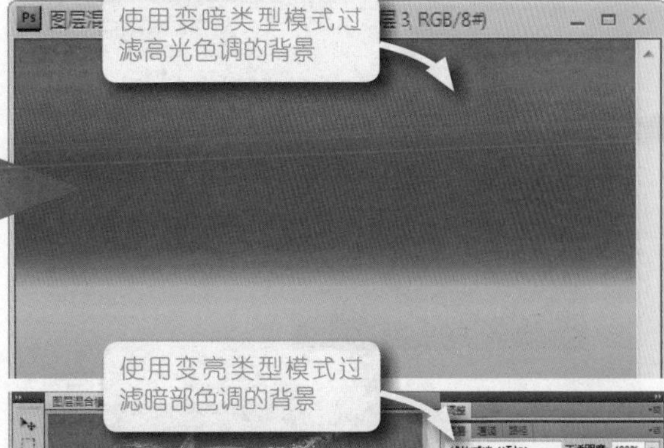


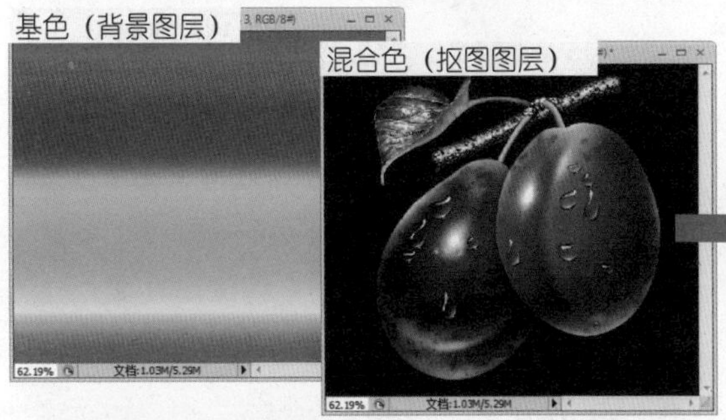

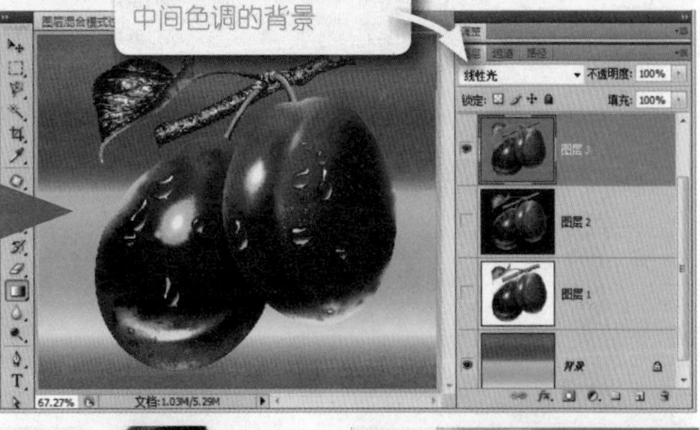


## STEP 05 图层混合模式综合实战。

（用图层混合模式抠图的本质就是过滤颜色）

首先，在Photoshop中打开本节案例的素材，如右图所示。我们将利用图层混合模式抠出素材中的人物。也许，该图像的背景比较单一，使用选取工具都可以进行抠图。但是，本案例的目的是希望帮助读者认识图层混合模式的作用，同时也可以借机理解混合抠图的独特妙处。另外，对于细发来说，使用一般选取工具抠图，效果未必让人满意。

1. 首先，在“图层”面板中拖曳“图层1”到面板底部的“创建新图层”按钮 上，复制“图层1”图层为“图层1副本”图层。
2. 在“图层”面板中隐藏“图层1 副本”图层，设置“图层1”图层的混合模式为“正片叠底”，则可以看到图层1的白色背景被清除了，但是人物自身也被淹没在背景图层中，如左下图所示。
3. 在工具箱中选择磁性套索工具，具体设置如左下图所示，然后在“图层”面板中显示“图层1副本”图层，使用磁性套索工具勾选人物的轮廓，注意不要勾选头发区域。
4. 选择“选择|存储选区”命令，打开“存储选区”对话框，存储选区为“人物轮廓”。选择“选择|修改|收缩”命令，打开“收缩选区”对话框，收缩选区2像素。按【Shift+F6】组合键，打开“羽化选区”对话框，羽化选区2像素。
5. 在“图层”面板中，选中“图层1 副本”图层，在面板底部单击“添加图层蒙版”按钮 ，为选区添加蒙版，遮盖选区以外的区域，效果如左下图所示。
6. 在工具箱中选择仿制图章工具，在工具栏中设置“样本”为“所有图层”，其他选项随意，新建“图层2”，然后按住【Alt】键，在相邻头发区域取样，并在缺失的区域单击拖曳，修补缺失的头发。最后，使用钢笔工具，绘制头发的完整路径，把路径转换为选区后，羽化1像素，再为图层2添加图层蒙版，遮盖掉多出的仿制头发效果。
7. 最后，添加“曲线”调整图层，按【Ctrl= Alt=G】组合键，适当降低“图层1 副本”图像的亮度，以便与背景融合。

图层 26

## 让照片中的人物看起来更清楚、精神 ——使用图层的混合颜色带（1）

Photoshop提供了各种效果（如阴影、发光和斜面等）来更改图层内容的外观。图层效果与图层内容链接。移动或编辑图层的内容时，修改的内容中会应用相同的效果。图层样式是应用于一个图层或图层组的一种或多种效果。考虑到图层样式简单易学，本节及其后面几节将重点讲解“图层样式”对话框中的混合颜色带功能。混合颜色带与图层混合模式一样是图层技术的核心功能，学习难度大，但是应用灵活。本节还将利用图层混合颜色带功能来对照片进行清晰化处理，使照片中的人物看起来更亮丽、精神。

处理前

处理后

### STEP 01 认识图层样式。
（图层样式功能丰富，但使用简单）

在“图层”面板底部单击“添加图层样式”按钮 fx，或者双击图层，都可以打开“图层样式”对话框，如右图所示。利用该对话框可以为指定的图层添加丰富的图层样式。整个对话框由以下4部分组成：

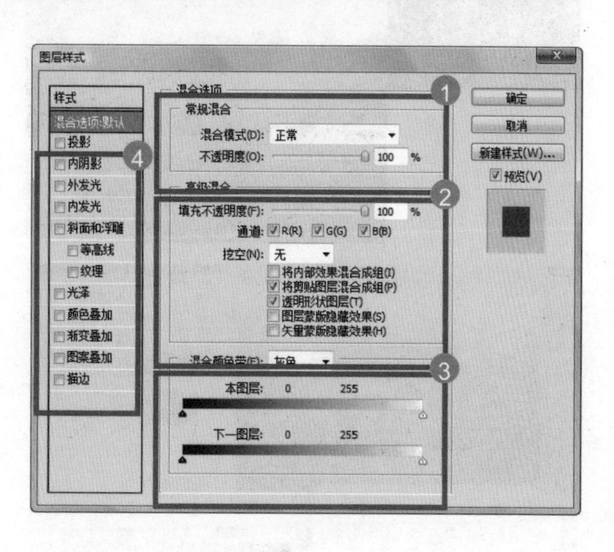


※ 常规混合(①)：包含图层混合模式、不透明度，它们与在“图层”面板中设置是相同的。

※ 高级混合(②)：包含大部分混合特效功能，与各种效果和图层蒙版紧密联系。由于这些功能在数码照片处理中用途不是很大，故本书不详细讲解。

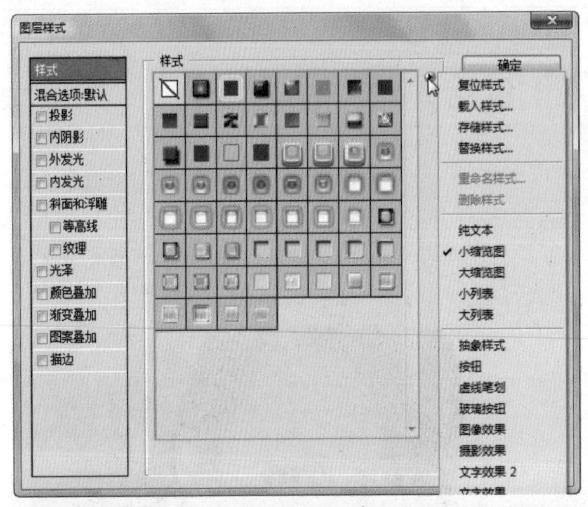

※ 混合颜色带(③)：图层混合中高难度动作，与混合模式遥相呼应，可以设计很多奇特的效果，本节及其后面几节都将详细讲解这个部分的实际用法。

※ 图层效果(④)：或者称为图层样式，这些效果依附于指定的图层，并使图层中的图像显示特定的效果。由于图层样式使用简单，故本书不再展开讲解。

在“图层样式”对话框左侧的分类选项列表中，如果选择“样式”选项，则可以在对话框右侧看到很多预定义的样式，选中对应的样式，即可为当前图层应用指定的样式。它与“样式”面板的功能是完全相同的。如果单击样式列表右上角的菜单按钮，从弹出的菜单中可以管理样式。

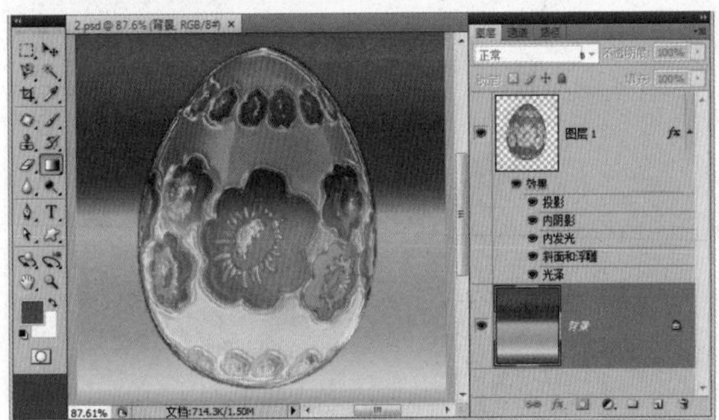

所有预定义样式都是由“图层样式”对话框定义的。当在图层中应用预定义的样式之后，则可以在“图层”面板中看到所应用的图层样式和所组成的具体效果，如左图所示。

当然，可以随时修改、编辑或者删除已应用的图层样式，所有操作都可以在图层右键菜单中选择对应命令执行。

## STEP 02 认识混合颜色带。

（混合颜色带实际上就是特殊的图层蒙版）

首先，我们看一个实验案例。这里有两幅图像，一幅是城市建筑和绿地，另一幅是郊区别墅和绿地。分别把它们作为上下图层，然后单击上一图层，在打开的“图层样式”对话框中，拖动“混合颜色带”区域中的“本图层”的白色滑块到168的位置，如左下图所示。

这时，我们会看到图层1中的天空和建筑逐渐被隐去，而显示下一层图像中的农村别墅，从而可以合成一幅奇特的花园城市的效果，如左图所示。

在混合颜色带的通道选项中，默认选项为“灰色”，实际上它表示图像中灰度信息的通道，这个通道在“通道”面板中没有表现出现，不过如果在“通道”面板中不选中任何通道，直接单击面板底部的“将通道作为选区载入”按钮，则所得到的选区就是图像灰色通道的选区。这个“灰色”通道在“计算”命令和“应用图像”命令也被大量使用。

选择“图像|计算”命令，打开“计算”对话框，设置源图层皆为“图层1”，源通道皆为“灰色”，混合模式设置为“正常”，则所得的Alpha 1通道就是当前图层图像的灰色通道。

再选择“图像|调整|阈值”命令，打开“阈值”对话框，设置色阶值为168，该值等于在混合颜色带中设置的白色滑块的值（参阅上一页说明），这时可以看到，灰色的Alpha 1通道被转换为黑白两色的通道。

按住【Ctrl】键，单击该通道，调出该通道选区，按【Shift+F7】组合键，反向选择选区，切换到“图层”面板，复制“图层1”图层为“图层1 副本”图层。

恢复复制图层的混合颜色带为默认值，如右图所示，然后为“图层1 副本”添加图层蒙版，这时可以看到如上一页利用混合颜色带相同的混合效果，这说明了混合颜色带实际上就是图层蒙版的特殊应用。

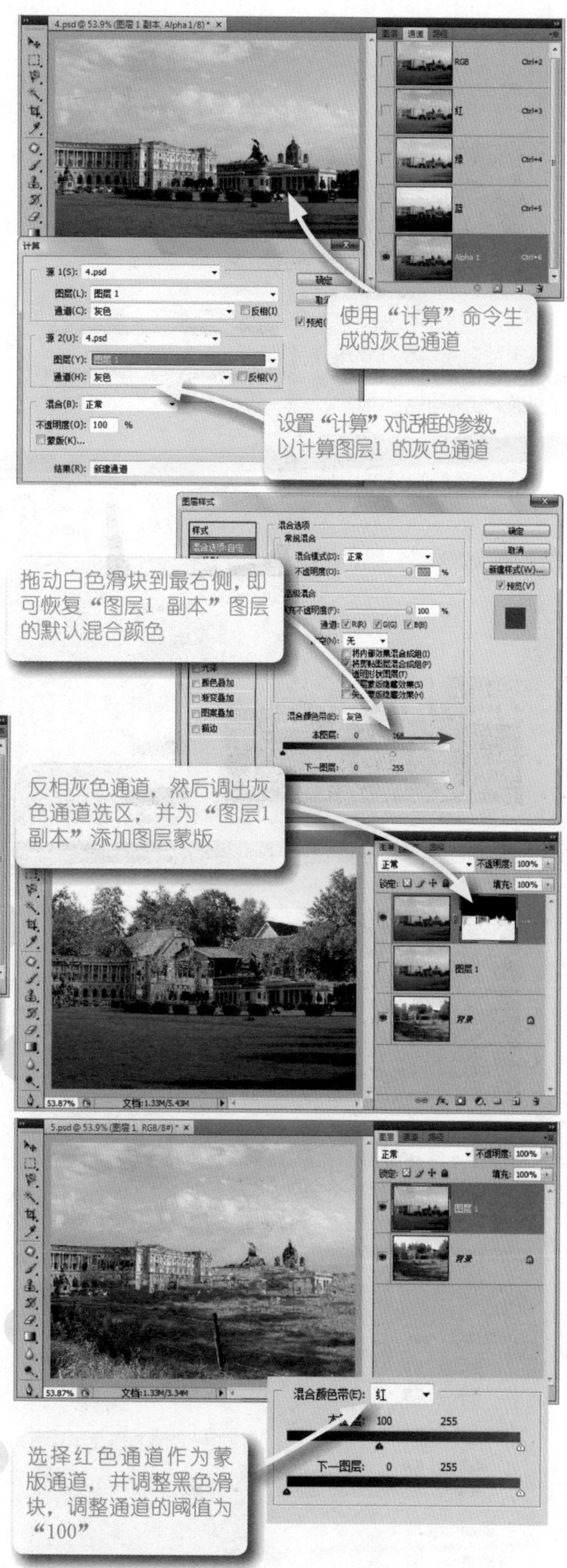


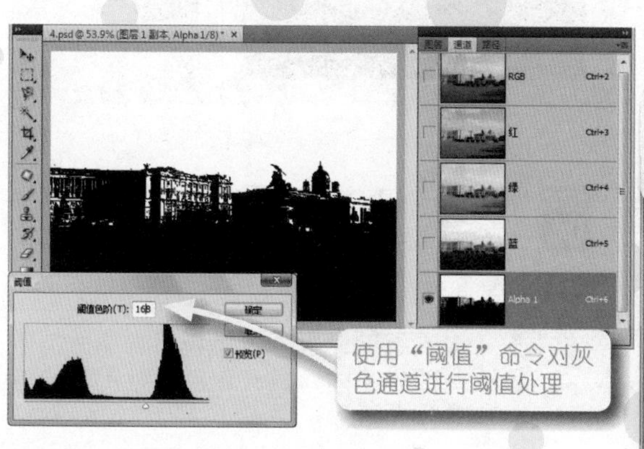


## STEP 03 混合颜色带中的通道。
（通道分别表示不同的图层蒙版）

在“混合颜色带”选项区域中，有一个通道列表框，除了上面介绍的默认灰色通道外，还可以选择红、绿和蓝，它们分别表示红色通道、绿色通道和蓝色通道。如果选择这些选项，则就会以对应的原色通道作为蒙版，并通过黑、白滑块来调节蒙版的阈值，以确定哪些像素被显示，而哪些像素被隐藏。

例如，如果在混合颜色带中设置通道为红色通道，然后在“本图层”中拖动黑色滑块到100的位置，可以看到“图层1”中的红色通道作为蒙版遮盖了深色的区域，从而显示奇特的合成效果，如右图所示。

如果以蓝色通道作为蒙版，则会发现所产生的合成效果是不同的，如左图所示。

我们也可以直接通过复制蓝色通道来设计相同混合效果的图层蒙版，如下所示。

先复制“蓝”通道为“蓝 副本”通道，选择“图像|调整|阈值”命令，打开“阈值”对话框，设置阈值色阶为“100”，然后调出该通道的选区。

在“图层”面板中复制“图层1”为“图层1 副本”，清除上一步中设置的混合颜色带，并为该图层添加图层蒙版，则效果如下图所示。比较可以发现，混合的效果与使用混合颜色带调整的效果是一样的。

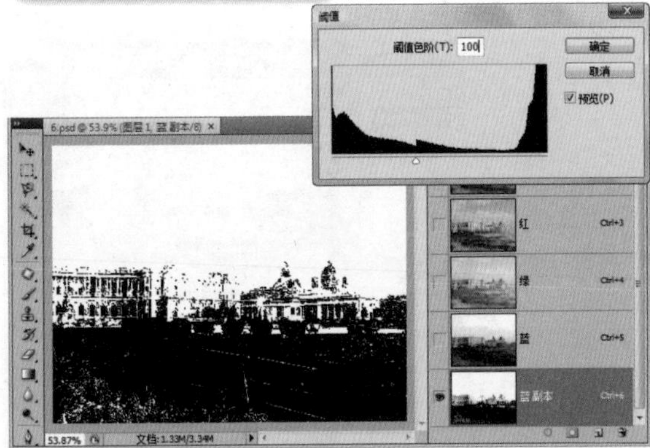

## STEP 04 混合颜色带中的图层。

（上下图层分别表示透明和现实关系）

在混合颜色带选项区域内，有两个滑条。

※ “本图层”滑条：表示调节上面图层的透明部分（即遮盖一定色阶范围的像素，如暗色或亮色）。

※ “下一图层”滑条：表示调节下面图层的显示部分（即显示一定色阶范围的像素，如暗色或亮色）。

从本质上分析，这两个滑条功能是相同的，只不过位置不同。例如，拖动“下一图层”的黑色滑块到168的位置，则所得的图像混合效果如左图所示。

同样，我们可以利用“计算”命令和“阈值”命令计算出上面操作的图层蒙版遮盖效果。方法如下。

首先，选择“图像|计算”命令，打开“计算”对话框，分别设置源图层为“背景”图层、源通道为“灰色”通道，“混合”模式设置为“正常”，如左图所示。

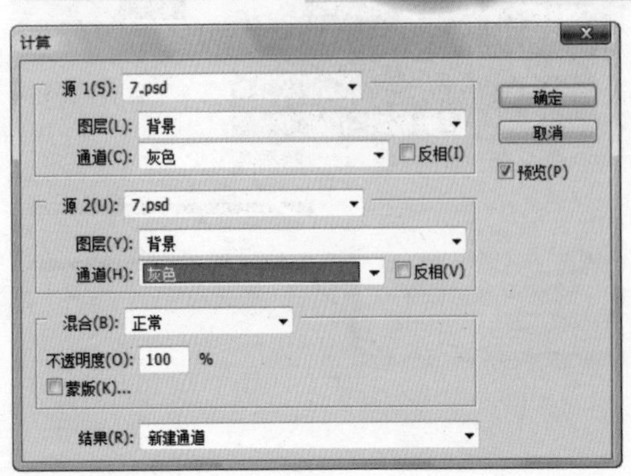

单击“确定”按钮，生成一个新的Alpha 1通道，它就表示背景图层的图像的灰色通道。

再选择“图像|调整|阈值”命令，打开“阈值”对话框，设置色阶值为“168”，该值等于在混合颜色带中设置的黑色滑块的值（参阅上一页说明），这时可以看到，灰色的Alpha 1通道被转换为黑白两色的通道。

按住【Ctrl】键，单击该通道，调出该通道选区。切换到“图层”面板，复制“图层1”图层为“图层1 副本”图层。恢复复制图层的混合颜色带为默认值，如右图所示，然后为“图层1 副本”添加图层蒙版，这时可以看到与混合颜色带制作的混合效果相同。因此说，上下滑条的作用是相同的。

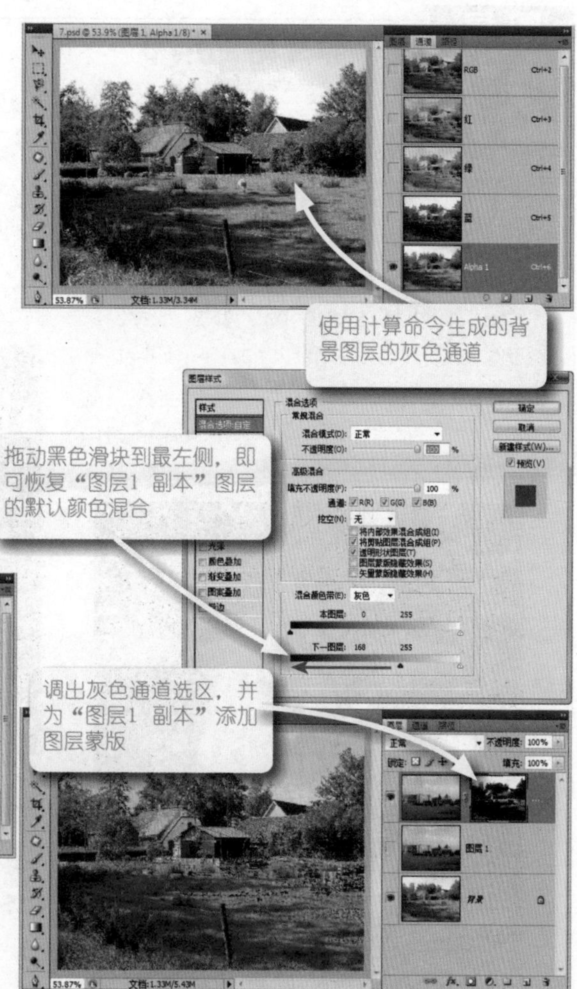

## STEP 05 混合颜色带应用实战。（通道分别表示不同的图层蒙版）

本节案例的人物照片非常模糊，下面将用本节技术进行处理。

首先，复制“背景”图层，生成“背景 副本”图层，选择“滤镜|锐化|USM锐化”命令，对“背景 副本”图层进行锐化处理。

然后，双击该图层，打开“图层样式”对话框，在“混合颜色带”区域中拖动本图层的黑色滑块到128的位置，以此遮盖掉图像暗部像素的锐化处理，这样就可以达到既锐化又保护细节的目的，如左图所示。

# 图层 27 优化照片暗部细节——使用图层的混合颜色带（2）

蒙版是用来控制图层的不透明度，可以分为可见和不可见两种形式，其中图层蒙版和矢量蒙版是可见蒙版，而剪贴蒙版和混合颜色带是不可见蒙版。

混合颜色带是一种特殊的蒙版，具体说就是参与上下图层混合时，利用图层的颜色通道来控制图层的不同区域的不透明度。这些特殊的蒙版通过滑块调整通道的阈值色阶，并且可以任意的组合，具有强大的灵活性。在本节案例中将利用“亮度/对比度”命令提亮照片亮度，并降低对比度，然后通过混合颜色带进行平衡。

处理前

处理后

## STEP 01 混合颜色带的综合调整。

（混合颜色带的渐变映射功能）

混合颜色带的两个滑条，4个滑块，4个通道都可以综合调整，配合使用。这样就可以调整出复杂的混合效果。

同理，可以在“混合颜色带”区域中选择不同的通道进行综合调理。例如，下图是分别调整红色和蓝色通道的滑块的效果。

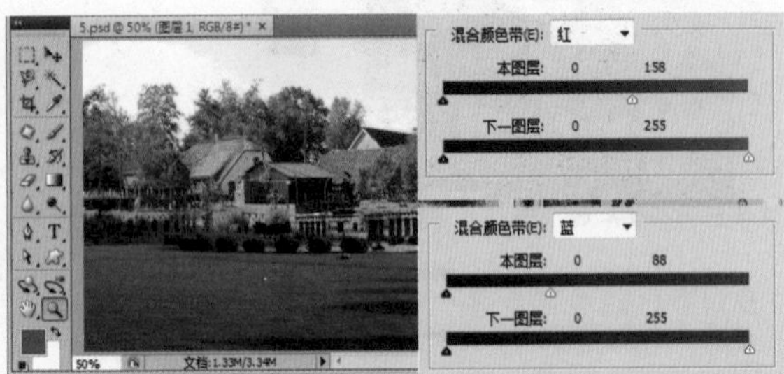

针对多滑块联合调整，也可以借助“计算”和“阈值”命令来制作对应通道，然后载入通道选区，设计图层蒙版，从而模拟相同的效果，不过这种复合运算会比较复杂。另外，还可以使用渐变映射来模拟这种混合效果，方法如下。

复制“图层1”，并恢复默认混合状态。添加“渐变映射”调整图层，设置渐变如右图所示，步骤如下图所示。

在“通道”面板调出渐变映射后的图像通道选区，在“图层”面板隐藏“渐变映射”调整图层，并添加图层蒙版，即可得到相同效果。

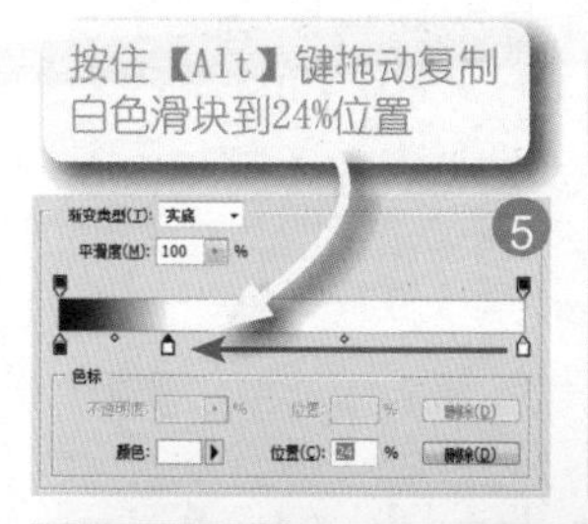


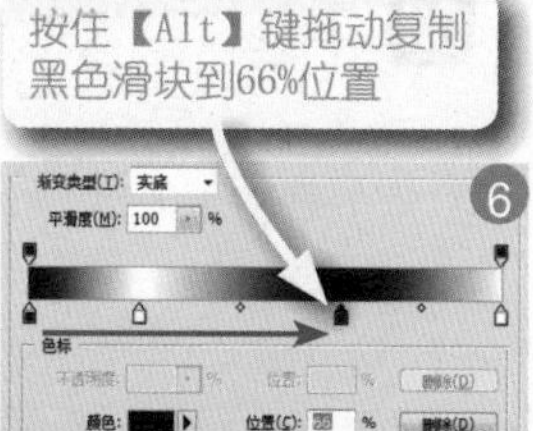


对于灰色通道来说，可以使用上面方法直接制作，而原色通道则需要把原色通道复制为新的PSD文件，从多通道模式转换为灰色模式，再为该灰色图像应用渐变映射，获得对应原色通道的选区，最后在图像文件中载入灰色图像中的渐变映射所得的图像灰度选区，利用该选区制作图层蒙版即可模拟复合的混合颜色带。

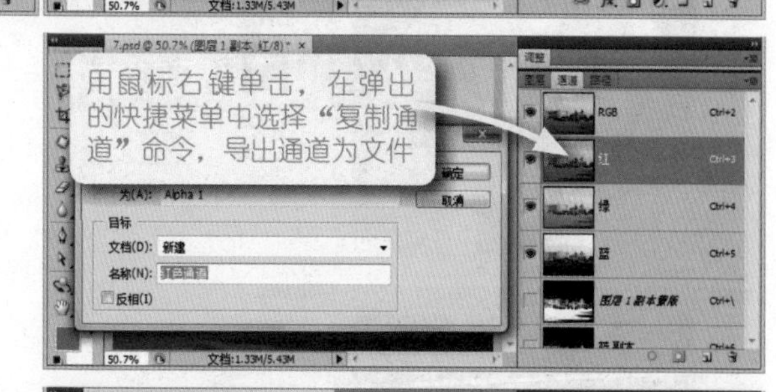

STEP 02 混合颜色带的渐变调整。

（“混合颜色带”区域中的滑块可拆分，实现渐变混合）

在“混合颜色带”区域中，直接拖动滑块所得的混合效果总是非此即彼的混合模式，也就是说要么显示上一图层的像素，要么就显示下一图层的像素，从而使上下图层混合的效果非常生硬。

当然，也可以混合出渐变的效果，如同羽化选区或者半透明选区那样的效果。方法是，按住【Alt】键，单击拖动滑块，即可把滑块拆分为半截的滑块，通过这种方式就可以设计半透明的混合效果，如左图所示。

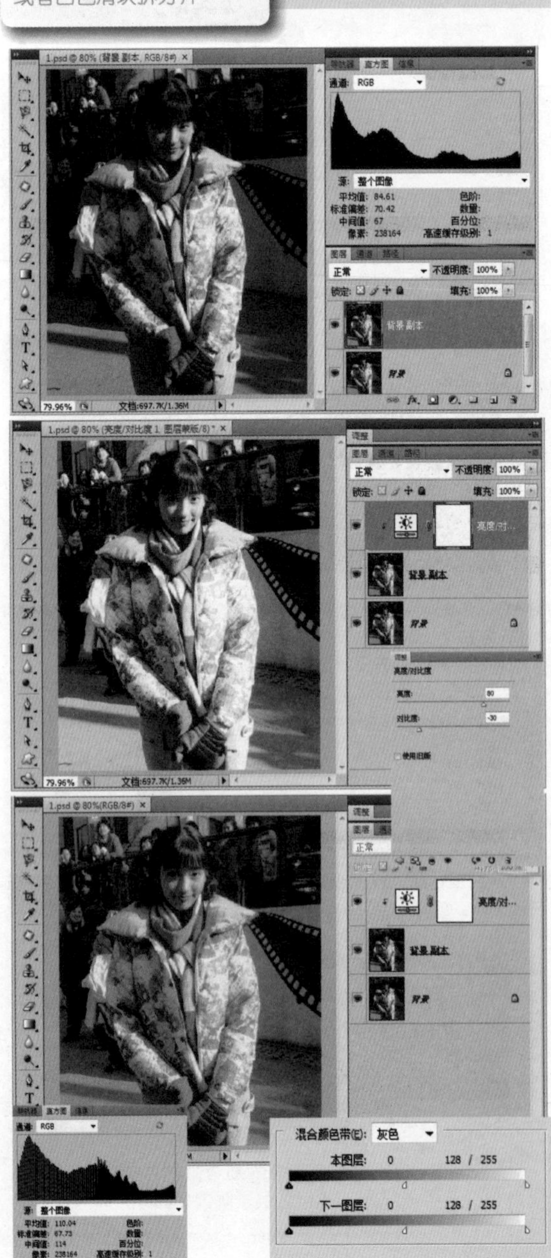


STEP 03 混合颜色带照片后期处理实战。

（混合颜色带可以缓冲调整命令的副作用）

打开本节案例源文件，通过直方图可以发现照片的峰值偏左，照片色调偏暗，明暗对比度过强，中间细节欠缺，下面就来进行纠正：

1. 首先，在“图层”面板中拖曳“背景”图层到面板底部的“创建新图层”按钮上，复制“背景”图层为“背景 副本”图层。
2. 在“图层”面板底部单击“创建新的填充或调整图层”按钮，从弹出的菜单中选择“亮度/对比度”命令，添加“亮度/对比度”调整图层。
3. 在“调整”面板中，设置“亮度”为“80”，“对比度”为“-30”，然后在“图层”面板中选中当前调整图层，按【Ctrl+Alt+E】组合键，把调整图层设置为“背景 副本”图层的剪贴蒙版，这样就可以把调整图层绑定到“背景 副本”图层上。
4. 这时会发现，调整的图像非常亮，部分高光细节丢失。为此可以利用混合颜色带来调节，恢复图像的高光细节。
5. 双击“背景 副本”图层，按住【Alt】键，在“混合颜色带”选项区域，单击“本图层”的白色滑块，拆分白色滑块，并拖动半截滑块到中间位置，以便部分遮盖掉曝光过度的像素。继续以同样的方式，按住【Alt】键，在“混合颜色带”选项区域，单击“下一图层”的白色滑块，拆分白色滑块，并拖动半截滑块到中间位置，让背景图层中的高光像素部分显示出来，这样就可以看到照片高光区域细节得到了部分恢复，如左图所示。

# 第5章

# 数码后期处理的三重门——透过滤镜用滤镜

Chapter

滤镜 01

# 使用消失点滤镜清除照片背景多余图像
# ——认识Photoshop的滤镜

在Photoshop中，滤镜给人的初步印象就是炫丽、奇妙和花哨。有些用户忽视它，也有很多用户对它爱不释手。滤镜主要是用来实现图像的各种特殊效果，它在Photoshop中具有非常神奇的作用。Photoshop滤镜种类众多（14类），都被放在“滤镜”菜单中，共有109个内置滤镜，使用时只需在“滤镜”菜单中选择并执行相应的命令即可。

如果从数码照片后期处理的角度来分析，大部分滤镜会很少用到，甚至从来不用。最常用的是一些改善图像质量的滤镜，如模糊、锐化和杂色等滤镜组中的大部分滤镜。本章将重点讲解滤镜在数码照片优化和处理方面的应用，对于艺术设计、特效制作就不再涉及。

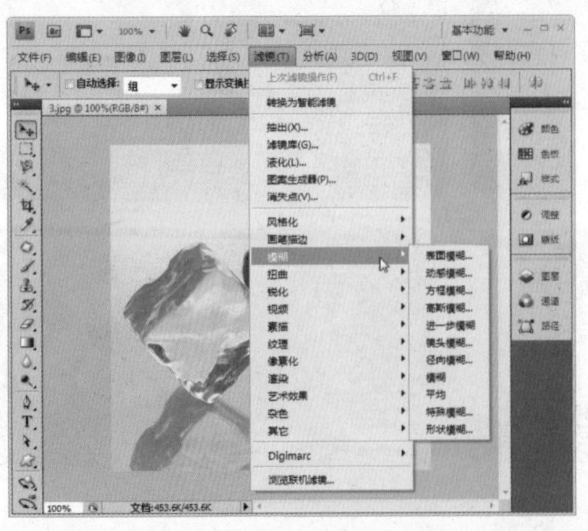


## STEP 01 感性认识Photoshop的滤镜。
（滤镜就是算法，但它包含更复杂的逻辑）

打开一幅图像，当在菜单栏中选择“滤镜”菜单项时，就可以看到弹出的主菜单，其中罗列了众多滤镜和滤镜组。本章将与读者一起探索其中的奥秘和主要用法。

滤镜的操作是非常简单的，但是真正用得恰到好处也不容易。滤镜通常需要与通道、图层等技术联合使用，才能取得最佳艺术效果。如果想在最适当的时候应用滤镜到最适当的位置，除了一定的美术功底外，还需要用户熟悉和操控滤镜的能力，甚至需要具有很丰富的想象力。这样，才能有的放矢地应用滤镜，发挥出艺术才华。

提示：滤镜的功能强大，读者需要在不断实践中积累经验，才能使应用滤镜的水平达到炉火纯青的境界，从而创作出具有迷幻色彩的艺术作品。

## 分解？ Photoshop滤镜应用基本技巧小结
（这些技巧是你使用滤镜的基础）

滤镜是Photoshop的核心工具之一，充分而又适度用好滤镜不仅可以改善图像像质、掩盖缺陷，还可以在原图像基础上设计很多炫目的效果，当然我们不提倡设计一些花哨而无实际意义的作品。下面总结一下在使用滤镜过程中，读者应该掌握的基本技巧：

※ 滤镜只能应用于当前可视图层，且可以反复应用，连续应用。但一次只能应用在一个图层上。如果选中某一通道，则只对当前通道起作用。

※ 默认状态下，执行滤镜将对整个图像进行处理，如果建立了选区，则仅对选区内图像产生作用。如果羽化选区，或者设置选区为半透明显示，则滤镜执行效果会被减弱，能减少突兀的感觉。

※ 大部分滤镜在使用时，需要设置参数，因此选择滤镜时很多会弹出一个对话框，要求设置参数，不过Photoshop也提供了默认的参数设置，单击“确定”按钮即可。

※ 初用滤镜，建议读者先使用默认设置尝试，然后尝试较低的参数设置，再尝试较高的参数设置。通过观察和比较，选择恰当的参数设置。

※ 考虑到滤镜执行的速度和破坏性，建议读者选用小幅图像进行处理，执行前先复制图层，这样可以实现备份图像，同时还可以借助“图层”面板设置图层样式，以便更灵活处理滤镜处理后的效果。

※ 有些滤镜需要与其他工具或设置配合使用，例如，“渲染”滤镜组下的“云彩”滤镜，就需要与前景色和背景色配合使用，因此在使用前应设置好前景色和背景色。

※ 执行滤镜之后，可以选择“编辑|渐隐”命令，对所应用的滤镜进行二次处理，以使滤镜处理的效果更符合需要。

※ 有些滤镜可以处理原色通道，从而可以得到非常有趣的结果。使用滤镜对Alpha通道进行处理会得到令人兴奋的结果，然后用该通道作为选区，再应用其他滤镜，通过该选区处理整个图像。

※ 通过尝试设置滤镜的参数，以及多个滤镜配合使用，可以设计出奇妙的特殊效果。例如，将虚蒙版或灰尘与划痕的参数设置得较高，有时能平滑图像的颜色，效果特别好。

※ 有些滤镜的效果非常明显，细微的参数调整会导致明显的变化，因此在使用时要仔细选择，以免因为变化幅度过大而失去每个滤镜的风格。处理过度的图像只能作为样品或范例，但它们不是最好的艺术品，使用滤镜还应根据艺术创作的需要有选择地进行。

※ 有些滤镜很复杂或者应用滤镜的图像尺寸很大，执行时需要很长时间，如果想结束正在生成的滤镜效果，只需按【Esc】键即可。

※ 上次使用的滤镜将出现在“滤镜”菜单的顶部，可以通过执行该命令对图像再次应用上次使用过的滤镜效果。快捷键为【Ctrl+F】。如果按【Ctrl+Alt+F】组合键，可以打开上次使用滤镜的对话框，允许重设参数。 而按【Ctrl+Shift+F】组合键可以退出上次用过的滤镜或调整的效果。

※ 如果在滤镜中对设置的效果不满意，可按住【Alt】键，这时“取消”按钮会变为“复位”按钮，单击该按钮就可以将参数重设置为调节前的状态。

※ 在滤镜设置对话框中，如果放大图像预览图，可以按住【Ctrl】键，单击预览区域即可，反之，按住【Alt】键，单击预览区域可以缩小图像。

※ 在使用“云彩”滤镜时，如果产生更多明显的云彩图案，可按住【Alt】键，再执行该命令，如果生成低漫射云彩效果，可按住【Shift】键，再执行该命令。

※ 在“光照效果”滤镜的对话框中，如果复制光源，按住【Alt】键，然后再拖动光源即可复制。

需要注意以下几个问题：

※ 滤镜不能应用于位图模式、索引颜色和48位RGB模式的图像。有些滤镜只对RGB模式的图像起作用，而有些滤镜在CMYK模式下也无法使用。灰度图像时可以使用任何滤镜。

※ 滤镜只能应用于图层的像素区域，对透明区域是无效的。

※ 文本等矢量图形，只有被转换为像素位图后，才能够被应用滤镜。

※ 有些滤镜完全在内存中处理，所以内存的容量对滤镜的执行速度影响很大。

※ 滤镜的处理效果以像素为单位，因此相同的参数处理不同分辨率的图像，效果不同。

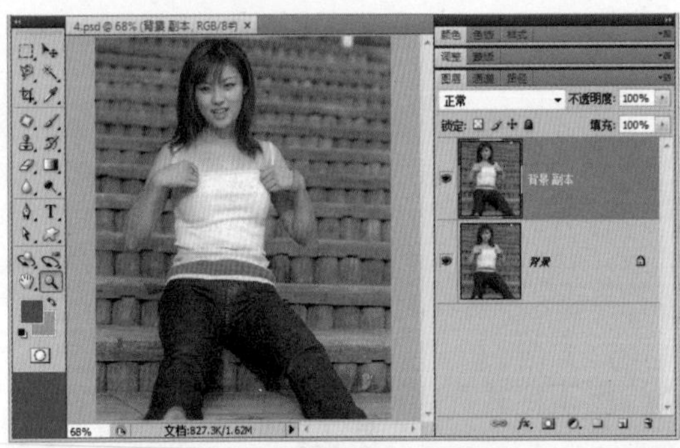

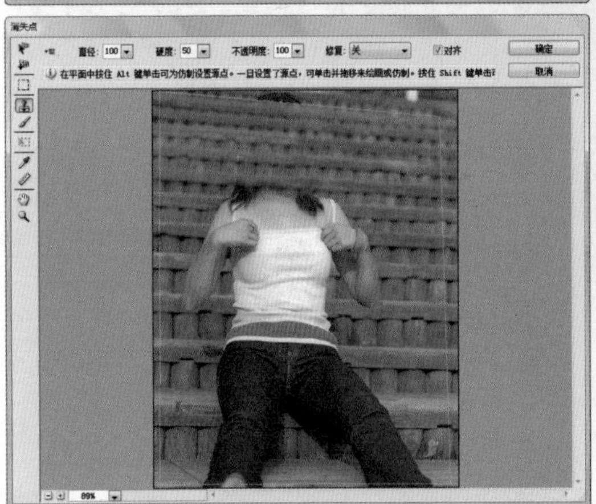

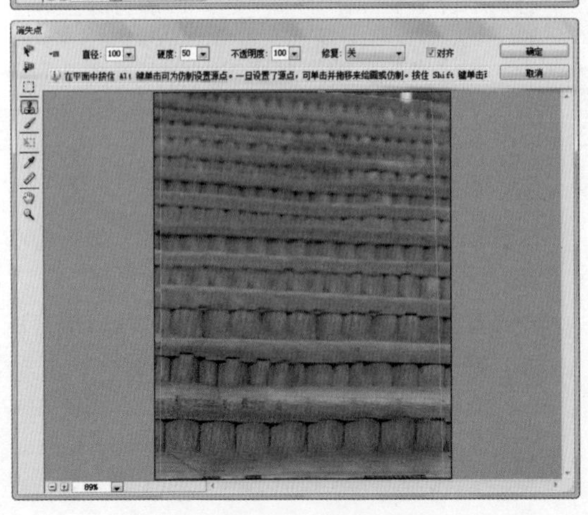

STEP 02 认识和使用“消失点”滤镜。（消失点弥补了仿制图章和变形工具的缺陷）

仿制图章工具在清除背景杂物时，功能很强大，但是它很容易破坏图像自身的透视效果。如果使用自由变换工具的透视变形来进行处理，操作又非常麻烦。此时，选择“消失点”滤镜来清除背景杂物就是一个不错的选择，同时又能很好地解决照片透视问题。例如，打开一幅照片，如左图所示，下面我们将利用“消失点”滤镜把照片中的人物清理掉。

选择“滤镜|消失点”命令，打开“消失点”对话框，在左侧工具箱中选择创建平面工具，顺着台阶定位4个顶点，创建一个平面视图，此时在预览编辑视图中自动显示透视网格，如左图所示。

网格作为设置透视关系的辅助工具，只有定义了网格之后，才能在消失点中进行编辑。如果在创建时定位的位置不准确，此时可以选择编辑平面工具对网格进行进一步的修改。拖动角点改变透视关系，直到符合各个台阶的透视关系。

在左侧工具箱中选择仿制图章工具，在顶部的工具栏中设置“修复”为“关”，网格自动变为外框显示模式。在网格内部按住【Alt】键单击进行取样，此时可以看到，在保持透视关系的前提下，可以进行仿制覆盖操作。

在清除操作中，可以多次按住【Alt】键，单击进行取样，然后松开【Alt】键单击或拖曳进行修复，注意在下笔前一定要确定对齐。

使用仿制图章工具修复时，多次取样后将台阶复制到人物图像上。先做出整体效果，最后再重扫一遍，把接头处重新进行对齐，这样就可以将误差分散到各处，从而基本上将台阶对齐并融合在一起。

修复完毕，单击“确定”按钮，关闭“消失点”对话框即可。

## STEP 03 使用“消失点”滤镜清除背景杂物。（消失点实际是一种智能的仿制图章工具）

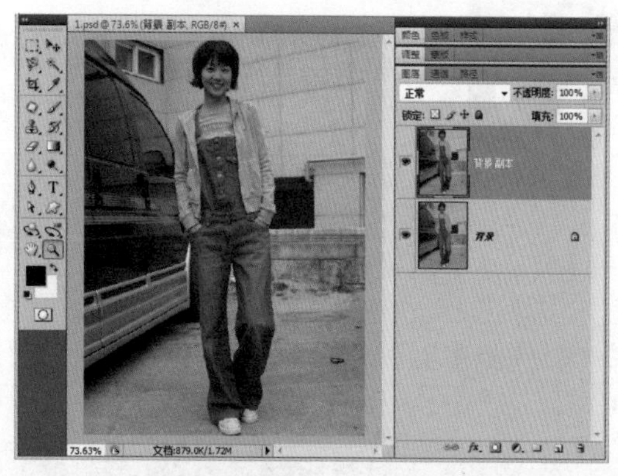

打开本节案例源文件，先在“图层”面板复制备份“背景”图层，然后选择“滤镜|消失点”命令，打开“消失点”对话框。

在“消失点”对话框中先用创建平面工具创建三维视图平面，然后使用仿制图章工具进行覆盖修复，详细操作如本页的演示图例。在操作中，对于细节部位应该细心操作。

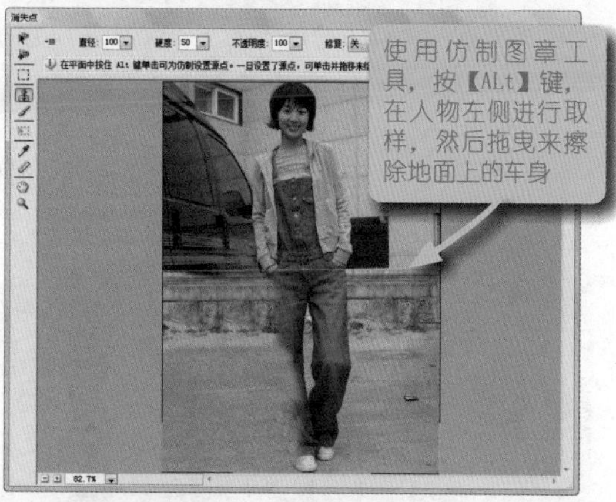


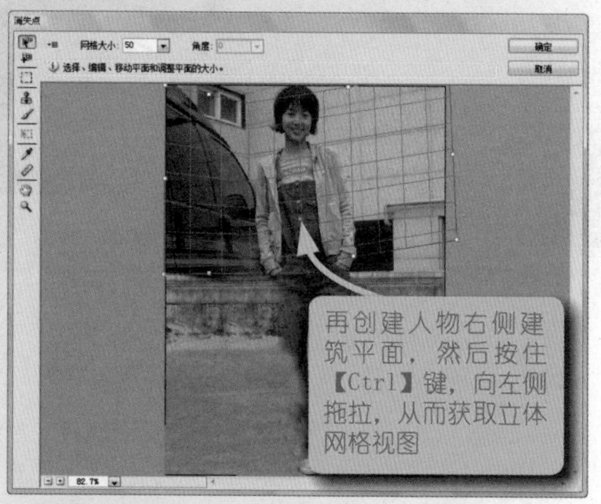

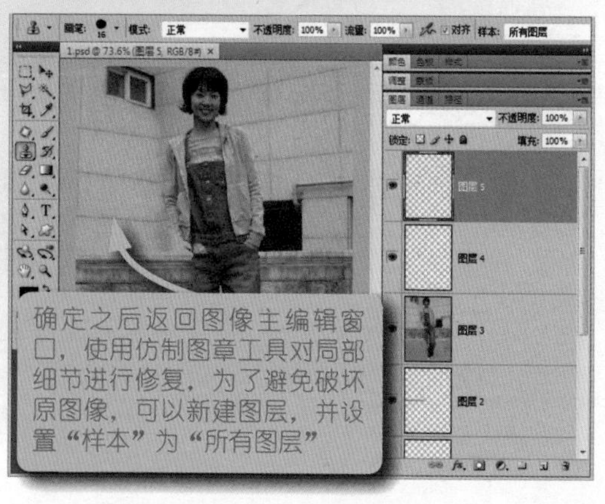


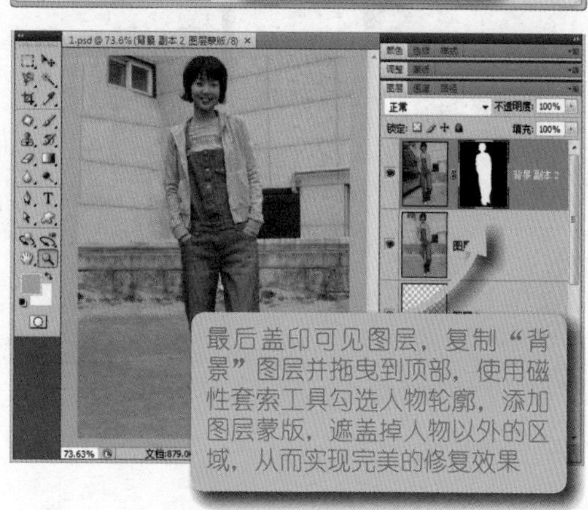

滤镜 02

# 给人物照片进行柔焦处理 ——使用“模糊”滤镜（1）

在传统摄影中，专业相机都会配备各种效果的设备滤镜，如旋转镜、爆炸镜、柔光镜、速度镜等，这些滤镜对于摄影师来说非常重要，特别是在拍摄艺术照片时不可或缺。但是这些滤镜不易掌握，处理不好，不该模糊的模糊了，该模糊的却没有得到模糊。Photoshop提供的“模糊”滤镜组使摄影师摆脱了传统摄影滤镜的羁绊，且使用时更能够得心应手。使用Photoshop的数码滤镜代替传统设备滤镜，应用得好，可以取得意想不到的效果。

从本节开始，我们将用两节的内容重点讲解几个基础性模糊滤镜，当然Photoshop提供的每个模糊滤镜都有其特殊的功效，读者可以在实践中尝试使用。本案例将利用多种模糊滤镜对人物的皮肤进行柔化处理，使人物皮肤看起来更加白嫩、细滑。

处理前

处理后

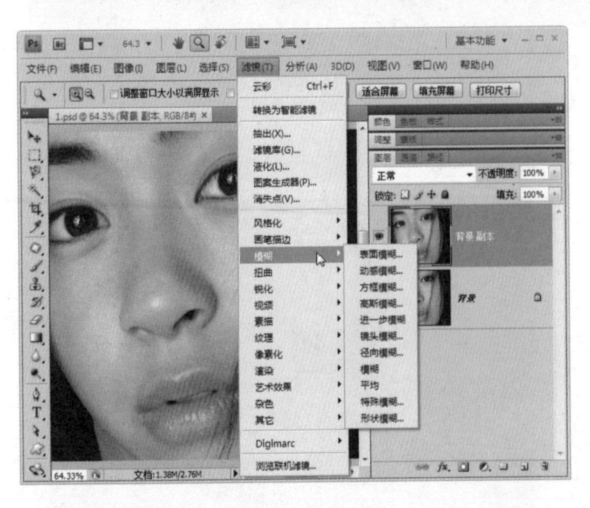

## STEP 01 认识“模糊”滤镜。

（“模糊”滤镜就是稀释并扩展像素点的色彩范围）

Photoshop CS4提供了11个模糊滤镜，但真正实用和常用的只有几个。所有模糊滤镜都以“高斯模糊”滤镜为基础进行改进和扩展。

※ “径向模糊”滤镜能产生旋转或爆炸的模糊效果，类似于传统摄影的旋转镜和爆炸镜。

※ “高斯模糊”滤镜、“模糊”滤镜和“进一步模糊”滤镜可以产生柔化效果，相当于柔焦镜。“模糊”滤镜和“进一步模糊”滤镜的效果不是很明显，一般使用“高斯模糊”滤镜也可产生同样的效果，它相似于传统摄影中的柔焦。

※ “动感模糊”滤镜可以产生加速的动感效果，类似速度镜或追随拍摄。

## STEP 02 模糊滤镜效果比较分析。

（模糊滤镜都有各自算法，应用效果也不同）

模糊滤镜算法不同，所得效果也会不同，但是它们处理后的效果都比较趋同，很多时候这些变化细节不易察觉和掌握，下面我们就利用上一章在分析图层混合模式使用的灰度渐变图来进行试验、比较和分析，以便发现它们的变化规律。通过在像素级别上观察，会更容易发现规律和异同。

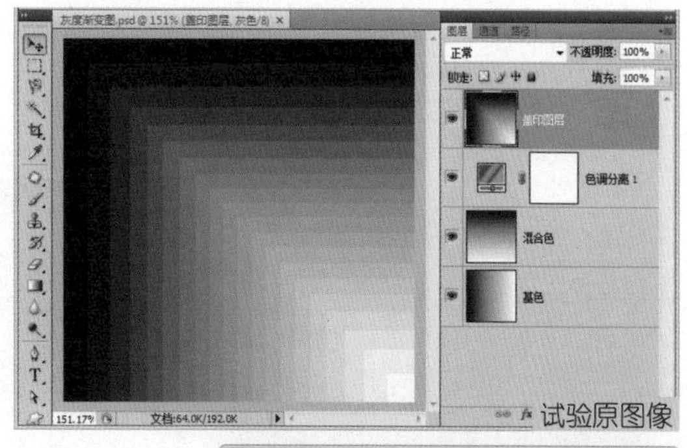


※ 高斯模糊：所谓高斯是指当Photoshop 将加权平均应用于像素时生成的钟形曲线。“高斯模糊”滤镜能够添加低频细节，并产生一种朦胧效果。

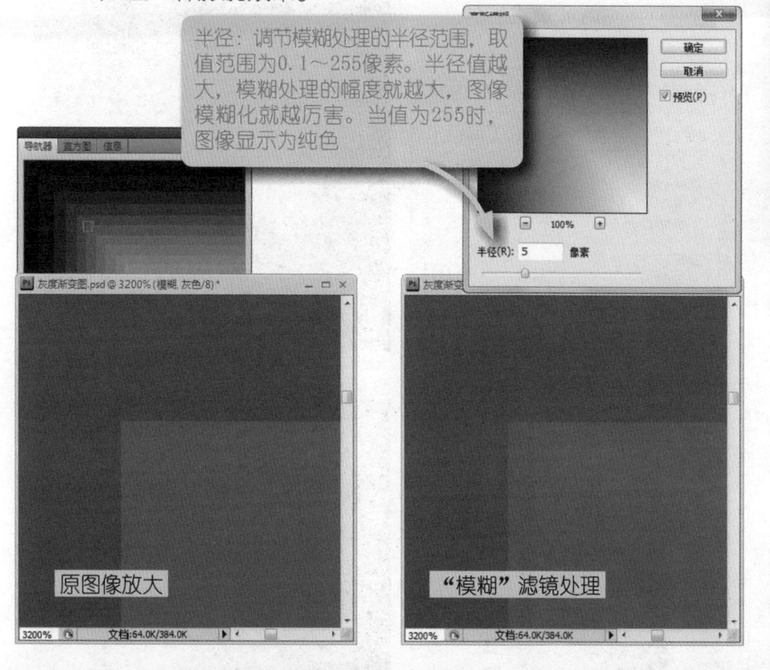

提示：“模糊”和“进一步模糊”滤镜能够在图像中对有显著颜色变化的地方消除杂色。“模糊”滤镜通过平衡已定义的线条和遮蔽区域的清晰边缘旁边的像素，使变化显得柔和。“进一步模糊”滤镜的效果比“模糊”滤镜强3到4倍。

※ 方框模糊：该滤镜能够根据相邻像素的平均颜色值来模糊图像。可用于创建特殊效果。与“高斯模糊”滤镜相比，该滤镜比较智能，能够适当区分明暗边界的痕迹，而不是一刀切地进行处理。

半径：调节模糊处理的半径范围，取值范围为1～999像素。半径值越大，模糊处理的幅度就越大，图像模糊化就越厉害。当值为999时，图像接近显示为纯色

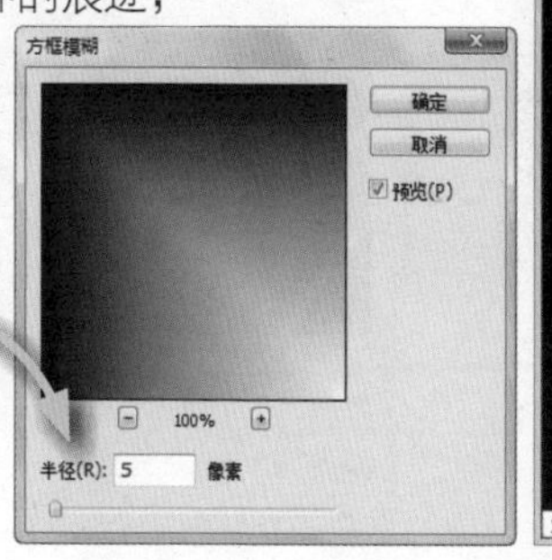

※ 动感模糊：沿指定方向（-360度～+360度）以指定强度（1 ～ 999）进行模糊。该滤镜的效果类似于以固定的曝光时间给一个移动的对象拍照。

角度：设置模糊处理的方向。
距离：设置模糊处理的距离，即强度。
该模糊滤镜算法比较特殊，它根据图像的纹理走向来进行模糊，向上动感模糊可能看不到效果，如右图所示

※ 径向模糊：模拟缩放或旋转的相机所产生的模糊，产生一种柔化的模糊。

通过拖动中心模糊框中的图案，指定模糊的原点

旋转：沿同心圆环线模糊，然后指定旋转的度数。
缩放：沿径向线模糊，好像是在放大或缩小图像，然后指定1～100之间的值。
模糊的品质范围包括草图、好和最好。草图产生最快但为粒状的结果，好和最好产生比较平滑的结果，除非在大选区上，否则看不出这两种品质的区别。

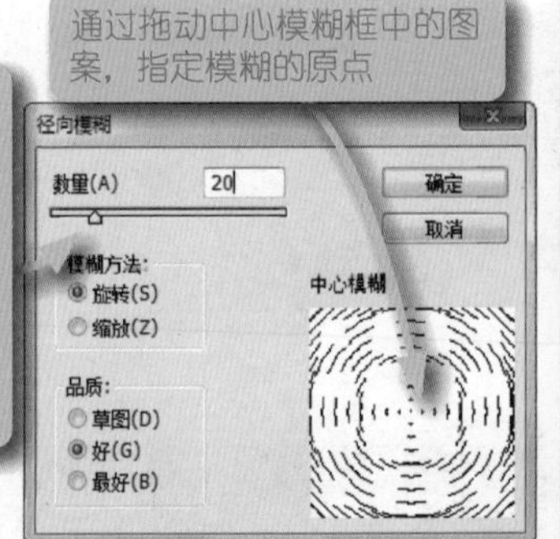

※ 镜头模糊：向图像中添加模糊以产生更窄的景深效果，以便使图像中的一些对象在焦点内，而使另一些区域变模糊。

“镜头模糊”滤镜使用深度映射来确定像素在图像中的位置。在选择了深度映射的情况下，也可以使用十字线光标来设置给定模糊的起点。该滤镜的参数设置相对复杂，不过读者初步明白该滤镜可以设计专业的照片景深效果，当专门研究照片景深时，建议再深入理解其中每一个参数的意义和功效

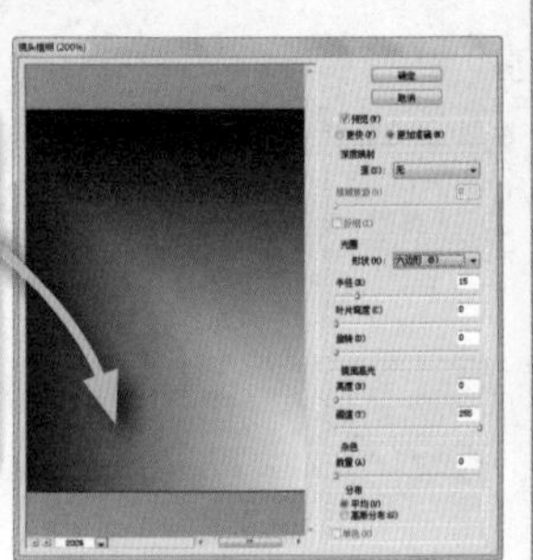

※ 表面模糊：在保留明暗边界的基础上对图像进行模糊处理。该滤镜适合用于清除照片中的杂色或粒度。

半径：指定模糊取样区域的大小。
阈值：控制相邻像素色调值与中心像素值相差多大时才能成为模糊的一部分。色调值差小于阈值的像素被排除在模糊之外

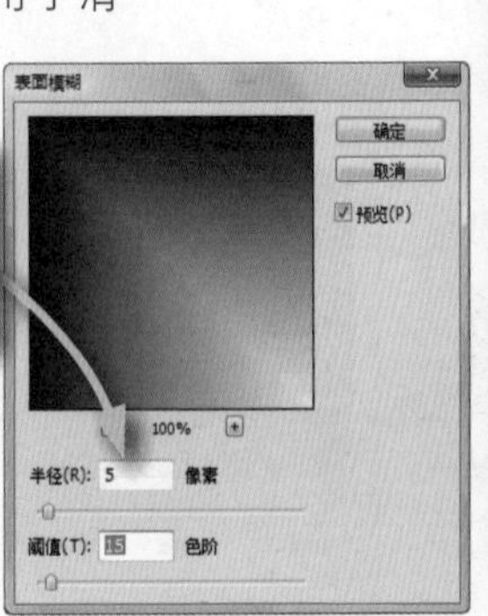

※ 形状模糊：根据指定的自定义形状来创建模糊。在算法中加入了自定义形状的灰度分布规律，并以此作为干扰因子，使模糊处理的效果富有变化。

从自定形状预设列表中选取一种形状，并使用“半径”滑块来调整其大小。通过单击三角形按钮，在弹出的列表中选择相应的选项，可以载入不同的形状库。半径决定了形状的大小，形状越大，模糊效果越好

※ 特殊模糊：该模糊滤镜提供了更多设置参数，可以精确模糊图像。

半径：确定在其中搜索不同像素的区域大小。
阈值：确定像素具有多大差异后才会受到影响。
模式：可以为整个选区设置模式（正常），或为颜色转变的边缘设置模式（仅限边缘和 叠加边缘）。
在对比度显著的地方，仅限边缘应用黑白混合的边缘，而叠加边缘应用白色的边缘。

※ 平均：自动找出图像或选区的平均颜色，然后用该颜色填充图像或选区，以创建平滑的外观。

STEP 03 对人物皮肤进行焦化处理。
（“表面模糊”滤镜是专业的皮肤磨皮工具）

打开本节案例的源文件，在“图层”面板中复制背景图层为“背景 副本”图层。

再切换到“通道”面板，比较各色通道，从中找出面部对比度比较明显的红色通道，然后按住【Ctrl】键，单击“红”通道，调出该通道的选区。

切换到“RGB”复合通道状态，在工具箱中单击“以快速蒙版模式编辑”按钮，使用画笔工具涂抹人物五官区域，如左图所示。

按【Q】键，退出快速蒙版模式，即得到人物皮肤选区。选择“选择|存储选区”命令，在打开的“存储选区”对话框中存储选区为“面部皮肤”，然后切换到“通道”面板，单击“面部皮肤”通道，对遗漏或者多选的区域进行修改。注意，其中白色区域为选区，而黑色为非选区，灰色为半透明选区。

按住【Ctrl】键，单击“面部皮肤”通道调出选区，然后单击“RGB”复合通道，切换到图像正常编辑状态。

在“图层”面板中，按【Ctrl+J】组合键，新建通过复制的图层，生成“图层1”。

分别执行“特殊模糊”滤镜和“高斯模糊”滤镜，具体参数设置如左下图所示。其中“特殊模糊”可以去除人物面部的斑痕，而“高斯模糊”滤镜可以对面部皮肤进行柔化处理。注意，调节幅度不宜过大。

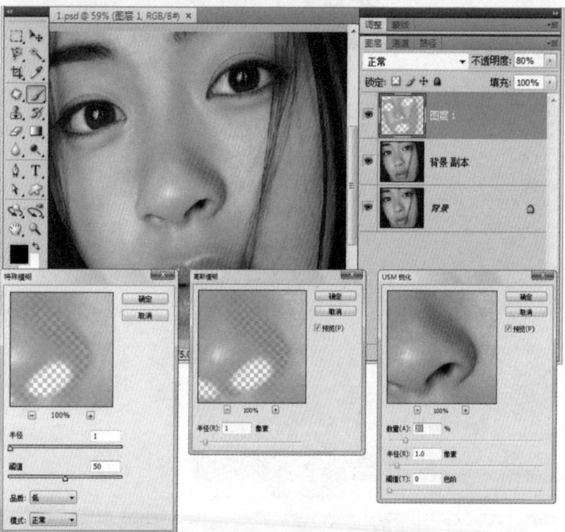

选中“背景 副本”图层，执行USM锐化处理（参数设置如左下图所示），然后设置“图层1”的不透明度为80%，以便部分显示人物面部的纹理细节，最后使用“色阶”调整图层提亮面部色调，适当增加对比度。

实际上，Photoshop定义的“表面模糊”滤镜非常适合对皮肤执行柔化处理，也有人称之为磨皮工具。该滤镜不需要做皮肤选区，直接调用即可，方便快捷。但是效果各有千秋，如果不怕麻烦，建议采用前面的步骤实现。

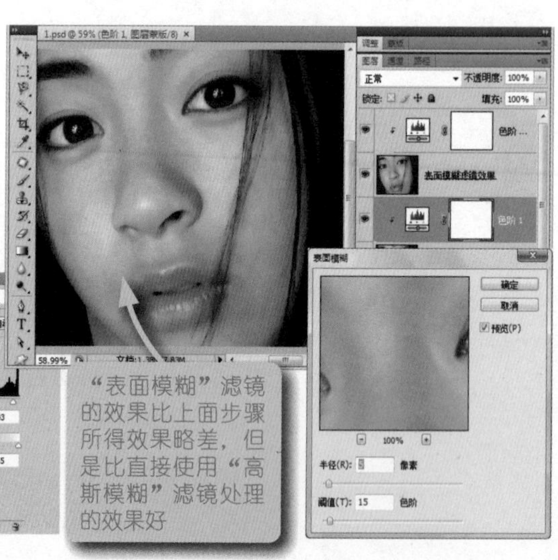

# 滤镜 03 给人物照片制作特写效果——使用“模糊”滤镜（2）

在摄影取景中，人物特写一般多表现主人公头像放大细节，力求以饱满、真实和形象的方法展现人物的面部表情。在数码照片后期处理中，我们无法通过放大面部像素来实现放大特写的效果，因为这样就会使照片中人物构成比例发生畸形，影响照片的真实性。如果借助模糊滤镜虚化周围内容，反衬人物面部表情的清晰度，也能够婉转实现人物特写的目的。本节案例将借助“镜头模糊”滤镜来实现人物特写的目的，效果如下图所示。

处理前

处理后

## STEP 01 制作人物特写照片。

（“镜头模糊”滤镜不仅可以制作景深，而且还可以特写）

在Photoshop中打开本节案例素材源文件。在“图层”面板中拖曳“背景”图层到面部底部的“创建新图层”按钮上，复制“背景”图层为“背景 副本”图层。

在工具箱中选择磁性套索工具，然后在工具栏中设置“宽度”为“10px”、“对比度”为“10%”、“频率”为“100”。用磁性套索工具沿所要突出的人物轮廓绘制选区，这里我们以照片中的女主人公为特写主体，勾选的选区如左图所示。

原图像

选择"选择|修改|扩展"命令，打开"扩展选区"对话框，扩展选区2像素，这样做的目的是避免后一步羽化操作中，会影响人物的细节。

按【Shift+F6】组合键，打开"羽化选区"对话框，羽化选区2像素，然后选择"选择|存储选区"命令，打开"存储选区"对话框，存储选区为"人物选区"。

确定存储选区之后，按【Ctrl+D】组合键，取消选区。选择"滤镜|模糊|镜头模糊"命令，打开"镜头模糊"对话框。

在"深度映射"选项区域设置"源"为上一步存储的"人物选区"选区。此时在对话框的图像预览图中可以看到，女主人公变得模糊了，而周围的内容比较清楚。使用鼠标单击女主人公，则景深发生了变化，女主人公变得清楚，而周围内容变得模糊起来。这表示被单击位置的景物作为了照片的焦点。

如果拖动"模糊焦距"的滑块，可以调节焦点和背景的模糊关系。在"光圈"选项区域可以设置光圈的形状，然后拖动"半径"滑块，调节模糊的程度，如左图所示，满意之后单击"确定"按钮即可。

## STEP 02 认识"镜头模糊"滤镜。

（"镜头模糊"滤镜可以缩小图像的景深）

"镜头模糊"滤镜可以缩小图像的景深，也就是说可以使照片主体保持清晰聚焦的同时，其余部分变得模糊。在指定的源通道中，白色区域可以指定焦点，因此主体人物会很清晰，而背景部分在通道中对应黑色区域，与焦点（即白色部分）差异很大，因此被模糊。

特写效果通过反选选区，直接使用其他模糊也可以达到，但风格各不相同。由于"镜头模糊"滤镜提供了光圈、深度映射等比较细致的参数选项，因此它是更为专业的照片景深处理工具。

提示：在"形状"下拉列表框中选取光圈，可根据需要，拖动"叶片弯度"滑块对光圈边缘进行平滑处理，或者拖动"旋转"滑块来旋转光圈，拖曳"半径"滑块可以模糊幅度。

拖动"阈值"滑块可选择亮度截止点，比该截止点值亮的所有像素都被视为镜面高光。拖曳"亮度"滑块可增加高光的亮度。在"杂色"选项区域可以为模糊区域添加杂色，设置与"添加杂色"滤镜设置相同。

**滤镜 04**

# 使用蒙尘与划痕美滑肌肤——使用“杂色”滤镜（1）

“杂色”滤镜与“模糊”滤镜一样在数码照片后期处理中非常重要。所谓“杂色”滤镜，就是能够为照片添加或者移去杂色，或者添加带有随机分布色阶的像素。这有助于将选区混合到周围的像素中，“杂色”滤镜可创建与众不同的纹理，或者移去存有问题的区域，如灰尘和划痕。

本节将演示如何使用“蒙尘与划痕”滤镜护理人物粗糙的面部皮肤，让面皮显得更加光滑、白皙。“蒙尘与划痕”滤镜与“模糊”滤镜似乎没有什么区别，但是在处理图像杂色时，“蒙尘与划痕”滤镜的处理效果要好，因为它能够把图像像素的颜色摊开，颜色层次的处理更真实。而“模糊”滤镜则是把图像像素虚化开，使像素与像素之间重叠，对于无层次的图像来说，可以考虑使用“模糊”滤镜。

处理前

处理后

## STEP 01 认识“杂色”滤镜。

（“杂色”滤镜虽然不多，但是都非常实用）

“杂色”滤镜数量不多，但是都非常实用，简单说明如下。

※ 添加杂色：在图像中随机添加像素，模拟在高速胶片上拍照的效果。也可以使用“添加杂色”滤镜来减少羽化选区或渐进填充中的条纹，或者经过重大修饰的区域，使其看起来更真实。

※ 去斑：先检测图像的边缘（发生显著颜色变化的区域），然后模糊出那些边缘外的所有选区。与“模糊”滤镜功能类似，可以清除照片中的杂色，但会保留细节。

※ 蒙尘与划痕：通过更改与周围像素存在亮度异化的像素，以便减少杂色。

※ 中间值：通过混合选区中像素的亮度来减少图像的杂色。

※ 减少杂色：在保留图像会影响图像细节的边缘的基础上，努力减少杂色。

STEP 02 “蒙尘与划痕”滤镜实战。

（去除照片人物面部的斑痕）

打开本节案例的源文件，在“图层”面板中复制“背景”图层为“背景 副本”图层。

切换到“通道”面板，比较并找出面部明暗对比度较明显的通道，这里选择“红”通道，然后选择“图像|计算”命令，打开“计算”对话框，设置两个源通道都为红色通道，然后利用叠加混合模式强化红色通道的明暗对比度，并生成“Alpha 1”通道。

按住【Ctrl】键，单击“Alpha 1”通道，调出通道选区，切换到“RGB”复合通道编辑模式，然后按【Q】键，切换到快速蒙版编辑模式，使用黑色画笔清除头发、嘴部、眼睛等区域内的选区。

按【Q】键，返回正常编辑模式，选择“选择|存储选区”命令，打开“存储选区”对话框，存储选区为“人物皮肤”。这时还可以在“通道”面板中单击该通道，切换到通道编辑模式，对选区进行修饰。

按【Shift+F6】组合键，打开“羽化选区”对话框，羽化选区2像素。选择“滤镜|杂色|蒙尘与划痕”命令，打开“蒙尘与划痕”对话框，设置“半径”为“2”像素、“阈值”为“0”，对皮肤进行去杂色处理。

考虑到“蒙尘与划痕”滤镜对皮肤细节的损害，按【Shift+F7】组合键，反向选择选区，复制“背景”图层为“背景 副本2”图层，并拖曳到顶部，为其添加蒙版，通过这种方式可以部分恢复选区边缘的细节信息。最后使用“曲线”调整图层增亮图像，设置预定义的“较亮”曲线即可。

滤镜 05

# 给照片中的人物快速去斑——使用“杂色”滤镜（2）

“减少杂色”滤镜是一款非常实用的降噪工具，由于它提供了强大的参数控制，成为专业摄影师用来进行数码后期处理的必备工具。本节案例将演示如何使用“减少杂色”滤镜处理人物面部的细微斑痕。在前面内容中，我们曾讲解了如何使用“模糊”滤镜对人物进行磨皮。但是，从处理效果比较分析，“减少杂色”滤镜在处理细微斑痕方面，功能更加强大，对照片像质的损害不是很厉害，效果如下图所示。

处理前

处理后

## STEP 01 匹配图像色彩。

（增强蓝色通道比重）

打开本节案例源文件素材，在“图层”面板中拖曳“背景”图层到面板底部的“创建新图层”按钮，复制“背景”图层为“背景 副本”图层。

选择“图像|调整|匹配颜色”命令，打开“匹配颜色”对话框，在该对话框中勾选“中和”复选框，以增强蓝色通道的比重。

选择“编辑|渐隐匹配颜色”命令，打开“渐隐”对话框，设置“不透明度”为“70%”，以此降低匹配颜色的强度。

## STEP 02 通过混合模式提亮图像。

（通过USM锐化增加颗粒）

在“图层”面板中选中“背景 副本”图层，按【Ctrl+J】组合键，新建“背景 副本2”图层，设置图层混合模式为“滤色”，增强照片的亮度，滤掉照片中的暗色调，使照片变亮，并设置“不透明度”为“60%”，适当减弱亮度。

按【Ctrl+Alt+Shift+E】组合键盖印图层，获得新的图层1。

选择“滤镜|锐化|USM锐化”命令，打开“USM锐化”对话框，设置“数量”为“180%”、“半径”为“0.5像素”，对“图层1”中的图像进行锐化，如下图所示。通过这种方式适当为照片增加边缘对比度。

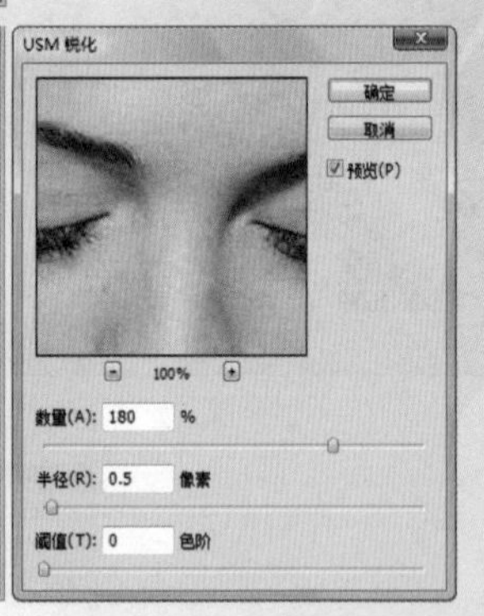


## STEP 03 对图像进行减少杂色处理。

（对皮肤进行打磨）

选择“滤镜|杂色|减少杂色”命令，打开“减少杂色”对话框，按左图所示进行设置。

使用“减少杂色”滤镜对皮肤进行磨皮，也是一种非常好的方法，因为减少杂色磨皮可以分通道进行处理，我们可以集中在蓝、绿通道上处理脸部的斑点，对五官与头发等纯色部位的清晰度细节不会产生任何影响。而且不需要进行复杂的操作，如制作控制蒙版、使用模糊或橡皮擦等工具，“减少杂色”滤镜的磨皮效果也比较好。参数详细设置如左图所示。

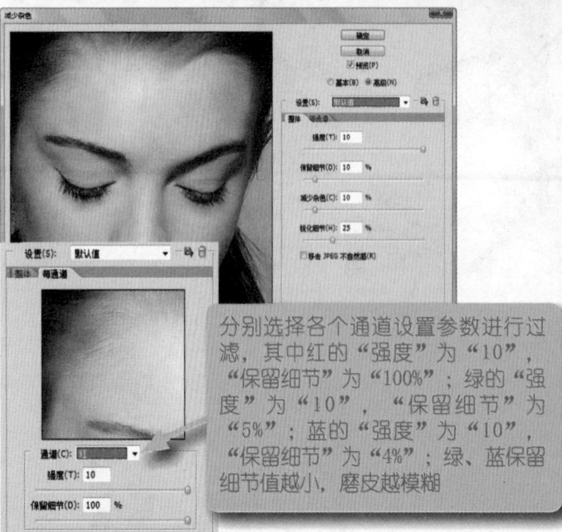

单击“确定”按钮，关闭“减少杂色”对话框，如果执行效果过于模糊，可以选择“编辑|渐隐减少杂色”命令，打开“渐隐”对话框，设置“不透明度”为“90%”，适当降低模糊的强度，如右图所示。

在“图层”面板底部单击“创建新的填充和调整图层”按钮，在弹出的菜单中选择“亮度/对比度”命令，添加“亮度/对比度”调整图层，降低“图层1”的对比度，使人物的皮肤看起来更加柔和，如右下图所示。

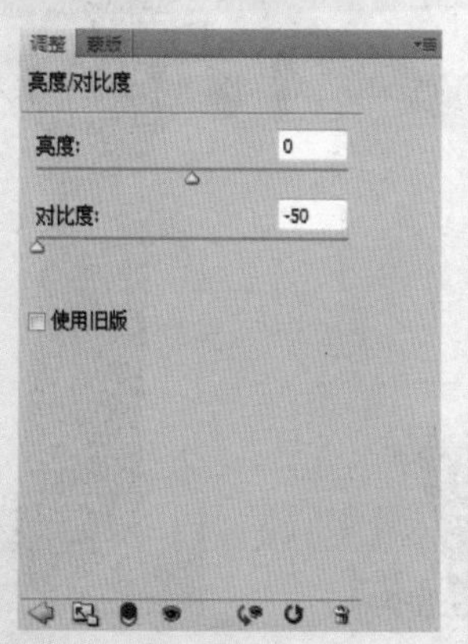

最后，复制“背景”图层为“背景 副本3”图层，拖曳该图层到“图层”面板的顶部，设置该图层的混合模式为“颜色”，这样可以在“图层1”中继承原图像的色相和饱和度，保留人物原来的皮肤色调，如右下图所示。

滤镜 06

# 给照片降噪以还原像质 ——使用“杂色”滤镜（3）

曝光不足、拍摄不稳都易产生大量的噪点，即俗称为杂色。如果照片中存在大量的杂色，很容易让人分散注意力。杂色存在的形式很多，但不管是哪种杂色，数码照片后期处理中减少杂色都是一个很重要的处理环节。

幸运的是，Photoshop在CS2版本开始增加了“减少杂色”滤镜，这样就避免了曾经使用耗时且单调乏味的手工减少杂色的方法。“减少杂色”滤镜可以自动减少杂色，当然它对计算机的要求也很高。本节将用“减少杂色”滤镜来对照片进行降噪处理，从而恢复照片应有的品质。

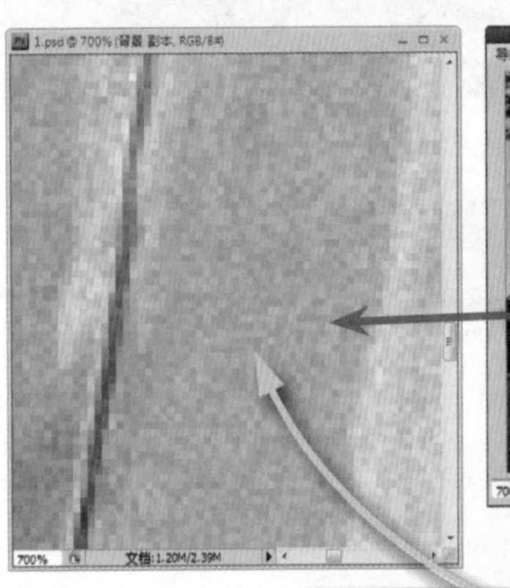

杂色在不同环境中，所显示的效果也不相同，在单色或者简单色调的图像区域中，会显示得很醒目，也更容易影响照片质量。例如，在浅粉色的裙子上，可以很明显地看到大量杂色

## STEP 01 认识图像中的杂色。

（杂色就是与图像信息无关的像素）

在照片中，杂色显示为随机的与图像信息无关的像素，这些像素不是图像细节的一部分。如果在数码相机上用很高的 ISO设置拍照、曝光不足或者用较慢的快门速度在黑暗区域中拍照，都会导致出现杂色。相对于高端相机而言，普通相机通常会产生更多的图像杂色。另外，扫描的图像由于扫描传感器的原因导致出现图像杂色，通常扫描的图像上会出现胶片的微粒图案。

图像中的杂色可能会存在以下两种形式。

※ 明亮度（即灰度）杂色：这些杂色使图像看起来斑斑点点。

※ 颜色杂色：这些杂色通常看起来像是图像中的彩色伪像。

明亮度杂色在图像的某个通道（通常是蓝色通道）中可能更加明显。读者可以在“减少杂色”滤镜的高级模式下单独调整每个通道的杂色。

在打开“减少杂色”滤镜之前，应该分析照片中的每个通道，以确定某个通道中是否有很多杂色。通过校正单个通道而不是对全部通道进行整体校正，这样能够保留更多的图像细节。

## STEP 02 分析各色通道中的杂色分布。

（比较各通道的杂色分布，做到胸有成竹）

1.psd @ 50.2% (背景 副本, 红/8)

红色通道杂色较重

## STEP 03 使用“减少杂色”滤镜进行优化图像。

（在高级模式下分通道进行处理）

选择“滤镜|杂色|减少杂色”命令，打开“减少杂色”对话框。切换到高级设置模式，具体设置如右图所示。其中各选项说明如下。

※ 强度：控制应用于所有图像通道的明亮度杂色减少量。

※ 保留细节：保留边缘和图像细节（如头发或纹理对象）。如果值为100，则会保留大多数图像细节，但会将明亮度杂色减到最少。

※ 减少杂色：移去随机的颜色像素。值越大，减少的颜色杂色越多。

※ 锐化细节：对图像进行锐化。减少杂色将会降低图像的锐化程度，因此可使用该选项或使用“锐化”滤镜来恢复锐化程度。

※ 移去JPEG不自然感：移去由于使用低JPEG 品质设置存储图像而导致的斑驳的图像伪像和光晕。

整体设置图像减少杂色之后的效果，然后在“每通道”选项卡中设置每个通道的强度和保留细节参数，来分别减少各个通道中的杂色。

最后单击“确定”按钮，完成减少杂色的处理过程，效果如左图所示。

## STEP 04 使用图层蒙版对部分区域进行遮盖。

（通过图层混合模式改善部分图像细节）

通过放大分析“减少杂色”滤镜处理后的图像效果，可以分别比较蓝色天空、人物衣服、草地和大树。比较发现，蓝天和人物区域的杂色被降下来了，草地和大树的细节却被模糊掉了。因此，需要利用图层蒙版对不同区域分别进行处理。

先在工具箱中选择套索工具，在工具栏中设置“容差”为“20像素”，勾选蓝色天空区域，按住【Shift】键，可以连续勾选。

在工具箱中选择磁性套索工具，再按住【Shift】键，勾选人物轮廓区域，最后获得一个完整的需要减少杂色的区域。选择“选择|存储选区”命令，打开“存储选区”对话框，存储选区为“减少杂色区域”，按【Shift+F6】组合键，打开“羽化选区”对话框，羽化选区1像素。

在“图层”面板底部单击“添加图层蒙版”按钮，为“背景 副本”图层添加图层蒙版，这样就可以遮盖掉草地和大树区域，避免它们也被“减少杂色”滤镜处理。

最后在“图层”面板中设置“背景 副本”图层的混合模式为“变亮”，向最终的结果色中应用变亮混合模式，以便在最亮的颜色中保持最大的饱和度，这样就不会影响图像的色彩。再复制“背景 副本”图层，并设置混合模式为“正常”、“不透明度”为“70%”，通过这种方式可以中和变亮混合后的杂色突兀感，效果如左图所示。

1 2 3 4 5 6 7

滤镜 07

# 把模糊的照片调整得更清晰——使用“锐化”滤镜（1）

锐化技术发展于图像数字化过程中。就数码设备而言，在以数字化方式捕获影像时，很多细节信息可能被忽略。为了避免细节信息丢失，数码设备会对边界进行虚化，以便能够记录它们。锐化与虚化操作正好相反，它通过提高毗邻像素之间的反差来还原细节信息。如果细节（线条）涂抹的宽度超过4像素，则锐化将通过提高毗邻像素之间的反差来创造清晰的影像边缘。

本节将详细讲解Photoshop提供的各种锐化技术，并通过案例展示如何通过锐化技术把模糊的照片处理得更加清晰，效果如下图所示。

处理前

处理后

## STEP 01 认识Photoshop的锐化技术。
（锐化过程就是一个控制反差的过程）

无论照片来自数码相机，还是来自扫描仪，都应该进行锐化处理。而照片锐化程度取决于数码相机或扫描仪的品质。当然，锐化无法校正严重模糊的图像。在数码照片后期处理中，“锐化”命令总是在照片处理的最后才被执行，而不是开始和中途。

在Photoshop中选择“滤镜|锐化”命令，可以展开所有“锐化”命令。Photoshop为用户提供了5种锐化图像的方式，我们将在下面小节中进行详细讲解。在使用锐化技术之前，应该注意几个问题：

※ 应在单独的图层中对图像进行锐化，以便在输出或者后期修改中进行重新锐化。

※ 对图层图像进行锐化时，可以将图层混

提示：由于JPEG格式图像是有损压缩格式，所以最好在将影像处理前转换为无损图像格式（如TIFF），这也是专业数码后期处理的第一步，将JPEG先转换为TIFF格式再处理，尤其注意不要对同一张照片反复用JPEG格式存储多次。

合模式设置为“明亮度”，以避免边缘上出现颜色变化。

※ 锐化会增强图像的对比度。如果发现高光或阴影在锐化后被剪切，可以使用图层的混合颜色带来防止锐化高光和阴影（请参阅第4章内容）。

※ 如果需要减少图像杂色，应该在锐化之前执行，以便不会增加杂色。

※ 遵循小幅度、多次对图像进行锐化。

※ 第一次锐化以校正由于捕获图像（扫描或使用数码相机拍照）而导致的模糊。校正了图像颜色并调整了图像大小后，再次对图像进行锐化，增加适当的锐化量。

※ 由于不同的图像格式，需要的锐化量不同，因此根据输出格式判断锐化效果。

## STEP 02 使用“智能锐化”滤镜。

（“智能锐化”滤镜可处理高光、暗影和阴影锐化）

“锐化滤镜”和“进一步锐化”滤镜功能比较单一，适合自动化处理图像中一般锐化问题，“锐化边缘”滤镜比它们稍微强大些，但依然缺乏灵活性，如果大量使用，很容易导致图像像素化，易出现白边效果。比较实用的锐化工具主要是“智能锐化”和“USM锐化”滤镜。

“智能锐化”滤镜具有“USM锐化”滤镜所没有的锐化控制功能，如控制在阴影和高光区域中进行的锐化量。

选择“滤镜|锐化|智能锐化”命令，打开“智能锐化”对话框，如左图所示。其中的主要参数说明如下。

※ 数量：设置锐化量。较大的值将会增强边缘像素之间的对比度，从而看起来更加锐利。

※ 半径：决定边缘像素周围受锐化影响的像素数量。半径值越大，受影响的边缘就越宽，锐化的效果也就越明显。

※ 移去：设置用于对图像进行锐化的锐化算法。“高斯模糊”选项算法是“USM锐化”滤镜使用的算法。“镜头模糊”选项算法将检测图像中的边缘和细节，可对细节进行更精细锐化，并减少锐化光晕。“动感模糊”选项将尝试减少由于相机或主体移动而导致的模糊效果。

提示：在锐化过程中，如果发现动作过大，可以选择“编辑|渐隐”命令，通过设置“不透明度”为“百分比”，这样就可以弱化锐化操作的强度。

选择“高级”单选按钮，可以显示并使用“阴影”和“高光”选项卡，以调整较暗和较亮区域的锐化。如果暗的或亮的锐化光晕看起来过于强烈，可以使用这些控件减少光晕。

在“阴影”和“高光”选项卡中，各个参数的说明如下。

※ 渐隐量：调整高光或阴影中的锐化量。

※ 色调宽度：控制阴影或高光中色调的修改范围。向左移动滑块会减小“色调宽度”值，向右移动滑块会增加该值。较小的值会限制只对较暗区域进行阴影校正的调整，并只对较亮区域进行“高光”校正的调整。

※ 半径：控制每个像素周围的区域的大小，该参数值用于决定像素是在阴影还是在高光中。向左移动滑块会指定较小的区域，向右移动滑块会指定较大的区域。

STEP 03 使用“USM锐化”。

（“USM锐化”滤镜是一种手工锐化工具）

“USM锐化”滤镜能够通过增加图像边缘的对比度来锐化图像。“USM锐化”滤镜不会自动检测图像中的边缘，它只能根据用户设置的阈值来找到与周围像素不同的像素，然后按指定的量增强邻近像素的对比度。这样对于邻近像素来说，较亮的像素将变得更亮，而较暗的像素将变得更暗，因此容易产生马太效应。

在Photoshop中选择“滤镜|锐化|USM锐化”命令，打开“USM锐化”对话框，如右图所示。其中的主要参数说明如下。

※ 数量：控制锐化效果的强度。对于高分辨率的打印图像，建议使用 150% ~ 200% 之间的数量，然后根据需要再进行适当调节。数量值过大图像会变得虚假。

※ 半径：确定边缘像素周围影响锐化的像素数目。半径值越大，边缘效果的范围越广，而边缘效果的范围越广，锐化也就越明显。例如，如果半径值为1，则从亮到暗的整个宽度是2像素；如果半径值为2，则边沿两边各有两个像素点，那么从亮到暗的整个宽度是4像素。半径越大，细节的差别也清晰，但同时会产生光晕。专业设计师一般情愿多次使用USM锐化，也不愿一次将锐化半径设置超过1像素。

提示：锐化半径值一般遵循：分辨率除以200。例如，300dpi的照片，可使用1.5像素的半径可以达到锐化效果，且不会出现虚假现象。

※ 阈值：确定锐化的像素必须与周围区域相差多少，才被滤镜看做是边缘像素并被锐化。例如，如果阈值为4，则会按0~255的比例影响色调值差异为4或更多的所有像素。因此，如果相邻像素的色调值为128和129，它们将会不受到影响。阈值的设置是避免因锐化处理而导致的斑点和麻点等问题的关键参数，正确设置后就可以使图像既保持平滑的自然色调（如背景中纯蓝色的天空)的完美，又可以对变化细节的反差做出强调。在印前处理中，推荐值为3~4，超过10是不可取的，它们会降低锐化处理效果并使图像显得很难看。

滤镜 08

# 选择性锐化照片——使用“锐化”滤镜（2）

通过使用蒙版或者选区，对照片局部区域进行锐化，这样就可以防止锐化图像的某些部分。例如，针对人物照片来说，可以结合使用边缘蒙版和“USM锐化”滤镜，以便锐化眼睛、嘴部、鼻子和头部的轮廓，但是对于皮肤的纹理就不能够进行锐化，否则会加剧皮肤斑纹的显示，这显然不是数码照片后期处理所需要的。

本节将结合案例展示如何使用不同的方法来实现对人物照片进行有选择性的锐化操作，以便保护皮肤纹理，同时又能够增强人物的轮廓感，使人物看起来更精神。

处理前

处理后

## STEP 01 使用通道选择需要锐化的区域。

（不是图像每个细节和区域都需要锐化）

打开本节案例的素材源文件，如左图所示。在“图层”面板中复制“背景”图层为“背景 副本”图层。

然后选择“滤镜|锐化|USM锐化”命令，打开“USM锐化”对话框，对人物进行锐化处理，以便设计明亮的眼目和闪亮的项链效果。但是，由于该操作是针对整个照片执行的，导致头发和面部区域锐化过度而产生大量的噪点和白边，如左图所示。

对于人物特写题材的照片来说，锐化要求与风光、静物等题材相片锐化的要求有所不同，它要求在增加相片锐度的同时，不要将主人公肌肤的毛孔、皱纹，以及任意的瑕疵变得分明。所以锐化操作要有明确的选取性与目的性：

※ 突出锐化女孩的眼睛、睫毛、眉毛、嘴唇，以及身上的饰物、衣服等。

※ 恰当锐化眼帘、鼻头、身上的肌肤。

※ 面部肌肤不锐化，头发可以稍微锐化。

具体实现的操作步骤如下。

首先复制“背景”图层为“背景 副本2”图层，并作为当前工作图层。

切换到“通道”面板，分析各个通道的明暗变化，其中红色通道最能分离肌肤与其他元素。选择其中面部较亮的红色通道，按住【Ctrl】键，单击“红”通道，调出该通道的选区。

单击“RGB”复合通道，切换到“图层”面板，按【Ctrl+Shift+I】组合键，反选选区。

按【Ctrl+J】组合键，新建通过复制的图层，并获得新的“图层1”图层。

选择“滤镜|锐化|USM锐化”命令，打开“USM锐化”对话框，设置“数量”为“100”、“半径”为“0.5”、“阈值”为“1”，单击“确定”按钮关闭对话框，如右图所示。按【Ctrl+E】组合键重复执行一次USM锐化，此时USM锐化参数保持上一次所设置的参数。通过重复执行两次半径为0.5像素的锐化，比执行一次半径为1像素的锐化效果要好很多。

设置“图层1”的混合模式为“明度”，并根据图像的具体锐化情况，适当调整不透明度，以调节锐化的强度。

在“图层”面板底部单击“添加图层蒙版”按钮，为“图层1”添加图层蒙版，然后在工具箱中选择画笔工具，设置画笔“硬度”为“0%”、“不透明度”为“30%”，设置前景色为黑色，然后涂抹不需要锐化的区域，如衣服、部分发丝和面部等，边抹边观察效果，细心修缮。被黑色画笔涂画到的部分，锐化效果会部分消失，最后锐化效果如右图所示。

滤镜 09

# 使用边缘蒙版锐化照片——使用“锐化”滤镜（3）

数码照片经过色彩调整、校正等处理之后，都会存在颜色损失现象，存储之前适度锐化可以恢复部分在颜色校正等操作中损失的信息，当然锐化处理对图像像质来说，是一种不可逆的有损操作，锐化不当或锐化过度，都会使图像边缘过度生硬、干燥，甚者出现彩色光环和噪点。

为了避免锐化失当，可以采用多种方法进行锐化，如选择性锐化、边缘锐化、Lab明度锐化等方法。本节将结合案例讲解如何使用边缘锐化的方法，以提高人物的清晰度。当然，不同锐化方法并非各自为战，读者可以根据需要灵活进行处理。例如，可以使用简单方便的明度或亮度锐化方法，并结合蒙版对图像实施有选择性的操作。如果图像轮廓清晰，也可以考虑先勾选出人物的轮廓，然后再对边缘进行锐化，以便对图像锐化边界获得更多的控制权。

处理前

处理后

## STEP 01 创建蒙版，以便有选择地应用锐化。（创建边缘蒙版的方法很多，可灵活选择）

打开本节案例的素材源文件，如左图所示。在“图层”面板中复制“背景”图层为“背景 副本”图层。

切换到“通道”面板，分别单击各色通道，在图像编辑窗口中比较各个通道的明暗分布情况，选择对比度最高的灰度图像的通道。一般情况下，绿色或红色通道明暗对比度最高，这里选择绿色通道，然后在“通道”面板中拖曳“绿”通道到面板底部的“创建新通道”按钮上，复制“绿”通道为“绿 副本”通道。

以“绿 副本”通道为当前工作通道，选择“滤镜|风格化|查找边缘”命令，查找人物的轮廓，如右图所示。

再选择“图像|调整|反相”命令，使图像反相，或者按【Ctrl+I】组合键快速反相图像，如右下图所示。

在反相图像仍处于选定状态时，选择“滤镜|其他|最大值”命令，打开“最大值”对话框，将“半径”设置为较小的数值，这里设置为“1像素”，然后单击“确定”按钮，即可使边缘变粗并使像素随机出现，如下图所示。

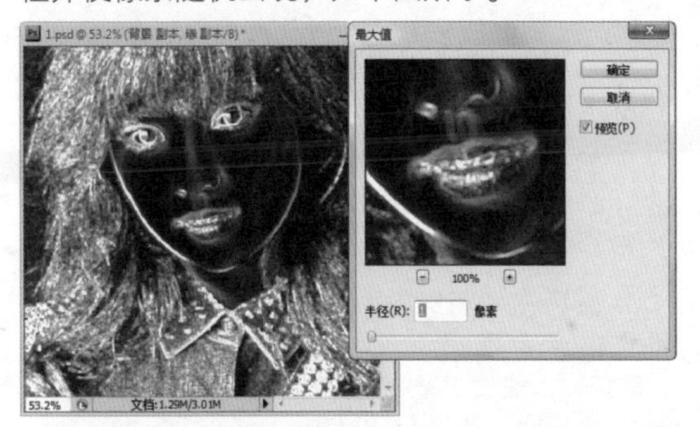


再选择“滤镜|杂色|中间值”命令，打开“中间值”对话框，将“半径”设置为较小的数值，这里设置为“1像素”，然后单击“确定”按钮，对相邻的像素求平均值，则所得的通道效果如右图所示。

选择“图像|调整|色阶”命令，打开“色阶”对话框，在该对话框中拖动黑色滑块到较高的值，以去掉随机像素。如有必要，还可以用黑色绘画以便修饰最终的边缘蒙版。

最后选择“滤镜|模糊|高斯模糊”命令，打开“高斯模糊”对话框，设置“半径”为“1”像素，如下图所示。

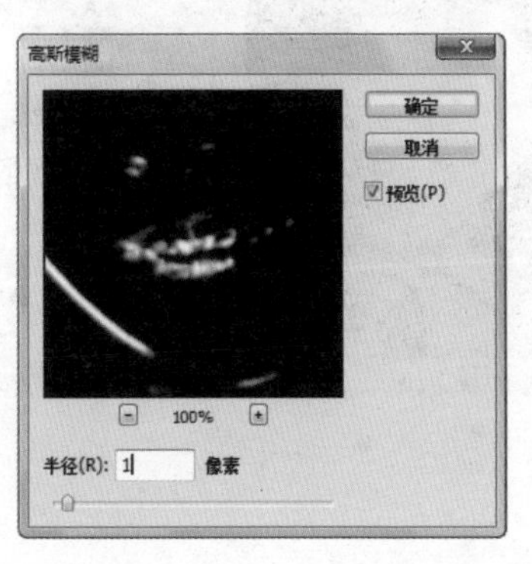

提示：“最大值”、“中间值”和“高斯模糊”滤镜会柔化边缘蒙版，这样锐化效果就会更好地混合在最终图像中。读者也可以只使用一个或两个滤镜进行尝试。

**STEP 02** 使用“USM锐化”滤镜锐化边缘选区。（锐化处理就是提高照片的清晰度）

完成边缘蒙版的制作后，按住【Ctrl】键，在“通道”面板中单击“绿 副本”通道，调出该通道的选区。

切换到“图层”面板，单击“背景 副本”图层，则在图像编辑窗口中返回到图像正常编辑状态，此时可以看到制作的选区。

选择“滤镜|锐化|USM锐化”命令，打开“USM锐化”对话框，设置“数量”为“150”、“半径”为“2”像素、“阈值”为“1”，然后单击“确定”按钮关闭对话框，锐化效果如左图所示。

如果锐化幅度过大，可以选择“编辑|渐隐”命令，打开“渐隐”对话框，对锐化操作进行中和处理。

最后在“图层”面板中设置“背景 副本”图层的混合模式为“明度”、“不透明度”为“70%”，最后处理的效果如左下图所示。

如果感觉锐化使头发出现较多的噪点，则可以为“背景 副本”图层添加图层蒙版，然后使用黑色画笔工具，在工具栏中设置较软的笔刷，“不透明度”可以设置很低，适当涂抹头发区域，如下图所示。

滤镜 10

# 使用Lab明度锐化照片——使用“锐化”滤镜（4）

照片锐化是后期处理中很重要的一道工序，但是直接使用Photoshop工具进行锐化是不可取的，这种锐化操作所处理的效果往往比较刺眼，反倒弄巧成拙，因此读者必须遵循间接锐化的思路对照片处理。前面小节介绍了选择性锐化、边缘蒙版锐化等方法，都是这种间接锐化的体现。本节再介绍另一种常用的方法，即在lab颜色模式下，对明度通道进行USM锐化，这样既可以提高清晰度，又可以不至于伤害颜色。

处理前

处理后

## STEP 01 调整照片的对比度。

（增加对比度可以分析照片需要锐化的程度）

打开本节案例源文件素材，在“图层”面板中拖曳“背景”图层到面板底部的“创建新图层”按钮，复制“背景”图层为“背景 副本”图层。

选择“图像|调整|色阶”命令，打开“色阶”对话框，通过分析直方图，可以看到图像暗部和高光区域的色阶分布缺失严重，在该对话框中拖动黑色滑块和白色滑块，优化黑场和白场的色阶分布，如右图所示。

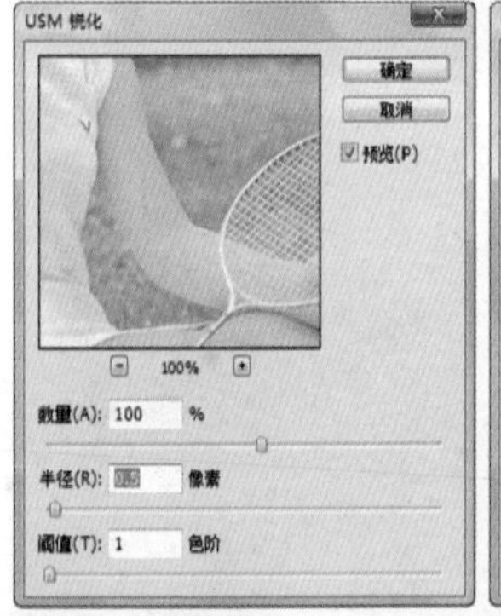

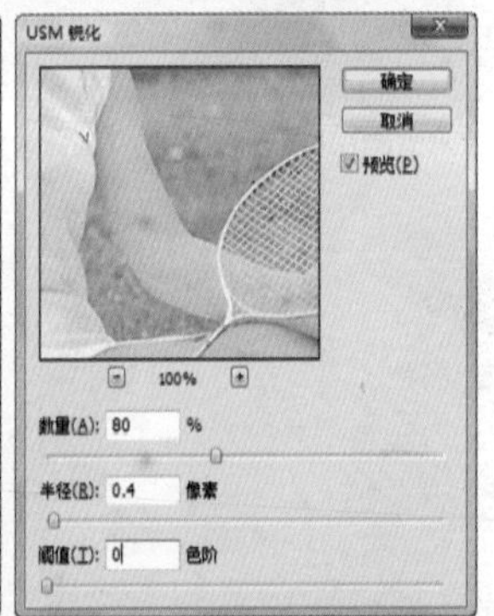

STEP 02 使用Lab明度锐化图像。
（即在Lab颜色模式下锐化明度通道）

选择“图像|模式|Lab颜色”命令，此时Photoshop会提示是否合并图层，单击“不拼合”按钮，把RGB默认颜色的图像转换为Lab颜色模式。

切换到“通道”面板，可以看到原图像的R、G、B通道变成了明度、a、b通道。其中“明度”通道包含了图像的亮度及细节信息，而“a”和“b”通道包含颜色信息。通过颜色模式的转换，可以把图像的亮度与颜色信息分离开。当我们仅对“明度”通道进行锐化时，由于该通道仅包含了亮度细节信息，就可以避免在图像中添加杂色，因为包含颜色的通道并没有被锐化。

在“通道”面板中选择“明度”通道，然后选择“滤镜|锐化|USM锐化”命令，打开“USM锐化”对话框，设置“数量”为“100”、“半径”为“0.5像素”、“阈值”为“1”，单击“确定”按钮执行USM锐化。然后再一次选择“USM锐化”命令，再一次执行USM锐化，设置“数量”为“80”、“半径”为“0.4”、“阈值”为“0”。

单击“确定”按钮之后，经过两次重复锐化后的明度通道如左图所示。通过两次USM锐化，目的是在提高锐化效果的同时，控制锐化对图像像质的损害。

切换到“图层”面板，选中“背景 副本”图层，可以看到锐化后的图像效果。最后，选择“图像|模式|RGB颜色”命令，把图像的Lab颜色模式转换为RGB颜色模式即可。

STEP 03 使用亮度锐化。
（亮度锐化简单而且比较实用）

我们继续尝试使用亮度方式来锐化本节案例的照片。把工作的PSD文件另存为3.psd。在“图层”面板中复制“背景”图层为“背景 副本2”图层。

选择“图像|调整|色阶”命令，打开“色阶”对话框，在该对话框中拖动黑色滑块和白色滑块，优化黑场和白场的色阶分布，参数值与第一步操作相同，即左侧输入文本框的值为“20”，右侧输入文本框的值为“235”。

选择“滤镜|锐化|USM锐化”命令，打开“USM锐化”对话框，设置“数量”为“100”、“半径”为“0.5像素”、“阈值”为“1”，单击“确定”按钮执行USM锐化（该参数设置与上一步操作中相同）。

选择“编辑|渐隐USM锐化”命令，在打开的“渐隐”对话框中设置“模式”为“明度”即可。

继续选择“USM锐化”命令，在打开的“USM锐化”对话框中，设置“数量”为“80”、“半径”为“0.4”、“阈值”为“0”，然后选择选择“编辑|渐隐USM锐化”命令，在打开的“渐隐”对话框中设置“模式”为“明度”即可。

通过这种方式所获得锐化效果与第2步中使用Lab明度锐化方式所得的效果基本是相同的，而本步操作是不需要进行颜色模式转换，因此更受到用户的欢迎。

实际上，我们也可以直接锐化背景图层的副本图层，然后在“图层”面板中设置该副本图层的混合模式为“明度”即可，这种方式会更加方便，如右下图所示。

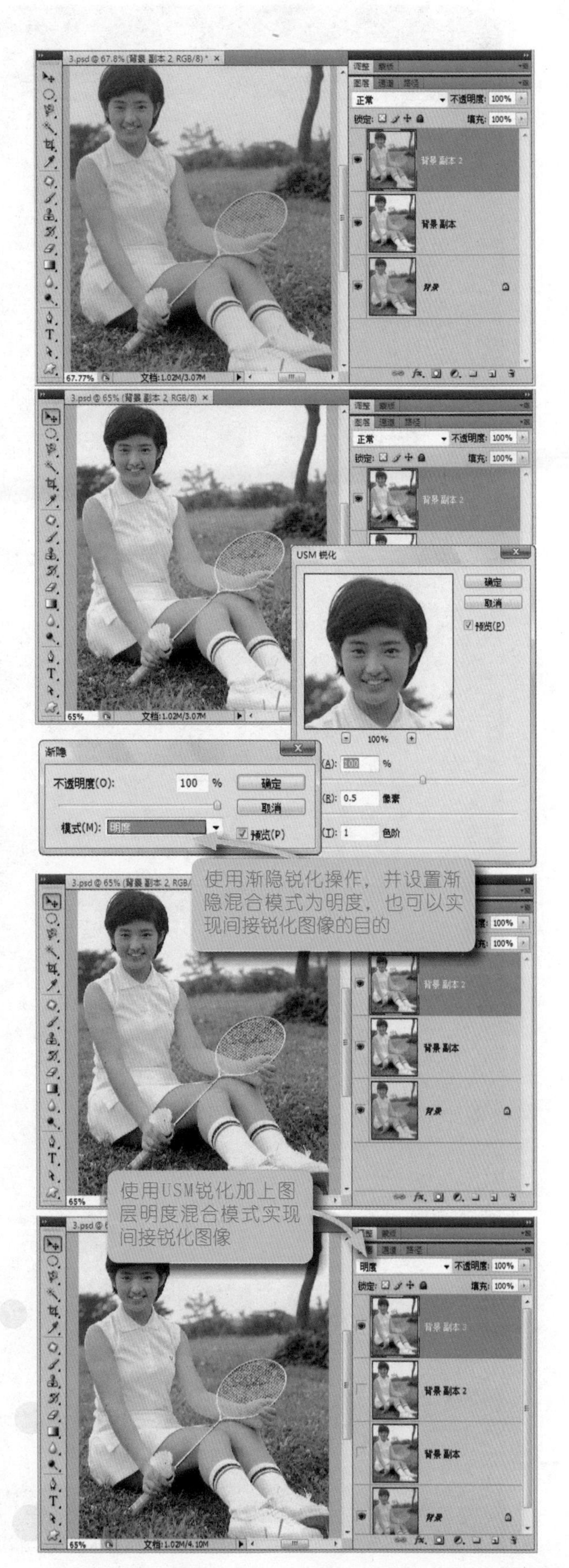

MEMO

# 第6章

# 选取的柔韧与自在之美——巧用钢笔和路径

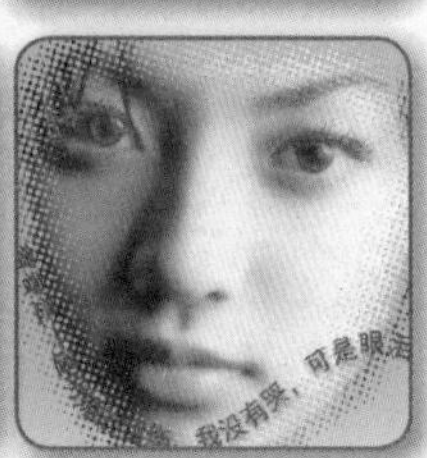

Chapter

## 路径 01 给照片中的人物上唇彩——认识Photoshop的路径

路径是矢量图形编辑软件的核心概念，它也是Photoshop中的重要工具。路径存在的优势在于它能够自由绘制光滑曲线、定义画笔等工具的绘制轨迹、输出/输入路径，以及与选区进行相互转换等操作。在辅助抠图上，路径突出显示了强大的可编辑性，具有特有的光滑曲率属性，与通道相比，有着更精确、更光滑的特性。当然，路径的功能不仅仅于此，它还可以用来绘制矢量图形，完成各种矢量图形操作。由于本书不讲解矢量图形的绘制技巧，所以我们重点关注路径在选取照片中的特定内容方面的应用。

本节将借助钢笔工具，讲解如何使用路径快速并精确勾选人物的嘴唇，以实现对人物嘴唇进行上色操作。

处理前

处理后

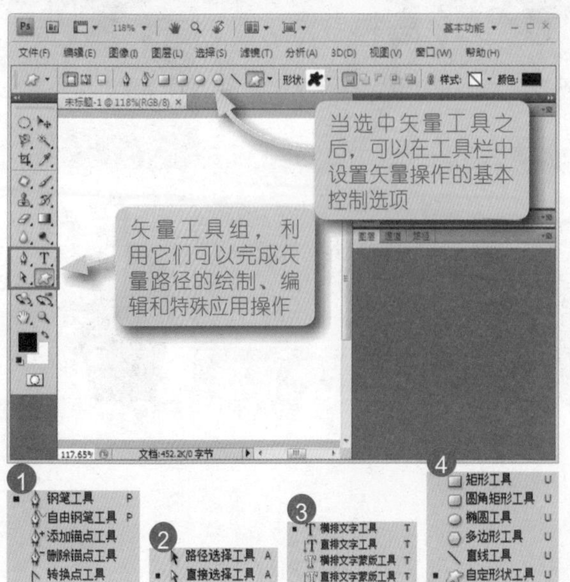


### STEP 01 感性认识Photoshop的矢量工具。

（矢量图与位图有着本质不同）

在Photoshop主界面左侧的工具箱中存在一组矢量工具（如左图所示）。第1个图标下包含5个工具（①），它们分别用来绘制矢量路径、添加或删除矢量锚点，以及转换锚点类型工具。第2个图标下包含4种类型的文本矢量工具（③），使用这些工具可以输入文本路径或者文本选区。第3个图标下包含2个矢量操作工具（②），它们分别用来操作锚点和路径。第4个图标下包含6种类型的自定义路径工具（④），通过它们可以自由绘制各种复杂的形状。

如果没有显示工具箱，可以选择“窗口|工具”命令，启动Photoshop的工具箱。

## STEP 02 使用钢笔工具绘制路径。
（在Photoshop中路径相当于选区）

从数码后期编辑角度分析，钢笔工具用来绘制路径，路径用来制作选区。

很多复杂的选区使用选取工具是无法做到的，而路径是可以自由绘制的，这样我们就可以得到各种各样的选区。有了选区，就能够对图像进行精确编辑和操作。

在工具箱中选择钢笔工具，在工具栏中单击“路径”按钮，然后在图像编辑窗口中单击，就可以绘制一个点，这个点被称为锚点。该点是路径的起点，换个位置继续单击，又得到一个点，同时这两个点之间会自动出现一条直线。不断单击，就可以得到一条一条连接起来的线段。最后单击路径的起点，就得到了一条闭合的路径。如果在单击的同时按住【shift】键，可以绘制水平或者垂直的线段。

当使用钢笔工具单击时，按住鼠标左键不放，在窗口中拖曳，会拉出两条线段，分别位于锚点的两侧，这两条线段就是方向线，每条线段的末端都有个点，它们就是方向线的控制点。

拖拉控制线到某个位置之后，松开鼠标，然后换一个位置再次单击，继续按住鼠标左键不放拖出方向线，这个点是路径的终点，这样就可以在路径起点和终点之间绘制一条曲线。

曲线路径的形式有两种：一种是C型；另一种是S型（如右图所示）。读者可以通过拖曳改变控制线的方向改变曲线的形状，同时通过控制线的长度和角度，调节曲线的曲率。

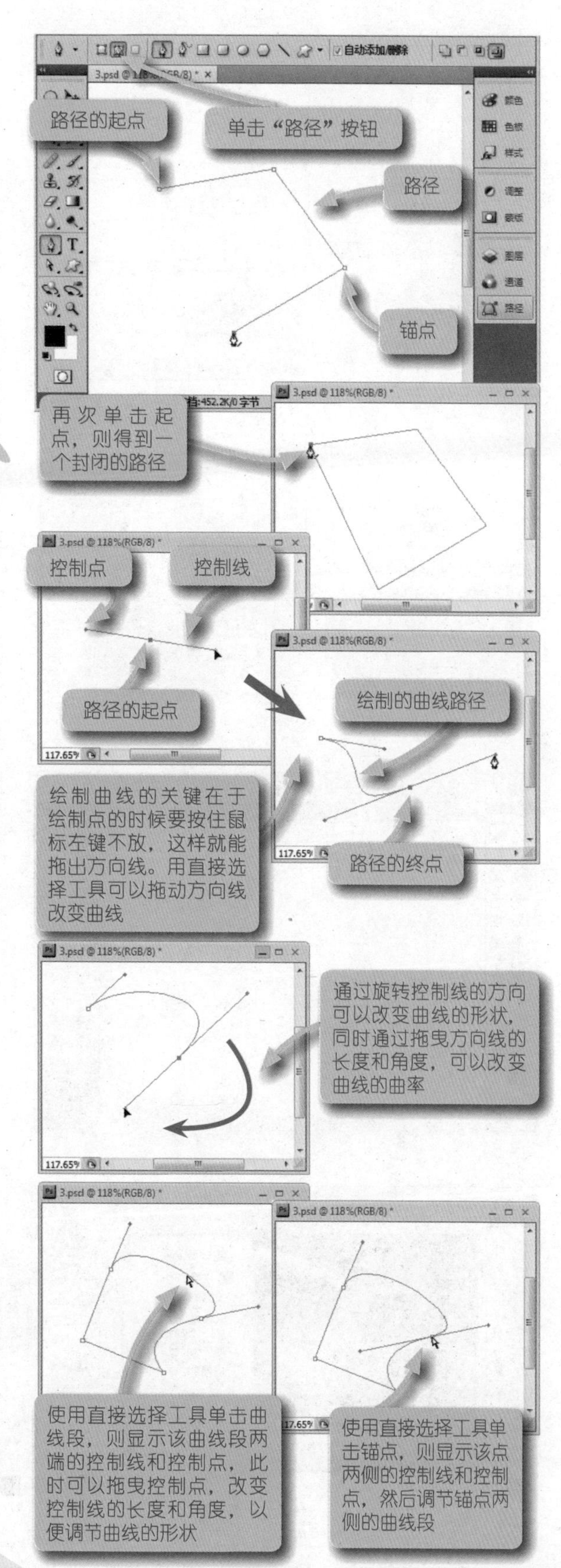


## STEP 03 使用路径工具调节路径。
（路径最大的便利就是可以任意的变形）

当绘制路径之后，可以使用直接选择工具选中并控制锚点。使用直接选择工具单击锚点，则可以显示并拖曳其中的某个控制线，以便改变曲线的形状，或者调整曲线的曲率。

使用路径选择工具可以选中整个路径，并拖曳路径以移动位置，还可以缩放、旋转和变形路径。此时可以选择”编辑|变换路径”命令，从弹出的子菜单中选择变换路径的命令。

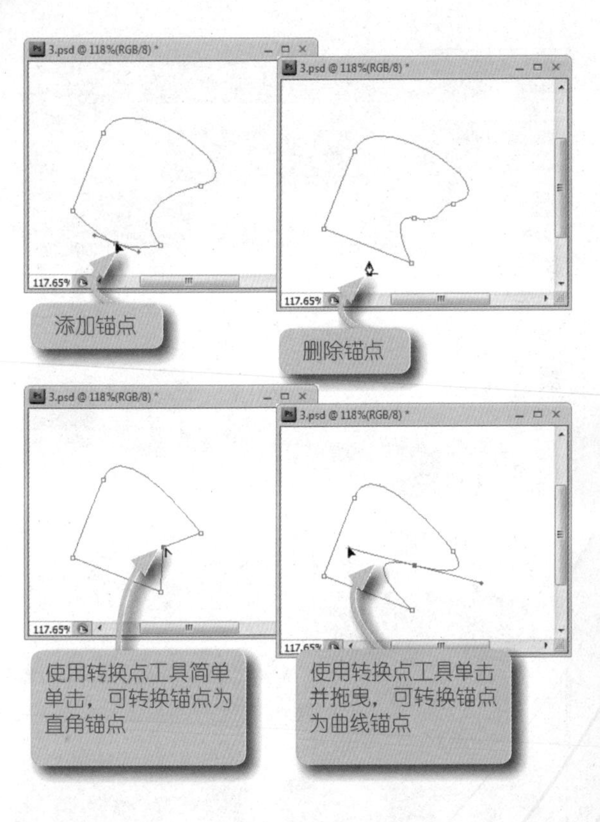


## STEP 04 使用锚点工具编辑路径。

（路径的锚点可以任意修改）

绘制路径之后，可以选择添加锚点工具，在路径线段的任意位置单击，以添加一个锚点，单击之后不要松开鼠标，此时可以拖曳控制线控制曲线的形状。添加锚点的目的就是为了更好地绘制复杂形状的路径。

如果使用删除锚点工具，可以删除路径上的某个锚点，从而简化对路径的控制。

在工具箱中选择转换点工具，在锚点上单击可以把该锚点转换为直角类型的锚点。相反，如果单击锚点并进行拖曳，则可以把锚点转换为曲线锚点，并且可以通过拖曳控制线来调节曲线锚点两侧的曲线形状。

除了起点和终点外，所有锚点都有两条控制线，一条是来向；另一条是去向。起点只有去向控制线，而终点只有来向控制线。

## STEP 05 使用自由钢笔工具绘制路径。

（自由钢笔工具类似于磁性套索工具）

在工具箱中选择自由钢笔工具，就可以在编辑窗口中自由绘制路径，操作类似于铅笔工具，该工具适合手写路径的用户使用。

自由钢笔工具由于比较灵活，控制起来不是很容易，在实际应用中，它主要被用来抠图。

当选择自由钢笔工具之后，在工具栏中勾选“磁性的”复选框，则这个工具就会变成磁性钢笔工具，功能类似于磁性套索工具。

当使用自由钢笔工具勾选图像对象之后，可以使用缩放工具放大图像，然后使用直接选择工具调节锚点的位置和路径的形状。

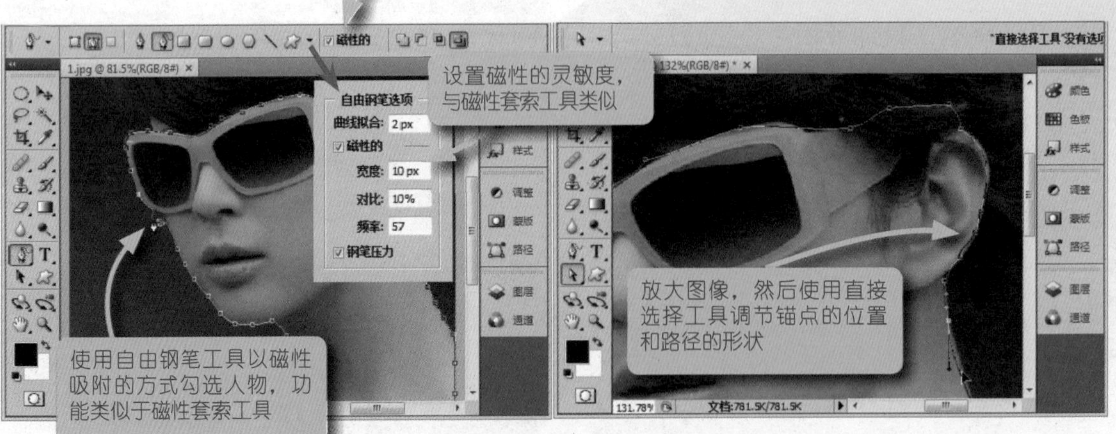

## 分解? Photoshop路径操作基本技巧小结

（这些技巧是你使用路径的基础）

在Photoshop中，钢笔工具是路径操作的核心，但是读者应学会配合使用路径工具、锚点工具，以及自定义形状工具，只有这样才可以随心所欲地绘制各种形状的路径并对其进行控制。下面总结一下在使用路径过程中，读者应该掌握的基本技巧：

※ 在使用钢笔工具或者锚点工具绘制和编辑路径时，可以随时按住【Ctrl】键，转换当前工具为直接选择工具，对锚点进行操作，松开【Ctrl】键之后，又会返回到原来工具。

※ 在使用直接选择工具操作锚点和控制线时，可以随时按住【Ctrl】键，转换当前工具为路径选择工具，对路径进行整体操作。

※ 当使用路径工具选中路径或锚点后，按住【Alt】键，拖曳路径，可以复制该路径。

※ 当使用钢笔工具时，移动到路径线段上，单击可以添加锚点，而当移动锚点上时，单击可以删除该锚点。如果不可以，则按住【Alt】键，切换钢笔工具为添加锚点或删除锚点工具。

※ 当使用添加锚点或删除锚点工具时，按住【Alt】键可以相互切换进行操作。

※ 当选中路径上的某个锚点后，按住【Alt】键，再次单击该锚点，这时其中一条控制线会消失，再次单击则显示另一侧的控制线，当在直角锚点下，调整一侧的控制线，将不会影响另一侧的路径形状。

※ 当绘制好路径之后，按【Ctrl+Enter】组合键，可以把路径转换为选区显示。

※ 按住【Alt】键，在"路径"面板中单击"删除当前路径"按钮，可以直接删除路径。

※ 在"路径"面板内的空白区域单击，可以关闭所有路径的显示。

※ 在"路径"面板中，按住【Alt】键，单击面板底部的按钮(如用前景色填充路径、用前景色描边路径、将路径作为选区载入)时，会打开对应的参数设置对话框，允许读者详细设置操作选项。

※ 如果需要移动整条或是多条路径，可以选择所需移动的路径，然后按【Ctrl+T】组合键，就可以拖动路径到任意位置。

※ 在绘制路径时，可以直接使用描边路径对路径进行描边，但是这种操作存在弊端，即存在很明显的锯齿问题，影响实用价值，此时不妨先将其路径转换为选区，然后对选区进行描边处理，同样可以得到原路径的线条，却可以消除锯齿。

## STEP 06 锚点类型及其使用技巧。

（锚点可以使用转换点工具进行任意控制）

路径的锚点有3种类型，即无控制线的角点（直角锚点）、同时调节两侧曲率的平滑点（曲线锚点）和分别调节两侧曲率的平滑点（曲线锚点）。

不同类型的锚点，都可以使用转换点工具轻松转换。当使用转换点工具单击路径上的锚点时，则会自动把该点转换为角点。

如果单击锚点后并拖曳，则会把锚点转换为平滑点，且两侧都同时调节的点。如果使用转换点工具单击控制线上的控制点，则会把锚点转换为两侧分别调节的平滑点。此时，如果使用转换点工具单击锚点并拖曳，又可以把该锚点转换为两侧可以同时控制的平滑点。

也可以用这种方式绘制分别调节曲率的平滑点：按住【Alt】键，单击并拖曳定义第一个锚点，松开鼠标，再松开【Alt】键，单击第二个锚点的位置并拖拽，当曲率合适后，按住【Alt】键，然后将鼠标向上移动，此时可以看到该锚点变为两侧曲率可以分别进行调节的平滑点，当曲率调节合适后，先松开鼠标键，然后再松开【Alt】键，在最后一个锚点的位置单击并拖拽来完成此路径曲线的绘制。

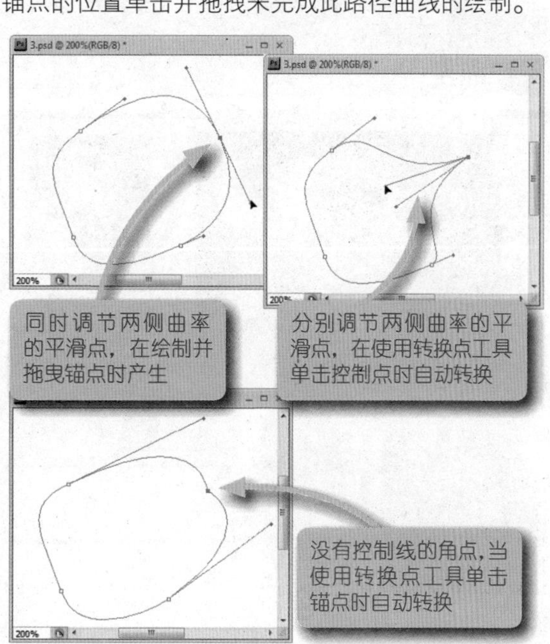

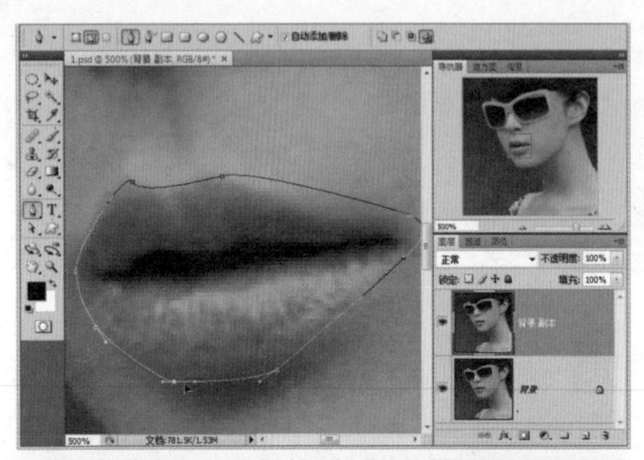

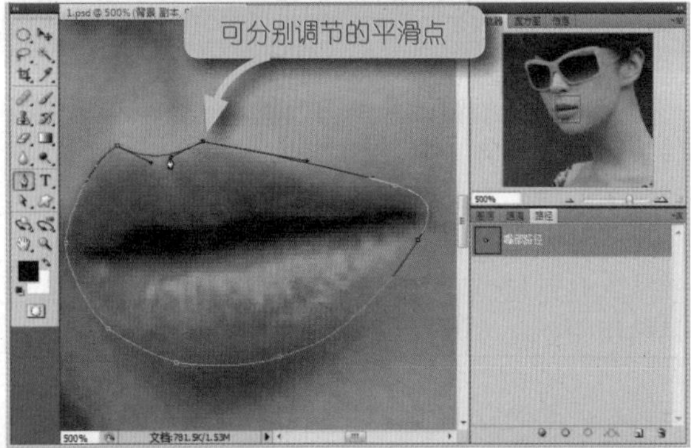

## STEP 07 使用钢笔工具绘制人物嘴唇路径。

（可以配合路径工具和锚点工具进行编辑）

首先打开本节案例素材图像，按【Ctrl++】组合键放大图像，选择"窗口|导航器"命令，打开"导航器"面板，利用该面板定位到人物嘴部区域。

在工具箱中选择钢笔工具，在嘴边单击并拖曳定义平滑的起点，然后单击第二个平滑锚点，以此围绕嘴唇连续定义锚点，最后绘制封闭的嘴部路径。

然后按住【Ctrl】键，使用直接选择工具调节每个锚点的位置，以及曲线的曲率。按住【Alt】键，可以转换为转换点工具调整锚点的类型，最后调整满意之后（如左下图所示），在"路径"面板中双击工作路径，在打开的"存储路径"对话框中，存储路径为"嘴部路径"。

## STEP 08 把路径转换为选区并填色。

（通过图层混合模式让填充色与嘴唇融合）

按【Ctrl+Enter】组合键，把路径转换为选区，按【Shift+F6】组合键，打开"羽化选区"对话框，羽化选区1像素。

在"图层"面板中新建"图层1"图层，在工具箱中设置前景色为深紫色，RGB为（190、13、151）。按【Alt+Delete】组合键，使用前景色填充"图层1"中的选区，效果如左下图所示。

按【Ctrl+D】组合键，取消选区，然后在"图层"面板中设置"图层1"的混合模式为"叠加"，并设置"不透明度"为"70%"，则最后的混合效果如下图所示。

## 02 给照片中的人物修眉型——使用钢笔工具勾图、去底

钢笔工具的使用非常灵活，且应用比较广泛。在数码后期处理中，我们经常会看到钢笔工具的身影。使用钢笔工具绘制选区拥有选取工具所无法模拟的灵活性和圆滑度，因此在Photoshop中运用得非常广泛。勾图和去底是抠图操作中两个重要的工序，它们都少不了钢笔工具的辅助。但是要用好钢笔工具绝非易事，很多初学者很容易使用钢笔勾断线，而入门后也常为多次修改，以及勾不准对象而烦恼。

本节将重点讲解如何使用钢笔工具快速而又准确的勾图、去底，并借助钢笔工具绘制标准的人物眉型，以实现对人物眉毛进行修剪操作。

处理前

处理后

### STEP 01 正常使用钢笔工具。

（养成规范化操作习惯以提高工作效率）

本节以右图为例，讲解如何使用规范化动作勾出图中的文字。

首先在工具箱中选择钢笔工具，按【Ctrl++】组合键放大图像，找准第一个起点后单击，并拖出一个较短的控制线，接下来单击定义第二个锚点，也拖出短控制线。

此时，按住【Ctrl】键，光标由钢笔形状变成了白箭头，使用直接选择工具调整起点的控制线到恰当位置，再调整第二个锚点的控制线，如右图所示。

松开【Ctrl】键，此时工具恢复为钢笔工具，光标显示为钢笔形状，继续单击，定义下一个锚点，单击的同时并拖出一个较短的控制线。

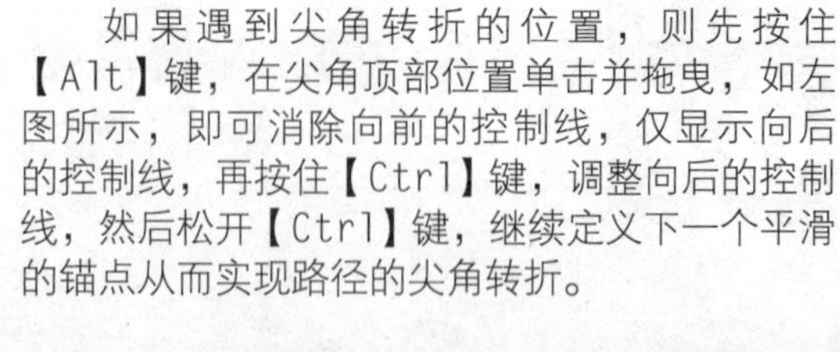

如果遇到尖角转折的位置，则先按住【Alt】键，在尖角顶部位置单击并拖曳，如左图所示，即可消除向前的控制线，仅显示向后的控制线，再按住【Ctrl】键，调整向后的控制线，然后松开【Ctrl】键，继续定义下一个平滑的锚点从而实现路径的尖角转折。

提示：简单的几步操作，在勾图时可一次成形，准确而迅速，这种规范性动作在刚开始练习时可能会不习惯，但如果严格按照以上步骤去做，相信读者的勾图水平和速度一定会有大幅提高。记住两点：第一，单击并拖曳定义平滑锚点。第二，随时配合【Ctrl】键和【Alt】键进行操作。其中按【Ctrl】键可以把光标转换为直接选择工具，按【Alt】键可以定义角点。

在勾图时，应该注意勾线的最佳位置是在图像轮廓的齿形虚化边的里侧，而不是在虚化边上或外侧

## STEP 02 使用钢笔工具勾图技巧。

（勾图需要熟能生巧，也需要一定的技巧）

当使用钢笔工具勾图时，定义锚点的位置是非常重要的。一般来说，在轮廓变化转折位置应多定义几个锚点，而在轮廓平直、圆弧或椭圆弧的轮廓位置应少定义几个锚点，这样可以利用路径本身弧度进行控制，使勾出的曲线更优美。

勾断线是很多初学者最容易犯的错误。当勾了一段路径时，由于不自觉地换了其他工具（或者使用快捷键换了工具），再回来使用钢笔工具勾图时，可能已经是在勾第二条路径了。

因此在勾绘路径时，注意最好不要换工具，也不要不自觉地按键盘，如果出现了勾断线问题可以按住【Ctrl】键，单击已绘制的路径，选中该路径，再单击最后一个锚点，选中该锚点，然后松开【Ctrl】键，使用钢笔工具继续定义其他锚点，这样就可以把新旧锚点连接在一条路径上。

在勾图时，应该注意勾线的最佳位置是在图像轮廓的齿形虚化边的里侧，而不是在虚化边上或外侧。也就是说勾图时，不要勾在图像的轮廓线上，而要勾得比它的轮廓要小一点点才是最好的位置。

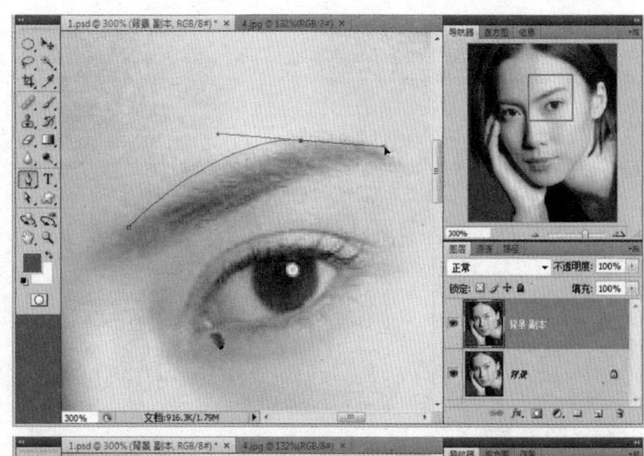

## STEP 03 使用钢笔工具绘制标准眉型。

（钢笔工具在绘制图形轮廓方面优势明显）

眉以传情，表情的变化常使眉毛上下牵动，表达人们的情感和情绪。因此，不同的眉型表现不同的精神状态。同时不同脸型，眉型标准也会不同，不过公认的标准眉型应该是柳叶眉。下面我们就使用钢笔工具绘制本节案例的人物眉型。

打开本节案例的素材文件，按【Ctrl++】组合键放大图像，在工具箱中选择钢笔工具，在眉毛上侧单击定义路径起点，并轻微拖曳，然后定义第二个平滑锚点，如右上图所示。然后按住【Alt】键，单击眉梢并拖曳，定义角点，以同样方式完成整个眉型的绘制工作。最后按住【Ctrl】键，使用直接选择工具对眉型路径进行适当调整。

切换到“路径”面板，双击工作路径，打开“存储路径”对话框，存储路径为“左侧眉型”。按住【Ctrl】键，单击该路径，把路径转换为选区。

## STEP 04 使用仿制图章工具修眉型。

（在新建图层中修改，以便后期操作）

在“图层”面板中新建“图层1”，按【Shift+F6】组合键，羽化选区1像素。在工具箱中选择仿制图章工具，在工具栏中设置该工具的选项，其中设置“样本”为“所有图层”，“不透明度”为“50%”，“硬度”为“0%”。按住【Alt】键，在眉毛中进行取样，然后在选区中单击或拖曳，填补选区内的眉毛稀缺区域。

在“图层”面板中新建“图层2”，按【Shift+F7】组合键，反选选区，按住【Alt】键，在眉毛四周皮肤区域单击进行取样，然后擦除多余或不规整的眉毛。

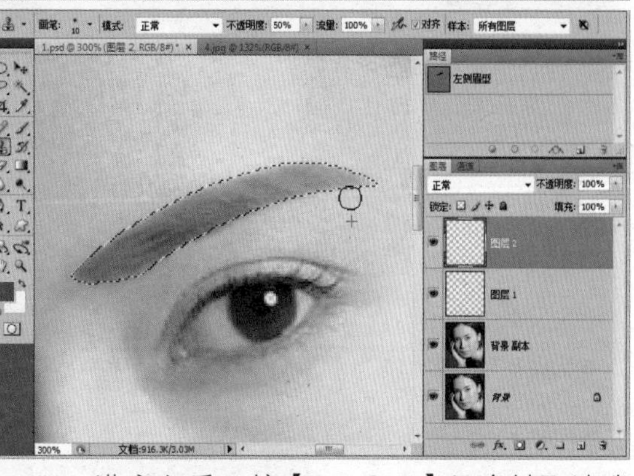

满意之后，按【Ctrl+D】组合键取消选区，把“图层1”和“图层2”放在一个组中，然后适当降低该组的不透明度，以调节眉毛的密度，效果如左图所示。

路径 03

# 给照片添加个性化装饰——路径的管理与文本路径

Photoshop的优势在于位图编辑和色彩处理，矢量图形的编辑和操作不是它的强项。但是，Photoshop通过多次版本升级，依然为我们提供了很强大的矢量图操作支持，除了基本的矢量图绘制和编辑工具外，还提供了专用管理矢量图形的面板，即“路径”面板。

本节将与读者一起领略“路径”面板的功能和使用，并利用路径设计富有个性化的照片装饰，如下图所示。

处理前

处理后

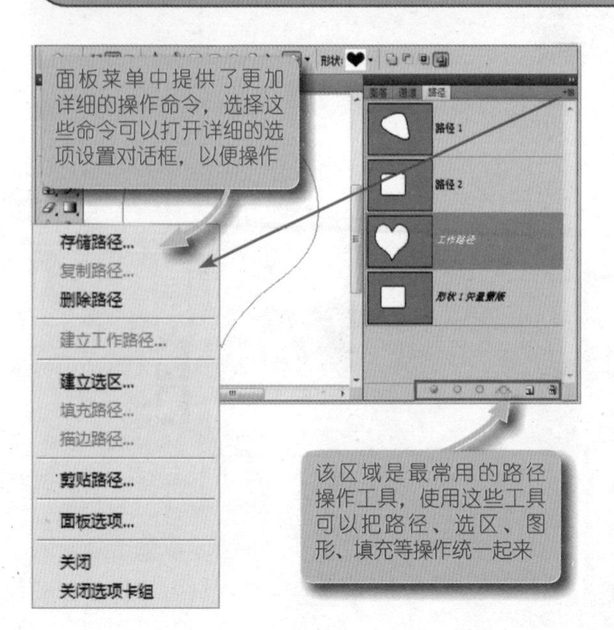


## STEP 01 使用“路径”面板。

（“路径”面板是路径管理的中枢）

在Photoshop菜单栏中，选择“窗口|路径”命令，可以打开“路径”面板，该面板专用来管理文档中绘制的所有路径，如左图所示。

当每次绘制路径时，会自动在“路径”面板中显示一个新的“工作路径”路径，这个路径是临时路径，关闭文档之后会自动丢失，因此应该双击，存储路径。

面板底部中的按钮，分别对应填充、描边、路径与选区相互转换，以及新建和删除路径。如果按住【Alt】键，单击这些按钮，可以打开对应的选项设置对话框，否则将使用默认选项值进行操作。

STEP 02 使用路径设计羽化选区。

（钢笔工具在设计曲线选区时优势明显）

打开本节案例的素材文件，按【Ctrl++】组合键放大图像，在工具箱中选择钢笔工具，勾选出人物面孔轮廓。按住【Ctrl】键，把钢笔工具切换为直接选择工具，然后调整路径的弧度，以及锚点的位置。

切换到"路径"面板，双击"工作路径"，打开"存储路径"对话框，把路径存储为"面孔路径"。也可以拖曳"工作路径"到面板底部的"创建新路径"按钮上，存储路径为"路径1"，双击"路径1"名称，更名为"面孔路径"即可。

按住【Alt】键，单击"路径"面板底部的"将路径作为选区载入"按钮，打开"建立选区"对话框，设置"羽化半径"为"30像素"，单击"确定"按钮，即可获得一个已经羽化的选区。

切换到"通道"面板，在"通道"面板底部单击"创建新通道"按钮，新建"Alpha 1"通道，按【Shift+F5】组合键，打开"填充"对话框，使用白色填充选区。

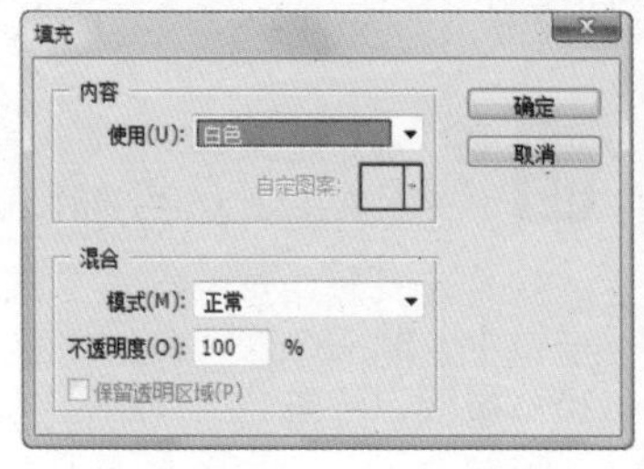


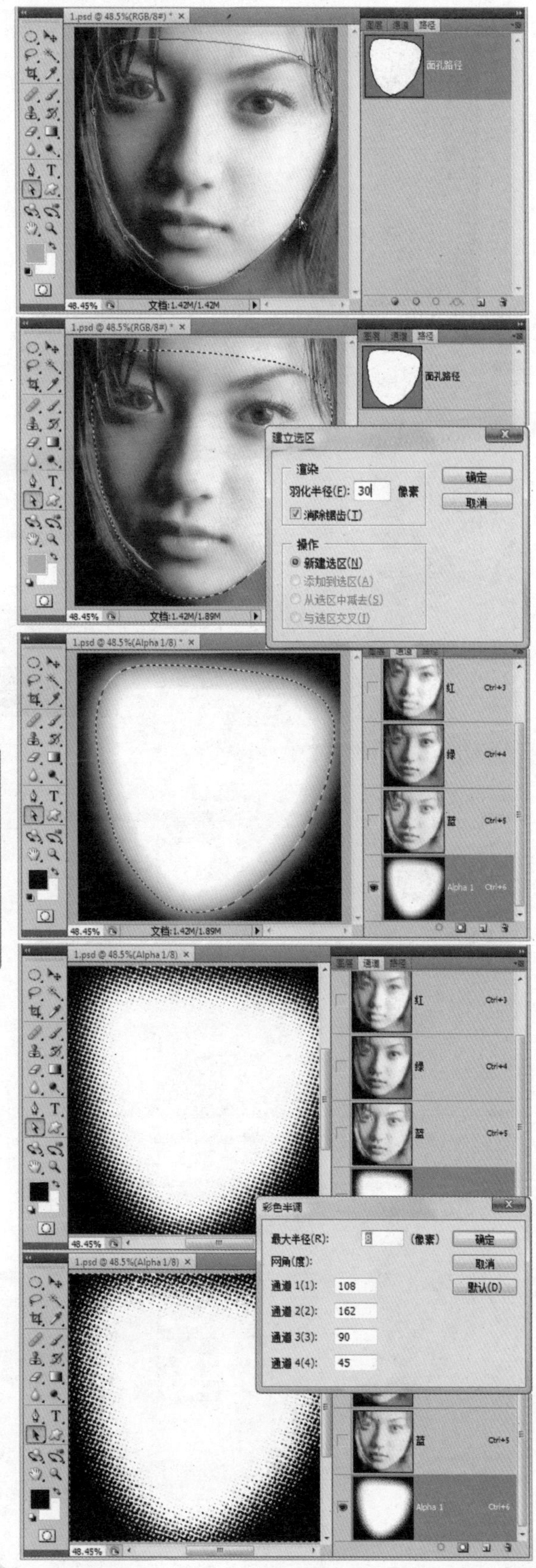


STEP 03 设计彩色半调填充效果。

（模拟边缘镂空的照片效果）

在"通道"面板中，确保当前通道为"Alpha 1"通道，按【Ctrl+D】组合键取消选区。

然后选择"滤镜|像素化|彩色半调"命令，打开"彩色半调"对话框，保持默认设置，单击"确定"按钮，关闭该对话框，则设计的效果如右图所示。

按住【Ctrl】键，单击"Alpha 1"通道，调出该通道存储的选区，按【Shift+F7】组合键，反向选择选区，则得到如右图所示的选区效果。

**STEP 04** 设计渐变填充。

（渐变工具拖拉方式不同填充效果也不同）

切换到“图层”面板，在“图层”面板底部单击“创建新图层”按钮，新建“图层1”。

在工具箱中选择渐变工具，然后在工具栏中单击渐变色图标，打开“渐变编辑器”对话框，按如下图所示编辑一个两色渐变。在工具栏中设置渐变类型为“线性渐变”，然后按住【Shift】键，在图像编辑窗口中单击并拖拉，新建渐变填充图层，如左图所示。

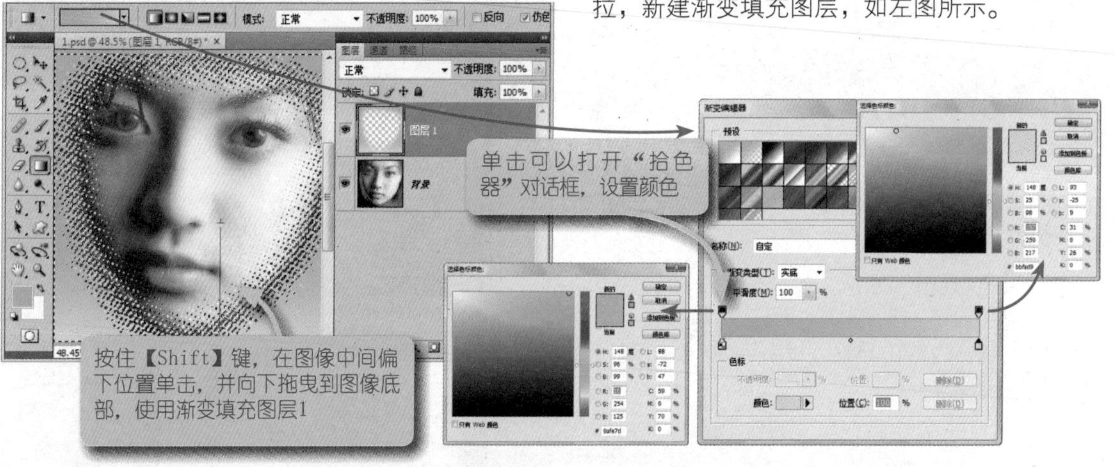


**STEP 05** 输入路径文本。

（路径文字可以自由变形，适合设计艺术效果）

在工具箱中选择钢笔工具，然后在图像编辑窗口中绘制一个形状，如左图所示。切换到“路径”面板，双击“工作路径”，存储路径为“文本路径”。

在工具箱中选择横排文字工具，然后把光标对齐到路径上面，当光标变成形状时，单击即可输入路径文本，如左下图所示。

输入路径文本之后，可以在“路径”面板中选中文本路径，然后使用直接选择工具进行调整，最后在“样式”面板中为文本图层应用一种样式即可。

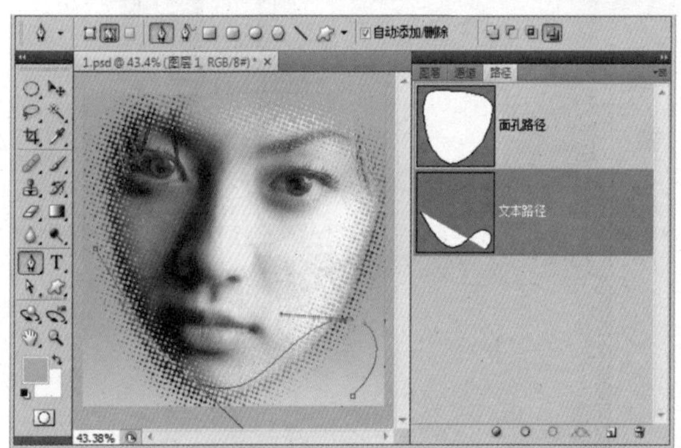

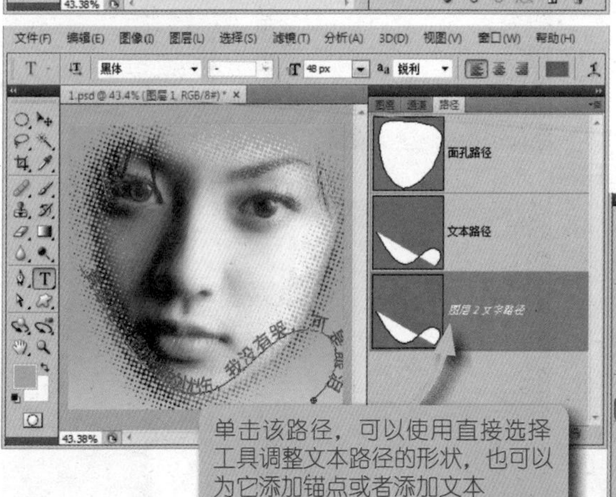


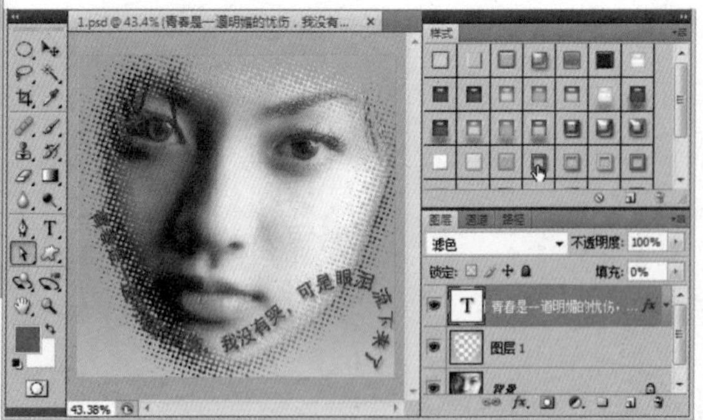

# 04 给照片添加浪漫情怀——使用形状路径

钢笔工具的功能很强，如果配合路径工具和锚点工具，可以绘制任意图形，但是由于钢笔绘制各种图形的操作很烦琐，很多图形甚至很复杂，一般用户很难胜任。同时，从工作效率的角度考虑，对于常用图形，如果每次都使用钢笔工具进行绘制，就会显得很低效。因此，Photoshop提供了各种基本形状工具，使用它们可以快速绘制常用二维矢量图形。当然，这些常用图形是无法满足用户的所有需求的，为此Photoshop还提供了自定义形状工具，作为一个外部接口，读者可以随意把自己喜欢的图形存储为矢量图形，然后导入到Photoshop中，并借助自定义形状工具来使用它们。

本节将重点讲解如何使用形状工具绘制矢量图形，并利用各种矢量图形为照片中的人物添加浪漫的艺术情调。

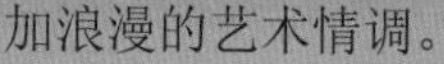

处理前

处理后

## 使用形状工具。

（形状实际上就是绘制好的路径）

Photoshop提供了基本形状绘制工具，如直线、矩形、椭圆、圆角矩形、多边形，另外还提供了自定义形状工具，如右图所示。使用这些工具可以绘制常用实矢量图形。

当选择这些基本形状工具时，都可以在工具栏中设置形状的基本选项，单击自定义形状工具图标后面的下三角形图标▾，可以打开形状工具选项面板，如右下图所示。在该面板中可以设置形状工具的基本选项。

对于自定义形状工具来说，不仅可以使用Photoshop默认的形状类型，而且还可以导入外部使用其他工具绘制好的矢量图形，详细说明请参阅后面章节介绍。

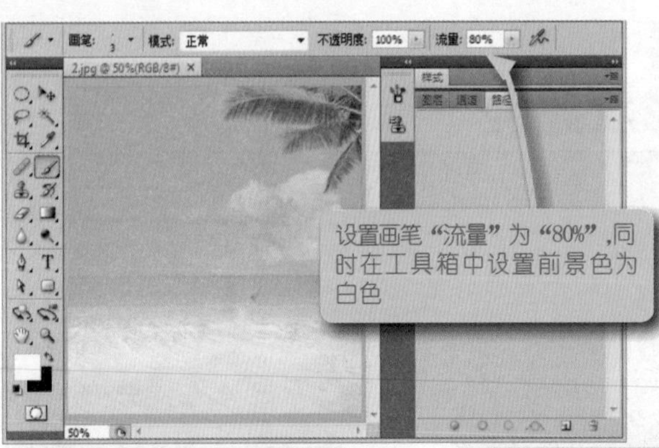


## STEP 02 定义画笔选项。

（在"画笔"面板中定义画笔选项）

在工具箱中选择画笔工具，在工具栏中设置"流量"为"80%"、"不透明度"为"100%"，然后在工具箱中设置前景色为白色。

选择"窗口|画笔"命令（或按【F5】键），打开"画笔"面板，按如下所示设置画笔的详细选项。

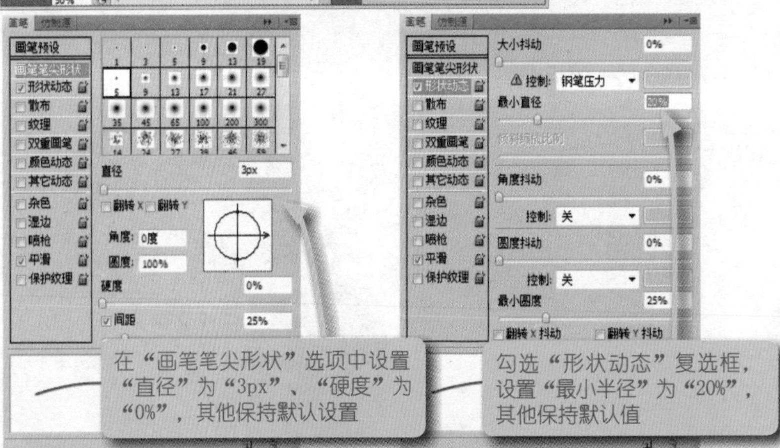


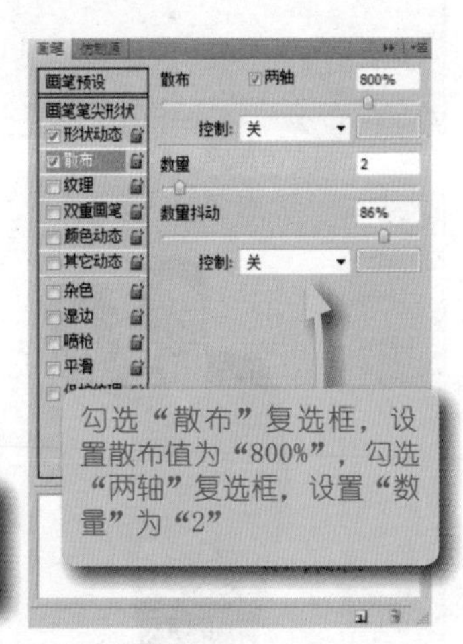

## STEP 03 定义未封闭的星形形状。

（使用Photoshop预定义形状）

在工具箱中选择自定义形状工具，然后在工具栏中选择一种预设的红心形卡形状，然后按住【Shift】键，在图像编辑窗口中拖拉绘制一个心形。

在工具箱中选择添加锚点工具，或者直接选择钢笔工具，按住【Ctrl】键单击选中心形形状，然后在形状右侧路径上单击定义一个锚点，让该锚点与心形形状右下侧的锚点邻近，如左下图所示。然后选中直接选择工具，单击这两个锚点中间的线段，按【Delete】键删除该段路径。

使用添加锚点工具添加一个锚点，制作一个短的路径线段，删除该线段，就可以拆开被封闭的路径

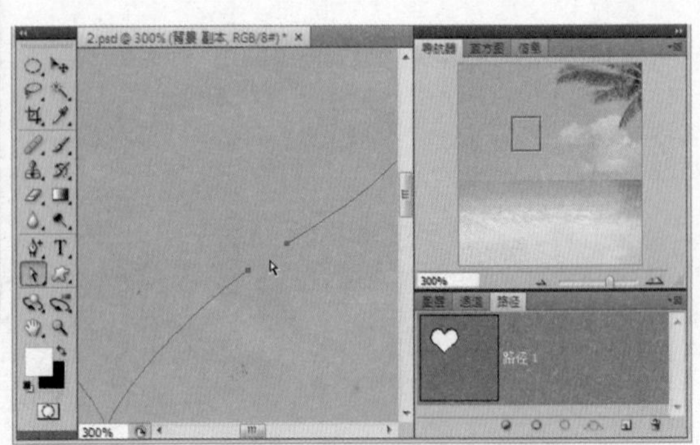

STEP 04 编辑路径并进行描边。
（使用路径选择工具可以操作路径）

使用直接选择工具或者路径选择工具，选中路径，按【Ctrl+T】组合键变换路径，适当调整路径的位置、大小和倾斜角度，如右图所示。在调整大小时，需要按住【Shift+Alt】组合键，按正比例缩放大小。

使用路径选择工具，选中路径，按【Ctrl+C】组合键复制路径，然后按【Ctrl+V】组合键粘贴路径。使用鼠标拖曳复制的路径到合适的位置。

选择“编辑|变换路径|水平翻转”命令，水平翻转复制的路径。选中这两个心形路径，在工具选中单击“底对齐”按钮，对齐路径。

在“图层”面板底部单击“创建新图层”按钮，新建“图层1”。按住【Alt】键，在“路径”面板中单击面板底部的“用画笔描边路径”按钮，打开“描边路径”对话框，从工具下拉列表框中选择“画笔工具”，同时勾选“模拟压力”复选框，如右图所示。

单击“确定”按钮关闭对话框，使用画笔描边路径，可以反复多次单击“用画笔描边路径”按钮，对描边进行加粗。

STEP 05 复制人物进行合成。
（适当对背景进行编辑和修饰）

在工具箱中选择画笔工具，然后在“图层”面板中新建“图层2”。使用画笔工具随意单击，营造天女散花的效果。

选中“背景”图层，使用磁性套索工具勾选绿色选区，按【Shift+F6】组合键，羽化选区1像素，然后按【Ctrl+J】组合键，新建通过复制的图层，并拖曳到“图层”面板的顶部。

打开本案例的人物素材文件，抠出其中的人物，然后拖曳到当前文档中，按【Ctrl+T】组合键，适当缩放大小并移动合适的位置，最后所得到的合成效果如左图所示。

MEMO

# 第7章

## 暗房设计师的mini工具箱——用好修饰工具

Chapter

# 工具 01 修复人物照片中的雀斑 ——认识Photoshop的修饰工具

Photoshop是专业的数码照片后期处理工具，为此它提供了众多图像修饰工具，灵活使用这些工具可以提高对照片处理的能力和效率。照片修饰操作包含瑕疵修复，如皮肤雀斑、疤痕、变换痕迹等；细节粉饰，如加白、加深、减淡、柔化、锐化等；缺陷涂抹，如画笔绘制、渐变填充、仿制盖章等。本章将重点讲解Photoshop提供的所有修饰工具，并通过众多数码照片案例展示它们的应用。本节将讲解如何使用污点修复工具修复人物脸面中的雀斑。

处理前

处理后

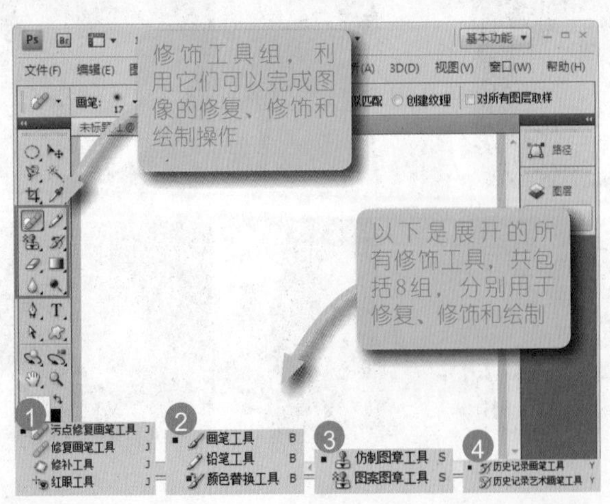


## STEP 01 感性认识Photoshop的修饰工具。

（修饰工具在数码照片后期处理中用处很大）

在Photoshop主界面左侧的工具箱中存在一组修饰工具（如左图所示）。第1个图标下包含4个工具（①），它们分别用来修复照片瑕疵。第2个图标下包含3种类型的绘图工具（②）。第3个图标下包含2个仿制修复工具（③）。第4个图标下包含2个历史修复工具（④）。第5个图标下包含3个擦除修复工具（⑤），它们分别用来修复照片瑕疵。第6个图标下包含2种类型的颜色填充工具（⑥）。第7个图标下包含3个色彩调整工具（⑦）。第8个图标下包含3个色彩校正工具（⑧）。

## STEP 02 使用污点修复画笔工具修复雀斑。

（污点修复画笔工具的工作方式与修复画笔工具类似）

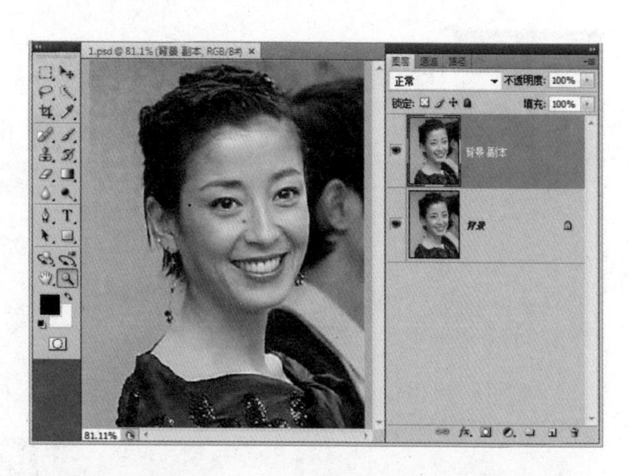

污点修复画笔工具可以快速移去照片中的污点和其他不理想斑块。它的工作原理是，使用图像或图案中的样本像素进行绘画，并将样本像素的纹理、光照、透明度和阴影与所修复的像素进行匹配。

与修复画笔工具不同，污点修复画笔工具不需要用户指定样本点。污点修复画笔工具将自动从所修饰区域的周围进行取样，因此它比修复画笔工具用起来更加方便、快速。

打开本节案例的人物素材，在“图层”面板中拖曳“背景”图层到面板底部的“创建新图层”按钮上，复制“背景”图层为“背景副本”图层。

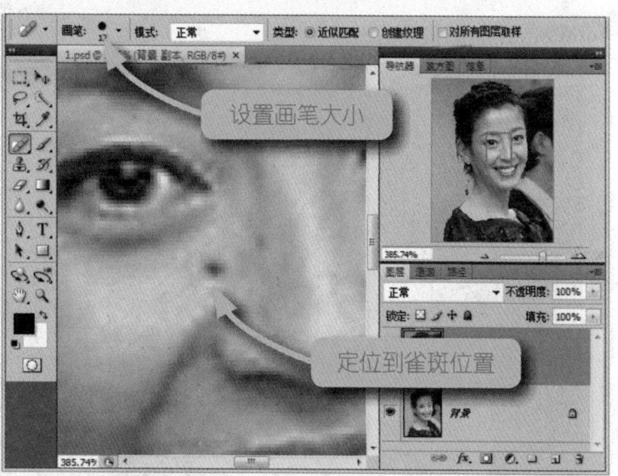


按【Ctrl++】组合键放大图像，然后选择“窗口|导航器”命令，打开“导航器”面板，利用导航器定位到人物面部的雀斑位置。

在工具箱中选择污点修复画笔工具，然后在工具栏中设置画笔大小，设置时可以对照一下雀斑大小，设置比修复的区域稍大一点的画笔最为适合，以便整好盖住它，这样只需单击一次即可覆盖整个区域。也可以在“模式”下拉列表框中选择混合模式，默认混合模式为“正常”，如果选择“替换”混合模式，则可以在使用柔边画笔时，保留画笔描边的边缘处的杂色、胶片颗粒和纹理。然后在“类型”选项区域选择以下一个选项。

※ 近似匹配：使用选区边缘周围的像素来查找要用做修补选定区域的图像区域。

※ 创建纹理：使用选区中的所有像素创建一个用于修复该区域的纹理。如果纹理不起作用，可以尝试再次拖过该区域。

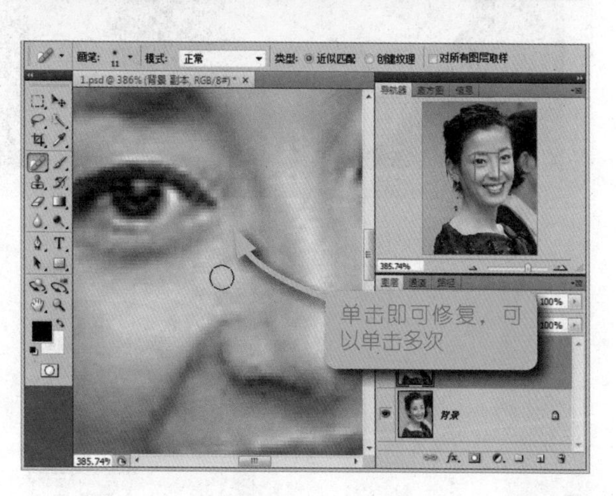


如果勾选“对所有图层取样”复选框，则可从所有可见图层中对数据进行取样，否则只从当前图层中取样。

设置完成之后，使用画笔对准污点单击即可，可以反复多次单击进行修改，效果如右图所示。

提示：如果需要修饰大片区域，或者需要更大程度地控制来源取样，则建议读者使用修复画笔工具进行修复，而不是使用污点修复画笔工具。

## 工具 02 清除照片中人物的眼袋——使用修复画笔工具

修复画笔工具可用于校正瑕疵，使它们消失在周围的图像中。与仿制图章工具一样，使用修复画笔工具可以利用图像或图案中的样本像素来绘画。但是，修复画笔工具还可将样本像素的纹理、光照、透明度和阴影与所修复的像素进行匹配，从而使修复后的像素不留痕迹地融入图像的其余部分。

本节案例将演示如何使用修复画笔工具修复人物的眼袋。通过修复画笔工具可以快速地清除照片中人物眼袋这类轻微的瑕疵。

处理前

处理后

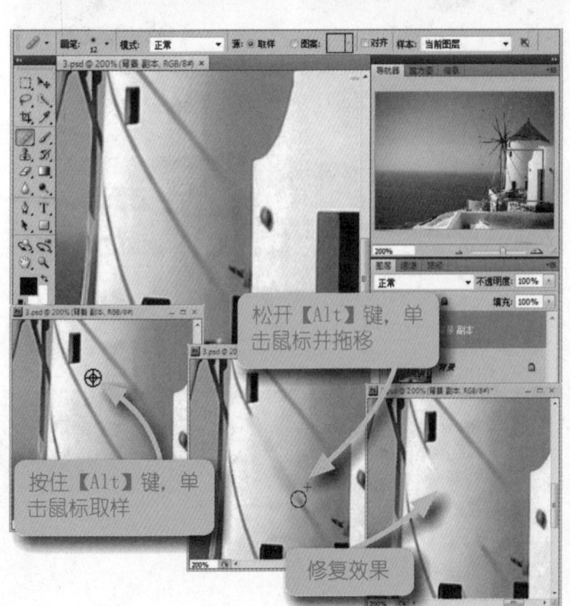


STEP 01 使用修复画笔工具。
（修复画笔工具是数码照片后期修复的基本工具）

修复画笔工具与仿制图章工具一样都需要用户自定义采用点，然后单击或拖移修复区域，Photoshop会根据采用点的像素来修复存在问题的像素。

在工具箱中选择修复画笔工具，此时可以在工具栏中设置修复画笔工具的选项。其中主要设置选项说明如下。

※ 模式：设置修复画笔的混合模式。如果从“模式”下拉列表框中选择“替换”选项，则可以在使用柔边画笔时，保留画笔描边的边缘处的杂色、胶片颗粒和纹理。

※ 源：设置修复操作的源。如果选择“取样”单选按钮，则可以在当前图像中进

行取样；如果选择“图案”单选按钮，则可以使用某个图案作为取样点。当选择“图案”单选按钮时，可以单击后面的图案，从弹出的“图案”面板中选择一种图案。

※ 对齐：如果勾选该复选框，则可以连续对像素进行取样，即使释放鼠标，也不会丢失当前取样点。如果取消勾选该复选框，则每次停止并重新开始绘制时，会使用最初取样点中的样本像素。

※ 样本：设置进行取样的图层。如果需要从当前图层，以及其下面的可见图层中取样，应选择“当前和下方图层”，如果仅从当前图层中进行取样，应选择“当前图层”，如果需要从所有可见图层中取样，应选择“所有图层”。

※ 忽略调整图层：如果忽略调整图层的影响，则从调整图层以外的所有可见图层中进行取样，可以选择“样本”下拉列表框中的“所有图层”，然后单击右侧的“忽略调整图层”按钮图标。

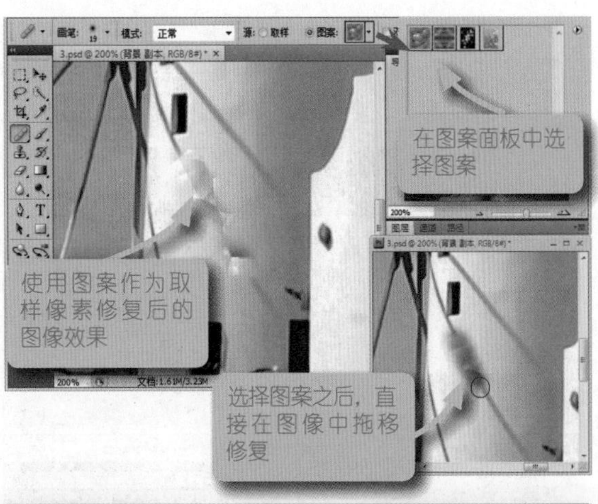

## STEP 02 清除人物的眼袋。
（每次释放鼠标时取样像素与现有像素混合）

在Photoshop中打开本节案例的人物素材。在工具箱中选择缩放工具，在图像编辑窗口中拖拉，框选人物左眼区域，则Photoshop会自动在图像编辑窗口中放大人物的左眼区域，可以看到人物眼部下垂的眼袋非常明显。

在“图层”面板中拖曳“背景”图层到面板底部的“创建新图层”按钮上，复制“背景”图层为“背景 副本”图层，再单击“创建新图层”按钮，新建“图层1”图层，我们将修复操作在新图层中完成，这样就避免了所有操作对原图像的破坏，同时可以随时修改图层的不透明度或者图层混合模式来编辑修改操作，为后面的补救操作留下余地。

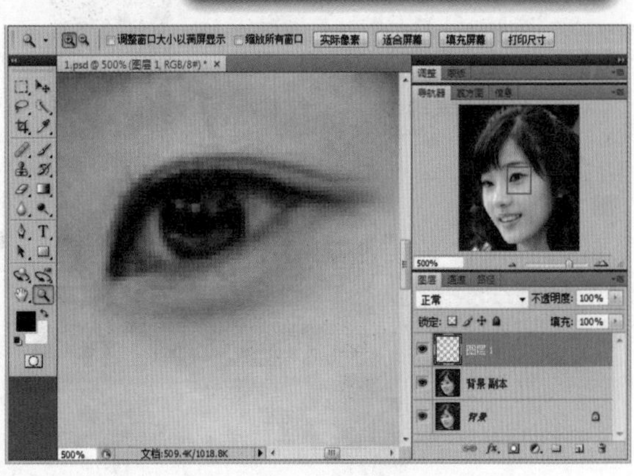

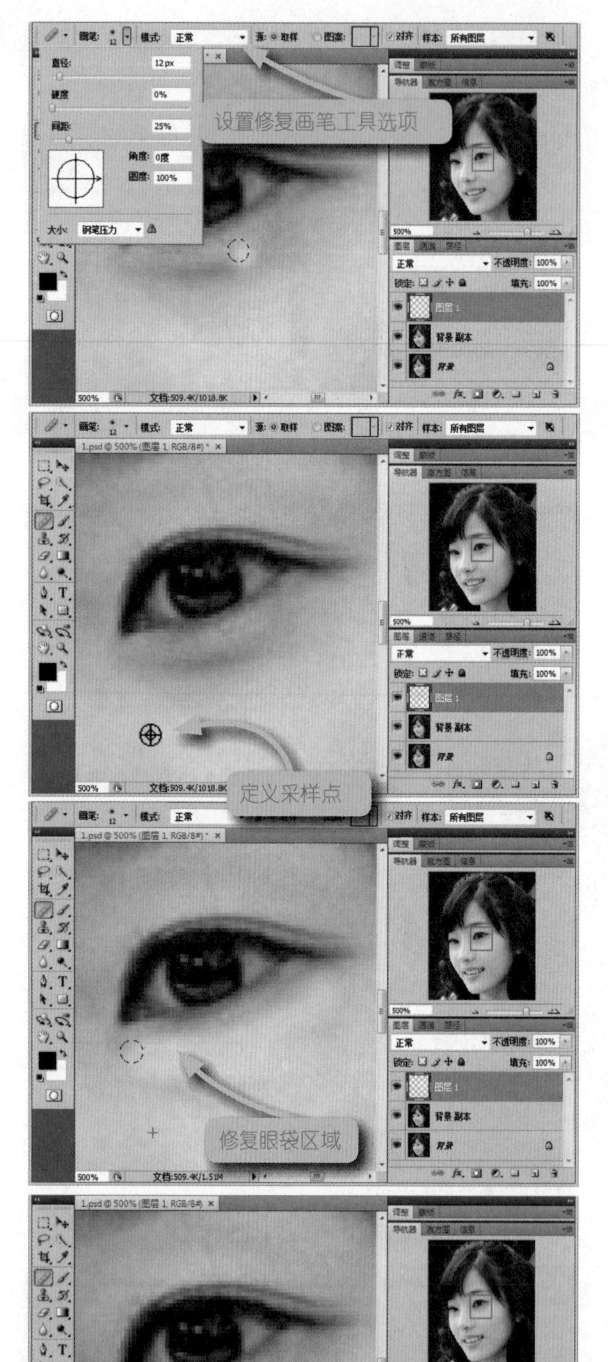


在工具箱中选择修复画笔工具，然后在工具栏中设置画笔选项。

首先单击“画笔”右侧的按钮，在弹出的面板中设置画笔“直径”为12像素，在设置画笔大小时，应移动光标到准备修复区域比较一下，看大小是否合适，最佳大小应该是比修复区域的高度稍稍小一些。设置“硬度”为“0%”，定义柔角笔刷，这样就可以使修复的强度减弱，避免修复时很生硬。

然后在“源”选项区域选择“取样”单选按钮，在“样本”下拉列表框中选择“所有图层”选项，这样就可以在新建图层中修复原图像存在的瑕疵。

建议勾选“对齐”复选框，当然也可以不勾选，如果不勾选时，就应该记住随时按住【Alt】键，调整取样点的位置。

设置完修复画笔工具的选项之后，按住【Alt】键，在眼袋底部找好一个取样点，单击确定即可。

从眼袋的一侧单击并按住鼠标不放进行拖移，这时可以看到圆圈区域为修复区域，十字形区域为动态采样区域。通过拖移可以快速使用采样点像素的颜色信息对修复点像素进行修复，如左图所示。

在修复过程中，可以反复拖移，来回进行修复。考虑到修复效果，这里提两个建议：

第一，坚持随时按住【Alt】键单击，调整取样点的位置，这样就可以做到有的放矢避免采用对齐方式进行修复时，取样点与修复点的反差太大，使修复效果变得很突兀。

第二，坚持拖移修复，虽然使用修复画笔工具可以不断单击进行修复，但是由于每次单击的取样点都是固定的，这样会使修复区域保留很多边缘痕迹，修复效果不是很好。当然，有些修复区域比较零散，修复时就只好采用不断单击的方式进行修复。

修复时，可以反复单击、拖移，并随时调整取样点，进行修复，最后效果如左图所示。以同样方式再修复右眼眼袋即可。

# 工具03 清除照片中的多余对象——使用修补工具

通过使用修补工具，可以使用其他区域或图案中的像素来修复选中的区域。其工作原理与修复画笔工具相同，就是将样本像素的纹理、光照和阴影与源像素进行匹配。但是与修复画笔工具操作方式不同的是，修补工具不需按【Alt】键单击进行取样，而是以选择区域作为取样点，这种操作方式要比修复画笔工具灵活，且可以修复大面积区域，或者修复复杂的像素。因此在操作前，我们可以借助各种选择操作选取特定的、不规整的像素，从而使修复工具变得更加富有创意。读者还可以使用修补工具来仿制图像的隔离区域。本节案例将演示如何使用修补工具快速清除照片中嵌入的日期标记。

处理前

处理后

## STEP 01 使用修补工具。

（修补工具可以快速修复大面积、复杂区域）

使用修补工具之前，应该建立选区。建立选区的方式可以灵活多样，在前面章节中我们也曾经就此话题展开讨论。另外，使用修补工具也可以自由勾选建立选区，操作方式类似于套索工具。

在工具箱中选择修补工具，此时可以在工具栏中设置修补工具的选项，设置完成后，移动光标到选区内，按住并拖曳选区到采样的区域，如右图所示，即可使用目标区域内的像素修补原选区内的像素。

修补工具的选项不是很多，下面简单介绍：

※ 修补：设置修补的方式。如果选择“源”单选按钮，则将以选区作为待修补区域，而拖曳到的目标区域作为采用区域。当将选区边框拖曳到目标区域并

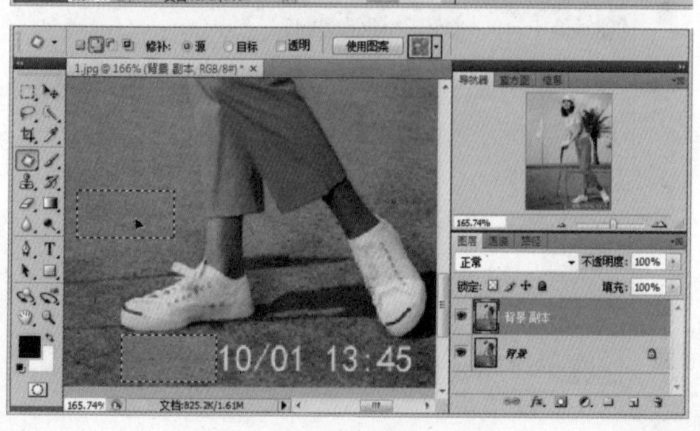


松开鼠标时，原来选中的区域被使用样本像素进行修补；如果选择“目标”单选按钮，操作正好相反，则将以选区作为采样区域，而拖曳到的目标区域作为被修补的区域。当将选区边框拖曳到目标区域并松开鼠标时，将使用选区内的样本像素修补新选定的区域。

※ 透明：该选项可以控制修补操作是以边缘进行融合，还是以纹理进行融合。默认未勾选该复选框，修补的图像总会以采样区域的像素覆盖掉修补区域的像素，然后通过边缘融合，使修补看起来更自然，如左上图所示。如果勾选该复选框，则修补的原像素纹理会透出来，产生纹理叠加的效果，如左下图所示。

※ 使用图案：单击该按钮，可以使用选定的图案填充选区，并根据“透明”选项决定是边缘融合，还是纹理融合，如下图所示。此时，就不需要拖曳指定采样区域，“源”和“目标”选项无效。

STEP 02 清除照片中的日期对象。
（选择较小区域可以获得最佳修补效果）

在Photoshop中打开本节案例的人物素材。在“图层”面板中“复制”背景图层为“背景副本”图层。按【Ctrl++】组合键放大图像，并利用“导航器”面板定位到日期区域。

考虑到日期区域比较长，可以分区进行修补，先使用矩形选框工具选择部分区域，然后在工具箱中选择修补工具，选择“源”单选按钮，拖曳选区到其他草地区域，进行修补。在操作中，读者不妨分步多次进行修补，同时应该注意采样区域与修补区域的明暗相似，否则修补效果会打折扣，最后修补效果如预览图。

# 工具 04 清除照片中人物的红眼——使用红眼工具

红眼工具是一种比较特殊的修饰工具，它的用途比较单一。使用它可以移去照片中人物存在的红眼现象。所谓红眼，就是当使用闪光灯进行拍摄时，由于相机闪光灯在视网膜上反光引起的，一般眼珠会呈现偏红色，故称之为红眼。在光线暗淡的房间里照相时，由于主体的虹膜张开得很宽，会更频繁地看到红眼。使用红眼工具不仅可以移去红色反光，还可以移去在使用闪光灯拍摄的动物照片中的白色或绿色反光。本节案例将演示如何使用红眼工具快速清除照片中人物的红眼现象，如下图所示。

处理前

处理后

## STEP 01 使用快速蒙版模式选取眼珠区域。（可以直接使用红眼工具进行修复）

在Photoshop中打开本节案例的人物素材。在工具箱中选择缩放工具，在图像编辑窗口中拖拉，框选人物左眼区域，则Photoshop会自动在图像编辑窗口中放大人物的左眼区域，可以看到人物眼部区域。

在“图层”面板中拖曳“背景”图层到面板底部的“创建新图层”按钮上，复制“背景”图层为“背景 副本”图层，再单击“创建新图层”按钮，新建“图层1”图层。

在工具箱底部双击“以快速蒙版模式编辑”按钮，打开“快速蒙版选项”对话框，设置快速蒙版的颜色为蓝色，这样就避免了与红色眼珠的颜色重合，避免误会。

单击“确定”按钮，关闭“快速蒙版选项”

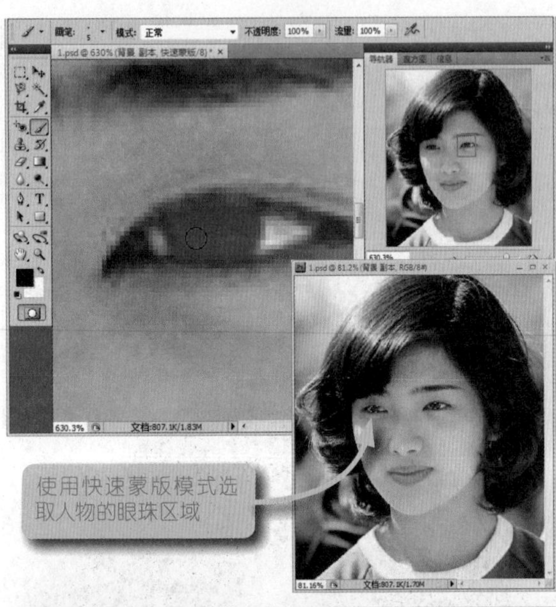
使用快速蒙版模式选取人物的眼珠区域

对话框。在工具箱底部单击“以快速蒙版模式编辑”按钮，切换到快速蒙版模式编辑状态。设置前景色为黑色，然后在工具箱中选择画笔工具，在工具栏中设置笔刷的大小，并设置笔刷的“硬度”为“0%”。

使用画笔工具涂抹两个眼珠区域，完毕之后按【Q】键退出快速蒙版编辑模式，此时可以获得一个选区。按【Shift+F7】组合键反选选区即可得到眼珠选区。

选择“选择|存储选区”命令，打开“存储选区”对话框，存储选区为“眼珠”即可。

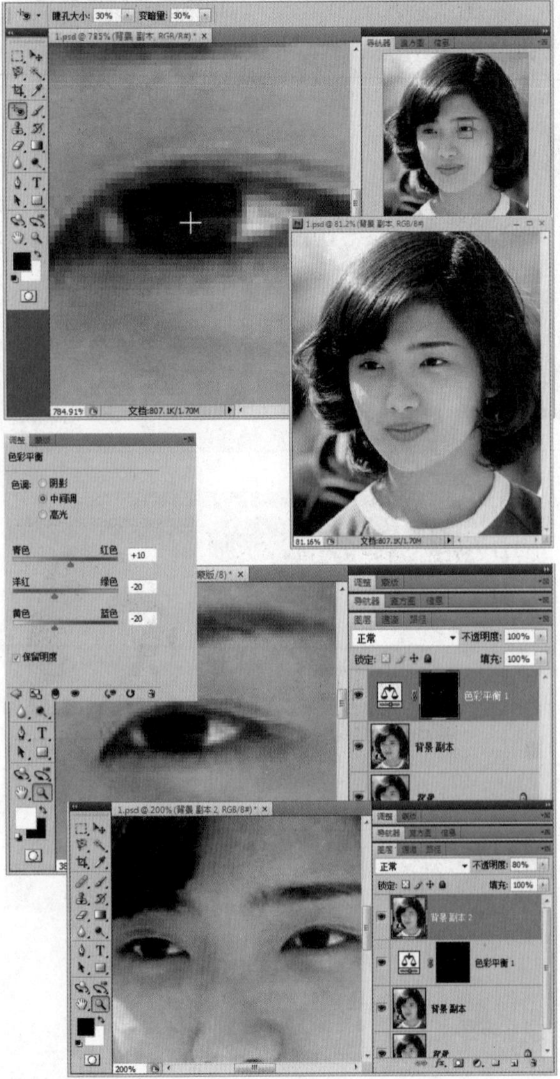

STEP 02 使用红眼工具清除红眼。

（该工具使用简单，用途单一）

按【Ctrl++】组合键放大图像，然后定位到左眼珠区域。在工具箱中选择红眼工具，然后在工具栏中设置红眼工具的“瞳孔大小”和“变暗量”。

※ 瞳孔大小：增大或减小受红眼工具影响的区域。

※ 变暗量：设置校正的暗度。

本例中设置“瞳孔大小”和“变暗量”都为“30%”，然后使用光标对准眼珠中心单击，修复红眼。

使用“导航器”面板定位到右眼区域，继续使用红眼工具单击修复右眼眼珠的红色。

STEP 03 调整眼珠的色彩。

（使用色彩平衡适当平衡眼珠色调）

选择“选择|载入选区”命令，载入眼珠选区，按【Shift+F6】组合键，打开“羽化选区”对话框，羽化选区1像素。

在“图层”面板底部单击“创建新的填充和调整图层”按钮，从弹出的菜单中选择“色彩平衡”命令，添加“色彩平衡”调整图层，参数设置如左侧的“调整”面板所示，适当为眼珠添加一点色彩，使眼珠看起来更富有情感。

最后复制“背景”图层为“背景副本2”图层，并将其拖曳到“图层”面板的顶部，载入眼珠选区，按【Shift+F6】组合键，羽化选区1像素，然后按【Delete】键删除红色的眼珠，通过这种方式使用图像原色调遮盖因红眼工具去色的上下眼皮，并适当调整图层不透明度即可。

# 工具05 给照片中的人物指甲上色——使用颜色替换工具

颜色替换工具能够使用前景色替换掉图像中特定的颜色，它实际上就是“替换颜色”命令（选择“图像|调整|替换颜色”命令）的简化工具版。它们的工作原理是完全相同的，只不过操作方式改为了与绘图工具相同的方式，工具和命令各有利弊。由于颜色替换工具使用方便、直观，它常被用来修复一些细小区域的颜色，对于大片区域或者整个图像，建议使用命令。

注意，颜色替换工具不适用位图、索引图或者多通道颜色模式的图像。本节案例将演示如何使用颜色替换工具给人物的指甲进行上色，使指甲看起来更加艳丽，如下图所示。

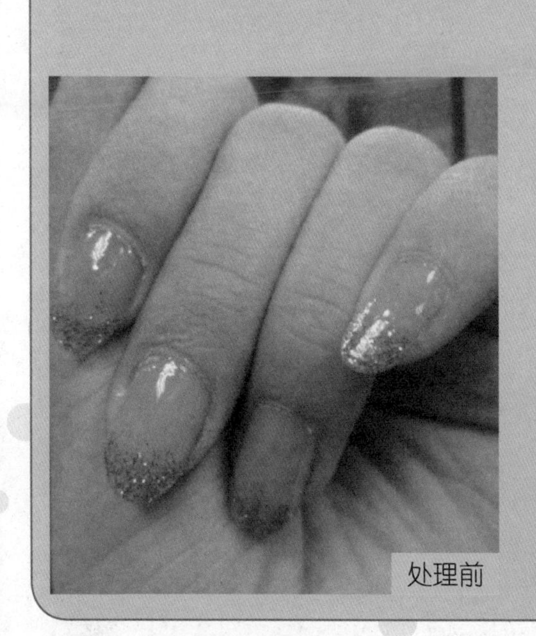

处理前

处理后

## STEP 01 使用颜色替换工具。

（工具比命令灵巧，缺陷就是无法纵览效果）

打开一幅素材图像，在工具箱中选择颜色替换工具。由于该工具使用前景色作为替换色，故在使用前应该在工具箱中设置前景色。

然后在工具栏中设置颜色替换工具的选项。其中的主要选项说明如下。

※ 模式：设置前景色与笔刷涂抹区域像素的混合模式。默认为“颜色”模式，即使用前景色的色相和饱和度替换涂抹区域的色相和饱和度，但是保留原图像该区域的亮度。

因此说，颜色替换工具默认工作原理就是使用前景色天填充图层，然后设置“颜色”混合模式与下面图像图层进行混合，效果如右图所示。

提示：设置当前图像为红、绿、蓝3色组成。前景色为紫色，背景色为蓝色，然后选择不同的取样方式进行涂抹，则效果如上图所示。

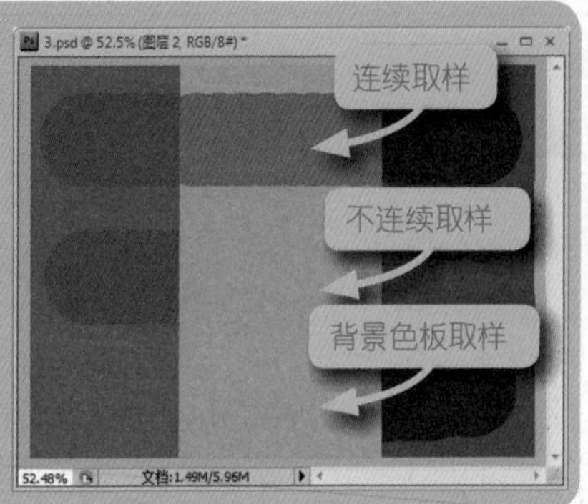


所以，在没有特殊需求下，读者应保持将混合模式设置为“颜色”。

※ 取样：设置替换颜工具取样的方式。如果单击“连续”按钮，则在拖动时连续对颜色进行取样；如果单击“一次”按钮，则把第一次单击点颜色作为目标颜色，并始终只替换该种颜色；如果单击“背景色板”按钮，则只替换包含当前背景色的区域。

※ 限制：设置替换颜色的限制条件。如果选择“不连续”选项，则表示替换出现在指针下任何位置的样本颜色；如果选择“连续”选项，则表示替换与紧挨在指针下的颜色邻近的颜色；如果选择“查找边缘”选项，则表示替换包含样本颜色的连接区域，同时更好地保留形状边缘的锐化程度。

※ 容差：设置替换像素的色阶相似性，取值范围为 0~255。设置较低的值，则可以替换与所单击像素非常相似的颜色，如果设置更大的值，则可以替换范围更广的颜色。

※ 消除锯齿：勾选该复选框，则可以为所校正的区域定义平滑的边缘。

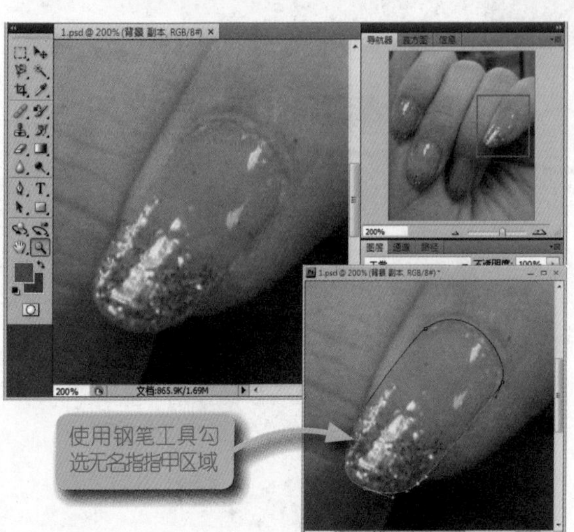


## STEP 02 使用钢笔工具勾选指甲选区。

（对于圆滑不复杂的对象，适合用钢笔勾选）

在Photoshop中打开本节案例的人物素材。在工具箱中选择缩放工具，放大指甲区域。

在“图层”面板中拖曳“背景”图层到面板底部的“创建新图层”按钮上，复制“背景”图层为“背景 副本”图层。

在工具箱中选择钢笔工具，勾选无名指指甲区域，然后按住【Ctrl】键，调整路径的形状和锚点的位置，如左图所示。

切换到“路径”面板，双击“工作路径”，打开“存储路径”对话框，存储路径为“指甲”。确保“指甲”路径为选中状态，即以该路径为当前工作路径，继续使用钢笔工具勾选其他手指的指甲区域，如下图所示。

STEP 03 使用颜色替换工具给指甲上色。（指甲油的颜色可以根据个人喜好进行设计）

在“路径”面板底部单击“将路径作为选区载入”按钮，把路径转换为选区。

按【Shift+F6】组合键，打开“羽化选区”对话框，羽化选区1像素。在工具箱中单击前景色图标，打开“拾色器（前景色）”对话框，设置前景色为浅粉色，如右图所示。

在工具箱中选择颜色替换工具，在工具栏中设置笔刷“直径”为“50px”、“硬度”为“0%”，取样选择“连续”，“限制”设置为“不连续”，“容差”设置为“30%”，并勾选“消除锯齿”复选框，如右图所示。

设置完毕后，使用颜色替换工具涂抹指甲区域，涂抹效果如下图所示。最后复制“背景 副本”图层，并添加图层蒙版，设置图层混合模式为“叠加”，增强指甲油的鲜艳度，效果如右下图所示。

# 工具 06 给照片中的人物设计脸型——使用仿制图章工具

仿制图章工具能够将图像的一部分内容以绘画的方式复制到当前图像的另一部分，或复制到具有相同颜色模式的任何打开的图像中。用户也可以将一个图层的一部分内容绘制到另一个图层。修复画笔工具和修补工具都是在仿制图章工具基础上改进而来的，但是仿制图章工具对于复制对象或者移去图像中的缺陷特别有用。

本节案例将演示如何使用仿制图章工具设计人物的脸型。具体设计思路是，先使用钢笔工具绘制新的脸型轮廓，然后使用液化工具对脸进行变形，最后使用仿制图章工具修复变形后脸部的缺陷，效果如下图所示。

处理前

处理后

## STEP 01 使用仿制图章工具。

（仿制图章工具比修复画笔工具更直率）

从修复效果看，仿制图章工具比修复画笔工具更直观、简单。当修复差异很大的对象时，使用仿制图章工具要比修复画笔工具好，但是对于修复细微差异时，选用修复画笔工具会更合适。简单概括，两者修复风格可以用豪放派与婉约派进行类比。

在工具箱中选择仿制图章工具，此时可以在工具栏中设置仿制图章工具的选项。其中的主要设置选项说明如下。

※ 对齐：确定是否连续对像素进行取样，即使释放鼠标按钮，也不会丢失当前取样点。如果取消勾选“对齐”复选框，则当每次停止并重新开始绘制时，会使用最初取样点中的样本像素。

※ 样本：设置进行取样的图层。如果需要从当前图层，以及其下面的可见图层中取样，应选择"当前和下方图层"选项；如果仅从当前图层中进行取样，应选择"当前图层"选项；如果需要从所有可见图层中取样，应选择"所有图层"选项。

## STEP 02 使用钢笔工具设计人物的脸型。

（把人物的瓜子脸设计为鸭蛋脸）

在Photoshop中打开本节案例的人物素材。在"图层"面板中拖曳"背景"图层到面板底部的"创建新图层"按钮上，复制"背景"图层为"背景 副本"图层。

在工具箱中选择椭圆工具，在工具栏中设置工具为"路径"类型，然后在图像编辑窗口中拖拉出一个椭圆路径。

按【Ctrl+T】组合键，变换路径，通过缩放和旋转路径使椭圆形状与人的脸型基本吻合，如右图所示。

按【Enter】键确定变换操作，在工具箱中选择直接选择工具调整锚点的位置，使左右锚点分别位于脸两侧的颧骨上，底部锚点位于下巴尖上，然后调整控制线，使曲线形状稍稍内收，不要太椭圆状，同时对于脸型的变换操作也不宜幅度过大，否则就会使人物脸部产生浮肿效果，设计适得其反。

路径的形状设计和控制非常重要，它决定了本案例的设计能否成功。满意之后，切换到"路径"面板，双击"工作路径"，在打开的"存储路径"对话框中存储路径为"鸭蛋脸型"。

最后按【Ctrl+Enter】组合键，把路径转换为选区，并选择"选择|存储路径"命令，存储路径为"鸭蛋脸型"。

## STEP 03 使用液化工具变形脸型。

（使用液化操作时应配合蒙版，并小心谨慎）

在"图层"面板中确保当前图层为"背景 副本"图层。选择"滤镜|液化"命令，打开"液化"对话框，在对话框右侧"蒙版选项"选区单击"替换选区"右侧的向下箭头，从中选择存储的选区"鸭蛋脸型"，对人物面部启用蒙版保护性操作。

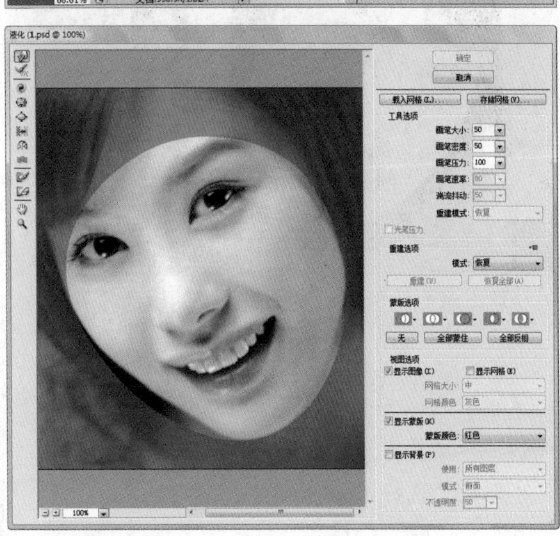

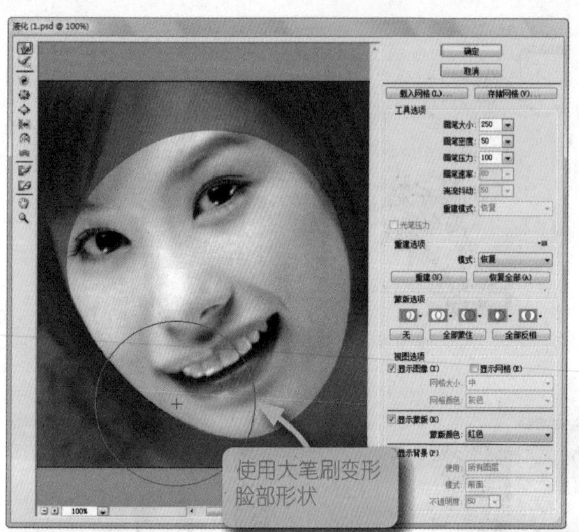


在“液化”对话框左侧工具箱中选择向前变形工具，在右侧的“工具选项”区域设置“画笔大小”为“250”像素。在设置笔刷时，应使用光标对照需要变形的区域，使光标直径整好覆盖该区域，如左图所示，然后使用向前变形工具轻轻向外侧拖拉脸颊，操作时幅度应该小而轻，可以尝试多次拖拉。

重设“画笔大小”为“10”像素，使用缩放工具放大图像，再使用向前变形工具轻微修复排列不规整的边缘锯齿，使边缘像素排列匀称，如左下图所示。

单击“蒙版选项”区域中的“无”按钮，取消蒙版，可以看到变形的效果，如下图所示。

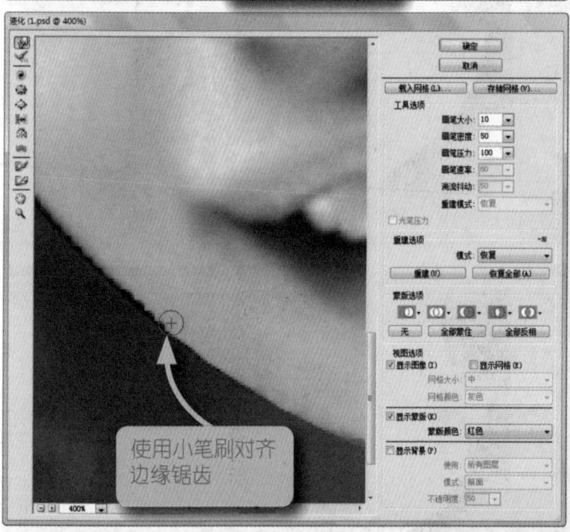


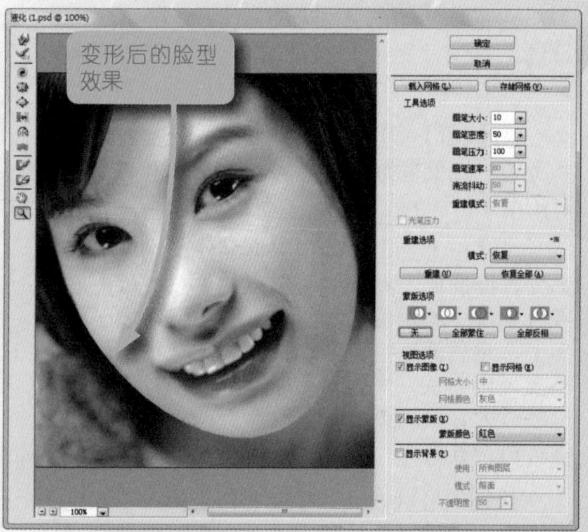

可以看到脸型边缘显示很明显的锯齿效果，下面我们使用模糊工具对其进行柔化处理。

在“图层”面板中复制“背景 副本”图层为“背景 副本2"图层，进行备份，并以“背景 副本2”图层作为当前图层。

选择“选择|载入选区”命令，打开“载入选区”对话框，载入前面步骤中存储的“鸭

STEP 04 使用模糊工具柔化变形后的脸部边缘。（操作时应使用小笔刷轻轻涂抹）

液化满意之后，单击“确定”按钮，关闭“液化”对话框，返回图像主编辑窗口，此时可以看到变形后的脸型效果，如左图所示。

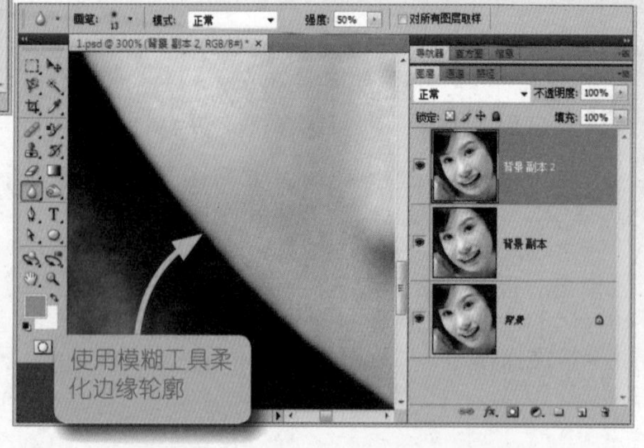

蛋脸型”选区。按【Shift+F6】组合键，打开“羽化选区”对话框，羽化选区1像素。为了方便观察，按【Ctrl+H】组合键隐藏选区，按【Ctrl++】组合键放大图像。

在工具箱中选择模糊工具，在工具栏中设置笔刷“主直径”为“13px”，“强度”为“50%”，然后沿着脸颊两侧的边缘轻轻涂抹，模糊处理边缘比较刺眼的锯齿像素，最后经过模糊处理后的脸型边缘如右图所示。

STEP 05 使用仿制图章工具修复变形的嘴巴。（先勾选出“背景”图层中的嘴部选区并复制）

在“图层”面板中隐藏“背景 副本”和“背景 副本2”图层，显示“背景”图层中人物变形前的脸型。

在工具箱中选择钢笔工具，勾选人物嘴部区域，在勾选时应避免复杂阴影区域，为后面的修复操作减轻劳动强度。

在“路径”面板中双击“工作路径”，在打开的“存储路径”对话框中存储路径为“嘴部区域”，然后按【Ctrl+Enter】组合键把路径转换为选区。

按【Shift+F6】组合键，打开“羽化选区”对话框，羽化选区1像素。按【Ctrl+J】组合键，新建通过复制的图层，建立“图层1”图层，并在“图层”面板中拖曳“图层1”到面板的顶部，显示“背景 副本”和“背景 副本2”图层。

新建“图层2”，并拖曳到“图层1”图层的下面。在工具箱中选择仿制图章工具，在工具栏中设置笔刷“主直径”为“20px”、“硬度”为“0%”、“样本”为“所有图层”、“不透明度”为“50%”，然后以“图层2”作为工作图层，按【Ctrl++】组合键，放大图像，按住【Alt】键在变形痕迹边缘进行取样，然后擦除变形留下的痕迹，最后修复的效果如左图所示。

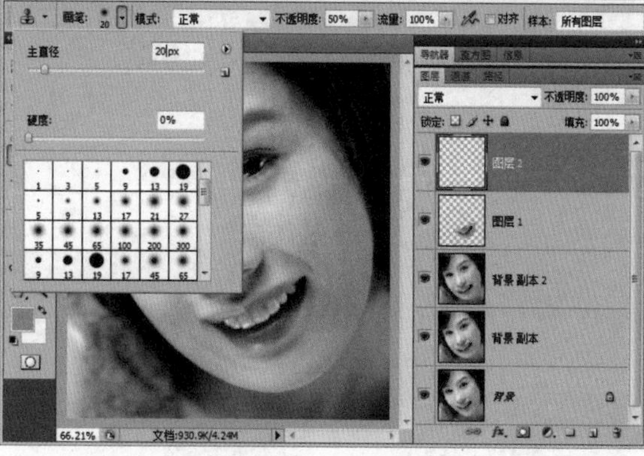

## 工具 07 清除照片中复杂环境下的多余对象——使用仿制源

仿制图章工具和修复画笔工具都需要取样源，这个源可以在当前图层，也可以在已打开的其他图像中。为了方便取样，以及管理取样源，Photoshop添加了“仿制源”面板。该面板不仅作为一个仿制源管理平台，同时还提供了透视仿制的参数设置，功能类似于“消失点”滤镜。这样就极大地增强了仿制图章工具和修复画笔工具的应用范围和操作灵活性。

本节案例将利用仿制源和仿制图章工具清除照片中的文本。由于这些文本位于复杂的环境中，如果直接修复难度会很大，如下图所示。

处理前

处理后

**STEP 01 认识仿制源。**
（仿制源专为修复画笔工具和仿制图章工具设计）

仿制源不能作为单独的工具被使用，它需要配合仿制图章工具或者修复画笔工具才能够发挥自己的价值，通俗地说，它就是仿制图章工具或者修复画笔工具的附属选项。

仿制图章工具和修复画笔工具最基本的功能就是把一个地方的内容复制到另一个地方。其中取样的点被称为源点，复制到的点被称为目标点。

仿制源允许事先定义源点，并允许预先设置源点被复制到目标点时的透视变形参数，这样就为用户提供了更强大的创意空间。

## STEP 02 使用“仿制源”面板。

（仿制源提供了透视变形的参数设置）

当选择仿制图章工具或者修复画笔工具，在工具栏右侧都会显示一个“仿制源”按钮，单击该按钮可以切换到“仿制源”面板。也可以选择“窗口|仿制源”命令，打开“仿制源”面板，如右图所示。使用该面板的方法如下。

首先在工具箱中选择仿制图章工具或者修复画笔工具，然后在任意打开的文档窗口中按住【Alt】键单击进行取样，此时“仿制源”面板中就会记住当前文档，以及单击点的坐标。

还可以继续设置另一个取样点，只需要再“仿制源”面板中单击其他“仿制源”按钮。它相当于一个Tab菜单栏。当设置多个取样点时，可以在“仿制源”面板中单击“仿制源”按钮选择需要应用的取样点。

定义取样点之后，就可以在“仿制源”面板中选择一个取样点，并设置仿制源的透视变形参数：

※ 如果要缩放样本源，可以在“W”（宽度）和“H”（高度）文本框中设置缩放百分比。

※ 如果要旋转样本源，可以在角度值文本框中输入一个角度值。

※ 如果勾选“自动隐藏”复选框，则在应用绘画描边时隐藏叠加。

※ 如果勾选“已剪切”复选框，则将叠加剪切到画笔大小。

※ 如果设置“不透明度”选项，则将设置叠加的不透明度。

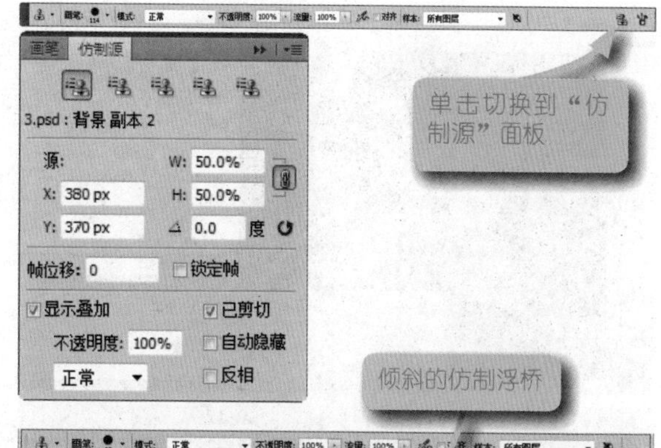

※ 如果设置混合模式选项，则将设置叠加的外观混合模式，如正常、变暗、变亮或差值。

※ 如果勾选“反相”复选框，则将反相叠加中的颜色。

※ 如果要在相对于取样点的非常精确的位置进行绘制，可以在“X”和“Y”文本框中设置位移值。默认可以使用样本源在目标图像中的任何位置进行绘制。

※ 如果勾选“显示叠加”复选框，则可以直观预览到复制后的图像的大小和位置。

## STEP 03 本案例修复方法分析。

（不借助仿制源是无法实现的）

打开本节的人物素材，下面使用仿制图章工具清除掉照片中的文本对象。由于这些文本覆盖在桌椅下，该区域的环境比较复杂，桌椅的腿及青草交织在一起，简单修复操作会破坏照片的真实性，同时由于桌椅的腿是倾斜的或者弯曲的，

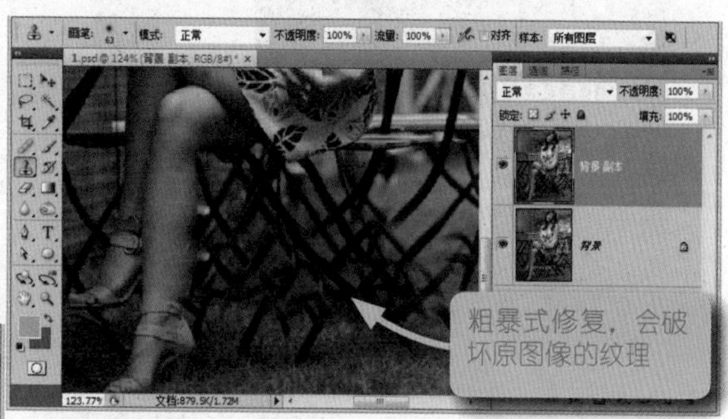


如果不借助“仿制源”面板是无法修复成原图像的真实效果的。

如果直接使用“消失点”滤镜来修复，由于多条腿交织在一起，修复起来会很烦琐。

## STEP 04 配合仿制源来清除文本对象。（修复时可以先主后次顺序进行操作）

下面配合“仿制源”面板和仿制图章工具来修复这个问题。操作时，建议先针对同一个角度的桌椅腿定义一个仿制源，进行修复，然后再定义另一个仿制源，修复另一类的问题。

修复主要区域后，对于次要区域就可以轻松修复。另外，初步操作可以使用较小的视图，最后使用放大的视图修复细节，步骤如图所示。

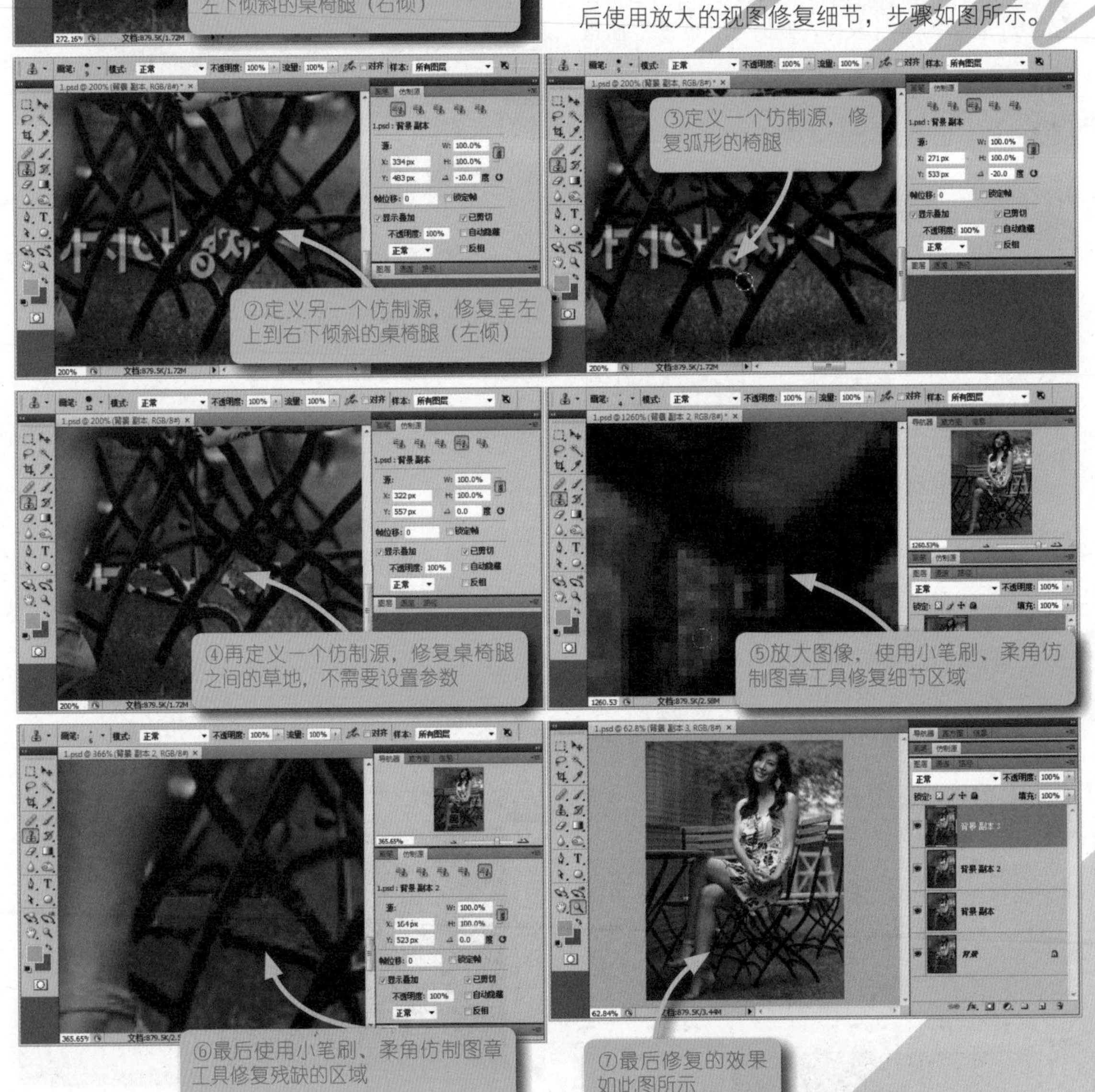

工具 08

## 让照片中的人物秀发更加亮丽——使用历史记录画笔工具

利用“历史记录”面板可以恢复图像到某一步操作状态上，但是历史记录是一种线性操作，返回以前的历史将会删除之后的纪录。换句话说，用户无法在保留现有效果的前提下，去修改以前历史中所做过的操作。不过使用历史记录画笔工具可以不返回历史记录，直接在现有效果的基础上抹除历史中某一步操作的效果。简单地说，历史记录画笔工具可以将一个图像状态或图像快照的副本绘制到当前图像窗口中。该工具会创建图像的复制或样本，然后用它来绘画。本节案例将演示如何使用历史记录画笔工具给照片中人物的秀发进行抛光，如下图所示。

STEP 01 使用磁性套索工具勾选头发区域。（可不必在意头发细节是否勾选）

在Photoshop中打开本节案例的人物素材。在“图层”面板中拖曳“背景”图层到面板底部的“创建新图层”按钮上，复制“背景”图层为“背景 副本”图层。

在工具箱中选择磁性套索工具，然后在工具栏中设置“宽度”为“10px”、“对比度”为“10%”、“频率”为“57”。按【Ctrl++】组合键放大图像，然后使用磁性套索工具快速勾选人物的头发。

选择“选择|存储选区”命令，打开“存储选区”对话框，存储选区为“头发选区”，如右图所示。

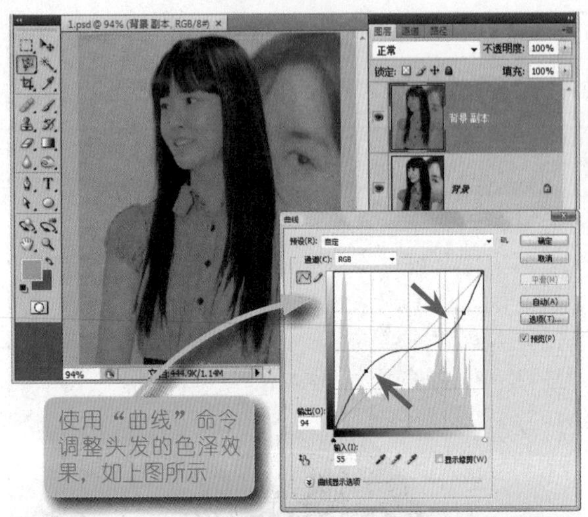


## STEP 02 使用“曲线”命令调整头发亮度。

（使用“曲线”命令时先不考虑非头发区域效果）

选择“图像|调整|曲线”命令，打开“曲线”对话框，按右图所示调整曲线，以调亮头发色泽，使暗部头发显示暗影，使高亮头发区域变得更黑。在调整过程先不要顾及人物头发以外其他区域的色阶变化效果。

## STEP 03 在历史记录中设置源。

（历史记录记录了用户的每一次操作）

选择“窗口|历史记录”命令，打开“历史记录”面板，在该面板中可以看到前面的每一步操作。选中某一步操作，则Photoshop会自动返回到该步操作状态，以后操作步骤被取消。例如，在“历史记录”面板中选中“取消选择”选项，则在图像编辑窗口中可以看到图像编辑状态又回到曲线调整以前的效果，如左图所示。

在默认情况下，“历史记录”面板将列出以前的20步状态。可以通过设置首选项来更改记录的状态数。较早的状态会被自动删除，以便为Photoshop 释放出更多的内存。如果要在整个工作会话过程中保留某个特定的状态，可为该状态创建快照。当关闭并重新打开文档后，将从面板中清除上一个工作会话中的所有状态和快照。

在“历史记录”面板中的每一步操作选项前单击，可以创建一个历史记录画笔的源，这样就可以使用历史记录画笔在当前图像窗口中恢复源中的效果，从而实现有选择性的操作。

## STEP 04 使用历史记录画笔工具恢复头发的亮度。

（通过涂抹可以控制恢复曲线调整的强度）

首先选择“选择|载入选区”命令，载入“头发选区”选区，按【Shift+F6】组合键，打开“羽化选区”对话框，羽化选区4像素。

在工具箱中选择历史记录画笔工具，在工具栏中设置大笔刷（80px），“硬度”设置为“0%”，“不透明度”设置为“0%”。

然后使用历史记录画笔工具在头发选区内轻轻擦拭，此时可以看到头发变得亮丽起来。在擦拭时可以快速、有重点、分轻重、反复多次操作。通过历史记录画笔工具擦亮的头发如左图所示。

工具 09

# 为照片中的人物添加睫毛——使用“画笔”面板

在Photoshop中，所有的修复和绘图工具都应属于画笔范畴，虽然它们功能各异，但操作的基本方法都是相同的，都可以设置笔刷的大小、硬度和不透明度等基本属性。实际上，Photoshop针对绝大部分画笔工具还提供了非常详细的设置，这使得笔刷变得丰富多彩，而不再只是我们前面所看到的简单效果。笔刷的所有属性设置都被集成到“画笔”面板中。本节将详细讲解“画笔”面板的使用，并结合该面板如何为照片中的人物绘制睫毛，帮助读者进一步认识“画笔”面板的详细使用。

处理前

处理后

## STEP 01 使用“画笔”面板。

（“画笔”面板涵盖了画笔的所有功能和参数）

当我们选择绘制工具时，在工具栏右侧都会显示一个画笔图标或，单击这些图标都可以打开“画笔”面板，可以直接按【F5】键快速打开或关闭“画笔”面板。

“画笔”面板分类包含了画笔笔尖的各种选项，并在面板底部的画笔描边预览中可以显示当使用当前画笔选项时绘画描边的外观。左侧显示画笔笔尖设置选项的分类，选择选项组左侧的复选框可在不查看选项的情况下启用或停用这些选项。右侧为对应分类选项的详细设置参数。在每个分类选项后面都有一个小锁图标，单击可以锁定或解锁画笔笔尖形状属性。

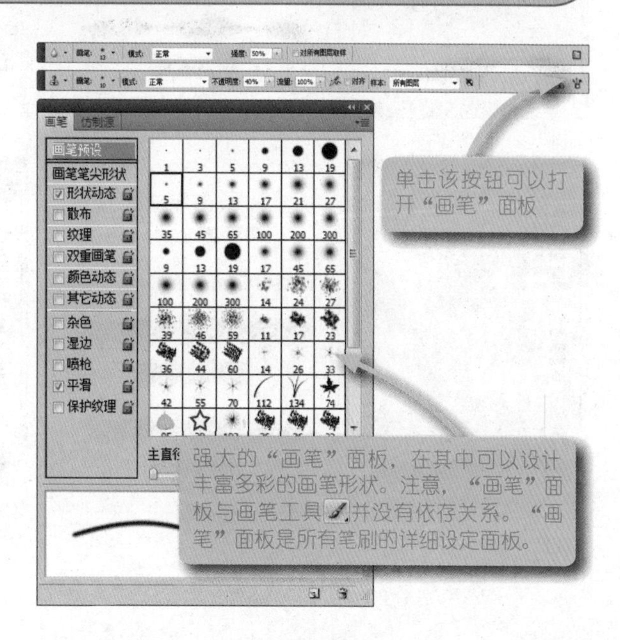

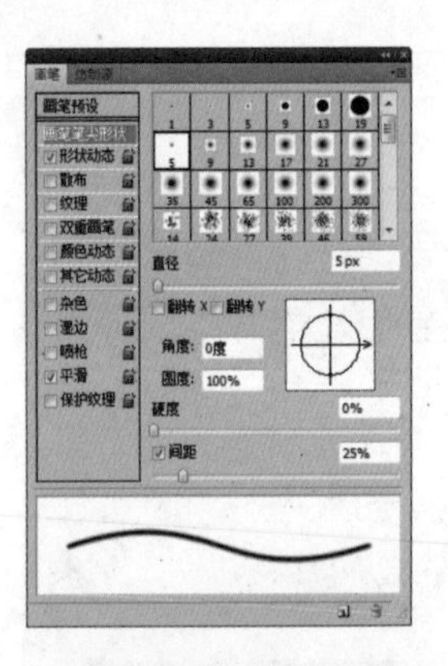


※ 画笔笔尖形状：在该选项分类中可以设置笔尖的大小、硬度、圆度、角度、翻转和间距。

- ➢ 圆度：笔尖的椭圆率，100%为正圆，0%为直线。
- ➢ 间距：控制描边中两个画笔笔迹之间的距离。
- ➢ 角度：指定椭圆画笔旋转角度。

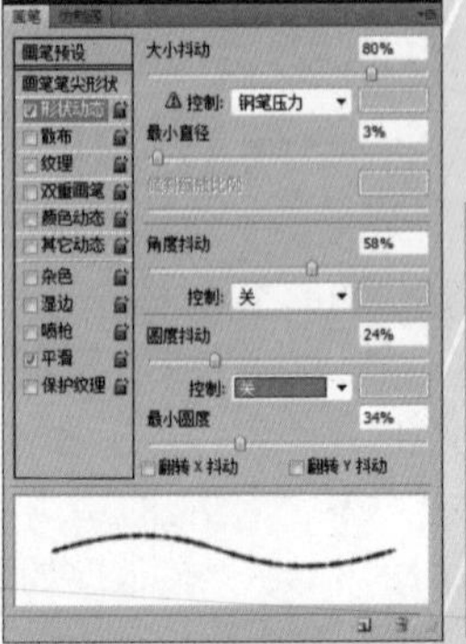


※ 形状动态：设置笔刷在描边中动态变化形式。

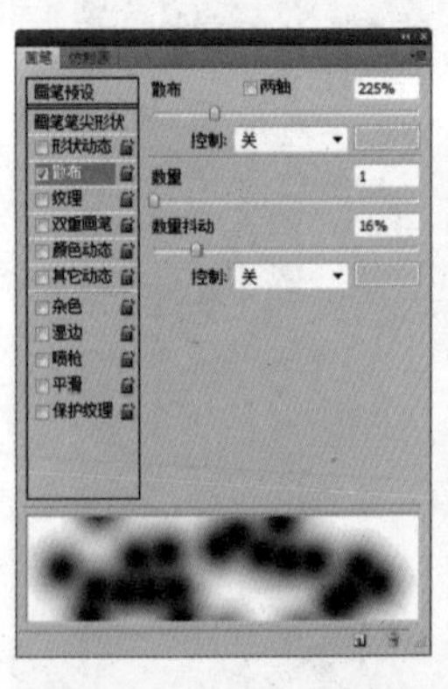


※ 散布：可以确定描边中笔迹的数目和位置。

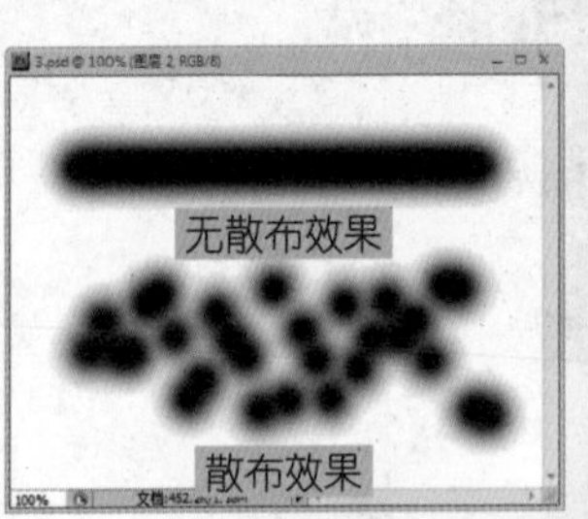


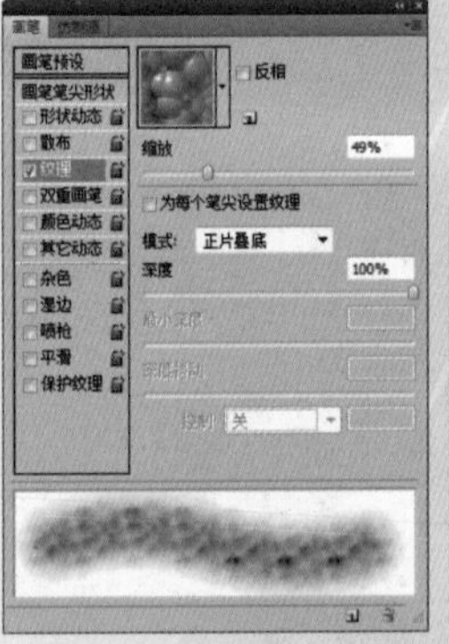


※ 纹理：利用图案使描边看起来像是在带纹理的画布上绘制的一样。

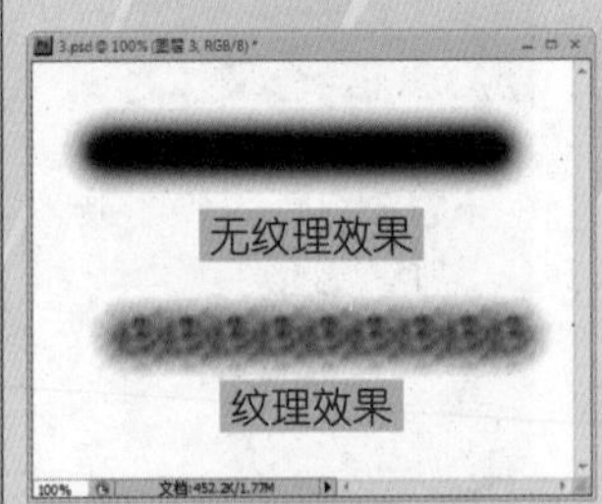


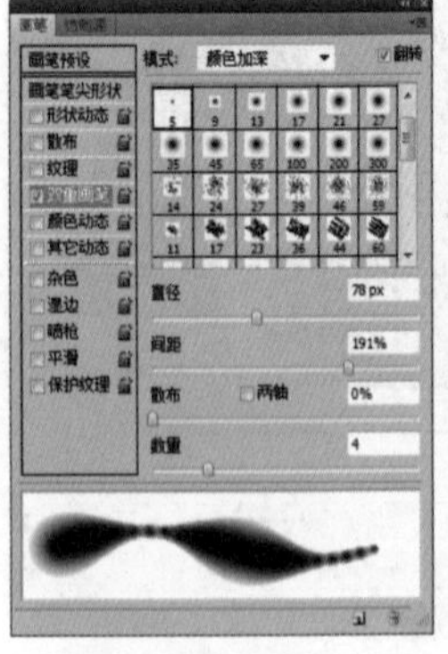


※ 双重画笔：可以组合两个笔尖来创建画笔笔迹。

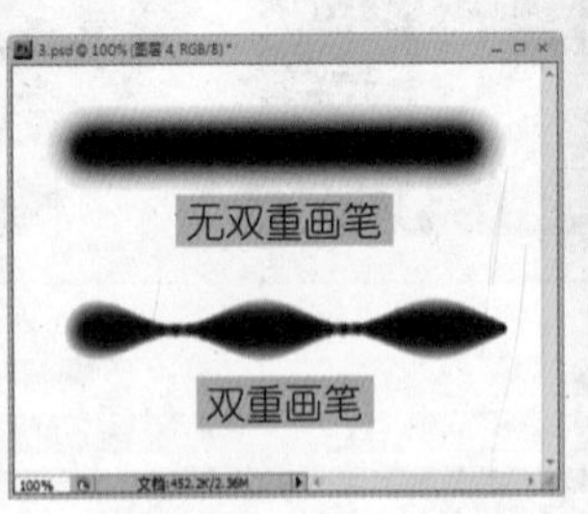


※ 颜色动态：颜色动态决定描边路线中油彩颜色的变化方式。

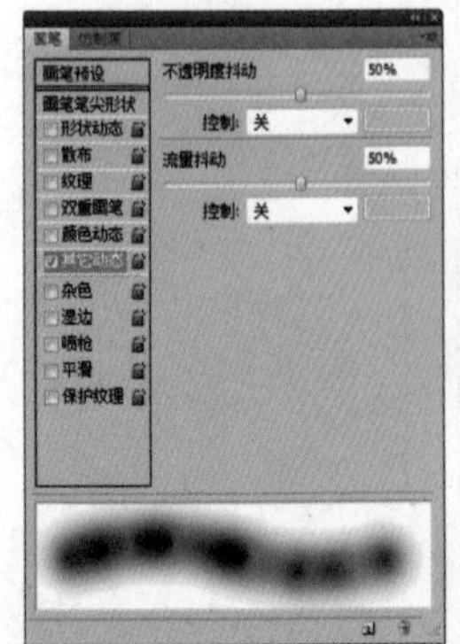


※ 其他动态：可以确定油彩在描边路线中的改变方式。

※ 杂色：为个别画笔笔尖增加额外的随机性。应用于柔画笔笔尖。

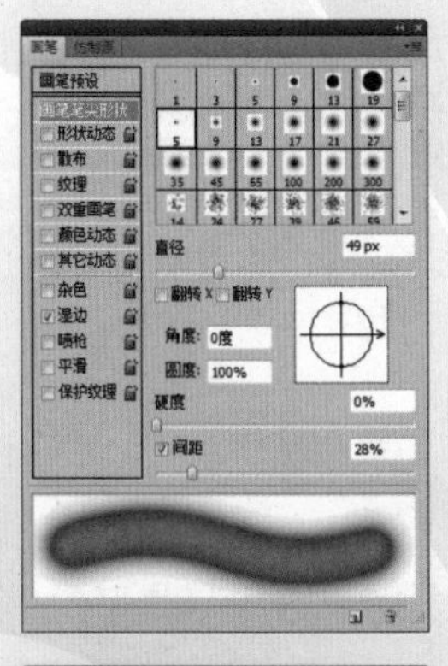

※ 湿边：可以沿画笔描边的边缘增大油彩量，从而创建水彩效果。

※ 喷枪：将渐变色调应用于图像，同时模拟传统的喷枪技术。

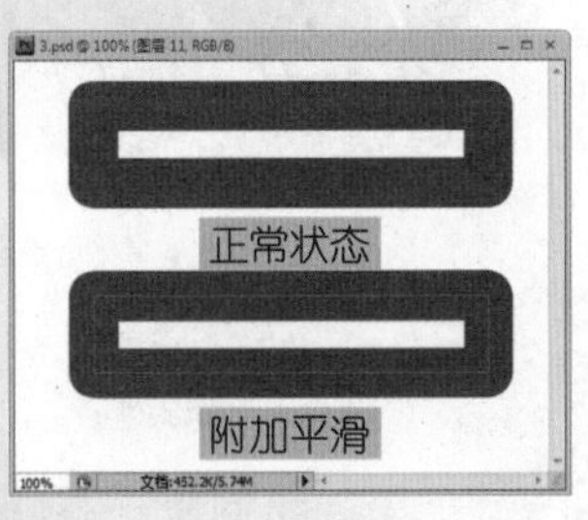


※ 平滑：可以在画笔描边中生成更平滑的曲线。

※ 保护纹理：将渐变色调应用于图像，同时模拟传统的喷枪技术。

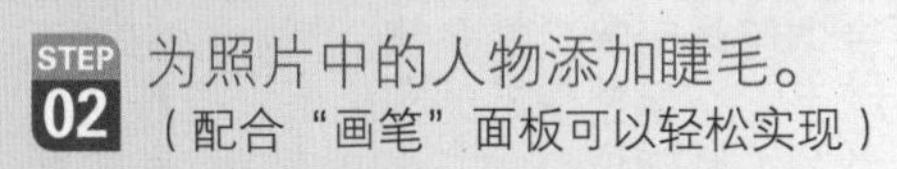

## STEP 02 为照片中的人物添加睫毛。

（配合“画笔”面板可以轻松实现）

在Photoshop中打开本节案例的人物素材。在工具箱中选择缩放工具，在图像编辑窗口中拖拉，框选人物左眼区域，则Photoshop会自动在图像编辑窗口中放大人物的左眼区域，可以看到人物眼部区域。

在“图层”面板中拖曳“背景”图层到面板底部的“创建新图层”按钮上，复制“背景”图层为“背景 副本”图层，再单击“创建新图层”按钮，新建“图层1”图层。

在工具箱中选择画笔工具，然后选择“窗口|画笔”命令，或者按【F5】键打开“画笔”面板。在左侧的分类列表项中选择“画笔预设”选项，然后在右侧的画笔预设列表中选择“沙丘草”样式。

在“画笔笔尖形状”分类选项中设置笔刷“直径”为“26px”、“圆度”为“30%”、“角度”为“36度”。

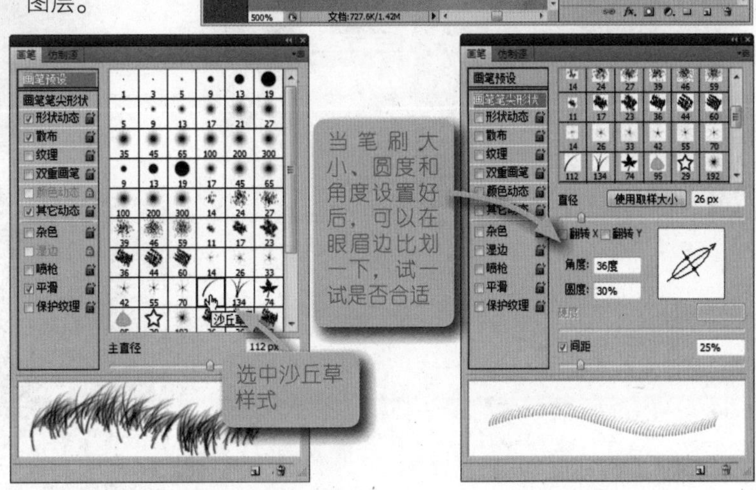

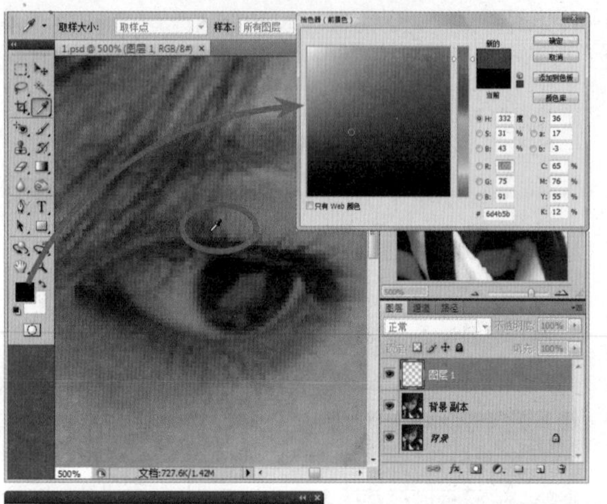

在工具箱中单击前景色图标，打开“拾色器（前景色）”对话框，此时光标变成吸管形状，使用吸管在人物的眉毛位置单击细小的睫毛，定义睫毛的颜色为前景色。单击“确定”按钮，关闭“拾色器（前景色）”对话框，然后使用画笔在眉毛恰当位置单击，如下图所示。

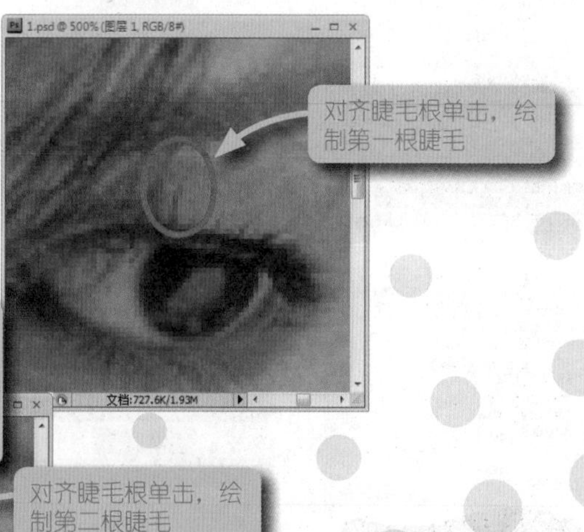


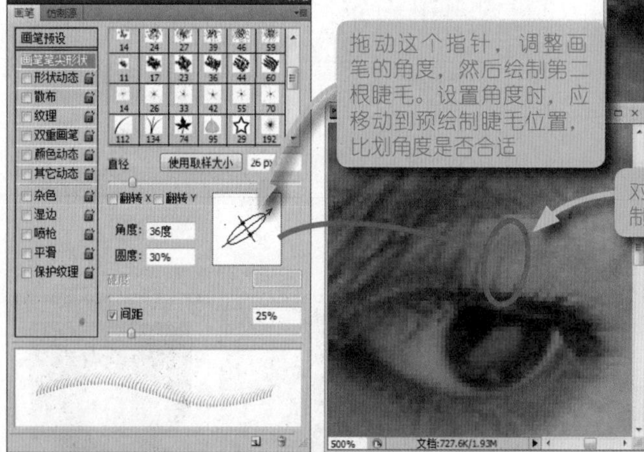


绘制第一根睫毛后，在“画笔”面板中调整画笔笔尖的角度，然后绘制第二根睫毛。在调整睫毛的角度时，应移动光标到预绘制的位置，测试光标指针的角度是否与睫毛的角度合适，以确定所设置的角度是否恰当。满意之后，单击鼠标进行绘制。

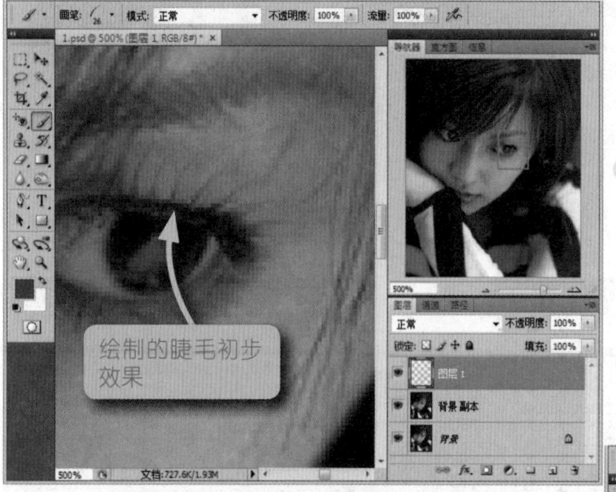


然后在“画笔”面板中重设笔尖的角度，以同样的方式绘制后面的睫毛。绘制的效果如左图所示。

最后在工具箱中选择橡皮擦工具，在工具栏中设置一个默认的比较小的柔角笔刷，擦除所绘制的睫毛中多出的像素，效果如下图所示。

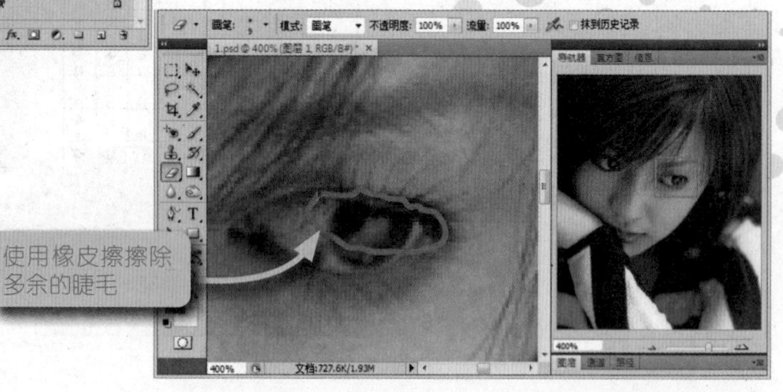

工具 10

## 为照片中的人物添加迷离眼神——使用模糊工具

模糊工具是“模糊”滤镜的一种简化操作版，考虑到在图像处理中可能需要对局部细节或者细微区域进行模糊处理，如果直接使用“模糊”滤镜进行处理反而会感觉不方便。模糊工具可柔化硬边缘或减少图像中的细节，在前面的案例中我们曾经介绍了如何使用模糊工具把变形后的脸型边缘进行柔化处理。使用模糊工具在某个区域上绘制的次数越多，该区域就越模糊。

迷离的眼神表现为眼睛迷离，也就是所谓的视觉模糊，因此使用模糊工具可以很轻松地设计迷离的眼神，如下图所示。

处理前

处理后

STEP 01 使用模糊工具模糊人物的眼神。（可以轻轻擦拭几下，不可过度模糊）

在Photoshop中打开本节案例的人物素材。在工具箱中选择缩放工具，在图像编辑窗口中拖拉，框选人物眼睛区域，则Photoshop会自动在图像编辑窗口中放大人物的眼睛区域。

在“图层”面板中拖曳“背景”图层到面板底部的“创建新图层”按钮上，复制“背景”图层为“背景 副本”图层。在工具箱中选择模糊工具，然后在工具栏中设置笔刷大小，大小比眼珠小为最佳设置值，“强度”设置为“50%”。

使用模糊工具在两个眼眶内涂抹，模糊眼神，涂抹次数不宜过多。

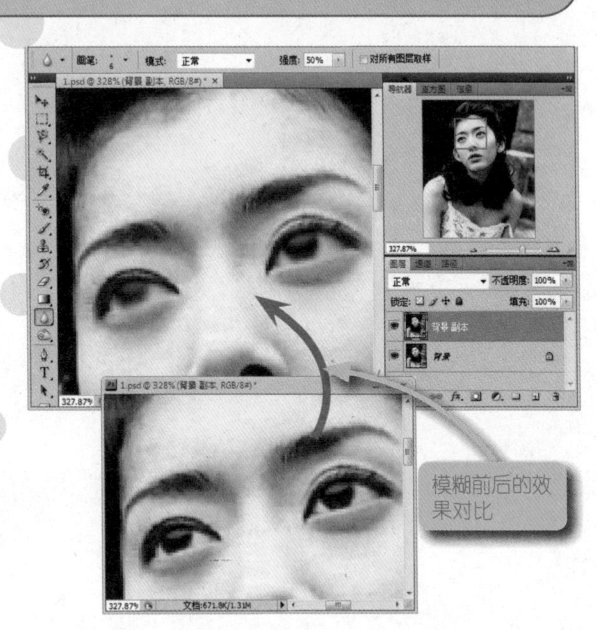

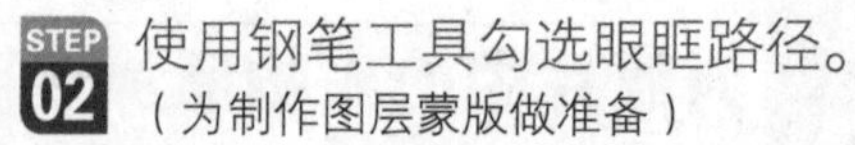

STEP 02 使用钢笔工具勾选眼眶路径。

（为制作图层蒙版做准备）

按【Ctrl++】组合键放大图像。在工具箱中选择钢笔工具，借助前面章节介绍的方法，勾选人物的两个眼眶。

在“路径”面板中双击“工作路径”，在打开的“存储路径”对话框中存储路径为“眼睛”。

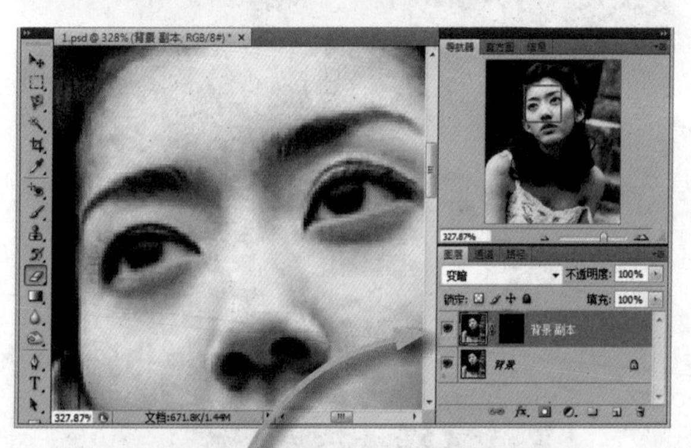


通过变暗混合模式使眼神变暗，并借助蒙版遮盖掉其他区域，这样就可以渲染更迷离凄然的神情

STEP 03 通过变暗混合模式使眼神变暗。

（借助图层蒙版清除混合模式对眼眶外影响）

在“路径”面板底部单击“将路径作为选区载入”按钮，把路径转换为选区。

按【Shift+F6】组合键，打开“羽化选区”对话框，羽化选区1像素。

切换到“图层”面板，设置“背景 副本”图层的混合模式为“变暗”，然后单击“图层”面板底部的“添加图层蒙版”按钮，为“背景 副本”图层添加图层蒙版，则选区外的所有内容被蒙版遮盖掉，仅留眼眶内的像素与下一层进行混合处理，如左图所示。

工具 11

## 为照片中的人物提升精气神——使用锐化工具

锐化工具与模糊工具的操作正好相反，它是“锐化”滤镜的一种简化操作版，考虑到在图像处理中可能需要对局部细节或者细微区域进行锐化处理，如果直接使用“锐化”滤镜进行处理反而会感觉不方便。锐化工具用于增加边缘的对比度以增强外观上的锐化程度。使用锐化工具在某个区域上绘制的次数越多，增强的锐化效果就越明显。

人的精神主要表现在眼睛是否有神，有神的眼睛会发亮，如果通过锐化工具提高眼珠瞳仁区域像素的明暗对比度，就会提升人的精气神，效果如下图所示。

处理前

处理后

STEP 01 使用“色阶”命令调整图像的亮度。（通过色阶调整改善图像灰度合理分布）

在Photoshop中打开本节案例的人物素材。在“图层”面板中拖曳“背景”图层到面板底部的“创建新图层”按钮上，复制“背景”图层为“背景 副本”图层。

选择“窗口|直方图”命令，打开“直方图”面板，通过图像的直方图可以看到图像色阶分布偏向中间，高光和暗部色调存在缺失。选择“图像|调整|色阶”命令，打开“色阶”对话框，然后向中间拖动黑、白滑块，改善图像的高光和暗部色调分布。

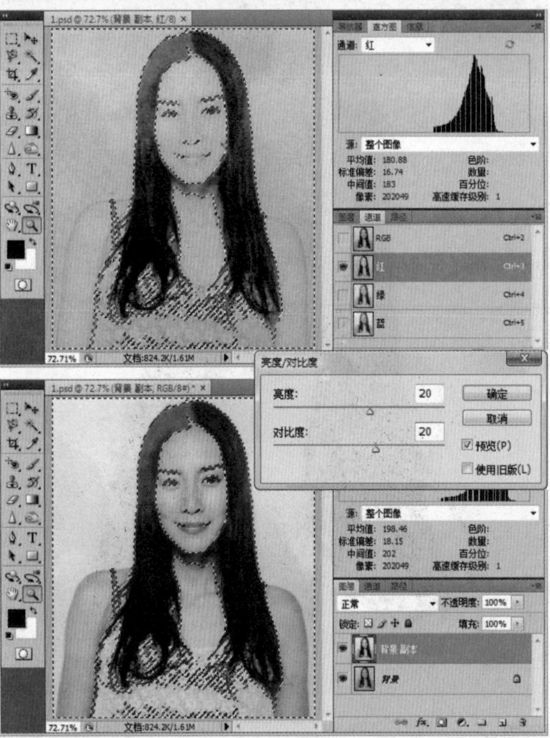

STEP 02 调出红色通道选区。
（利用“亮度/对比度”命令调整中间色调）

调整完成之后，单击“确定”按钮关闭对话框，则图像的对比度得到了加强，人物看起来更加明亮。

切换到“通道”面板，分别查看红、绿、蓝三原色通道，找出中间色调比较明显的通道，读者可以通过“直方图”面板中的峰值分布进行判断，这里选中红色通道。

按【Ctrl】键，单击“红”通道，调出红色通道存储的选区，然后在“通道”面板中单击“RGB”复合通道，切换到图像正常编辑模式。

在“图层”面板中，选中“背景 副本”图层，选择“图像|调整|亮度/对比度”命令，打开“亮度/对比度”对话框，调整“亮度”和“对比度”分别为“20”，如左下图所示。最后按【Ctrl+D】组合键取消选区。

STEP 03 使用锐化工具点亮眼睛。
（锐化幅度不宜过大，否则会使眼睛发花）

在工具箱中选择缩放工具，在图像编辑窗口中拖拉，框选人物眼睛区域，则Photoshop会自动在图像编辑窗口中放大人物的眼睛区域。

在工具箱中选择锐化工具，然后在工具栏中设置笔刷大小，大小比眼珠小为最佳设置值，“硬度”设置为“0%”，“强度”设置为“50%”，然后对准左右眼珠分别单击4次左右，对于眼珠两侧的眼白区域则分别单击3次左右，单击的次数不要过多。通过这种方式提高眼珠的明亮对比度，使眼睛看起来更有神，效果如下图所示。

# 工具12 为照片中的人物粉饰面容——使用“胭脂”工具组

女士手提包中总少不了一个胭脂盒，盒内包含脂粉、唇膏、描眉等之类的工具或化妆品。Photoshop也为摄影师配备了类似这样的工具组：减淡工具、加深工具和海绵工具。其中减淡工具类似于胭脂粉，加深工具类似于睫毛膏，海绵工具类似于口红、唇膏等。

本节将详细介绍这一组工具的使用，并配合案例演示如何使用这些粉饰工具为照片中的人物进行面部快速美容，使人物的眉毛看起来更浓黑、嘴唇看起来更艳丽、面容更粉白，效果如下图所示。

处理前

处理后

## STEP 01 使用“胭脂”工具组。（这些工具都可以用颜色调整命令代替）

在Photoshop的工具箱中有3个工具，它们不经常被人提及，即海绵工具、减淡工具和加深工具，但是对于专业摄影师来说，非常有用，正如女士随身携带的胭脂盒一样重要。具体说明如下。

※ 海绵工具：可以精确更改局部区域的色彩饱和度。当图像处于灰度模式时，该工具通过使灰阶远离或靠近中间灰色来增加或降低对比度。

海绵工具的选项比较单一，其混合模式包括两种，即饱和和降低饱和度。其中饱和表示增加颜色饱和度；降低饱和度表示减少颜色饱和度。

如果勾选“自然饱和度”复选框，则海绵工具将以最小化完全饱和色或不饱和色的修剪。

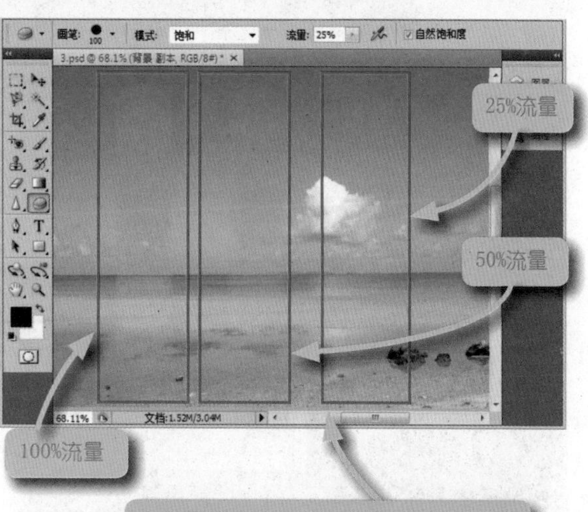

在工具箱中选择海绵工具，设置“主直径”为“100px”、“硬度”为“100%”，然后分别设置不同的流量，以测试该工具的绘制效果

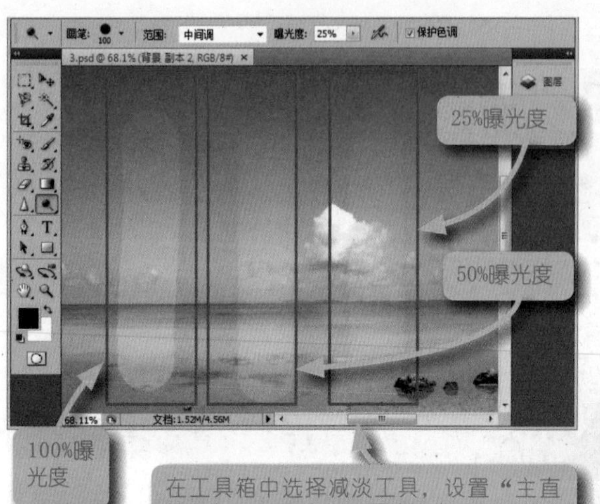


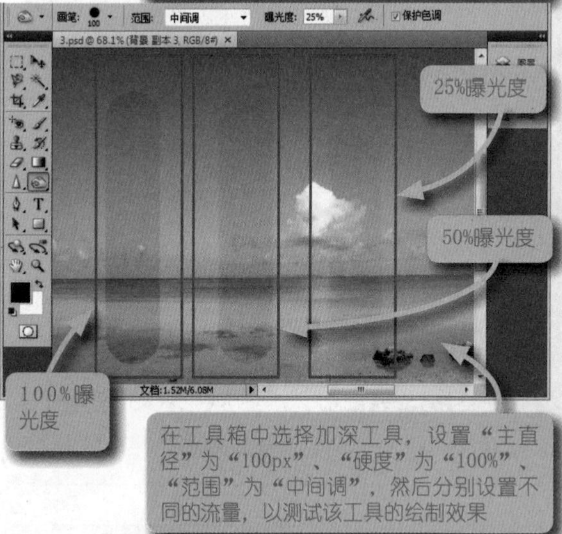


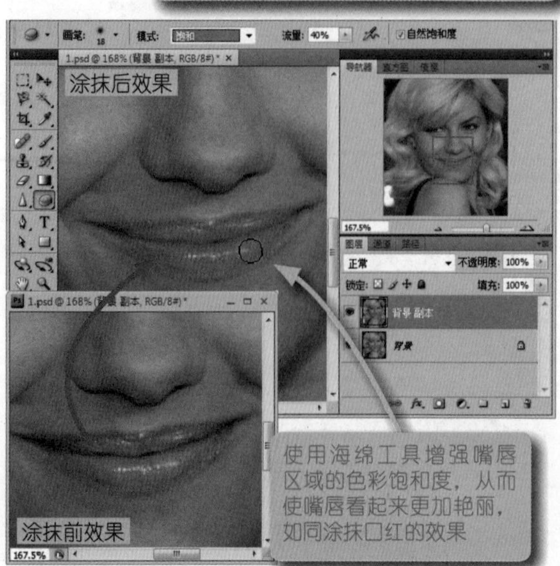


※ 减淡工具：可以提高局部区域的亮度。

※ 加深工具：可以降低局部区域的亮度。

减淡工具和加深工具是调节照片特定区域的曝光度的传统摄影技术，可用于使图像区域变亮或变暗。摄影师可遮挡光线以使照片中的某个区域变亮（减淡），或增加曝光度以使照片中的某些区域变暗（加深）。用减淡或加深工具在某个区域上方绘制的次数越多，该区域就会变得越亮或越暗。

这两个工具的选项都包含“范围”选项，该选的说明如下。

※ 中间调：更改灰色的中间范围。

※ 阴影：更改暗部区域。

※ 高光：更改高光区域。

如果勾选“保护色调”复选框，可以防止颜色发生色相偏移。

**STEP 02** 使用海绵工具为嘴唇涂抹口红。

（海绵工具能够提高色彩饱和度）

在Photoshop中打开本节案例的人物素材。在“图层”面板中拖曳“背景”图层到面板底部的“创建新图层”按钮上，复制“背景”图层为“背景 副本”图层。

在工具箱中选择缩放工具，在图像编辑窗口中拖拉，框选人物嘴部区域，则Photoshop会自动在图像编辑窗口中放大人物的嘴部区域。

在工具箱中选择海绵工具，设置笔刷的“主直径”为“18px”、“硬度”为“0%”、“模式”为“饱和”、“流量”为“40%”，然后在嘴唇区域轻轻涂抹。

涂抹时，应注意观察色彩饱和度的变化，幅度不宜过大。如果在涂抹时没有把握，可以使用钢笔工具勾选嘴唇区域，然后转换为选区，在选区内进行涂抹，这样就可以避免涂抹的不规则。如果涂抹过度，也不用担心，在工具栏中设置“模式”为“降低饱和度”，然后涂抹饱和度过高的区域，这样就可以降低鲜艳效果。

## STEP 03 使用加深工具涂抹眉毛区域。（制作浓密的眉毛效果）

在“导航器”面板中定位到人物眉毛区域，在“图层”面板中复制“背景 副本”图层为“背景 副本2”图层，以便备份上一步的操作成果。

在工具箱中选择加深工具，在工具栏中设置笔刷的“主直径”为“8px”、“范围”为“中间调”、“曝光度”为“25%”，然后在眉毛区域轻轻涂抹，则经过加深后的眉毛效果如右图所示。

在操作中可能会出现涂抹过重或者加深了眉毛以外的区域，此时读者可以结合“历史记录”面板，即时恢复到前几步的操作。另外，读者可以根据需要随时调整笔刷的大小，以及曝光度的大小。

## STEP 04 使用减淡工具涂抹面部区域。（制作嫩白的皮肤效果）

对于绘图类工具来说，不适合大面积作业，它的优势在于细微区域。当然，对于本案例中的人物的面部美白，如果直接使用减淡工具，很容易把面部涂抹得很凌乱。

为此，我们先通过快速蒙版编辑模式获取人物面部选区，然后转换为选区，并存储在通道中。

切换到“通道”面板，使用画笔工具修补残缺、凌乱的选区，按【Shift+F5】组合键，使用中性灰色填充通道中的选区，这样就可以得到一个半透明度的面部选区。这样操作的目的就是间接减弱后面使用减淡工具涂抹面部皮肤时，可能对皮肤色调的破坏。

按【Ctrl】键单击调出“通道”面板中的“面部”通道选区，并使用大的减淡工具笔刷，设置非常低的曝光度，然后轻轻擦拭面部皮肤即可。

MEMO

# 附录A 高效操作Photoshop——使用快捷键

熟练使用快捷键可以帮助你提高操作Photoshop的效率，以提高工作效率。每当选择菜单命令时，每条命令的右侧可能会显示该命令的快捷启动方式，按这些组合键，就不需要每次在菜单中选择对应的命令。

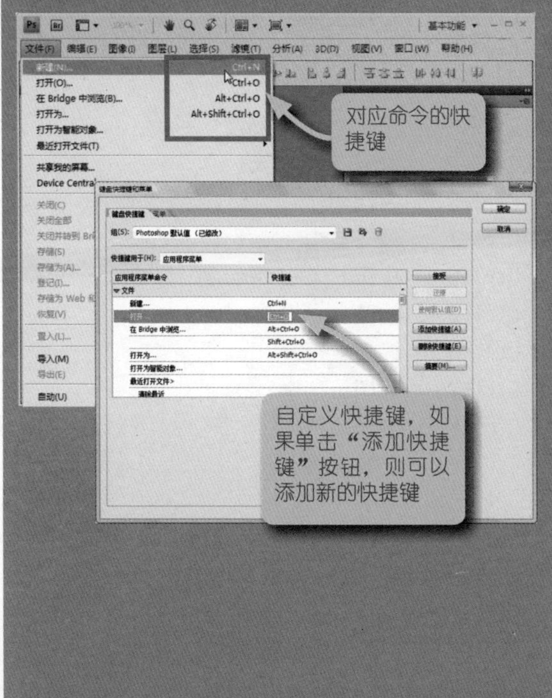


如果选择“编辑|键盘快捷键”命令，则可以打开“键盘快捷键和菜单”对话框。在该对话框中可以管理Photoshop所有快捷键，也可以自定义快捷键。单击“摘要”按钮，可以以网页形式保存Photoshop CS4键盘快捷键到本地文件夹中，在这里可以快速浏览Photoshop所有的快捷键。下面索引所有Photoshop快捷键，很多在Photoshop帮助中并没有显示，同时还将介绍一些特殊的快捷键。

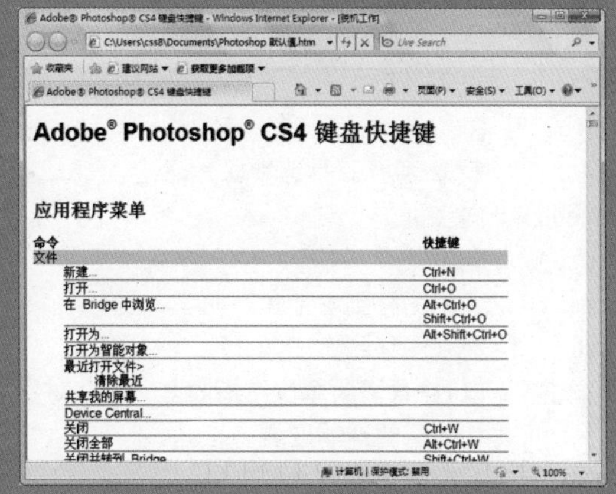


STEP 01 默认快捷键完全索引表。
（注意：单字母键在英文输入状态下才有效）

功能键：

|  |  |
|---|---|
| F1 | 帮助 |
| F2 | 剪切 |
| F3 | 复制 |
| F4 | 粘贴 |
| F5 | 隐藏/显示“画笔”面板 |
| F6 | 隐藏/显示“颜色”面板 |
| F7 | 隐藏/显示“图层”面板 |
| F8 | 隐藏/显示“信息”面板 |
| F9 | 隐藏/显示“动作”面板 |
| F12 | 恢复 |

字母键：

|  |  |
|---|---|
| A | 选择路径操作工具 |
| B | 选择绘画类工具 |
| C | 选择裁剪工具 |
| D | 设置默认的前景色/背景色 |
| E | 选择橡皮擦类工具 |
| F | 切换屏幕模式 |
| G | 选择填充类工具 |
| H | 选择抓手工具 |
| I | 选择吸管、取样等工具 |
| J | 选择修复类工具 |

| | |
|---|---|
| K | 选择3D操作类工具 |
| L | 选择套索类工具 |
| M | 选择选框类工具 |
| N | 选择3D视图类工具 |
| O | 选择修饰工具 |
| P | 选择钢笔工具 |
| Q | 切换标准/快速蒙版模式 |
| R | 选择旋转视图工具 |
| S | 选择图章类工具 |
| T | 选择文本类工具 |
| U | 选择形状类工具 |
| V | 选择移动工具 |
| W | 选择快速选择工具 |
| X | 互换前景色/背景色 |
| Y | 选择历史记录类工具 |
| Z | 选择缩放工具 |

特殊键

| | |
|---|---|
| Esc | 取消操作 |
| Tab | 隐藏/显示工具栏、选项栏和浮动面板 |
| Enter | 获取/离开工具选项栏焦点 |
| PageUp | 向上翻屏 |
| PageDown | 向下翻屏 |
| Home | 将视图移到左上角 |
| End | 将视图移到右下角 |
| 方向键 | 以1个像素为单位按指向方向移动对象 |
| / | 切换保留透明区域 |
| [ | 减小画笔大小 |
| ] | 增加画笔大小 |
| { | 减小画笔硬度 |
| } | 增加画笔硬度 |
| , | 渐细画笔 |
| . | 渐粗画笔 |
| < | 最细画笔 |
| > | 最粗画笔 |
| ~ | 显示复合通道 |

Ctrl类型键

| | |
|---|---|
| Ctrl+A | 全部选择 |
| Ctrl+B | 执行“色彩平衡”命令 |
| Ctrl+C | 复制 |
| Ctrl+D | 取消选择 |
| Ctrl+E | 向下合并图层 |
| Ctrl+F | 执行上次滤镜操作 |
| Ctrl+G | 图层编组 |
| Ctrl+H | 显示额外内容，如选区等 |
| Ctrl+I | 执行“反相”命令 |
| Ctrl+J | 新建通过复制的图层 |
| Ctrl+K | 设置常规首选项 |
| Ctrl+L | 执行“色阶”命令 |
| Ctrl+M | 执行“曲线”命令 |
| Ctrl+N | 新建文档 |
| Ctrl+O | 打开文档 |
| Ctrl+P | 打印文档 |
| Ctrl+Q | 退出Photoshop |
| Ctrl+R | 显示/隐藏标尺 |
| Ctrl+S | 存储文档 |
| Ctrl+T | 执行自由变换操作 |
| Ctrl+U | 执行“色相/饱和度”命令 |
| Ctrl+V | 粘贴 |
| Ctrl+W | 关闭文档 |
| Ctrl+X | 剪切 |
| Ctrl+Y | 校样颜色 |
| Ctrl+Z | 还原/重做 |

| | |
|---|---|
| Ctrl+~ | 显示彩色通道 |
| Ctrl+Delete | 使用背景色填充 |
| Ctrl+' | 显示/隐藏网格 |
| Ctrl+; | 显示/隐藏参考线 |
| Ctrl+] | 移至上一图层 |
| Ctrl+[ | 移至下一图层 |
| Ctrl++ | 放大视图中图像 |
| Ctrl+- | 缩小视窗中图像 |
| Ctrl+PageUp | 向左翻屏 |
| Ctrl+PageDown | 向右翻屏 |
| Ctrl+Enter | 把路径转换为选区 |
| Ctrl+0 | 按屏幕大小缩放图像 |
| Ctrl+1 | 按实际像素缩放图像 |
| Ctrl+2 | 显示复合通道 |
| Ctrl+3 | 显示红色通道 |
| Ctrl+4 | 显示绿色通道 |
| Ctrl+5 | 显示蓝色通道 |
| Ctrl+数字 | 显示特定Alpha通道 |

Shift类型键

| | |
|---|---|
| Shift+f5 | 打开“填充”对话框填充 |
| Shift+f6 | 羽化选区 |
| Shift+f7 | 反选选区 |

| | |
|---|---|
| Shift+Tab | 隐藏/显示浮动面板 |
| Shift+] | 选择最大笔尖 |
| Shift+[ | 选择最小笔尖 |
| Shift+方向键 | 以10个像素为单位移动 |
| Shift+PageUp | 向上翻10 个单位 |
| Shift+PageDown | 向下翻10 个单位 |
| Shift+Tab | 隐藏/显示工具栏、选项栏和浮动面板以外的所有面板 |
| Shift+Backspace | 打开“填充”对话框填充 |

Alt类型键

| | |
|---|---|
| Alt+F9 | 隐藏/显示“动作”面板 |
| Alt+] | 激活上一图层 |
| Alt+[ | 激活下一图层 |
| Alt+方向键 | 复制选区对象 |
| Alt+Delete | 使用前景色填充 |

Ctrl与Alt组合键（增强Ctrl类型键）

| | |
|---|---|
| Alt+Ctrl+A | 选择所有图层 |
| Alt+Ctrl+C | 设置画布大小 |
| Alt+Ctrl+E | 盖印或盖印连接图层 |
| Alt+Ctrl+F | 重复上次所做的滤镜(可调参数) |
| Alt+Ctrl+I | 设置图像大小 |
| Alt+Ctrl+G | 创建/释放剪贴蒙版 |
| Alt+Ctrl+R | 调整边缘 |
| Alt+Ctrl+S | 另存为文档 |
| Alt+Ctrl+X | 隐藏最近的表面 |
| Alt+Ctrl+Z | 后退一步操作 |
| Alt+Ctrl+0 | 按实际像素缩放图像 |
| Alt+Ctrl+; | 锁定参考线 |

Ctrl与shift组合键（反向Ctrl类型键）

| | |
|---|---|
| Shift+Ctrl+B | 自动颜色 |
| Shift+Ctrl+C | 合并复制 |
| Shift+Ctrl+D | 重新选择 |
| Shift+Ctrl+E | 合并可见图层 |
| Shift+Ctrl+F | 执行“渐隐”命令 |
| Shift+Ctrl+G | 取消图层编组 |
| Shift+Ctrl+H | 显示目标路径 |
| Shift+Ctrl+I | 反选选区 |
| Shift+Ctrl+J | 新建通过剪切的图层 |
| Shift+Ctrl+K | 设置颜色 |
| Shift+Ctrl+L | 自动色调 |
| Shift+Ctrl+M | 记录测量 |
| Shift+Ctrl+N | 新建图层 |
| Shift+Ctrl+O | 在 Bridge 中打开 |
| Shift+Ctrl+P | 设置页面 |
| Shift+Ctrl+T | 再次变换 |
| Shift+Ctrl+U | 去色 |
| Shift+Ctrl+V | 粘贴入 |
| Shift+Ctrl+W | 关闭并转到 Bridge |
| Shift+Ctrl+Y | 启动色域警告命令 |
| Shift+Ctrl+Z | 前进一步操作 |
| Shift+Ctrl+] | 在图层中置为顶层 |
| Shift+Ctrl+[ | 在图层中置为底层 |
| Shift+Ctrl+; | 对齐 |
| Shift+Ctrl+PageUp | 向左翻10 个单位 |
| Shift+Ctrl+PageDown | 向右翻10 个单位 |

Ctrl、ALT和Shift综合键（扩展操作）

| | |
|---|---|
| Alt+Shift+Ctrl+B | 转换为黑白图像 |
| Alt+Shift+Ctrl+C | 内容识别比例 |
| Alt+Shift+Ctrl+E | 盖印可见图层 |
| Alt+Shift+Ctrl+I | 文件简介 |
| Alt+Shift+Ctrl+K | 定义键盘快捷键 |
| Alt+Shift+Ctrl+L | 执行“自动对比度”命令 |
| Alt+Shift+Ctrl+M | 设置菜单显示属性 |
| Alt+Shift+Ctrl+N | 以默认选项建立一个新的图层 |
| Alt+Shift+Ctrl+O | 打开为 |
| Alt+Shift+Ctrl+P | 打印一份 |
| Alt+Shift+Ctrl+S | 存储为Web和设备所用格式 |
| Alt+Shift+Ctrl+X | 显示所有表面 |

STEP 02 键盘与鼠标配合操作键。

（注意：这些快捷操作方式在特定条件有效）

※ 按住【Shift】键，使用画笔工具在编辑窗口中单击，即可在每两点间画出直线。

※ 按住【Shift】键，使用画笔工具在编辑窗口中拖动，即可绘制水平或垂直线。

※ 当选择其他工具时，按【Ctrl】键可切换到移动工具，除了选择抓手工具外。

※ 按住空格键可切换到抓手工具，因此按住空格键不放，使用鼠标可以拖移视图中的图像，移动的前提是，图像视图大于窗口。

※ 按住【Alt+Ctrl】组合键，然后按【+】或【-】键，可以同时放大或者缩小图像编辑窗口和图像。

※ 在工具箱中双击抓手工具图标，可以使图像匹配窗口的大小显示。

※ 按住【Alt】键，双击Photoshop编辑窗口下面的灰色底板，可以打开“打开”对话框，选择打开文档。

※ 按住【Ctrl】键，双击Photoshop编辑窗口下面的灰色底板，可以打开“打开”对话框，选择打开文档。

※ 按住【Alt】键，在工具箱中单击图标右下角的小三角按钮，可以循环选择隐藏的工具。

※ 按【Ctrl+Alt+0】组合键，或在工具箱中双击缩放工具图标，可以使图像文件以实际大小显示。

※ 在打开的对话框中，如果按住【Alt】键，则对话框中的“取消”按钮变成“复位”按钮，单击“复位”按钮可以恢复对话框的默认设置。

※ 按住【Ctrl+Alt】组合键移动对象，可以复制到新的图层并同时移动对象。

※ 使用裁剪工具裁剪图像时，当调整裁剪控制点时，按住【Ctrl】键可以确保不会贴近画面边缘。

※ 在“图层”、“通道”、“路径”面板中，如果按住【Alt】键，单击面板底部的按钮，将会打开对应的对话框，允许设置更详细的参数。如果不按住【Alt】键单击，则直接按默认参数执行命令。

※ 在“光照效果”滤镜对话框中，按住【Alt】键，拖曳光源，可以复制光源。

※ 在“曲线”对话框中，按住【Alt】键，单击网格线，则可以增加网格线，提高曲线精度，再次单击则可以减少网格线。

※ 如果在两个图像窗口之间拖曳复制图像，在拖曳过程中，按住【Shift】键，拖曳图像到目的窗口后会自动居中。

※ 按住【Shift】键，可以在现有选区基础上添加选区；按住【Alt】键，可以在现有选区基础上减去新选区；按住【Shift+Alt】组合键，可以在现有选区基础上制作相交选区。

※ 按住【Shift】键，移动图像或选区时，可以在水平、垂直或45度角移动。

※ 按住【Shift】键，使用形状工具绘制路径时，可以强制路径或方向线成水平或垂直或45度角。按住【Ctrl】键可暂时切换到路径选取工具。

※ 按住【Shift】键，执行“云彩”滤镜时，可以降低反差；按住【Alt】键，执行“云彩”滤镜时，可以增加反差。

※ 在自由变换图像或选区时，按住【Ctrl】键，拖动某一控制点，可以进行随意变形的调整；按住【Shift+Ctrl】组合键，拖动某一控制点，可以进行倾斜调整；按住【Shift+Ctrl+Alt】组合键，拖动某一控制点，可以进行透视调整。

※ 在使用大部分工具时，按【Caps Lock】键可使工具光标在图标与精确十字线之间相互切换。

※ 在绘制时，如果按住【Alt】键，可以从中心开始绘制。

※ 按住【Ctrl】键，在“图层”、“通道”、“路径”面板中单击图层、通道或路径，可以把调出图层、通道或路径中的选区。

※ 按住【Ctrl+Shift】组合键，在“图层”、“通道”、“路径”面板中单击图层、通道或路径，可以把图层、通道或路径转换为选区并添加到现有选区中。

※ 按住【Ctrl+Alt】组合键，在“图层”、“通道”、“路径”面板中单击图层、通道或路径，可以把图层、通道或路径转换为选区，并从现有选区中减去该选区。

※ 按住【Ctrl+Alt+Shift】组合键，在“图层”、“通道”、“路径”面板中单击图层、通道或路径，可以把图层、通道或路径转换为选区，并与现有选区交叉为新的选区。

※ 按住【Ctrl+空格键】组合键，单击图像，可以放大图像；按住【Alt+空格键】组合键，单击图像，可以缩小图像。

# B 扩大Photoshop功能——安装Photoshop组件

STEP 01 Photoshop笔刷安装和使用。
（提示：安装的方法有多种）

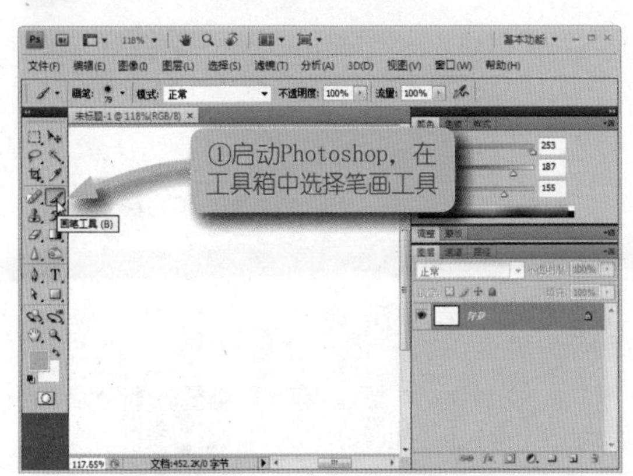


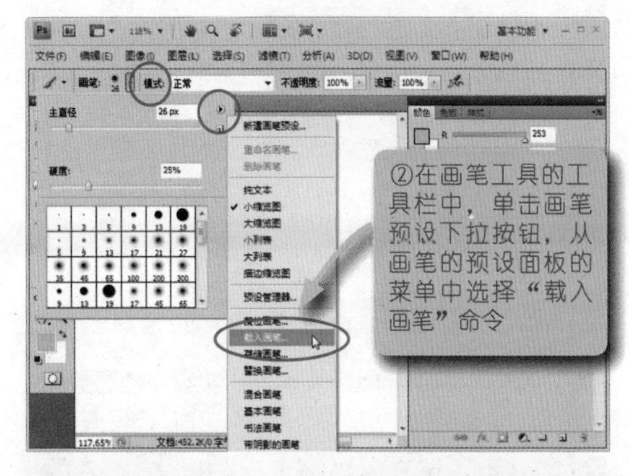


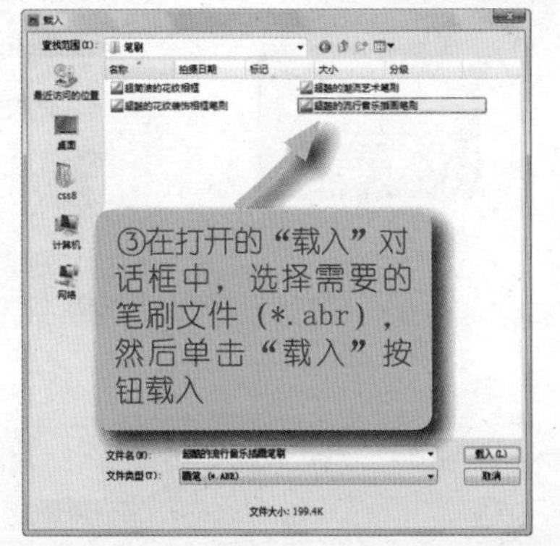


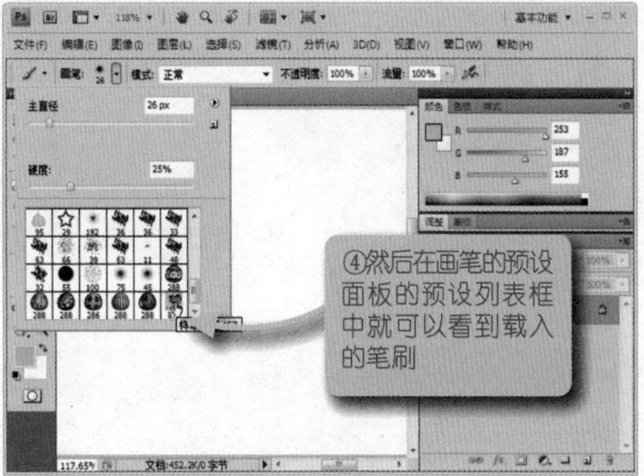

提示：读者也可以通过“预设管理器”对话框加载自定形状文件（*.csh），操作方法可以参阅Photoshop图案安装方法。

## STEP 02 Photoshop样式安装和使用。

（提示：安装的方法有多种）

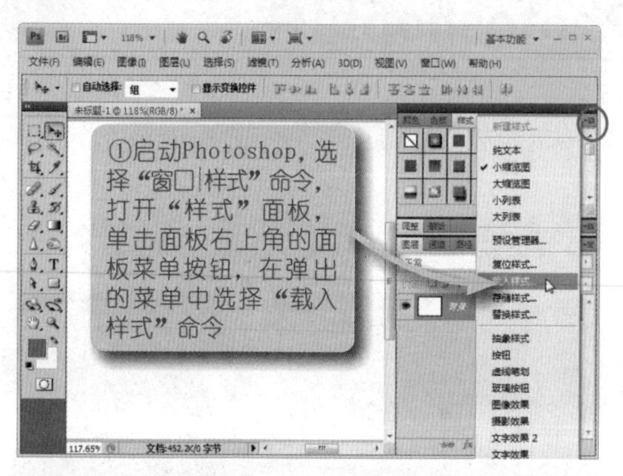

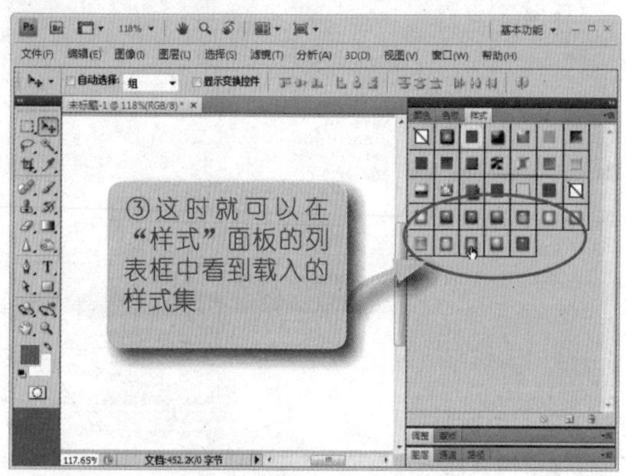


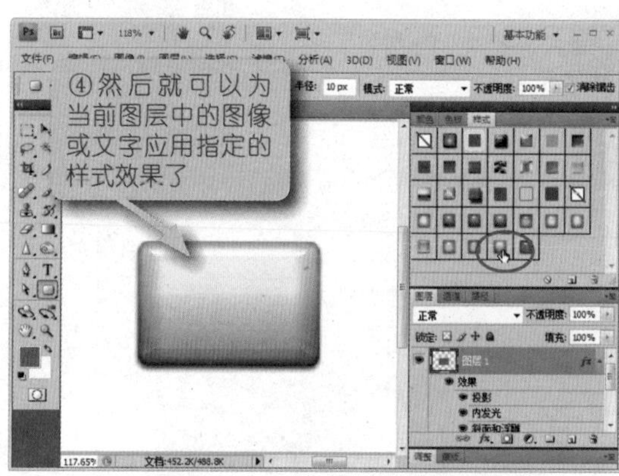


提示：读者也可以通过“预设管理器”对话框加载自定形状文件（*.csh），操作方法可以参阅Photoshop图案安装方法。

## STEP 03 Photoshop图案安装和使用。

（提示：安装的方法有多种）

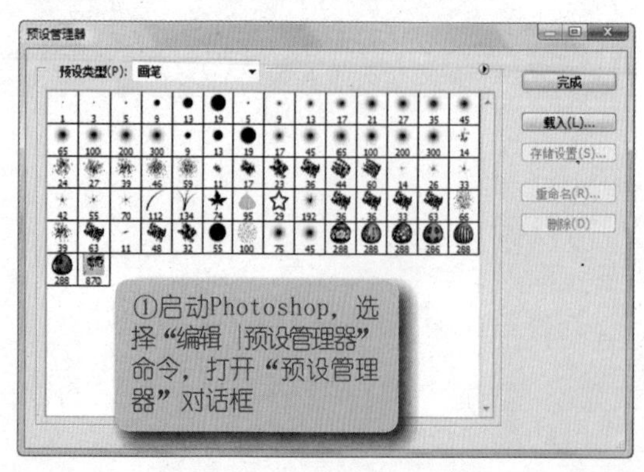


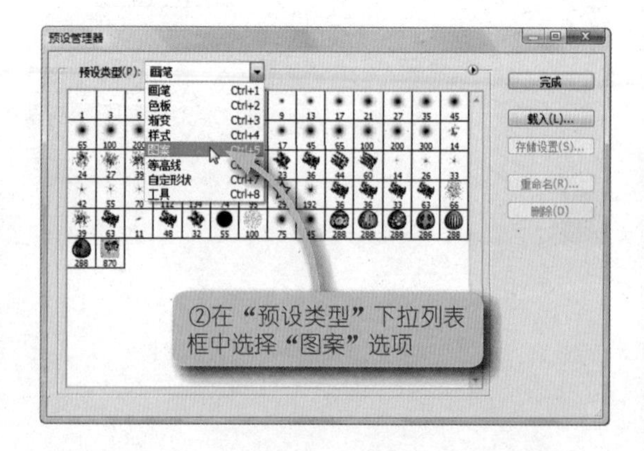

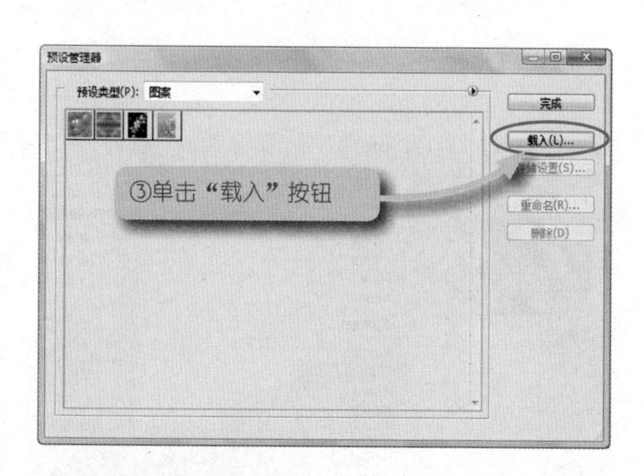


④在打开的“载入”对话中选择需要的图案文件（*.pat）

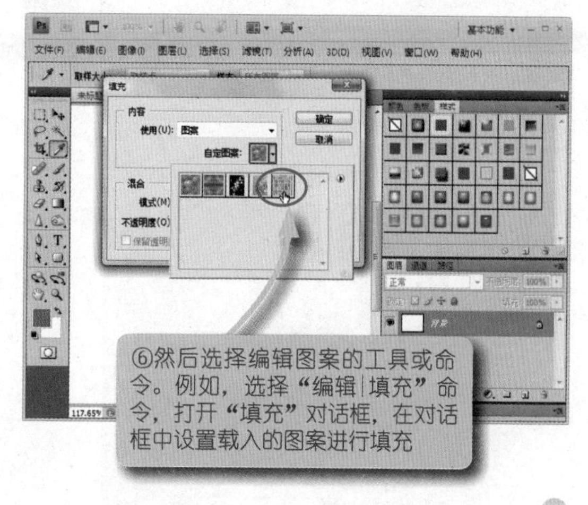


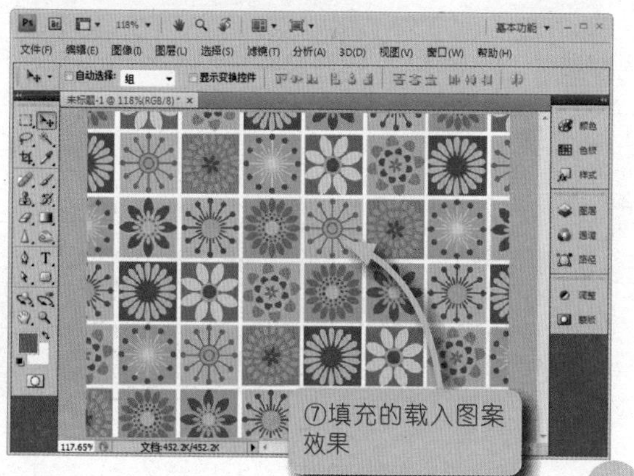

STEP 04 Photoshop渐变安装和使用。
（提示：安装的方法有多种）

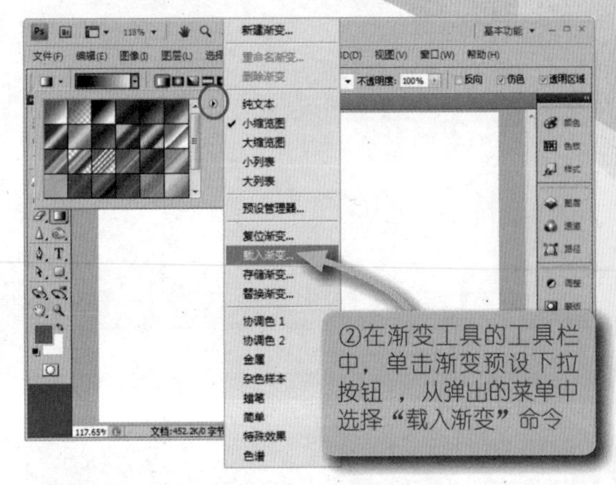


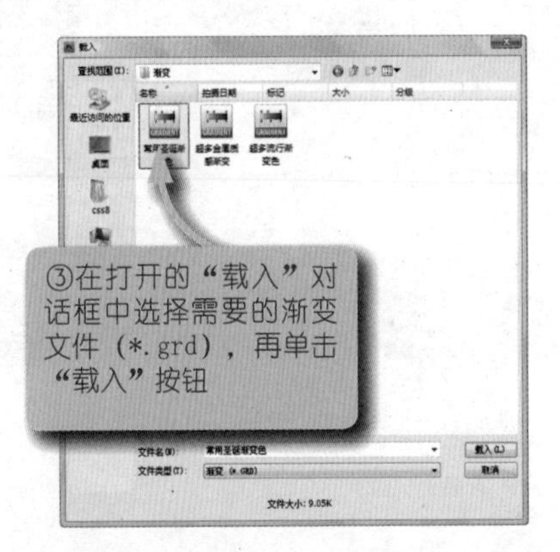


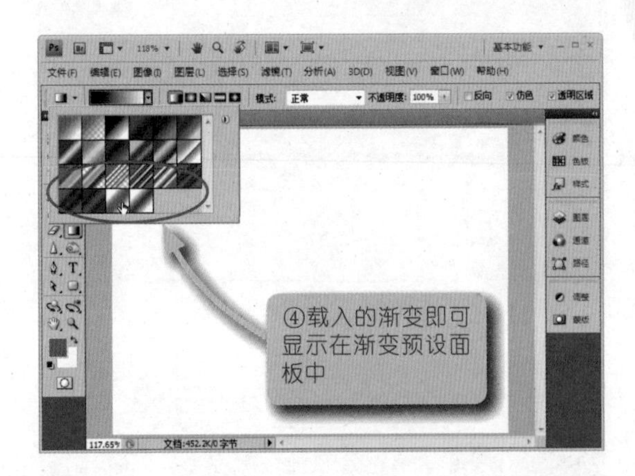


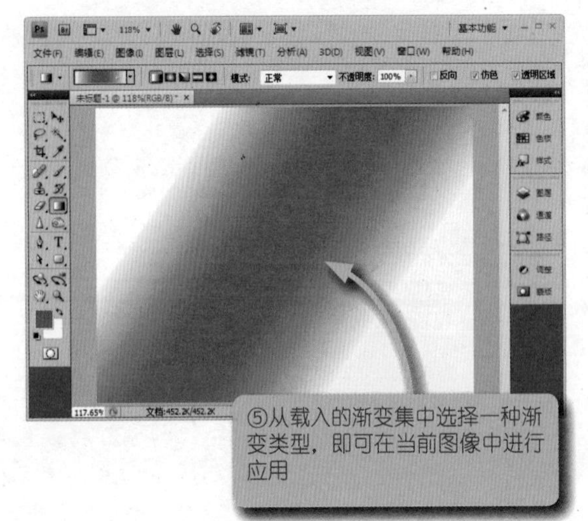


提示：读者也可以通过“预设管理器”对话框加载自定形状文件（*.csh），操作方法可以参阅Photoshop图案安装方法。

**STEP 05** Photoshop形状安装和使用。
（提示：安装的方法有多种）

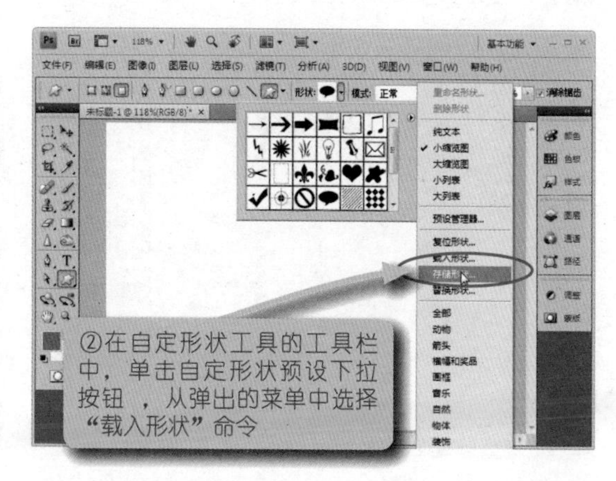


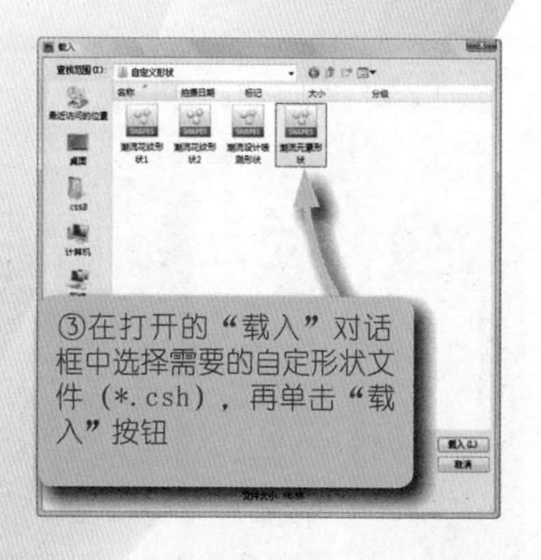


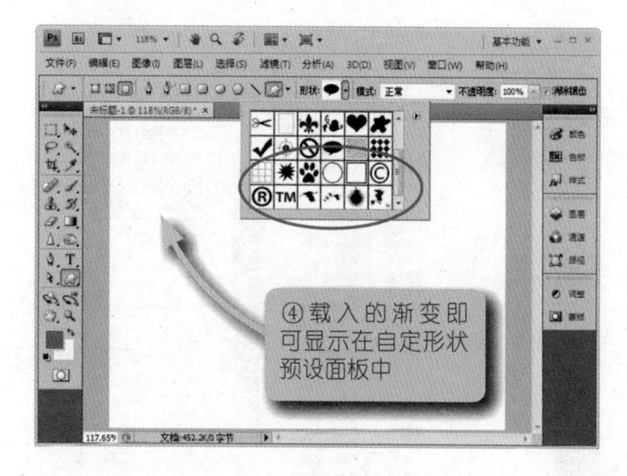

提示：读者也可以通过“预设管理器”对话框加载自定形状文件（*.csh），操作方法可以参阅Photoshop图案安装方法。

STEP 06 Photoshop动作安装和使用。
（提示：安装的方法有多种）

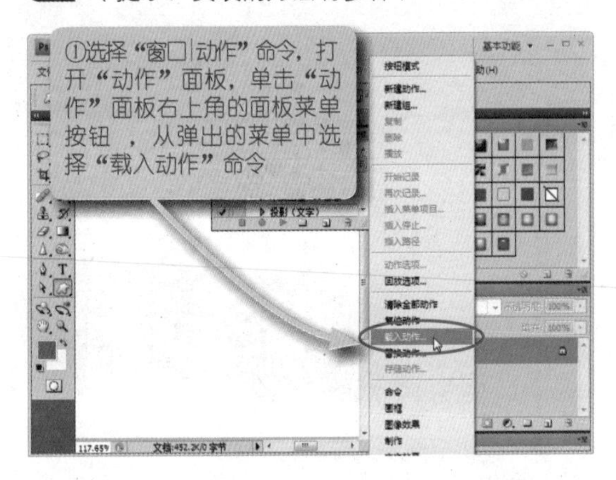


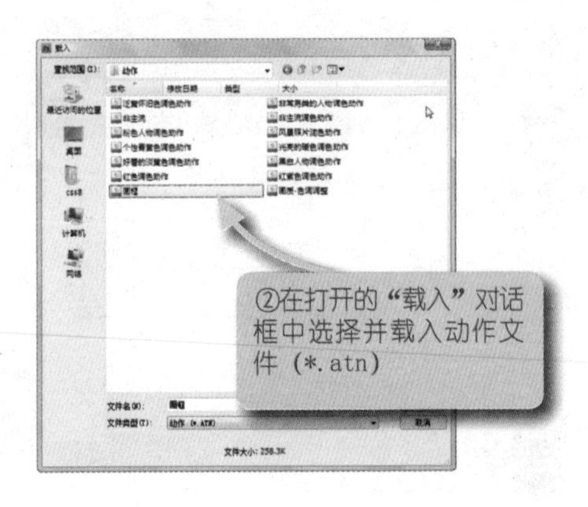


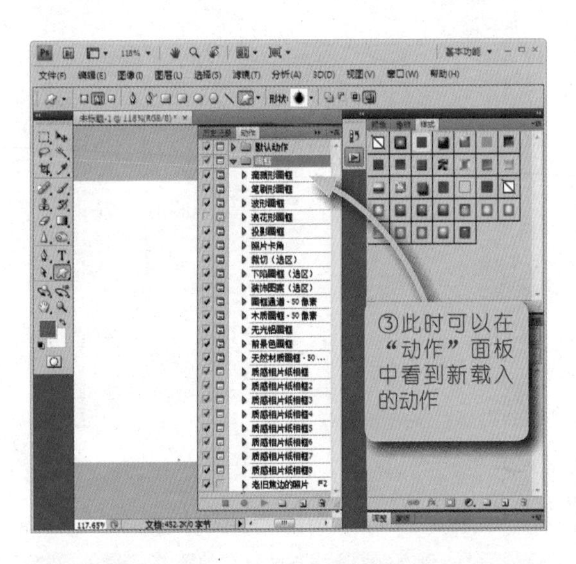

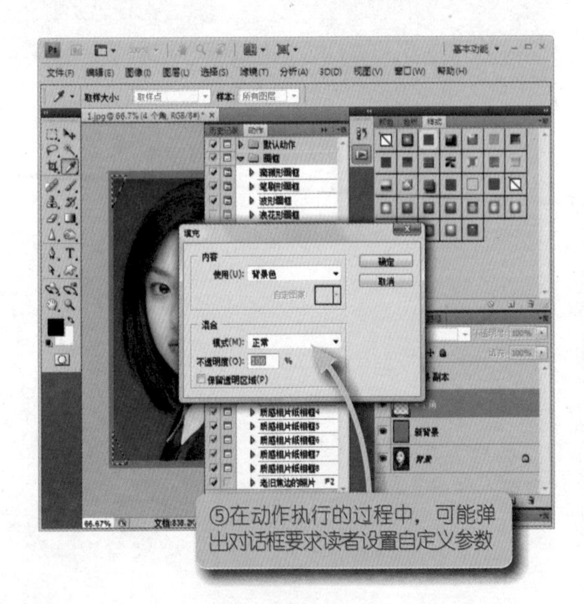

## STEP 07 Photoshop滤镜安装和使用。

（提示：安装的方法有多种）

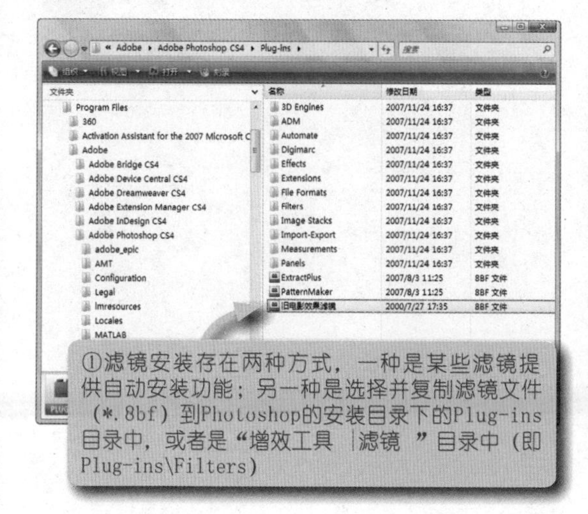

①滤镜安装存在两种方式，一种是某些滤镜提供自动安装功能；另一种是选择并复制滤镜文件（*.8bf）到Photoshop的安装目录下的Plug-ins目录中，或者是“增效工具|滤镜”目录中（即Plug-ins\Filters）

②重新启动Photoshop，在“滤镜”菜单中可以找到已安装的滤镜

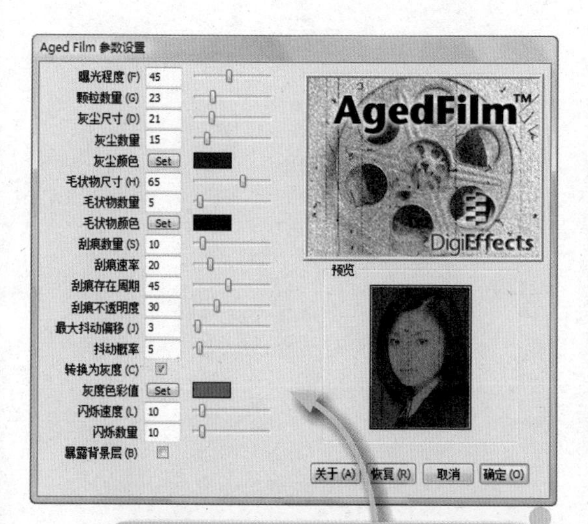


③在需要特定效果的图片上应用滤镜即可。很多滤镜可能会打开一个或多个对话框，要求用户进行参数设置

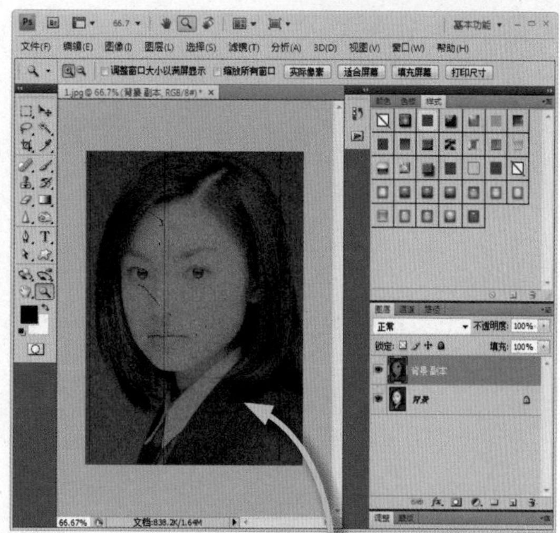

④制作的旧电影效果

MEMO

# 反侵权盗版声明

MEMO